机械设计

（第2版）

王之栎　马　纲　陈心颐　主编

北京航空航天大学出版社

内 容 简 介

本教材按照设计方法分三篇介绍机械设计内容。书中的绪论简单介绍了机械设计及课程的内容；第一篇强度刚度设计，介绍轴、齿轮传动和蜗杆传动等零件的设计准则，这些准则均与其关键部位的强度条件相关；第二篇摩擦学设计，包括带传动和滑动轴承，其摩擦表面的力学特点是影响零部件设计的关键因素；第三篇标准件选择设计，包括螺纹连接、轴类连接件和滚动轴承，介绍螺栓、键、联轴器和滚动轴承等标准件的选择设计方法，即在设计时一般根据设计要求先在标准系列中选择标准件再进行条件性校核，或者根据计算结果在标准系列中选用标准件。

本教材适用于高等工科院校机械类、近机械类各专业，也可作为机械零件工程设计的技术参考书。

图书在版编目(CIP)数据

机械设计 / 王之栎等主编. -- 2 版. -- 北京 : 北京航空航天大学出版社, 2019.8

ISBN 978-7-5124-3020-4

Ⅰ. ①机… Ⅱ. ①王… Ⅲ. ①机械设计－高等学校－教材 Ⅳ. ①TH122

中国版本图书馆 CIP 数据核字(2019)第 120304 号

机械设计

(第 2 版)

王之栎　马　纲　陈心颐　主编

责任编辑　蔡　喆　周世婷

*

北京航空航天大学出版社出版发行

北京市海淀区学院路 37 号(邮编 100191)　http://www.buaapress.com.cn

发行部电话：(010)82317024　传真：(010)82328026

读者信箱：goodtextbook@126.com　邮购电话：(010)82316936

北京建宏印刷有限公司印装　各地书店经销

*

开本：787×1 092　1/16　印张：16.25　字数：416 千字

2019 年 8 月第 2 版　2022 年 9 月第 2 次印刷　印数：3 001～3 500册

ISBN 978-7-5124-3020-4　定价：49.00 元

第 2 版前言

本教材是根据教育部高校教指委《机械设计基础课程教学基本要求》的精神，从机械设计系列课程体系建设的需求出发，总结多年课程教学改革经验，而编写的机械设计课程教材。《机械设计》于 2013 年获评为北京市高等教育精品教材。

机械设计课程教学是机械类和近机械类工科本科教育中的重要教学环节之一，本教材主要围绕工程设计中通用基础件的设计理论、设计方法和设计实例进行论述和讨论，注重设计方法的引导和综合设计能力的提高，突出了设计理论与设计实践结合的主旋律，注意丰富和完善相关章节的工程设计理论与方法的内容，使之适合高等院校人才培养需要，更好地服务本科教育。教材在编写过程中注意协调当前基础课程授课学时与教学内容，将课程知识结构与本课程内容体系的关系相协调，精炼教材内容，保证基本教学要求，注重打好专业基础，提高综合设计能力。通过教学及训练，使学生能有效掌握机械设计的基本方法，深入理解设计任务、设计对象和设计工作之间的关系，从而使其发现问题、主动思考、分析理解和解决问题的能力进一步提高。

本书在第 1 版的基础上，根据现行国家标准完善了各章内容，调整了齿轮传动、蜗杆传动设计示例，增加了同步带传动设计内容，对标准件设计中的部分章节进行了重新编排，充实了销连接设计内容，对各章的例题、习题进行了优化。本教材内容包括：绪论，主要对机械设计课程的内容、教学任务特点、基本知识和常用概念进行了阐述。第一篇强度刚度设计，主要讨论以强度计算为主要设计引导的零部件设计，包括：第 1 章轴、第 2 章齿轮传动和第 3 章蜗杆传动。第二篇摩擦学设计，重点讨论具有摩擦学设计特征的零部件设计，包括：第 4 章带传动、第 5 章滑动轴承。第三篇标准件选择设计，主要介绍常用的标准件的选型准则和设计方法，包括：第 6 章螺纹连接、第 7 章常用连接件和第 8 章滚动轴承。

本教材主要适用于高等工科院校机械类和近机械类各专业的本科生，也可作为机械零件工程设计的技术参考书。

本教材由北京航空航天大学王之栎、马纲和陈心颐编写，由王之栎统稿。教材在编写过程中得到吴瑞祥教授给予的大力支持及提出的宝贵建议，北航机械设计教研组同仁也对本教材的编写提出了宝贵建议，本教材在编写过程中还得到北京航空航天大学出版社的支持和帮助，在此一并表示诚挚的感谢。

由于编者水平所限，书中若有错误或论述不妥之处，敬请各位读者提出宝贵意见。

编　者

2018 年 12 月

目　　录

绪　论

0.1　机械设计及课程

1. 机械设计课程的任务

机械设计课程是一门以培养工科学生机械工程设计能力为目的的技术基础课程。主要内容包括:机械设计所依据的基本理论与方法、通用机械零部件的设计方法和准则,以及配套的设计实践训练。涉及强度刚度设计、摩擦学设计和标准件设计等内容。

课程的主要任务是:通过机械工程设计基本理论和相关设计方法的教学过程,使学生了解和掌握通用机械工程中常用机械零部件的设计方法,并使之具备扎实的机械设计基本知识、技能及创新设计能力。

课程内容以设计对象的工作原理和设计方法为主线,突出了工程设计与设计理论的有机联系。

2. 机械设计

(1) 机　械

机械是机构和机器的总称,是人类生产、生活的工具。机械的生产和使用水平是公认的工业技术水平及其现代化程度的衡量标志之一。先进的机械常装备具有机-电一体化特征。

(2) 设　计

设计是对人们为达到某种目的所做的创造性工作的描述。广义上是对发展过程的安排,目的是加速或减缓自然过程;狭义上是对为满足某些特定需要而进行的工作的具体描述,是将构思物体转变成实际物体过程的一系列作业之一。英文"设计"(design)一词来自拉丁语"记下"(designare,DE)和"符号、图形"(singare)两词。设计是对人们创新思维的客观描述。

经济学角度上,设计是把各种先进技术转化为生产力的手段之一,是生产力的反映,是先进生产力的代表。

社会人文学上,设计是为满足某种需求进行的创造性思维活动及实践。

思维方式上,设计是一个具有抽象思维、形象思维和创造性思维综合特征的思维过程,是一个从发散到收敛,既有逻辑推理,又有分析、判断综合的完整过程。

(3) 机械设计

机械设计是指机械装置和机械系统的设计,是根据使用要求对机械工作原理、结构及运动方式,力和能量的传递方式,各个零件及其材料、形状、尺寸和润滑方法等进行构思分析和计算,将其转化为具体的描述并作为制造依据的工作过程。机械设计是一种创造性行为,对机械产品的品质和价值起着决定性作用。没有高质量的设计,就不可能有高质量的产品。设计决定了产品的结构、功能、成本、外形、表面特点、内在质量及其相互联系,确定了产品生产过程和消费过程的满意度。

机械设计的发展,经历了直觉设计为主、经验设计为主、半经验半理论设计以及涉及多学科的综合设计等阶段。随着科学技术的发展,机械设计的效率和质量大大提高,盲目性减少。设计工作的完善,使工业节奏加快,更新周期缩短,生产力迅速发展,社会需求增加,进而使得社会生产发展速度加快。随着工业科技发展水平的不断提高,先进的设计发明,可以迅速得到应用。表 0-1 所列是几项代表性工业设计从发明到实用所经历的时间表。

表 0-1　设计项目从发明到实用的时间表

设计发明	从发明到实用所经历的时间
蒸汽机	100 年
电动机	57 年
汽　车	27 年
电　视	12 年
激光器	1 年

工业科技水平的提高为设计发明的实现提供了催化剂,加速了其市场实现的速度,也对设计本身提出了更高的要求。

现代机械设计,首先应是创新的设计,是理论经验与直觉的结合。现代设计的综合性内涵已越来越突出地显现于产品设计本身。

设计的核心是创造,其过程是针对目标任务寻求最佳结果的优化过程。现代机械设计的特点常表现为系统产品设计、多领域跨学科交叉共同设计以及多目标、短周期、多品种的设计,如飞行器、机器人系统、汽车、家电产品和计算机等。

3. 机械设计课程的学习准备和要求

学习本课程前,应对机械学常识有所了解,掌握工程图学、材料学、理论力学、金属工艺学、材料力学及机械原理等的基本理论和技能。本课程拟用 60 课内学时,课内外学时比为 1∶2 的教学时间,完成机械设计理论与方法的学习与训练。

任何先进的装备和机器,无一不涉及机械设计,如在机器人设计、航天器设计等工程设计中,机械设计都占有重要地位;而机械设计课程的后续课程“机械设计课程设计”将为学生提供一个应用所学知识、从工程实际出发、设计中等复杂程度机械装置的教学环节,以强化针对实际工程问题的设计能力培养。

4. 机械设计课程的特点

机械设计课程强调以培养学生的综合设计能力为主线安排课程内容,注重培养学生的设计能力及综合创新能力,从设计方法上认识、学习和提高。在课程体系上按照强度刚度设计、摩擦学设计和标准件设计内容组织教学。在后续的设计实践环节——课程设计中,将以具体含有工程背景的设计任务引导,完成从总体设计到详细设计的全过程,使学生得到更进一步的综合训练。

0.2 机械设计的基本原则

机械设计是完成机械系统产品化的重要组成部分，产品的成本、研制周期、产品化周期、产品质量、技术经济价值及工作可靠性指标等，都受到其设计的制约。统计表明，50%的质量事故是设计失误造成的，60%～70%的产品成本取决于设计本身。机械设计在相关产品的形成过程中起着十分重要的作用。

1. 机械设计的基本原则

(1) 创新原则

设计过程本身就是以创新为其重要特征的。工程实践中的机械设计工作，首先应该追求的是创新思维方式下的新颖的设计结果。对于初学者来说，注意了解、继承前人的经验，学习优秀的设计作品，发挥主观能动性，勇于创新，是做好设计工作的前提；符合时代精神的、有特色的创新设计最具生命力，是社会和工业发展的要求和需要，是设计者追求的目标，也是评价一个设计结果成功与否的重要原则。

(2) 安全原则

产品能安全可靠地工作是对设计的基本要求。在机械设计中，为了保证机械设备的安全运行，必须在结构设计、材料性能、零部件强度和刚度，以及摩擦学性能、运动和动态稳定性等方面依照一定的设计理论和设计标准来完成设计。产品的安全性是相对的，在规定条件和时间内完成规定功能的能力，称为可靠性。可靠度作为衡量系统可靠性的指标之一，可以用来描述系统安全运行的随机性，可靠度越大，产品维持功能的能力越强，系统越可靠；反之，产品越不可靠。产品的安全性通常是指在某种工作条件下及可靠度水平上的安全性，是设计中必须满足的指标。

(3) 技术经济原则

产品的技术经济性是指产品本身的技术含量与经济含量之间的配比特性。在满足设计结果安全性的前提下，提高产品的技术价值，降低其成本消耗，缩短生产周期，可以获得具有高竞争力的产品。通常，产品的技术效益、经济效益和社会效益的高低，是决定其生命力的重要因素。现代工业产品的设计对设计周期、技术指标及成本消耗等方面的要求具体而明确，作为设计评价的基本原则之一，必须引起设计者的充分重视。

(4) 工艺性原则

产品设计一般用图样表达完整后，进入生产阶段。构成产品的机械零部件的生产和装配工艺性问题，应是设计者在设计过程中需要考虑的问题。通常，加工、制造过程对产品安全性和经济性起着决定性的作用，同时也对产品在使用过程中的维护和维修产生影响，因此要力求改善零部件的结构工艺性，使生产过程最简单，周期最短，成本最低。现代工艺技术的发展、传统机加工、高精度组合加工、光加工和电加工等为产品的生产制造提供了许多先进的加工手段，同时合理的设计不仅能使产品加工、装配易于实现，而且具有良好的经济性。

(5) 维护性和实用性原则

产品经流通领域到达最终用户后，其实用性和维护性就显得十分重要。平均无故障时间、最长检修时间通常是用户的基本维护指标，而这些指标显然取决于设计过程。过长的维护时间会给使用者带来不便或损失。如设备检修时间过长会使生产系统超时瘫痪,造成企业的极大浪费,有时会对生产过程和产品本身产生影响。良好的维护性和实用性,可以使产品较好地适应使用环境和生产节奏。事实上,维护性和实用性也具有潜在的社会效益和经济效益。

(6) 标准化原则

设计过程在遵循相关设计规律和理论的同时,设计者应按照有关标准和规范进行设计,包括设计方法、使用信息、设计程序和设计结果表达等。标准化审查是对产品设计评估的必要步骤。

2. 工程设计与机械产品

(1) 一般工程设计过程

工程设计的目的就是运用科学的原理去开发对人类社会有用的产品。需求确定后,设计者的责任就是运用工程方法,在社会、经济及时间等约束条件下,设计研制出满足需求的产品。有必要指出,设计既是一种创新的过程,也是一个逐步完善的过程;圆满的设计是经验积累和升华的产物,因而具有不可估量的价值。

一般工程设计过程如图 0-1 所示。

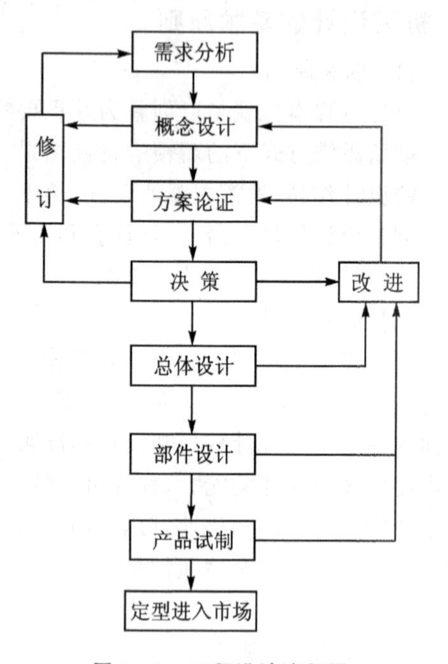

图 0-1 工程设计流程图

(2) 机械产品的形成过程

机械产品的形成可以分为计划调研阶段、产品设计阶段、试制阶段、批量生产阶段和销售阶段。在计划调研阶段的工作是,通过市场调查,预测市场趋势,确定市场需求,完成需求分析;进行可行性研究,对市场、投资环境、生产条件、成本及效益进行分析,完成可行性报告;并为产品设计阶段提供完整的功能、工况及安全指标设计要求,提出设计任务书。在产品设计阶段的工作是,根据设计要求提出各种原理性方案;经评价分析后,确定结构方案;再经评价决策后,进行总体设计和详细设计。试制阶段是在设计基本完成后,进行样机的制造和试验,并对样机进行鉴定评价。经过个性设计、规范工艺后,进入批量生产阶段。最后,在销售阶段实现产品的价值,并反馈产品的信息。

(3) 产品设计与服务

设计阶段是关键性阶段,包括原理方案设计、总体方案设计、结构设计、详细设计和技术服务。在这个阶段,设计者要对设计要求进行完整的分析计算,对零部件的承载、应力状况、强度、刚度、摩擦学性能及动态性能等进行逐一计算,确定其基本形状和工艺路线,再进行结构设计,将设计结果表达为规定的图样形式,提供试制阶段实施。设计过程除图纸外一般要提供详细的计算说明书。

试制阶段,除对产品进行工艺设计、样机制造、试验、评价及改进完善产品外,还对产品提出更改建议,以提高设计质量。机械产品设计和技术服务的主要过程如图 0-2 所示。

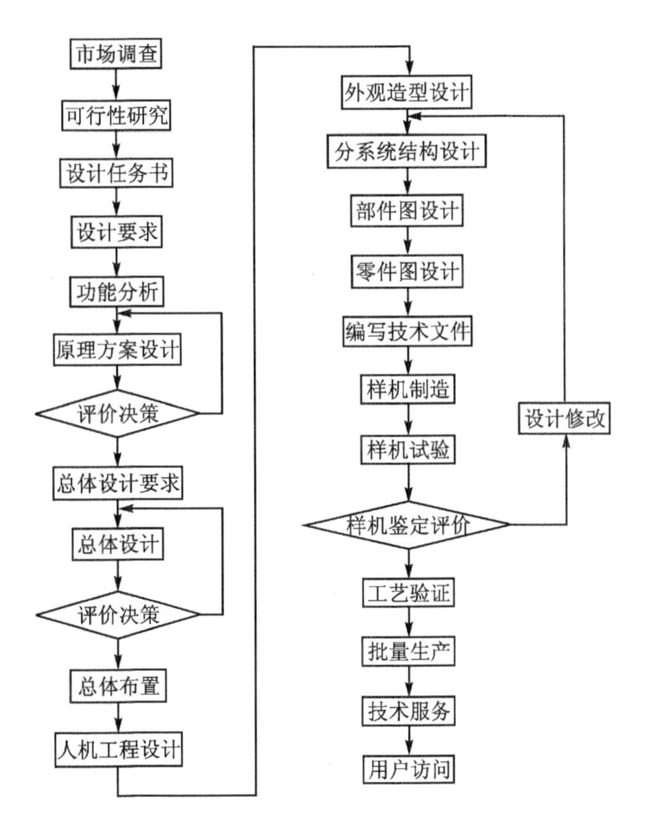

图 0－2　机械产品设计流程图

0.3　机械设计的特点与方法

随着现代科学技术的发展，设计的理论和手段不断完善，机械产品的系统化、集成化水平不断提高。同时，系统设计、优化设计、可靠性设计、功能成本设计、反求设计以及计算机辅助设计等设计理论和方法也不断完善，并广泛应用于工程实际中；许多模型分析方法、计算和数字仿真方法也广泛用于各种设计分析中。下面将一些常用设计方法作一简要介绍。

1. 机械工程设计的特点

机械工程设计一般是以运用科学原理去创造对人类社会有用产品为目标的，是一种从需求到产品的单向过程，同时也包括改进和修正的反向循环。设计的任务是根据需求提出技术设想，制定具体明确可付诸实施的方案、说明，并为产品的形成和使用提供依据。若要高效、高质量地完成设计任务，首先要对设计任务的目的性、社会性和技术条件进行全面评估，并注意工程设计的以下特点：

- 设计目标的社会性。设计任务常来自于简单的社会需求，对设计对象进行解析，明确设计关键问题，从而有效地选择设计方法。
- 设计方案的多样性。对同一设计目标，多角度、多层次地进行分析综合，制定多种实施方案，提供决策评估。

- 工程设计的综合性。工程设计通常具有综合性特征,设计目标具有多元性,因而在设计方案实施前要对多种可行方案做出统一的系统评估和优化,确定设计方案,并进一步设计实施。
- 设计条件的约束性。形成最终设计方案是受到诸多条件制约的,如数理模型、经济条件、社会条件、生产技术和设施、市场及其他不可预见的条件限制,都构成对设计的约束。
- 设计过程的完整性。产品从设计到完成生产,要经过方案论证、初步设计、详细设计、样机试制、产品试验、设计定型和资料归档等必要程序。各个环节相互补充完善,是顺利完成设计任务的重要保证。
- 设计结果的创新性。现代机械工程设计中,把握继承传统和设计创新,将其有机地统一为一个整体融入设计,可使设计结果具有更高的社会经济效益和更强的生命力。
- 设计手段的发展。现代设计手段和方法正随着科学技术的进步逐步完善。计算和仿真技术的发展使数学物理方法更好地用于设计过程;计算机图形学的发展使计算机绘图成为设计图纸软件化和设计分析的快捷手段;系统管理科学的发展使设计制造管理的集成成为可能;无图纸加工已在一些重要的工业领域开始实施。

科学技术的进步,给设计本身提供了越来越丰富的手段和条件。机械工程设计也有它自己的特点和必须遵循的科学规律。设计者要掌握设计规律和先进的设计方法,充分发挥聪明才智,才能圆满完成设计任务。

2. 系统设计方法

(1) 系统设计方法的几个原则

系统设计方法是合理研究组成系统各因素及其内在联系,辩证解决设计问题的方法。它以系统的概念为研究和设计各种系统的基础,提出基本设计原则,指导设计者完成设计。它具有良好的整体性、有序性和相关性。

整体性原则反映了在系统设计中,既有综合条件下的分解,又有相对独立分系统的综合。设计规划中采用系统方法,遵循整体性原则,分解系统设计,并将分系统设计综合为整体,使整体系统功能优于各孤立部分功能的总和。在设计中应避免把设计对象进行简单分解、简单组合的片面做法。

有序性原则反映了系统全过程的等级、层次及其关系。设计方法和设计过程本身就是一个有序系统。将其与设计任务系统有机地融合,并与更高层次的系统统一研究,使具有纵横关系的设计系统形成一个具有稳定关系和联络特征的系统结构,进而使设计者明确目标和责任,使设计信息流动通畅,分系统与整体系统关系清晰明了,从而为提高设计效率和质量提供可靠的保证。

相关性原则是指设计系统及与之相关联的外部系统之间,存在着必然的联系。系统设计方法的相关性原则是辩证法普遍联系规律在设计中的具体体现和实际应用。设计整体系统受外部条件制约,内部分系统之间存在网状联系;各分系统诸要素间既有特殊性,即相对独立的工作特点,又须遵从整体协调性。这样就形成各设计环节之间具有的多样性、相对独立性和统一性特征。只有在设计中考虑各系统的相关性,把每一问题都作为系统要素来研究,明确其在系统中的位置和联系,才能使未知系统向已知系统的过渡过程合理而高效,并使形成的目标系统更加完善,从而得到高质量的设计结果。

(2) 系统设计方法

系统设计方法的主要思想是在设计过程中强调外部系统和内部系统的关系，强调整体系统和分系统的关系，并使之贯穿于整个设计过程。

系统的分解和综合在系统设计中起着十分重要的作用。系统的分解可按结构、功能、时序及空间等多方分类；但分解系统时要考虑便于综合，如果子系统数为 n，则综合方案有 $2^{n(n-1)/2}$ 种，因而系统分解在设计中十分重要。在分解综合中要考虑各分系统联络关系的强弱及其与整体系统关联的完整性。

系统的辨识和分析，是为了考查和明确系统的特征、结构、性质、功能及其重要性，是系统设计方法实施的基础。系统的辨识和分析水平取决于设计者的经验水平，系统的复杂程度也对其具有影响。系统分析在不同的设计阶段具有不同的对象，如规划阶段的系统概念分析，设计阶段的多种方案优劣分析、经济性分析、实施方案的唯一性分析，制造过程中的试验分析和工艺设计分析等。

系统评价作为系统分析的核心，对设计实施过程和结果均具有深刻影响。系统评价的主要方法有：相关矩阵法、交叉增援矩阵法、交叉影响矩阵法和费用效果分析法等。

系统设计方法是一种从整体出发，注重整体与局部联系来进行设计的方法，在现代设计中经常使用。

3. 优化设计方法

优化设计方法，是借助数学最优化原理解决实际问题的设计方法。针对某一设计任务，以结构最合理、工作性能最佳及成本最低等为设计要求，在多种方案、多组参数及多种设计变量中，确定设计变量的取值，使之满足最优设计需求。在机械工程设计中，优化设计体现为最佳设计方案的确定和最佳设计参数的确定。

进行优化设计时，首先需要针对具体的工程问题，构造合适的数学模型，选择优化方法，建立完备的求解系统，寻找最优设计结果，最终为详细的结构设计提供最佳设计参数。其优化设计流程如图 0-3 所示。

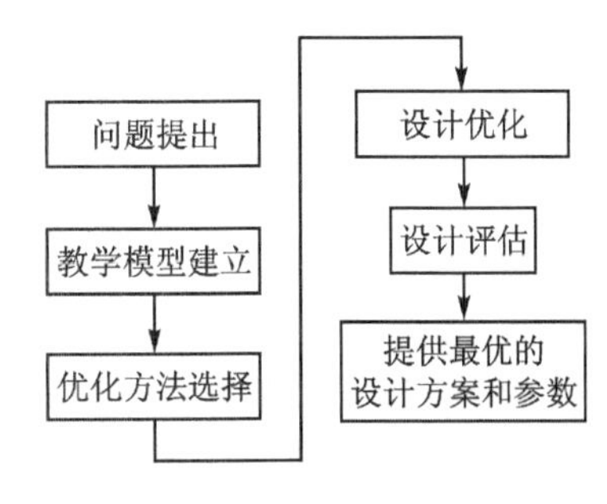

图 0-3　优化设计流程图

数学模型由设计变量、目标函数及约束条件组成。一个设计方案可用若干个设计参数来描述。参数分为两类：一类是不变的设计常量；另一类是须在设计中不断调整的变量，称为设计变量。设计变量根据工程问题及设计对象设置，与影响设计目标实现的设计因素密切相关。如果设计因素考虑得详尽、细致，则设计变量选取较多，设计结果在理论上的准确度也较高，但计算过程也较复杂。以设计变量为变量，以设计目标为依据，构造的数学方程 $f(x)$，称为优化设计中的目标函数，也称评价函数。同一设计问题可有一个或多个目标函数。约束条件是工程问题中限制设计变量取值范围的一系列数学方程 $g_i(x)$，$i=1,\cdots,N$，它们也是设计变量的函数，又称为约束条件。目标函数与约束条件所构成的完备数学体系，称为该问题的数学模型。

求解数学模型，要根据数学模型的类型和特点，选择合适的数学方法。方法选择适当，可使计算过程大大简化，从而节省大量的时间和精力；方法选择不当，会造成计算过程繁复，费时费力,有时会导致最优化求解失败。求解数学模型常用以下几类方法:线性规划、非线性规划、单目标优化、多目标优化、网络优化及动态优化等。

问题解算过程可利用计算机进行,而标准的优化方法,已有标准程序供设计者选择。计算技术的发展给设计者带来了极大的方便。

优化是一常用的设计思想,优化设计方法的多样性为解决工程问题提供了良好的途径;但是数学模型的建立和方法选择的合理性,决定了优化过程的成败。把握问题的关键,清晰地分析判断,配之以恰当的数学方法可以加速设计过程、缩短设计周期,达到事半功倍的目的。

4. 可靠性设计

可靠性设计是从某一系统、设备或零部件工作能力的有效保证方面认识设计最优问题。可靠性是指系统在规定时间内、给定条件下完成规定功能的能力。产品的可靠性需有一个定量的表述,但对于一般工程而言,很难用唯一的量值来完成。可靠性的定量表述具有随机性。对任何产品来讲,在其可靠工作与失效之间,都具有时间上的不确定性;因此,对于不同类型的可靠性问题,就需要不同的表述方式,常见的有:可靠度、无故障率、失效率及平均无故障时间(MTBF)等。

可靠度(R)是系统在规定工况和时间内,完成规定功能的概率。对于不可修复系统,其可靠度与无故障率相当。R 为统计量,通常借助大量的试验来确定。确定某一产品的可靠度时,可在产品组中抽取 N 件产品,在规定工况下试验,如有 n 件失效,则这种工况下的失效概率为

$$P=n/N$$

可靠度为

$$R=\frac{N-n}{N}=1-P$$

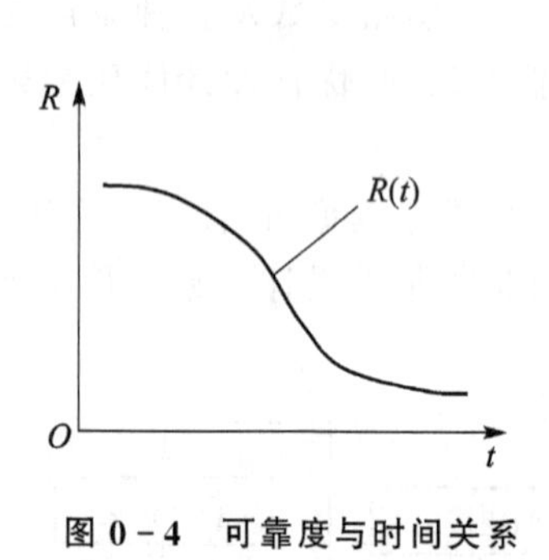

图 0-4 可靠度与时间关系

事实上,P、R 与产品的工作时间 t 关系密切。R 与 t 间的典型函数关系如图 0-4 所示。

因此,P 与 R 常表述为时间的函数,即

$$P(t)=\frac{n(t)}{N}$$

$$R(t)=1-P(t)=\frac{N-n(t)}{N}$$

其中,$R(t)$在$(0,\infty)$区间内表现为非增函数,且 $0\leqslant R(t)\leqslant 1$。

机械设计中常用到可靠性的概念,如齿轮设计时,安全系数被表述为失效概率的列表函数;滚动轴承的寿命,一般取可靠度是 90%时的工作次数或时间,等等。

对于系统而言,其总体可靠性是受各部分可靠性制约的,并由零部件的可靠性保证。设计规划时,合理分配各部分的可靠性指标,可以最大限度地发挥各部分的设计优势,保证产品在工作品质、技术标准和安全使用等方面达到高效高质。提高系统的维修性,尽量采用标准件、通用件,简化零件结构,减少零部件数量等都是提高可靠性的途径。

5. 功能成本设计

功能成本设计就是从有效利用资源,追求最大效益作为产品设计的出发点,以产品的价值分析、功能分析为基础的设计方法。价值(V)、总成本(C)和功能(F)可以用数学方法表示为

$$V=F/C$$

上式直接体现了产品的功能与成本的比例关系，成本投入越少，功能越强，产品的价值越高。

对于某一产品，其功能、成本可以划分为多个单元进行价值分析，这就是ABC分类法。其基本思想是把形成产品的零部件，按成本比例划分为A，B，C三类，并认为：产品的价值构成主要取决于单元数量百分比为10%～20%，但成本百分比占70%～80%的A类制造单元；而单元数量为70%～80%仅占成本的10%～20%的B类单元和C类单元对产品的价值构成影响不大。在产品的价值分析中，重点是A类，B类视情况而确定取舍，C类基本不予考虑。这种分析方法的优点在于分析重点突出，易于集中问题焦点，有利用准确把握关键技术经济问题，使产品更具竞争力。

6. 摩擦学设计

摩擦学是研究摩擦、磨损和润滑的一门边缘科学，涉及材料、化学及流体力学等多个学科。统计表明，全球生产能源的1/3～1/2消耗于摩擦，80%的机械零件失效与摩擦问题有关；而几乎所有机械装备，都存在相对运动部件，其中的摩擦是不可避免的。摩擦造成磨损，导致零部件失效，同时消耗了能源。

依据摩擦学原理和方法进行设计称为摩擦学设计，用于机械工程中不外乎两个方面，即一方面是利用摩擦的设计；另一方面是尽量减小摩擦降低磨损，进而使摩擦表面的设计工作状态能持久保持。对于前者，如摩擦式离合器、制动器及带传动等，后者的典型应用如滑动轴承。摩擦学设计所关心的是如何长久保持摩擦表面的工作状态，而又使其能耗最低。

在带传动设计中，在相同的占用空间和张紧力(F)的作用下，由于V带利用其梯形表面两侧构成的楔形，产生了较大的正压力，因而可以传递较平带更大的有效拉力，如图0-5所示。

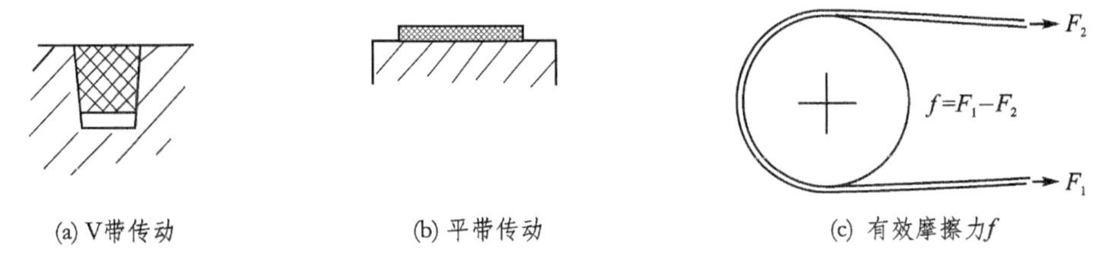

图0-5 带传动

在滑动轴承设计中，摩擦磨损问题的解决常靠增加运动表面间的润滑来实现。当润滑剂产生的压力可以承担轴承的全部载荷时，两摩擦表面被润滑剂完全分离。实现这样的设计，需要轴承部分的几何形状与润滑剂的化学物理特征具有一定的匹配关系。这种关系与工作状况共同决定了润滑剂能否实现上述设计思想。著名的雷诺方程：

$$\frac{\partial}{\partial x}\left(h^{3}\frac{\partial p}{\partial x}\right)+\frac{\partial}{\partial y}\left(h\ \frac{3\partial p}{\partial y}\right)=6\eta v\ \frac{\partial h}{\partial x}$$

给出了滑动轴承中润滑膜中任意点的压力、间隙及相对运动速度与几何条件、物理条件间的力学关系。其中，$p(x,y)$为润滑膜的压力分布，根据p可计算出轴承的承载能力、摩擦功耗及运转状态等。它是摩擦学设计中重要的润滑力学方程。

摩擦学设计从20世纪60年代渐成系统后，逐步发展完善，研究的问题也越来越深入细致，如考虑摩擦表面弹性变形的弹流润滑，考虑微表面运动摩擦学问题的微动摩擦学，针对纳米尺度研究对象的纳米摩擦学等。

7. 反求设计

反求设计是一种在已有产品的基础上,设计、创新、提高及更新产品品质的设计方法。反求设计可以分成两个阶段,即:使用、消化和吸收同类产品阶段;融合新技术,综合、创新和设计出适合具体工况的新产品阶段。

反求设计,对某些发展中国家的技术进步起到了十分重要的作用。如第二次世界大战结束时,某国经济状况近于瘫痪,国民生产总值仅为英、法的1/29和1/38,其在1945—1970年间,用相当于自行研制费用的1/30的经费和相当于自行研制周期的1/6的时间,消化吸收了全球各国的众多先进技术产品,并逐步研究、发展了各专项技术,使其部分产品超过了欧美某些国家,30余年后成为世界经济强国。

反求设计过程一般经过反求分析、创新设计和产品试制几个过程,可与仿制设计、变形设计、针对性和适应性设计并行实施。

8. 其他设计方法

在科学技术飞速发展的时代,为了满足社会的各种需求,产生了很多新的设计理论和方法。

并行设计是在考虑了市场、设计、制造和使用环境等多方面因素后,在信息集成的基础上,系统筹划,使多个设计过程在同一时段进行,用增加空间复杂性来实现时间需求的减少。串行设计是传统上常用的设计方法;并行设计以时间为关键要素,以缩短产品上市时间为目标。采用并行相关设计和系统化设计模式,将设计与工艺、装配、质保、销售及维护等过程一并考虑,交叉进行,及时发现问题,评估决策,从而达到缩短产品开发周期,提供高质量、低成本产品的目的。

计算机辅助设计是利用计算机的高速数据处理能力和图像表达功能,协助设计者进行设计计算、机构运动学动力学分析、机械结构的应力应变分析,绘图并形成工艺文件,控制和实施生产过程等的整个或局部设计工作。随着计算机应用的普及,分析和图形软件的不断完善,使计算机辅助设计渗入从绘图系统设计、制造和管理等诸多过程。

三次设计是以质量或成本的最佳平衡为设计目标,把设计分成:市场调查和初步系统设计;在参数优化的基础上获得最佳产品设计方案;在最佳方案中针对技术波动性关键因素,确定合适容差达到产品质量成本的最佳配比。

现代设计理论与方法还有很多,如虚拟设计、智能设计、相似性设计和人机工程等。所有这些设计方法都以系统性、社会性、创造性、智能化、数字化和最优化为特征,以快速获得高技术经济价值为目标。

0.4 机械产品设计与实验

1. 设计中的基本问题

机械产品设计一般可分为总体设计和详细设计两个阶段,按设计要求加工成样品后经实验检验、完善后投入生产形成产品。总体设计的主要任务是根据设计要求,完成总体设计方案,绘制总体布置图,进行结构成形设计和计算。具体工程问题的总体设计是决定设计方向和质量的决策,关系到整个产品的品质和生命,因而必须从系统工程的角度分析、综合和决策。

(1) 总体设计与社会

产品设计的目的是满足社会需求。产品设计不仅要完好地满足这一需求,还必须符合各种社会法律、法规的要求。如高压密闭容器装置必须符合国家安全保护标准,并由相关部门审核后方可投入使用;机械产品在不同的使用环境中,噪声的分贝数有国家标准限制,超标工作将对操作者或环境造成损害;另外,设计者不能自行设计用于制造武器、制造毒品的机器,等等。设计结果将以产品的方式进入社会,完美的设计可以给企业带来巨大的效益,并极大地促进社会生产力的发展;而不良的设计则会给社会带来无法估量的损失。如某飞机失事的原因为蜗杆-蜗轮传动失效,某航天飞机失事的原因是由于密封圈工作不可靠等都是例证。凡此种种,都说明设计者肩负着巨大的社会责任。

(2) 产品设计与环境

机械工业是现代社会发展的支柱产业,规模、数量巨大,其生产消耗多为不可再生的资源,如何在设计中兼顾技术经济指标和对环境资源的利用开发,都是自然界给人类提出的重大课题。合理地使用资源,提高材料利用率,提高失效零部件的修复率,使产品本身失效后,其组件可在新一代产品中获得再生。这既符合可持续发展战略,也是对设计者提出的新的挑战。

设计规定了产品的制造过程。不合理的制造方法,将对环境产生污染;不合理的设计,也会使产品在使用过程中产生大量污染,如粉尘、烟雾及噪声等,从而对社会和人类造成危害。现代设计中提出的绿色设计,就是在设计中追求产品与环境利益的统一。

(3) 产品的经济性和适应性

提高产品质量与降低生产成本是现代产品设计中首要的设计目标。提高产品的工艺性和使用维护性,合理地选择产品的可靠性设计指标,对通用零部件的系列化、标准化设计,新技术、新工艺和新方法的采用等,对提高产品的技术经济性和市场竞争能力都具有现实意义。如在零件设计中常要注意合理选择精加工表面的位置和大小等。

在诸如螺栓、键和轴承等机械零件的设计时,国标上已有标准化的系列产品供设计者选择,设计者只需按标准件规格和运行工况条件进行设计校核计算。对于需用特殊设备加工的,如渐开线齿轮,标准提供了规定的模数,使齿轮的设计和加工工艺都得到简化。系列化、标准化的设计使通用零件具有良好的互换性,从而给设计、使用和维护带来了方便,也使生产过程简化和专业化,生产成本大大降低。总体设计中要兼顾整体与局部,专门设计和标准化设计优势互补。这样可以得到更好的设计结果。

2. 总体设计的基本过程和内容

(1) 总体设计的基本过程

总体设计从接受任务开始,经过设计任务的抽象,技术路线的确定,功能设计分析,多种方案比较,同时考虑制造销售和售后的因素,最后确定总体方案。

(2) 总体设计的主要内容

总体设计的主要内容包括:

- 设计任务的分析;
- 相关产品的使用现状分析;
- 设计技术关键和要重点解决的设计问题;
- 解析设计系统,确定设计方法和技术路线;

- 进行功能结构分析,确定工艺原理和技术过程;
- 总体结构简图,机构运动简图,各部件的设计协调条件和要求,机-电配匹、电气原理总体图;
- 分系统如电气、结构部件装配图;
- 完成总体设计报告书及技术说明书。

总体方案设计一般要有以上内容,设计任务和设计要求不同时,也各有不同。总体设计的优劣,直接影响新产品的技术性能和使用效果。在总体设计时,要充分进行功能分析,正确处理传统设计与创新设计的关系,力求做到技术先进,可靠安全,经济合理,使用维护方便。

3. 机械产品的详细设计

产品的总体设计方案一经确定,就进入了产品的实质性设计阶段。产品的详细设计就是在总体设计的设计原则指导下,对每一局部系统、构件进行详细的设计,为产品生产提供技术资料。

(1) 产品的功能设计

产品设计的依据是设计任务书,总体设计完成后,根据设计任务书和机械装置总体方案对各分系统及其零部件都直接或间接地提出相应的设计要求。这种设计要求往往是功能和结构总体上的宏观要求。在详细设计阶段,首先要针对具体设计对象,进行功能分析。

功能是技术系统或产品实现某种意图或特定任务的抽象描述,决定了系统输入与输出之间的链接方式。功能系统是具有一定独立性和一定复杂程度的技术单元。功能是由各分系统的子功能组合实现的。各分系统及其组分可以是相关的功能单元,也可以是相对独立的功能单元。

(2) 系统功能分析

系统功能分析的主要内容有:

- 系统和分系统及其组分的功能分解与组合,目的是构造合理的设计体系。这部分工作在总体设计中已经完成,在详细设计前应进一步细化明确。
- 明确各功能的定义,无论是产品还是部件、零件,都存在某种功用;否则就失去了存在的理由。这就是它的功能。根据设计目的,简明准确地表达其功能的特定内容,不仅对设计本身具有指导意义,也给功能、设计及设计结果的评价提供了依据。
- 功能的分类整理是详细设计前必须完成的工作。功能单元的功能可以是单一的,而一般都具有多样性,确定实现功能的方式方法是设计者要完成的主要任务。功能可以分为基本功能和辅助功能。基本功能可以分为简单动作功能、复杂动作功能、综合技术功能、关键技术功能和工艺功能等,是生产、使用维护必需的功能,设计时要优先保证;辅助功能则处于次要地位。对功能进行整理可以进一步明确细化、改善合并冗余功能,为制订详细设计方案提供依据和保证。

(3) 机械产品的详细设计

机械产品的详细设计是给生产制造产品的单位提供可用于指导生产的技术文件,同时为产品走向市场提供技术保证。机械图纸就是一种重要的文件形式。详细设计是在完成功能分析的基础上进行的,不同的功能要求,有不同的实现方法。

1) 机械运动功能的实现

机械运动功能的实现是根据机械运动要求,在多种可实现的原理、方法和具体方案中选取设计。例如，实现旋转运动可用燃气轮机、电动机；实现直线运动可用直线电机直接获得，也可使用电动机经某种机构如螺旋机构、齿轮齿条机构完成；对于有一定运动精度要求的场合，可选用伺服电机、高精度传动单元等。

2）机械结构功能的实现

机械运动方式的实现，不仅依赖于原理上合理，而且还要在结构上可行，才能制造出产品。因此，结构上实现系统的功能是机械设计的核心任务。

机械结构功能的含义和相关条件范围较广，如机械承力功能的实现与结构、形状及强度相关；零部件及系统的刚度与机械装置中各零部件的几何尺寸、形状及连接关系相关；系统整体或局部的热稳定性与各部件间的摩擦学特征、工况条件和材料的热物理性能等相关；系统运转精度和灵活性，主要取决于各执行元件的加工精度和支承方式及系统刚度的大小；零部件的加工、装配和维护工艺性也主要由结构设计来实现。本课程中将介绍多种典型机械装置、机械结构及机械零部件的设计理论和方法，并进行必要的结构设计训练。

设计结果的技术交流功能是以图和文字的方式实现的。要完成良好的构思并予以实现，首先要具备良好工程交流能力。在本课程的开始部分，将完整地介绍实体结构及与其相对应的图面表达的基本原理和方法，并予以大量实践，使设计者具备必需的用图和文字表达机械零部件和机械工程设计思想的能力。

4. 机械工程实验与设计实践

机械系统的详细设计完成后，产品在定型批量生产前，工程实验是必要的环节。工程实验在产品形成的过程中占有极为重要的地位。产品用途及工作状况不同，实验方式及时间要求也有所不同。工程实验可分为对比实验、析因实验、中间实验、模型实验及模拟实验等。工程实验一方面为产品设计研制提供各种数据资料，另一方面也是技术成果的检验手段。机械设计课程，将提供机械零部件的认知和设计、各种零部件的运转性能和受力分析、机械结构设计及机械运动控制综合实验等多个实验项目，为巩固和加深对本课程的理解及认识服务。

要做好工程设计，除了掌握必要的设计理论和方法外，还需在工程设计实践和实验中逐步摸索，才能熟练地掌握设计方法和技巧。

0.5　机械设计中的强度与安全性

1. 强　度

设计机器的原始出发点是利用机器代替人来完成特定的工作，机器中原动机输出的运动和动力通过一系列的传动和执行部件，转变为完成机器功能的动作。在能量的传递和转化过程中，机器中的零部件都要承受一定的力和力矩，这些力和力矩在零件的内部表现为应力。

零件在工作过程中，当其上任一点所承受的应力超过零件材料本身所允许承受的应力范围时，零件会因形状永久改变或断裂而失效；零件所承受的力引起零件的变形超过允许的范围时，会因变形过大而失效。这些失效的发生均是由零件的强度或刚度不够造成的。一般除了用于安全装置中适时破坏的零件（如用于过载保护的零件）外，任何零件设计都应避免因强度、刚度不够而带来的失效。适当的强度、刚度是设计零部件时必须满足的要求。

强度设计是机械设计中最基本的设计方法之一。零件的强度与载荷、材料、几何因素及使用工况等有关,根据强度理论分析这些因素之间的关系,即为强度分析。如齿轮传动、蜗杆传动等零部件都以强度分析计算作为设计的基础。

零件的强度分为体积强度和表面强度。前者是指拉伸、压缩、弯曲及剪切等涉及零件体的强度,后者是指接触、挤压等涉及零件表面的强度。在体积强度和表面强度中,又各自分为静强度和疲劳强度。静强度是指在静应力下的强度,疲劳强度是指在变应力下的强度。不同的应力作用下,零件的破坏形式会不同;而针对不同的破坏形式,强度计算的方法也不同。

2. 强度条件

为了保证零件具有适当的强度,避免工作过程中因强度不足而出现失效,需要判别零件强度的高低。设计中所采用的判别方法,即为强度条件或强度准则。一般有以下两种方式:

① 判断危险截面处的最大应力(σ,τ)是否小于或等于零件的许用应力($[\sigma],[\tau]$),强度条件为

$$\sigma \leqslant [\sigma], \qquad \tau \leqslant [\tau] \tag{0-1}$$

② 判断危险截面处的实际安全系数(S_σ,S_τ)是否大于或等于许用安全系数($[S_\sigma]$,$[S_\tau]$),强度条件为

$$S_\sigma \geqslant [S_\sigma], \qquad S_\tau \geqslant [S_\tau] \tag{0-2}$$

强度计算一般是指利用强度条件来校核零件是否满足强度要求或求出零件在满足强度要求时应有的几何尺寸。其中,前者称为强度校核计算,后者称为强度设计计算。

3. 强度设计与安全性评价

(1) 零件的载荷

机械零件的载荷是指零件工作时作用于零件上的外载荷,即零件所受的外力或力矩。根据载荷随时间的变化情况,载荷可以分为:静载荷和变载荷。静载荷是指不随时间变化或变化缓慢的载荷;变载荷是指随时间做周期性变化或非周期性变化的载荷。

设计过程中,在工作平稳、载荷均布等理想条件下,根据理论计算确定的载荷,称为理论载荷或名义载荷,计为 F;考虑实际工作存在冲击、振动和加工、安装等误差因素而确定的零件实际所承受的载荷,称为实际载荷或计算载荷,计为 F_c。它们的关系为

$$F_c = KF$$

式中:K——载荷系数,其值大于等于 1,具体数值可根据零件不同的工作状况,由经验公式或数表确定。

(2) 零件的应力

零件受载后按材料力学公式求出的、作用在零件各个剖面上的应力,称为零件的应力。载荷形式和零件运动状态不同,产生的应力类型也会有所不同。按材料受力变形状况,应力分为拉应力、压缩应力和剪切应力等;按应力随时间变化的特性不同,应力分为静应力和变应力,变应力有时也称动应力。

静应力指不随时间变化或变化缓慢的应力,一般由静载荷产生。受载后产生静应力的零件,计算静强度。变应力指随时间变化的应力,由变载荷或静载荷产生。受载后产生变应力的零件,其失效多为疲劳失效,主要计算疲劳强度。

变应力中最基本的形式是稳定变应力，即其在每次循环中，循环参数和周期都不随时间变化，单向稳定变应力可以归纳为三种类型：脉动循环变应力、对称循环变应力和非对称循环变应力，如图0-6所示。

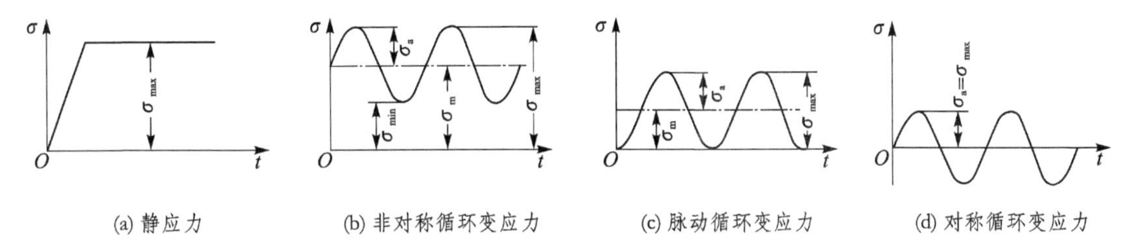

图0-6 单向稳定变应力图

稳定的变应力的表征参数主要有

最大应力 $\sigma_{max}=\sigma_m+\sigma_a$ (0-3)

最小应力 $\sigma_{min}=\sigma_m-\sigma_a$ (0-4)

平均应力 $\sigma_m=0.5(\sigma_{max}+\sigma_{min})$ (0-5)

应力幅 $\sigma_a=0.5(\sigma_{max}-\sigma_{min})$ (0-6)

应力循环特性 $r=\sigma_{min}/\sigma_{max}$ (0-7)

稳定变应力可用这五个参数中的任意两个来描述。

零件受载后处于非单向应力(线应力)状态，如两向或三向应力时，可根据强度理论计算当量应力作为零件的工作应力。

零件受载后其内部的变应力参数随时间变化，这种变应力称为非稳定变应力。非稳定变应力有规律性和非规律性两类。规律性非稳定变应力其变应力参数有简单的变化规律，可根据疲劳损伤累积假说定理，应用等效概念使之转化为相当的稳定变应力予以计算。非规律性非稳定变应力，因其参数随机变化，应根据试验监测获得其统计分布规律，用统计疲劳强度方法予以解决。

(3) 零件的几何因素

机械零件的长度、宽度、直径、面积、剖面的惯性矩以及体积等，以长度或长度的方次为单位的量统称为几何因素。按强度设计零件的基本目的，就是确定能满足对零件提出的各项要求的几何因素。一般是先设计确定某一个或几个关键的几何参数，然后根据零件的特点确定其余的几何因素。

(4) 零件的许用应力和许用安全系数

设计零件时，计算应力允许达到的最大值，称为零件的许用应力，用带方括号或下标p的应力符号来表示，如[σ]或σ_p。根据零件的使用和设计状况所确定的零件所允许的最小安全系数，称为零件的许用安全系数，用[S]来表示。它们之间满足：$[\sigma]=\dfrac{\sigma_{lim}}{[S]}$。其中：$\sigma_{lim}$为零件所能承受的极限应力，在强度设计中，根据材料性质及应力种类而采用材料的某个机械性能极限值(如强度极限、屈服极限等)来确定。

零件的许用应力和许用安全系数是两个相互关联的概念。许用安全系数的引入，是为了考虑设计中一系列随机因素的影响，主要包括：应力计算的误差、材料极限应力的不准确性和零件本身的重要性等。它可以按照表0-2确定。

实际设计中,许多通用零部件均有根据长期设计经验提供的[S]值作为参考。

表0-2　许用安全系数

许用安全系数$[S]=S_1\cdot S_2\cdot S_3$					
计算精确系数S_1		材料均匀系数S_2		零件重要性系数S_3	
精确程度	S_1取值	材料毛坯	S_2取值	零件损坏后果	S_3取值
很　高	1	锻　件	1.2～1.5	不造成机器停车	1
一　般	1.2～1.3	碾压件		造成机器停车	1.1～1.2
较　差	1.4～1.5	铸　件	1.5～2.5	引起设备损坏	1.2～1.3
很　差	2～3			引起人身伤亡	>1.5

4. 静应力状态下的强度计算

零件内部材料处于静应力的工作状态时,其失效主要表现为塑性变形和断裂。

(1) 塑性材料零件

强度条件为

$$\sigma\leqslant[\sigma]=\frac{\sigma_S}{[S]},\qquad \tau\leqslant[\tau]=\frac{\tau_S}{[S]}\tag{0-8}$$

式中:σ_S和τ_S——材料的屈服极限。

当零件所受应力为双向复合应力时,根据材料力学第三或第四强度理论来计算弯扭复合应力,其强度条件为

$$\sigma=\sqrt{\sigma_b^2+4\tau_T^2}\leqslant[\sigma]\qquad 或\qquad \sigma=\sqrt{\sigma_b^2+3\tau_T^2}\leqslant[\sigma]\tag{0-9}$$

(2) 脆性材料和低塑性材料零件

强度条件为

$$\sigma\leqslant[\sigma]=\frac{\sigma_B}{[S]},\qquad \tau\leqslant[\tau]=\frac{\tau_B}{[S]}\tag{0-10}$$

式中:σ_B和τ_B——材料的强度极限。

对于组织不均匀的材料(如灰铸铁),在计算时不考虑应力集中;对组织均匀的低塑性材料(如低温回火的高强度钢),则应考虑应力集中。

5. 变应力状态下的强度计算

零件内部材料处于变应力的工作状态时,其失效主要表现为疲劳失效。通常,零件先产生微观的裂纹,然后逐渐发展成为宏观裂纹;宏观裂纹扩展速度加剧,裂纹尖端部分继续受应力作用出现弹性或塑性变形,或由于润滑剂挤入裂纹使裂纹扩展;当变形和裂纹扩展到净截面的应力达到材料的拉伸强度极限,或疲劳裂纹的长度达到材料的临界裂纹长度时,零件发生断裂或局部材料脱落。疲劳断裂时,断裂面有明显的光滑区域。

(1) 影响零件疲劳强度的因素

1) 材料的极限应力

在变应力作用下,材料的受载能力与所受到的变应力状况有关,因此材料的极限应力不是

材料的屈服或强度极限，而是根据变应力作用状况确定的材料疲劳极限。

2）应力集中的影响

如果零件上有应力集中源，如键槽、过渡圆角及切痕等，则产生应力集中，使疲劳强度降低。计算时用应力集中系数 k_σ 或 k_τ 考虑其影响。

k_σ 或 k_τ 不仅与零件的几何形状有关，而且与材料的性质有关。材料的机械性能不同，对应力集中的敏感程度也不同。一般随着强度极限的提高，敏感性也增加。因此，在选用高强度的碳钢和合金钢时，要特别注意减小零件的应力集中，以充分发挥高强度材料的优越性。

3）尺寸效应的影响

零件的尺寸越大，其疲劳强度越低。原因在于各种加工工艺均会造成不可避免的缺陷，尺寸越大产生缺陷的可能性越大。尺寸效应对疲劳强度的影响用尺寸系数 ε_σ 或 ε_τ 来考虑。

应力分布越不均匀，尺寸对疲劳强度的影响越大。

4）表面状态的影响

零件表面状态包括表面粗糙度和表面处理的情况。表面粗糙度越低，应力集中越小，疲劳强度越高。表面处理包括渗碳、渗氮、高频淬火、表面滚压及表面喷丸等。如果这些工艺参数选择合理，可以大幅度提高零件的疲劳强度，延长零件的疲劳寿命。计算时用零件的表面质量系数 β_σ 和零件的强化系数 β_q 来考虑。

以上所述的影响因素系数，在设计过程当中可以用综合影响系数 K_σ 表示

$$K_\sigma=\left(\frac{k_\sigma}{\varepsilon_\sigma}+\frac{1}{\beta_\sigma}-1\right)\frac{1}{\beta_q} \tag{0-11}$$

式(0-11)中各系数的具体取值可参考有关资料。

另外，材料本身的冶金缺陷和在腐蚀介质下工作，对零件的疲劳强度也都有影响，须根据具体的工作条件来考虑。

(2) 疲劳极限应力

1）材料的疲劳曲线

在一定的循环特性 r 下的变应力，经过 N 次循环后，材料不发生破坏的应力最大值称为疲劳极限 σ_{rN}；表示循环次数 N 与疲劳极限之间关系的曲线，称为疲劳曲线($\sigma-N$ 曲线)。

图 0-7(a)所示为线性坐标上的 $\sigma-N$ 曲线，图 0-7(b)所示为对数坐标上的 $\sigma-N$ 曲线。大多数钢的疲劳曲线与图 0-7(b)类似。由图(b)可见，随着循环次数的增加，疲劳极限逐渐变化。根据疲劳极限变化的情况，疲劳曲线可以分为两个区域：$N<N_0$ 为有限寿命区；$N>N_0$ 为无限寿命区。

① 无限寿命区

在该区内，疲劳曲线趋向水平线，对应于 N_0(或 N_c)时材料的极限应力即为一定循环特性下材料的疲劳极限，记为 σ_r。在 $r=-1$ 时为对称疲劳极限 σ_{-1}；在 $r=0$ 时为脉动疲劳极限 σ_0。在相对应的循环特性 r 下，只要工作应力小于等于 σ_r，材料就不会发生疲劳破坏，寿命趋向无限长。

② 有限寿命区

当 $N<10^3(10^4)$ 时，疲劳极限较高，接近屈服极限，几乎与循环次数变化无关，被称为低周循环疲劳；当 $N>10^3(10^4)$ 时，被称为高周循环疲劳；当 $10^3(10^4)<N<N_0$ 时，疲劳极限随循

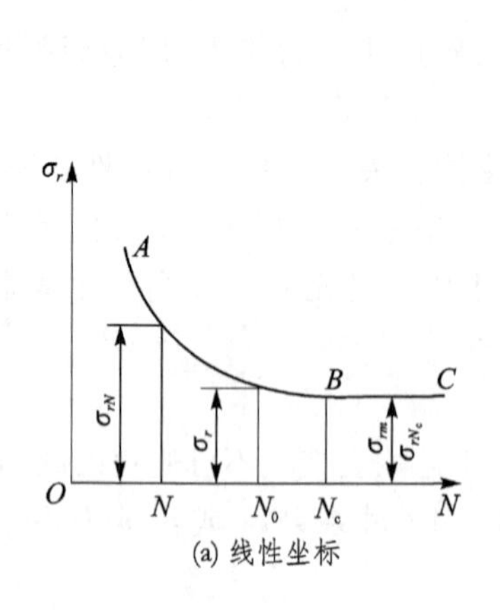

(a) 线性坐标

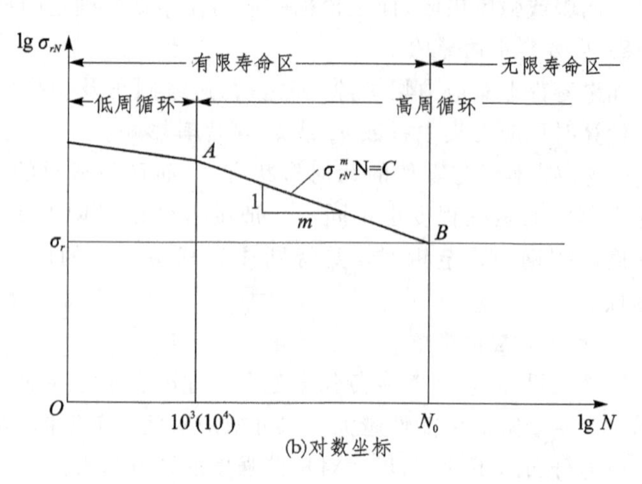

(b)对数坐标

图 0-7　σ-N 曲线

环次数增加而降低。

寿命 $N<10^3(10^4)$ 次的零件，一般可按静强度计算，重要的情况下可按低周循环疲劳设计，具体方法见有关资料。

在有限寿命区 $10^3(10^4)\leqslant N<N_0$ 范围内，疲劳曲线方程为

$$\sigma_{rN}^m N=\sigma_r^m N_0=C$$

已知循环基数 N_0 和疲劳极限 σ_r，则 N 次循环时的疲劳极限为

$$\sigma_{rN}=\sqrt[m]{\frac{N_0}{N}}\sigma_r=k_N\sigma_r \tag{0-12}$$

式中：N_0——循环基数。材料性质不同，N_0 值也不同。钢的硬度越高，其值越大。按硬度粗略分为：表面硬度 HB≤350 的钢，$N_0=10^6\sim10^7$；表面硬度 HB>350 的钢，$N_0=10\times10^7\sim25\times10^7$；有色金属，$N_0=25\times10^7$。

m——指数。对于钢，当拉应力、弯曲应力和切应力时 $m=9$，接触应力时 $m=6$；对于青铜，当弯曲应力时 $m=9$，接触应力时 $m=8$。

k_N——寿命系数。

一定的 r 之下，某种材料所规定的 N_0 对应的疲劳极限应力值，称为该 r 下此材料的疲劳极限应力。

2) 材料的疲劳极限应力图

材料在相同的循环次数和不同循环特性下有不同的疲劳极限，将材料在不同循环特性 r 下实验所得的各极限应力表示在 $\sigma_m-\sigma_a$ 坐标中，则可表示为相应的各个点。每个点的横坐标 σ_m 为极限平均应力，纵坐标 σ_a 为极限应力幅。将各点连接起来所得曲线即为材料的极限应力曲线。图 0-8(a)所示为塑性材料的疲劳极限应力曲线(接近抛物线)，图 0-8(b)所示为低塑性和脆性材料的疲劳极限应力曲线(接近直线)。$A(0,\sigma_{-1})$ 为对称循环点，$B(\sigma_0/2,\sigma_0/2)$ 为脉动循环点，$F(\sigma_B,0)$ 为静应力极限点。

为便于计算，常将塑性材料疲劳极限应力图简化。简化方法有多种，常用基氏简化法，如图 0-9 所示。考虑到塑性材料的最大应力不得超过屈服极限，由屈服极限点 S 作 135°斜线

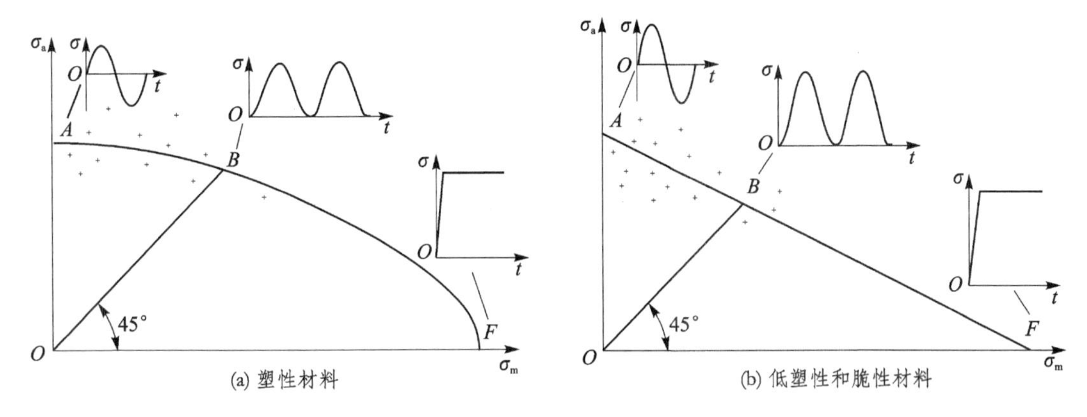

图 0－8　疲劳极限应力曲线

与 AB 连线的延长线交于 E，得折线 ABES。零件的工作应力（σ_a，σ_m）点处于折线 $ABES$ 以内时，因 ES 为塑性极限曲线，线上各点均为 $\sigma_{max}=\sigma_m+\sigma_a=\sigma_S$，其最大应力既不超过疲劳极限，也不超过屈服极限，故为疲劳和塑性安全区；在折线 $ABES$ 以外为疲劳和塑性失效区。在安全区内，工作点应力距 $ABES$ 折线愈远，安全度愈高。

脆性材料疲劳极限应力接近直线，直线下方为安全区。

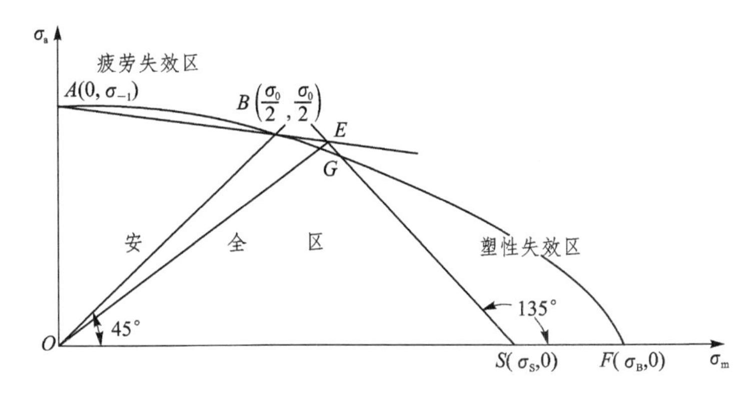

图 0－9　塑性材料的疲劳极限应力简化图

3）零件的极限应力

对于塑性材料零件，由于其几何形状的变化、尺寸大小及加工质量等因素的影响，使得零件的疲劳极限要小于材料试件的疲劳极限。

根据图 0－9 所示的塑性材料疲劳极限应力简化图，考虑零件疲劳强度综合影响系数。综合影响系数只影响应力幅而不影响平均应力，可以得到零件的极限应力图，如图 0－10 所示。

零件极限应力点的具体位置取决于工作应力的增长规律，应使零件极限应力的增长规律与工作应力的增长规律保持相同。工作应力有三种增长规律：r＝常数，σ_m＝常数，σ_{min}＝常数。

① r＝常数：可以用由坐标原点 O 所作的射线表示，如图 0－11 所示。根据零件的工作应力点位置 C，作射线 OC 并延长之，与直线 $A'E'$ 交于点 C'，点 C' 即为该零件的极限应力所在点。解析分析后可得零件的极限应力，即

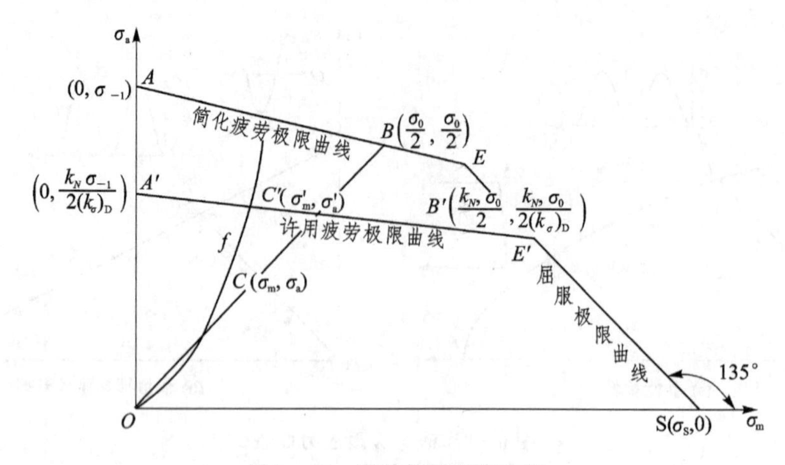

图 0-10　零件的极限应力图

$$\sigma_{\lim}=\frac{2\sigma_{-1}}{K_{\sigma}(1-r)+\psi_{\sigma}(1+r)} \tag{0-13}$$

式中：ψ_{σ}——等效系数，即将平均应力折算成应力幅的系数，$\psi_{\sigma}=\dfrac{2\sigma_{-1}-\sigma_0}{\sigma_0}$。

② σ_m=常数：可以用与纵坐标平行的直线表示。

③ $\sigma_{\min}$=常数：可以用与横坐标构成45°夹角的斜线表示。分析方法同 r=常数，详细计算见有关资料。

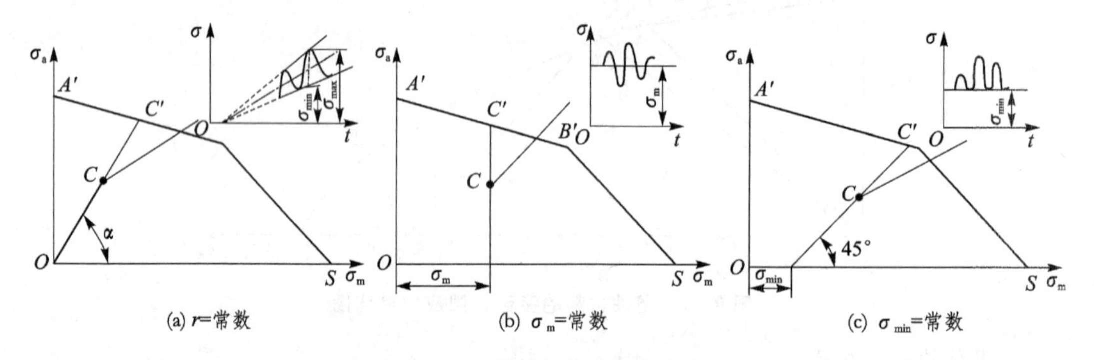

图 0-11　零件极限应力点确定

(3) 疲劳强度条件

强度条件为

$$\sigma_{\max}\leqslant[\sigma]=\frac{\sigma_{\lim}}{[S]} \tag{0-14}$$

$$\sigma_{a}\leqslant[\sigma_{a}]=\frac{\sigma_{\lim a}}{[S]} \tag{0-15}$$

当零件受到单向稳定变应力作用，且 r = 常数时，疲劳强度计算公式为

$$\sigma_{\max}\leqslant[\sigma]=\frac{2\sigma_{-1}}{K_{\sigma}(1-r)+\psi_{\sigma}(1+r)}\cdot\frac{1}{[S]} \tag{0-16}$$

当受到复合变应力作用和非稳定变应力作用时，参考以后章节零件的具体设计。

6. 表面强度计算

在机械设计中，表面接触传递载荷的零件，如齿轮传动、蜗杆传动及滚动轴承等，受到法向载荷时，其工作能力取决于接触表面的强度，须进行表面强度计算。表面强度包括表面接触强度、表面挤压强度和表面磨损强度。

(1) 表面接触强度

两圆柱体或两球体的接触理论上为线接触或点接触，在法向载荷作用下，接触处产生弹性变形，实际上将扩展为很小的面接触。两圆柱体和两球体接触时的接触尺寸和接触应力可按赫兹公式计算。图 0－12 所示为两圆柱体和两球体接触应力图。

图 0－12(a)所示为圆柱体接触。接触面为矩形($2a \times b$)，最大接触应力位于接触面宽中线处。

$$\sigma_{\mathrm{H\,max}} = \sqrt{\frac{F}{\pi b}\left(\frac{\frac{1}{\rho}}{\frac{1-\mu_1^2}{E_1}+\frac{1-\mu_2^2}{E_2}}\right)} \tag{0-17}$$

式中：F——法向载荷；

b——矩形接触面积的长度；

ρ——综合曲率半径，$\frac{1}{\rho}=\frac{1}{\rho_1}\pm\frac{1}{\rho_2}$，$\rho_1$ 和 ρ_2 分别为两圆柱体在接触处的曲率半径，“＋”用于外接触，“－”用于内接触；

μ_1，E_1 和 μ_2，E_2——圆柱体 1 和 2 的泊松比和弹性模量。

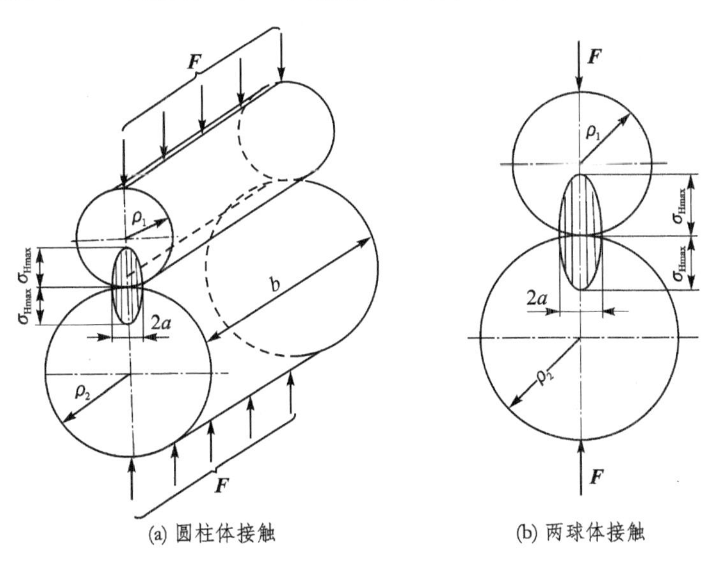

图 0－12　接触应力图

图 0－12(b)所示为两球体接触。接触面为圆形，位于接触处面中心的接触应力最大，其值为

$$\sigma_{H\max}=\sqrt[3]{\frac{6F}{\pi^3}\left(\frac{\frac{1}{\rho}}{\frac{1-\mu_1^2}{E_1}+\frac{1-\mu_2^2}{E_2}}\right)^2} \qquad (0-18)$$

式中各参数意义同式(0-17)。

表面接触强度条件为

$$\sigma_{H\max}\leqslant[\sigma_H] \qquad (0-19)$$

(2) 表面挤压强度

以面接触而无相对运动的零件,通过接触面来传递载荷时接触面会产生挤压应力。表面挤压强度不足时,塑性材料零件表面可能产生塑性变形,脆性材料表面可能产生压溃,从而引起零件失效。机座与地基、铰孔螺栓杆与螺栓孔以及键与轴上键槽的接触工作面等,均须考虑表面的挤压强度。

计算表面挤压强度时,接触应力按接触表面平均应力进行条件性计算,强度条件为

$$\sigma_p=\frac{F}{A}\leqslant[\sigma_p] \qquad (0-20)$$

式中:F——载荷;

A——挤压接触面积;

σ_p,$[\sigma_p]$——挤压应力、许用挤压应力。

(3) 表面磨损强度

相互接触承受法向载荷,同时又有相对运动的两零件,接触表面会产生摩擦力。表面磨损强度不足时,磨损过于严重,可能引起零件失效。影响磨损的因素很多,工作中采用一种简化的条件性计算方法。强度条件为

$$p\leqslant[p],\quad pv\leqslant[pv],\quad v\leqslant[v] \qquad (0-21)$$

式中:p——工作表面压强;

v——工作表面相对速度;

$[p]$,$[v]$,$[pv]$——相关的许用值。

7. 机械零件的刚度和振动计算

(1) 刚度计算

机械零件均非刚体,受载后将产生弹性变形。刚度是指零件在载荷作用下抵抗弹性变形的能力,一般用产生单位弹性变形所需的外力或外力矩来表示。对于某些零件,如对弹性变形、变形稳定性及精度或振动有一定要求的零件,都应有一定的刚度要求。

轴类零件在刚度不足时,将会产生较大的变形,影响轴承与轴的接触以及轴上零件的工作状况,使机器不能正常工作,如机床加工过程中,机床主轴、导轨等零件的过大变形,将直接导致制造精度下降。对于这些零件,在设计过程中必须进行刚度计算。

刚度计算可利用材料力学公式计算零件的弹性变形量,如弯曲变形和扭转变形,根据零件的使用条件确定许用变形量,满足刚度条件:$y\leqslant[y]$或$\theta\leqslant[\theta]$。

对于形状复杂的零件,用材料力学公式计算时很难进行精确计算,通常需要将复杂的形状用简化的模型来代替,必要时通过实测对计算加以修正,也可以根据经验和资料对零件刚度进行类比计算。对于设计要求高的零件,可以采用仿真计算与实验相结合的方式进行刚度预测

和分析。

影响刚度的因素包括材料的弹性模量、零件的截面形状、零件的支撑方式和具体的结构形式等。金属的弹性模量一般远大于非金属,同类金属的弹性模量相差不大,因此用高强度的合金钢代替普通碳素钢来提高零件的刚度作用不大。

(2) 振动计算

机器在工作过程中,运动部件都以一定的速度运行,所受载荷也多为动载荷,因此,机器工作过程中有时会因出现振动问题而失效。

机械零件的振动特性一般用振幅和频率来表征。一般情况下,机器或零件的振幅非常小,振动对机器的工作特性影响也较小;但当机器或零件的自振频率和周期性载荷的作用频率接近时,会发生共振,此时振幅急剧增大,短期内即可导致零件断裂,甚至导致整个系统出现重大事故。对于零件和机器来说,保持振动稳定性,避免出现共振现象,是设计过程中必须考虑的问题;对于高速回转的零件和机器,这一点尤其重要。

设计中为避免振动引起的失效,必须做好两方面的工作。首先,分析引起振动的外载荷的变化规律,确定外载荷的作用频率 f_p;其次,根据机器或零件的材料、结构等确定系统或零件的固有频率 f,同时应使载荷的周期性作用频率适当远离零件的固有频率,满足 $f_p<0.85f$ 或 $f_p>1.15f$。

零件或系统的固有频率与零件的质量、刚度和结构以及系统的组成等多种因素有关,合理精确地确定出固有频率,对设计帮助很大。完善的数字仿真方法和先进的试验技术,为解决这个问题提供了有效的途径。

0.6　机械设计中的摩擦学设计

机械要运动就有摩擦。摩擦可直接导致磨损,进而造成机件失效。解决摩擦和磨损问题主要靠润滑和材料的选配。以研究摩擦、磨损和润滑问题为基本任务的学科称为摩擦学。它是构成机械学科的三大支柱学科之一。利用摩擦学的基本原理和定律进行设计的方法称为摩擦学设计。

如前所述,摩擦学设计在国民经济中作用巨大。摩擦学设计在机械工业中占有重要地位。利用摩擦学原理设计的机械装置分为两类:一类是利用摩擦传递载荷,这需要在设计中注意采用一定的机械结构增加或保持摩擦力,如带传动中使用 V 带和设计张紧装置等;另一类是设计中需要使零件在承载的同时减少摩擦,降低磨损,使摩擦副具有较高的工作效率和寿命,如滑动轴承等。

1. 摩擦及其基本性质

摩擦指相对运动表面间的相互作用。摩擦状态可分为:干摩擦——两运动表面材料直接接触所发生的摩擦状态;边界摩擦——摩擦运动副间的接触通过其表面边界膜实现的摩擦状态;流体摩擦——摩擦运动副间被一层流体完全分离的摩擦状态;混合摩擦——以上几种摩擦共存的状态。

通常,摩擦副材料不同,摩擦因数 μ 也不同。干摩擦表面摩擦因数较高,一般为 $\mu=0.04\sim0.5$,非金属材料(如聚四氟乙烯)作为摩擦副之一时,摩擦因数较小,$\mu=0.04\sim0.12$;工程上常用铜合金与钢设计摩擦副,摩擦因数常为 $\mu=0.15\sim0.3$。边界摩擦状态摩擦因数一般为0.05～0.3。流体摩擦状态的摩擦因数最小，$\mu=0.001\sim0.01$ 或更小。固体润滑时，摩擦因数一般在 $\mu=0.01\sim0.1$ 数量级。

摩擦副的摩擦因数 μ 与润滑剂黏度 η、相对滑动速度 v 及表面压强 p 的关系称为摩擦特性曲线，其特征与摩擦状态密切相关，如图0-13所示，可被用来判断摩擦副工作状态。

2. 磨　损

摩擦副间的相对运动产生摩擦，由此造成表面不同程度的材料缺失或损伤的现象称为磨损。磨损量(q)是衡量零件摩擦损失和判断是否失效的重要参量，超过正常损耗量的磨损被视为失效。单位时间的磨损量称为磨损率。摩擦副磨损过程一般被分为3个区，如图0-14所示。其中：Ⅰ区为跑合磨损区，发生在摩擦副工作初期，其磨损过程不甚稳定，但其结果有利于改善摩擦表面的工作状态，如表面几何形状和相容性等；通过这一过程可使摩擦副的工作状态趋于稳定，从而对摩擦副的工作产生有益的影响。Ⅱ区为稳定磨损区，经跑合磨损后，磨损率趋向一个定常值，并可维持较长的工作时间，且工作性能稳定，一般零件多工作于此区。Ⅲ区为剧烈磨损区，零件工作一段时间后，其磨损量达到或超过允许值后，因摩擦表面无法保证其正常工作所需的基本几何条件，而造成工作状态迅速恶化此时振动、冲击和温度指标常会发生显著变化，相关零部件迅速失效。不合理的设计会使摩擦副直接进入剧烈磨损区，造成零件很快报废。

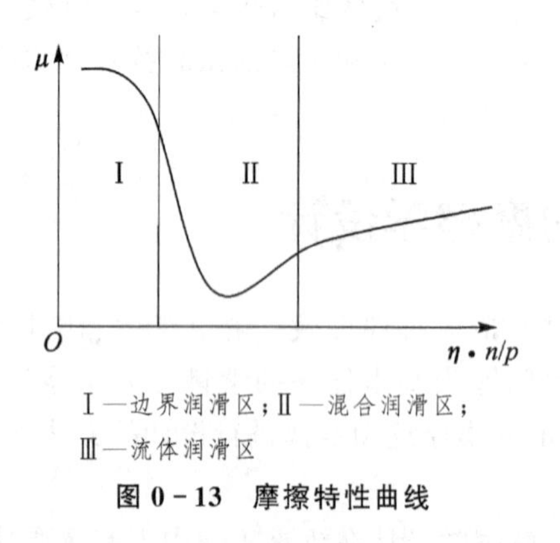

图0-13　摩擦特性曲线

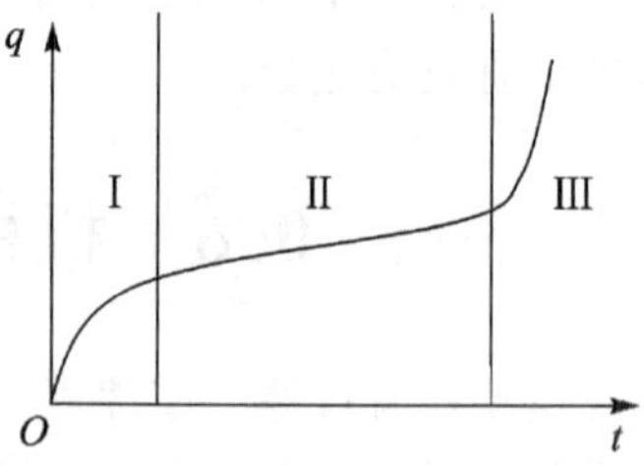

Ⅰ—跑合磨损区；Ⅱ—稳定磨损区；
Ⅲ—剧烈磨损区

图0-14　摩擦副的一般磨损过程

磨损按材料的破坏机理可分为四种类型，即黏着磨损、表面疲劳磨损、磨粒磨损和腐蚀磨损。齿轮轮齿表面胶合较严重的为黏着磨损，点蚀是典型的表面疲劳磨损。

3. 润　滑

运动部件间产生摩擦，摩擦导致磨损。为避免摩擦带来的能量损失和磨损带来的失效，润滑是一种常用的减摩降磨有效手段。在相对运动表面间加入润滑剂，使之免于工作在干摩擦状态，可以达到减小摩擦、降低磨损的效果，进而达到提高工作效率和延长使用寿命的目的。

润滑剂的加入可使摩擦副处于混合摩擦状态或流体摩擦状态。前者实现较为简单，后者相对复杂。要维持流体摩擦状态，实现流体润滑，可通过静压和动压等方式实现。

流体润滑基本方程可以通过对单位面积平行平板间流体的润滑状态分析得到。层流状态时，在图0-15的边界条件下，润滑剂在边界上与两板运动状态相同，单位面积摩擦表面所受摩擦力 F_μ 与润滑剂黏度 η 成正比，与摩擦副运动速度 u 及两板间距 h 有关，摩擦力可表达为

$$F_{\mu}=\sum \tau \tag{0-22}$$

式中：τ——两板间流体微团所受摩擦力，对于牛顿流体，满足

$$\tau=-\eta \frac{\partial u}{\partial y} \tag{0-23}$$

式(0－23)也称为牛顿黏性定律。

流体动压润滑是两滑动表面间充满流体，其运动使流体不间断地被迫流入一个楔形几何空间，使流体在该区域内形成一定的压力以承担载荷。如图 0－16 所示，压力 p 沿 x 方向分布，且与两表面间流体所在空间的几何形状、运动速度(u)及流体黏度(η)有关，可表示为

$$\frac{\partial p(x)}{\partial x}=6 \eta u \frac{h(x)-h_{0}(x)}{h^{3}(x)} \tag{0-24}$$

在确定的边界条件下，可以求出压力分布函数 $p(x)$ 及承载力 F，推导可参见第 5 章。

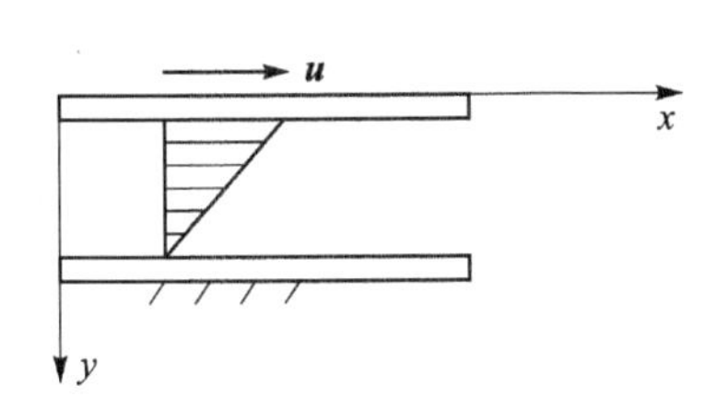

图 0－15　平行平板的流体润滑状态

图 0－16　非平行滑动表面间的流体动压润滑状态

弹性流体动力润滑是指在流体动力润滑计算中考虑相对运动表面本身的弹性变形。式(0－24)表明，$p(x)$与该移动副两表面间的间隙函数 $h(x)$关系重大。在高副接触问题中，局部大压强，使得局部材料弹性变形量已可与很薄的流体膜厚度及表面不平度共同产生作用，从而对流体压力特征产生影响。这种影响有时是巨大的。其表面变形状况和流体膜压力分布如图 0－17 所示，压力峰值超过赫兹应力最大值。

流体静压润滑是利用外部压源提供润滑剂，在油腔内形成压力垫承载。供油压力 p'、两摩擦面间间隙 h 和黏度等，都对承载力 F 产生影响。承载压力分布 $p(x)$与静压润滑平板支承的基本结构如图 0－18 所示。

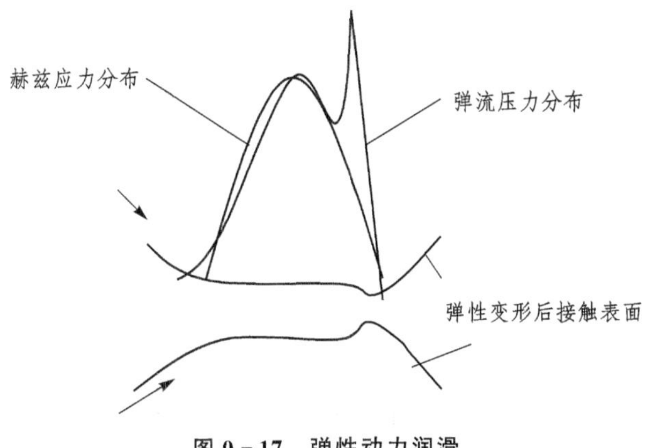

图 0－17　弹性动力润滑

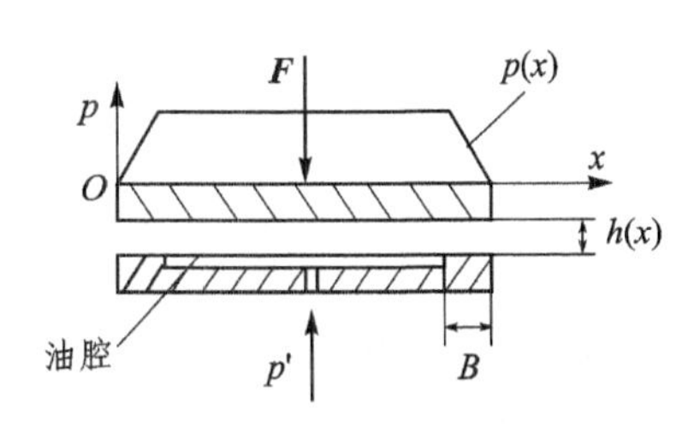

图 0－18　流体静压润滑

4. 润滑剂

(1) 润滑剂的分类

润滑剂主要分为流体润滑剂、气体润滑剂、半固体润滑剂和固体润滑剂。

流体润滑剂多为石油产品,根据需要也可化学合成;半固体润滑剂即润滑脂,由多用液基加入添加剂制成;气体润滑剂以纯净空气为多见,也可使用氦气等工业气体,其黏度低、摩擦小,但要求膜厚小,设计工艺复杂;固体润滑剂主要用于环境要求高的特殊工况下,如石墨、二硫化钼及聚四氟乙烯等都是常用的固体润滑剂。

(2) 润滑剂的性能指标

润滑剂的常用性能指标如下:

- 黏度——表达液体间黏性阻力大小的指标;
- 凝点——润滑剂由液态向固态转换的最高温度;
- 闪点——润滑油在火焰下闪烁时的最低温度;
- 燃点——闪烁持续 5 s 以上时的最低温度;
- 油性——湿润、吸附于摩擦表面的性能;
- 滴点——脂受热后开始滴落时的温度;
- 锥入度——脂黏稠度指标。

(3) 几种常用工业润滑剂

黏度是润滑剂的重要性能指标。表 0-3 列出了不同润滑剂的黏度牌号与运动黏度的关系,常压、40 ℃时的黏度值以及工业润滑剂常用范围;表 0-4 列出了常用润滑油的种类及黏度等级。

表 0-3 润滑剂黏度牌号与运动黏度

黏度牌号	运动黏度中心值(40 ℃)	运动黏度范围(40 ℃)	黏度牌号	运动黏度中心值(40 ℃)	运动黏度范围(40 ℃)
2	2.2	1.98~2.422	68	68	61.2~74.8
3	3.2	2.88~3.52	100	100	90.0~110
5	4.6	4.14~5.06	150	150	135~165
7	6.8	6.17~7.48	220	220	198~242
10	10	9.00~11.0	320	320	288~352
15	15	13.5~16.5	460	460	414~506
22	22	19.8~24.2	680	680	612~748
32	32	28.8~35.2	1 000	1 000	900~1 100
46	46	41.4~50.6	1 500	1 500	1 350~1 650

选择润滑剂时,高速轻载工况宜选用黏度较低的润滑剂;低速重载时,宜选用含有极压和油性添加剂的润滑剂;冲击振动较大时,应选用黏度较高、吸附性好的润滑剂;温度变化大的高低温和其他特殊工况下,应考虑选择合适的黏度、黏度指数、闪点及凝点等的润滑剂。注意:润滑剂的黏度还与其温度和压力有关。

表 0-4 常用润滑油的种类及黏度等级

黏度等级		3	5	7	10	15	22	32	46	68	100	150	220	320	460	680
润滑油种类*	AN		☆	☆	☆	☆	☆	☆	☆	☆	☆	☆				
	FC	☆	☆	☆	☆	☆	☆	☆	☆	☆						
	FD	☆	☆	☆	☆	☆	☆									
	AY							☆	☆	☆						
	DAC					☆	☆	☆	☆	☆	☆					
	TSC							☆	☆	☆	☆					
	G							☆	☆	☆	☆	☆				
	CKC										☆	☆	☆	☆	☆	☆
	CKD										☆	☆	☆	☆	☆	☆

* 表中润滑油的符号表示如下：AN 为机械油，FC 为轴承油（抗氧和防锈），FD 为轴承油（抗氧、防锈及抗磨），AY 为车轴油，DAC 为空气压缩机油（回转式），TSC 为汽轮机油（防锈），G 为导轨油，CKC 为工业齿轮油（中载和极压），CKD 为工业齿轮油（重载和极压）。

(4) 润滑脂的选用

表 0-5 列出了几种常用润滑脂的性能。由于脂基不同，其对环境的适应性也有差别，环境含水量高时，宜使用钙基脂；承载要求高时，宜选锥入度小的润滑脂；相对滑动速度大且温度高时，可选锥入度大、安定性好的润滑脂，一般工作温度应比滴点低 20 ℃左右。润滑脂按锥入度大小分为若干个品种，如 1 号钙基脂锥入度为 310～340，4 号钙基脂锥入度为 175～205 等。

表 0-5 常用润滑脂及性能比较

润滑脂种类	锥入度 1/10 mm	滴点/℃	使用温度/℃	耐水性	寿 命	机械安定性
钙基脂 GB 411—87	175～340	−80～95	−10～60	优	中	优
钠基脂 GB 442—89	220～295	160	−10～120	差	中—长	良
铝基脂 ZBE 36004—88	230～280	75	−10～80	良	短	中
锂基脂 GB 7323—87	265～385	170	−10～120	良	中—长	良

习 题

0-1 机械设计中采用强度设计时，常用的强度条件有哪些？

0-2 解释下列名词：静载荷、变载荷、名义载荷、计算载荷、静应力及变应力。

0-3 变应力主要有哪几种类型？它们是怎样产生的？静载荷能否产生变应力？

0-4 影响零件疲劳强度的因素有哪些？如何提高零件疲劳强度？

0-5 影响零件刚度的因素有哪些？某轴的材料由碳钢改为合金钢,其尺寸不变,轴的刚度能否提高？为什么？

0-6 什么是摩擦学？摩擦学设计主要解决哪些方面的问题？

0-7 摩擦可分为哪几种基本类型？各有何特点？

0-8 润滑的功用有哪些？润滑状态可分为哪几种？

0-9 摩擦副零件表面在工作过程中一般经历哪几个阶段？各有何特点？

0-10 形成流体润滑膜有哪些手段？什么叫牛顿流体？

0-11 什么叫动压润滑？什么叫静压润滑？什么叫弹性流体润滑？

0-12 润滑剂有哪些主要类型？其性能指标有哪些？各适用于哪些场合？

第一篇　强度刚度设计

第1章　轴

1.1　轴的分类与选材

轴是用来支承回转运动件，并完成同一轴上不同零件间载荷传递的零件，是组成机器的重要零件，应用广泛，如机床传动箱中的齿轮轴、汽车中的传动轴等。

1. 轴的分类

根据轴的几何形状的不同，可以将轴分为：直轴和曲轴。直轴较常见，曲轴常用于往复式机械中，如内燃机主轴等。本章主要讨论直轴。

根据工作过程中的承载不同，可以将轴分为：传动轴、心轴和转轴。

- 传动轴　主要受转矩作用的轴，如汽车的传动轴。
- 心　轴　主要受弯矩作用的轴。心轴可以是转动的，也可以是不转动的，如表1-1所列的滑轮轴等。
- 转　轴　既受转矩，又受弯矩作用的轴。转轴是机器中最常见的轴。

根据轴的外形，可以将直轴分为光轴和阶梯轴；根据轴内部状况，又可以将直轴分为实心轴和空心轴。用钢丝绕制轴身可弯曲的轴称为钢丝软轴，常用于轴线形状多变的特殊场合，如用于对生物体或机器内部状况的监测设备中。轴的种类很多，其名称多与受载状况和结构特点有关。

2. 轴的设计

轴的主要功能是支承轴上零件并传递转矩，工作过程中可能出现的失效形式包括：因强度不足引起轴的断裂，因刚度不足引起过大变形导致运转精度下降以及较高转速下出现共振等。轴的设计就是要保证轴上零件安装和载荷的传递，主要包括两部分内容：

① 轴的工作能力设计　主要进行轴的强度设计和刚度设计，对于转速较高的轴还要进行振动稳定性的计算。

② 轴的结构设计　根据轴的功能，其结构设计必须保证轴上零件的安装固定和保证轴系在机器中的支承要求，同时应具有良好的工艺性。

一般的设计步骤：选择材料，初估轴径，结构设计及强度校核，必要时进行刚度校核和稳定性计算。当校核结果不满足承载要求时，则须修改原结构设计结果，再重新校核。

3. 轴的材料

轴是主要的支承件，常采用机械性能较好的材料，表 1－2 所列为一般设计时轴的常用材料和机械性能。

表 1－1　轴的分类

转　轴	心　轴		传动轴
	轴转动	轴不转	
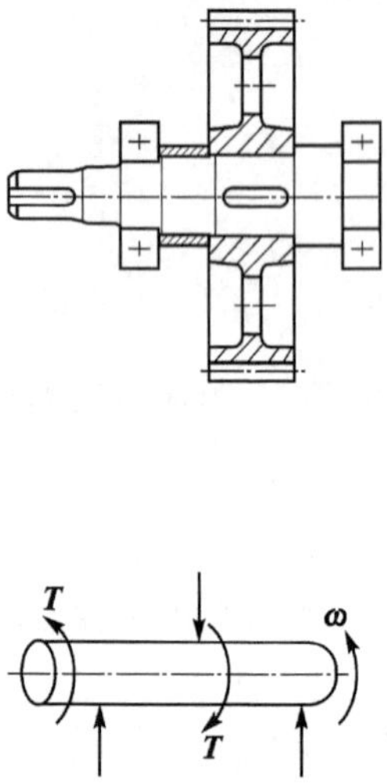	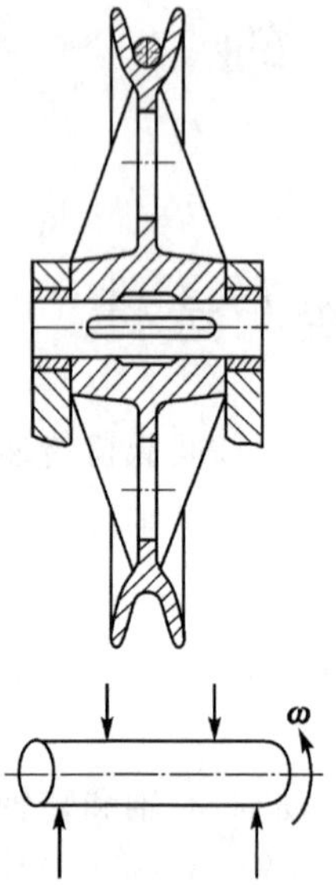	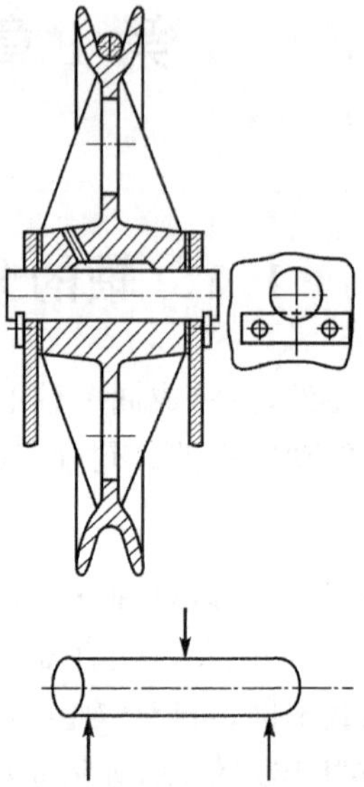	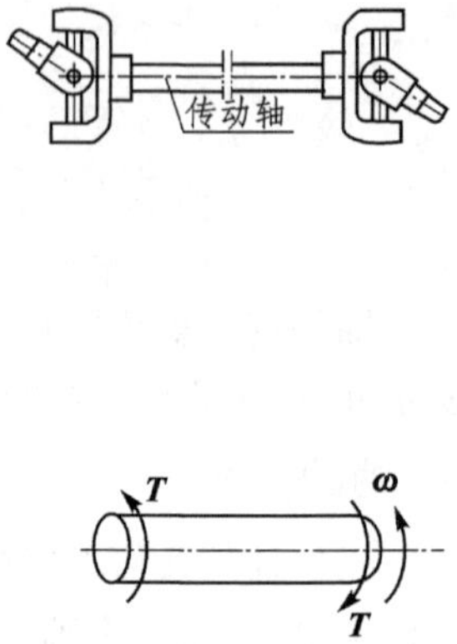
轴同时承受转矩和弯矩	轴只受弯矩，不受转矩。转动的心轴受变应力，不转的心轴受静应力		轴主要受转矩，不受弯矩或弯矩很小

表 1－2　轴的常用材料和机械性能

材　料	热处理	毛坯直径/mm	硬度 HB	强度极限 σ_B/MPa	屈服极限 σ_S/MPa	弯曲疲劳极限 σ_{-1}/MPa	剪切疲劳极限 τ_{-1}/MPa	应用场合
45	正　火	25	≤241	610	360	260	150	应用最为广泛
	正　火	≤100	170～217	600	300	275	140	
	回　火	>100～300	162～217	580	290	270	135	
	调　质	≤200	217～255	650	360	300	155	
40Cr	调　质	25	241～286	1 000	800	500	280	用于载荷较大而无冲击载荷的重要轴
		≤100		750	550	350	200	
		>100～300		700	500	340	185	
40CrNi	调　质	25≥	300～320	1 000	800	485	280	用于很重要的轴
		≤100	270～300	900	750	470	280	
20Cr	渗碳淬火回火	≤15	表面 HRC＝56～62	850	550	375	215	用于要求强度、韧性均较高的轴
		≤60		650	400	280	160	

续表 1-2

材　料	热处理	毛坯直径/mm	硬度 HB	强度极限 σ_B/MPa	屈服极限 σ_S/MPa	弯曲疲劳极限 σ_{-1}/MPa	剪切疲劳极限 τ_{-1}/MPa	应用场合
1Cr18Ni9Ti	淬　火	≤60	≤192	550	220	205	120	用于高、低温及强腐蚀条件下工作的轴
		>60～100		540	200	205	115	
		>100～200		500	200	195	105	
QT450-10			160～200	450	310	160	140	不重要的外形复杂的轴

注：τ_S 可近似取为(0.55～0.62)σ_S。

(1) 碳素钢

该类材料对应力集中的敏感性较小，价格较低，是轴类零件最常用的材料。常用牌号有：30，35，40，45 及 50。采用优质碳钢时，一般应进行热处理，以改善其性能。受力较小或不重要的轴，也可以选用 Q235 和 Q255 等普通碳钢。

(2) 合金钢

对于有重载、高温、结构紧凑和质量小等使用要求的轴，可以选用合金钢。合金钢具有更好的机械性能和热处理性能；但对应力集中较敏感，价格也较高。设计中尤其要注意从结构上减小应力集中，并提高其表面质量。

(3) 铸　铁

对于形状比较复杂的轴，可以选用球墨铸铁和高强度的铸铁。它们具有较好的加工性和吸振性，经济性好且对应力集中不敏感；但要注意保证铸造质量。

1.2　轴的结构设计

轴的结构设计主要是在初步估算轴径的基础上，根据轴在机器中的具体使用状况，确定轴的合理外形和全部的结构尺寸。

根据轴在工作中的作用，轴的结构取决于轴在机器中的安装位置和形式，轴上零件的类型和尺寸，载荷的性质、大小、方向和分布状况以及轴的加工工艺等多个因素。由于不同的轴对应的具体工况不同，轴的结构设计结果也各不相同，设计中必须根据使用工况具体分析。

轴的结构设计应满足：合理布置轴上零件，使轴受力合理，有利于提高强度和刚度；轴和轴上零件必须有准确的工作位置；轴上零件装拆调整方便；轴具有良好的加工工艺性；节省材料等基本条件。

轴的结构设计，一般应在机器的整体方案确定后，根据机器中的核心零件的主要参数和尺寸及其转速、功率和材料等条件进行。

1. 轴的组成

轴的毛坯一般采用圆钢、锻造或焊接，由于铸造品质不易保证，故较少选用铸造毛坯。

如图 1-1 所示，轴主要由三部分组成：轴上被支承、安装轴承的部分称为轴颈；支承轴上零件、安装轮毂的部分称为轴头；连接轴头和轴颈的部分称为轴身。轴颈上安装滚动轴承时，直径尺寸必须按滚动轴承的国家标准设计几何尺寸，尺寸公差和表面粗糙度须按国家标准规定选择；轴头及轴身的尺寸要参考轮毂的尺寸进行设计；轴身尺寸的确定应尽量使其过渡合理，避免截面尺寸变化过大，同时具有较好的工艺性。

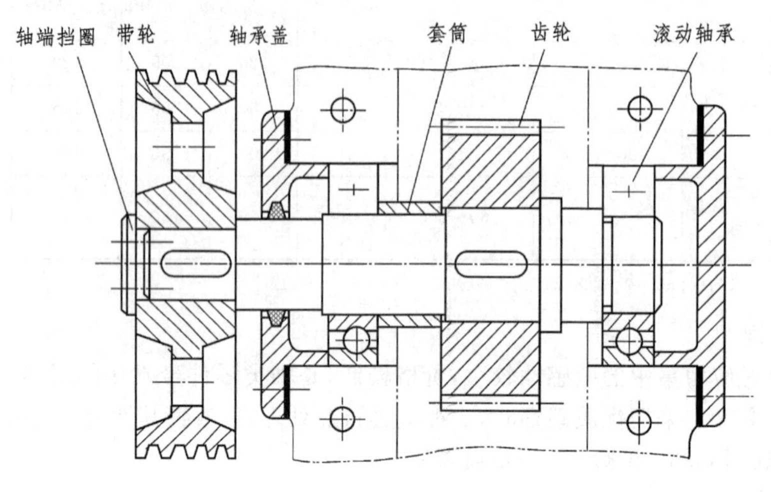

图 1-1　轴的组成

2. 结构设计步骤

轴的结构与轴上零件和轴的使用工况密切相关，具体结构形式各不相同。设计中常采用以下的设计步骤：

① 分析所设计轴的工作状况，拟定轴上零件的装配方案和轴在机器中的安装情况。

② 根据已知的轴上近似载荷，初估轴的直径或根据经验确定轴的径向尺寸。

③ 根据轴上零件受力情况以及安装、固定、装配时对轴表面的要求等确定轴的径向尺寸。

④ 根据轴上零件的位置、配合长度、支承结构和形式确定轴的轴向尺寸。

考虑加工和装配的工艺性及轴的强度要求，使轴的结构更合理。

3. 零件在轴上的安装

保证轴上零件可靠工作，需要零件在工作过程中有准确的位置，即零件在轴上必须有准确的定位并固定。零件在轴上的定位，除径向用配合来保证外，主要有轴向和周向两个方向。

(1) 零件在轴上的轴向定位和固定

常见的轴向定位和固定通常采用轴肩、各种挡圈、套筒、圆螺母及锥形轴头等的多种组合结构。图 1-2 是一些常用的组合结构。

轴肩分为定位轴肩和非定位轴肩两种。利用轴肩定位结构简单、可靠，但轴肩的使用必然使轴的直径加大，轴肩处出现应力集中。定位轴肩多在不致过多地增加轴的阶梯数和轴向力较大的情况下使用，其高度一般取 3～5 mm，滚动轴承定位轴肩的高度需按照滚动轴承的安装尺寸确定。非定位轴肩多数是为了装配合理方便和径向尺寸过渡合理采用，其高度无严格限制。一般轴径变化越大应力集中越明显，非定位轴肩高度一般取 1～2 mm。

套筒定位对轴的应力分布影响小，但受到套筒长度和与轴的配合因素的影响，不宜过长，高速旋转的场合应选择较紧的配合。

挡圈挡板的种类较多，其中多数为标准件，设计中按需选用。轴肩-圆螺母组合方式常用

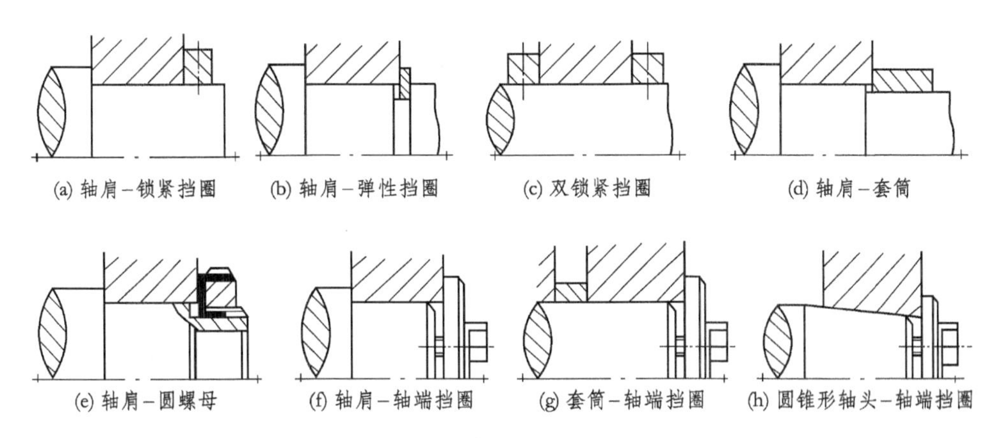

图 1–2 轴向定位和固定

于轴承或轴端定位和固定位置，结构形式见图 1–2(e)。

(2) 零件在轴上的周向定位和固定

零件在轴上的周向定位和固定常采用键、花键、过盈配合、成形连接及销等多种结构来实现，常用结构形式如图 1–3 所示。

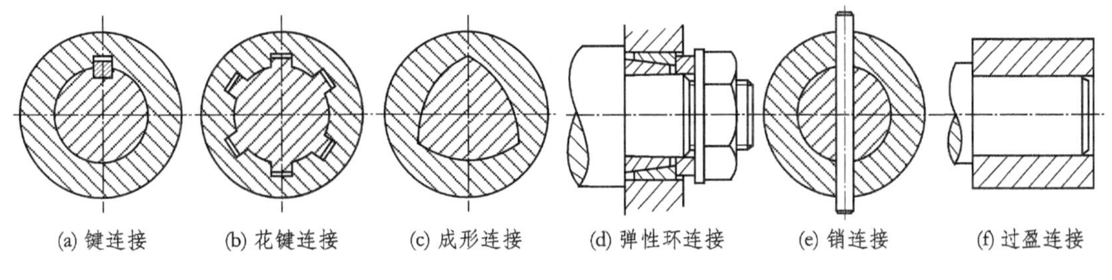

图 1–3 周向定位和固定

其中，键连接采用较多，具体设计见第 7 章。设计时，同一轴上的键槽应布置在一条直线上，如轴径尺寸相差不大时，同一轴上的键最好选用相同的键宽。

4. 轴的结构工艺性

从装配工艺考虑：根据装配方案，应合理地设计轴径，使轴上不同零件在安装过程中尽量减小配合面；为了装配方便，轴端应设计倒角；在安装键的轴段，应使键槽靠近轴与轮毂先接触的直径变化处，便于在安装时零件上的键槽与键准轴；采用过盈配合时，为了便于装配，直径变化处可用锥面过渡等设计。

从加工工艺考虑：当轴的某段须磨削加工或有螺纹时，须设计砂轮越程槽或退刀槽；根据表面安装零件的配合需要，合理确定表面粗糙度和加工方法；为改善轴的抗疲劳强度，减小轴径变化处的应力集中，应适当增大其过渡圆角半径，定位轴肩设计时要保证零件的可靠定位，过渡圆角半径必须小于与之相配合的零件的圆角半径或倒角尺寸。

轴的结构设计就是根据轴上零件的安装装配要求，通过合理设置轴上零件的轴向和周向准确位置，并满足良好的加工和装配工艺性，确定轴的结构形式及几何尺寸。由于各种机械中轴的具体工作情况差异很大，固而在设计中须根据具体问题仔细分析，不要生搬硬套。

1.3　轴的强度计算

在轴的结构设计中要确定的轴的形状和几何尺寸与其承担载荷的匹配关系，或在已知轴的承载要求需设计其轴径尺寸时，均需要通过强度校核或设计计算来确定。

当进行轴的强度校核计算时，应根据轴的具体受载及应力情况，采用相应的计算方法：

- 对于只传递转矩（扭矩）的轴（传动轴），按扭转强度条件计算。
- 对于只承受弯矩的轴（心轴），按弯曲强度条件计算。
- 对于既受到转矩的作用，又受到弯矩作用的轴（转轴），应按弯扭合成强度条件计算。
- 对于重要的轴需按疲劳工作条件进行精确校核；对于瞬时过载很大或应力循环不对称性较为严重的轴，还应校核静强度。

为了进行强度计算，首先需要将轴的实际受力进行简化，建立轴受力的力学模型。根据轴上零件的位置，一般可将传动零件上的作用力简化为作用于其配合宽度中点的集中力，支点的位置根据轴承的安装位置确定，转矩的简化至回转零件的配合宽度中点。再根据简化后的模型进行轴的强度计算。

1. 扭转强度计算

根据轴所传递的转矩大小，通过计算切应力来建立轴的强度条件，主要用于以传递转矩为主的传动轴和初步估算轴径。这种方法计算简便，但计算精度较低。

计算时只考虑轴上所受到的转矩，采用降低许用应力的方法来粗略地考虑弯矩的影响。在计算中按照转矩对轴的强度或刚度的影响，初步确定轴的几何尺寸，以便进行结构设计。

强度条件为

$$\tau = \frac{T}{W_T} \leqslant [\tau] \tag{1-1}$$

式中：T——轴所传递的转矩，N·mm，$T=9.55\times10^6\ P/n$。

$[\tau]$——许用扭转切应力，MPa，见表 1-3。

W_T——轴抗扭截面模量，对实心轴 $W_T=\pi d^3/16$，代入式(1-1)，可得轴的直径为

$$d \geqslant \sqrt[3]{\frac{9.55\times10^6 P}{0.2[\tau]n}} = C\sqrt[3]{\frac{P}{n}} \tag{1-2}$$

式中：P——轴所传递的功率，kW；

n——轴的转速，r/min；

C——与材料有关的系数，见表 1-3。

表 1-3　轴的许用扭转切应力及系数 C

轴的材料	Q235,20	Q255,Q275,35	45	40Cr,35SiMn 等
$[\tau]$/MPa	12～20	20～30	30～40	40～52
C	160～135	135～118	118～106	106～98

当轴所受弯矩较大时，C 值宜取较大值；反之，则取较小值。初估直径一般为轴的最小直径，其他轴段的直径按结构设计要求确定。直径处有键槽时，单键轴径须增加约 3%，双键轴径须增加约 7%。

2. 弯扭合成强度计算

轴常既受到转矩的作用，又受到弯矩的作用。强度计算时可根据强度理论，对轴所受到的弯矩和转矩进行合成，用合成后的当量弯矩产生的应力作为轴所受到的应力；同时，对影响轴疲劳强度的其他因素，采用降低许用应力的方法来考虑，建立轴的强度条件。这种同时考虑弯扭对轴作用的强度计算方法，常被称为轴强度计算中的弯扭合成法。这种方法计算简便，常用于一般精度要求的设计计算。

弯扭合成强度计算的具体步骤如下：

① 根据结构设计结果，确定外载荷作用点、大小、方向和支点位置，绘制轴的受力简图。

② 确定坐标系，将外载荷分解为水平面和垂直面内分力，求出水平和垂直两平面的支反力。

③ 绘制水平面、垂直平面的弯矩 M_X 和 M_Y 图。

④ 计算合成弯矩，绘制合成弯矩图 $M=\sqrt{M_X^2+M_Y^2}$。

⑤ 绘制转矩图。

⑥ 按照强度理论 $M_e=\sqrt{M^2+(\alpha T)^2}$ 求出当量弯矩 M_e，绘制当量弯矩图；式中 α 是根据转矩性质而定的应力校正系数。对于不变的转矩，取 $\alpha=\dfrac{[\sigma_{-1b}]}{[\sigma_{+1b}]}$；对于脉动的转矩，取 $\alpha=\dfrac{[\sigma_{-1b}]}{[\sigma_{0b}]}$；对于对称循环的转矩，取 $\alpha=1$。$[\sigma_{+1b}]$、$[\sigma_{0b}]$和$[\sigma_{-1b}]$分别为材料在静应力、脉动应力和对称循环应力状态下的许用弯曲应力，其值见表 1－4。实际设计中，不变的转矩只是理论上存在，机器运转时载荷常有波动，且有启动频率和程度扭转振动的影响，因此，设计中载荷状况不清的情况常按脉动转矩计算。

表 1－4　轴的许用弯曲应力

单位：MPa

材　料	σ_B	$[\sigma_{+1b}]$	$[\sigma_{0b}]$	$[\sigma_{-1b}]$
碳素钢	400	130	70	40
	500	170	75	45
	600	200	95	55
	700	230	110	65
合金钢	800	270	130	75
	1 000	330	150	90
铸　钢	400	100	50	30
	500	120	70	40

⑦ 确定危险截面，校核危险截面轴径。校核的公式为

$$\sigma_b=\frac{M_e}{W}=\frac{M_e}{0.1d^3}\leqslant[\sigma_{-1b}] \tag{1-3}$$

或
$$d \geqslant \sqrt[3]{\frac{M_{\mathrm{e}}}{0.1[\sigma_{-1\mathrm{b}}]}} \tag{1-4}$$

式中：W——轴的抗弯截面模量，不同结构形式截面的截面模量见附录 A 中的表 A-7。

3. 疲劳强度精确(安全系数)校核计算

因按弯扭合成强度计算时未考虑轴的细部结构，所以对于使用场合重要、对计算精度要求较高的重要轴，如须进行更准确的计算，通常采用安全系数法。它不仅考虑截面当量弯矩及几何尺寸的影响，而且要考虑应力集中和绝对尺寸影响的程度以及轴毂配合等多种因素。校核时需计算实际安全系数与设计安全系数，并对二者进行比较，确定轴的强度状况。

安全系数计算的具体步骤如下：

① 同弯扭合成强度计算的步骤①，并确定轴的表面粗糙度、与其他零件的配合性质和表面热处理状况及材料性能等详细数据。

② 绘制弯矩图和转矩图。

③ 确定危险截面，求出截面上的弯曲应力 σ 和切应力 τ 及应力变化情况。

④ 计算疲劳强度的安全系数 S，即

$$S = \frac{S_{\sigma} S_{\tau}}{\sqrt{S_{\sigma}^2 + S_{\tau}^2}} \tag{1-5}$$

弯矩作用下的安全系数为 S_{σ}，即

$$S_{\sigma} = \frac{k_N \sigma_{-1}}{\dfrac{k_{\sigma}}{\beta \varepsilon_{\sigma}} \sigma_{\mathrm{a}} + \psi_{\sigma} \sigma_{\mathrm{m}}} \tag{1-6}$$

转矩作用下的安全系数为 S_{τ}，即

$$S_{\tau} = \frac{k_N \tau_{-1}}{\dfrac{k_{\tau}}{\beta \varepsilon_{\tau}} \tau_{\mathrm{a}} + \psi_{\tau} \tau_{\mathrm{m}}} \tag{1-7}$$

式中：k_N——寿命系数，见 0.5 节；

σ_{-1}，τ_{-1}——对称循环应力时材料的弯曲疲劳极限和扭转疲劳极限；

k_{σ}，k_{τ}——弯曲和扭转时的应力集中系数，查附录 A 中的表 A-1～表 A-3；

β——表面质量系数，见附录 A 中的表 A-4 和表 A-5；

ε_{σ}，ε_{τ}——尺寸系数，见附录 A 中的表 A-6；

σ_{m}，τ_{m}——平均应力；

ψ_{σ}，ψ_{τ}——平均应力折合为应力幅的等效系数，$\psi_{\sigma} = \dfrac{2\sigma_{-1} - \sigma_0}{\sigma_0}$，$\psi_{\tau} = \dfrac{2\tau_{-1} - \tau_0}{\tau_0}$；

σ_0，τ_0——脉动循环应力时材料的弯曲疲劳极限和扭转疲劳极限见表 1-4。

⑤ 校核疲劳强度条件为

$$S \geqslant [S]$$

式中：$[S]$——许用安全系数，根据实际使用状况按表 1-5 确定。

当校核满足强度条件时，说明结构设计所确定的轴结构及尺寸满足要求，可以作为实际设计结果；当校核不满足强度条件时，说明结构设计所确定的轴结构不能满足要求，需要重新进行结构设计或修改结构设计。具体方法可以采用：结构设计上降低应力集中，选用强化材料机

械性能的工艺来提高材料的疲劳强度,改用高强度材料或加大剖面尺寸等。

表1-5　许用安全系数[S]的选择

疲劳强度		静强度		
材质及计算精度	安全系数[S]	材　质		安全系数[S]
材质均匀,载荷与应力计算较精确	1.3~1.5	σ_0/σ_B	0.45~0.55	1.2~1.5
			0.55~0.70	1.4~1.8
			0.70~0.90	1.7~2.2
材质不均匀,计算不够精确	1.5~1.8	铸　件		1.6~2.5
材质差,计算精度低或 $d>200$ mm 的转轴	1.8~2.5	材质不均匀,以 σ_B 作极限应力		3~4

4. 静强度计算

对于工作过程中瞬时过载很大或应力循环不对称性较为严重的轴,即使轴上的尖峰载荷作用时间很短和出现次数很少,不足以引起疲劳破坏,也能使轴产生塑性变形。设计时应校核静强度。

(1) 按弯扭合成校核

强度条件为

$$\sigma_{b0}=\sqrt{\sigma_0^2+3\tau_0^2}\leqslant[\sigma_0] \tag{1-8}$$

$$\sigma_0=\frac{M_{max}}{W},\qquad \tau_0=\frac{T_{max}}{W_T}$$

式中:M_{max} 和 T_{max}——工作过程中的最大载荷。

对于实心圆轴,将 $\sigma_0=\dfrac{10M_{max}}{d^3}$,$\tau_0=\dfrac{5T_{max}}{d^3}$代入式(1-8),可得

$$\sigma_{b0}=\frac{10\sqrt{M_{max}^2+0.75T_{max}^2}}{d^3}=\frac{10M_{e0}}{d^3}\leqslant[\sigma_0] \tag{1-9}$$

或

$$d\geqslant\sqrt[3]{\frac{10M_{e0}}{[\sigma_0]}} \tag{1-10}$$

式中:M_{e0}——静强度当量弯矩;

$[\sigma_0]$——静强度许用应力。

计算时 M 和 T 应取最大载荷的数值。许用应力取$[\sigma_0]=\sigma_S/S$。σ_S 为材料的屈服极限,S 为安全系数,其值根据实践经验或表1-5确定。当载荷或应力不能精确计算,材料性能无法把握时,上述 S 值应增大20%~50%。

(2) 按安全系数法校核

强度条件为

$$S_0=\frac{S_{0\sigma}S_{0\tau}}{\sqrt{S_{0\sigma}^2+S_{0\tau}^2}}\geqslant[S_0] \tag{1-11}$$

$$S_{0\sigma}=\frac{\sigma_S}{\sigma_{max}},\qquad S_{0\tau}=\frac{\tau_S}{\tau_{max}}$$

式中：σ_{max} 和 τ_{max}——最大载荷所产生的弯曲应力和扭转应力；

σ_S 和 τ_S——材料的抗拉和抗扭屈服极限，见表 1－2；

$[S_0]$——静强度安全系数，见表 1－5。

1.4　轴的刚度计算

轴属于细长杆件类零件，受力后会产生弹性变形。过大的弹性变形会导致轴和轴上零件工作不正常而失效，因此，对于重要的或有刚度要求的轴，要进行刚度计算。

轴的刚度有弯曲刚度和扭转刚度两种。弯曲刚度用轴的挠度 y 或偏转角 θ 来表征，扭转刚度用轴的扭转角 φ 来表征。轴的刚度计算，就是计算轴在工作载荷下的变形量，并要求其在允许的范围内，即 $y<[y]$，$\theta<[\theta]$，$\varphi<[\varphi]$。常用轴的变形许用值见表 1－6。

表 1－6　轴的变形许用值

轴的种类	允许挠度$[y_{max}]$/mm	轴承的种类	允许偏转角$[\theta_{max}]$/rad
一般用途的轴	$(0.000\,3\sim0.000\,5)L$	滑动轴承	0.001
刚度要求较严的轴	$0.000\,2L$	深沟球轴承	0.005
感应电动机轴	0.1Δ	调心球轴承	0.05
安装齿轮的轴	$(0.01\sim0.05)m_n$	圆柱滚子轴承	0.002 5
安装蜗轮的轴	$(0.02\sim0.05)m_{t2}$	圆锥滚子轴承	0.001 6
		安装齿轮处轴的剖面	0.001～0.002

注：L—轴的跨距；Δ—电动机定子与转子间的气隙，mm；m_n—齿轮的法面模数，mm；m_{t2}—蜗轮的端面模数，mm。

1. 弯曲刚度计算

进行轴的弯曲刚度计算时，须计算出轴的弯曲变形。因为轴承间隙、箱体刚度、配合在轴上零件的刚度以及轴的局部削弱等都要影响到轴的刚度，所以精确计算轴的弯曲变形很复杂。机械设计中通常按材料力学的方法计算挠度和偏转角，常用的方法有当量轴径法和能量法。

(1) 当量轴径法

当量轴径法适用于轴的各段直径相差较小且只需作近似计算的场合，通过将阶梯轴转化为等效光轴后求等效轴的弯曲变形。等效光轴的直径为

$$d_e=\frac{\sum d_i l_i}{\sum l_i}$$

式中：d_i——阶梯轴的第 i 段直径($i=1,1,2,\cdots,n$，n 为段数)；

l_i——阶梯轴的第 i 段长度。

若作用于光轴的载荷 F 位于支承跨距 L 的中间位置时，则轴在该处的挠度 y 和支承处的偏转角 θ 分别为

$$y=\frac{FL^3}{48EI} \tag{1-12}$$

$$\theta=\frac{FL^2}{16EI} \tag{1-13}$$

式中：E——材料的弹性模量，N/mm^2；

I——光轴剖面的惯性矩，$I=0.05d_e^4$，mm^4。

(2) 能量法

能量法适用于阶梯轴弯曲刚度较精确的计算。该方法通过对轴受外力作用后所引起的变形能的分析，并应用材料力学的方法分析轴的变形。

2. 扭转刚度计算

轴受转矩作用时，对于钢制实心阶梯轴，其扭转角的计算式为

$$\varphi=\frac{1}{G}\sum\frac{T_i l_i}{0.1d_i^4} \tag{1-14}$$

式中：G——材料的剪切弹性模量，钢的 $G=8.1\times10^4$ N/mm；

T_i, l_i, d_i——第 i 段轴所受的转矩(N·mm)、长度(mm)和直径(mm)。

3. 提高轴的疲劳强度和刚度的措施

设计过程中，可以从结构安排和工艺等方面采取措施来提高轴的承载能力。

(1) 减小载荷

根据轴上安装的传动零件的状况和特点，合理布置和设计，以减小轴的受载。如图 1-4 所示的轴，将该轴上输入轮 3 的位置放置在输出轮 1 和 2 之间(见图 1-4(a))，则轴所受的最大转矩将由(T_1+T_2)减小为 T_1(设 $T_1>T_2$)。又如图 1-5 中，卷筒的轮毂较长，轴的弯矩大，将轮毂分为两段(见图 1-5(b))，既减小了轴受到的弯矩，又可以得到良好的轴孔配合。

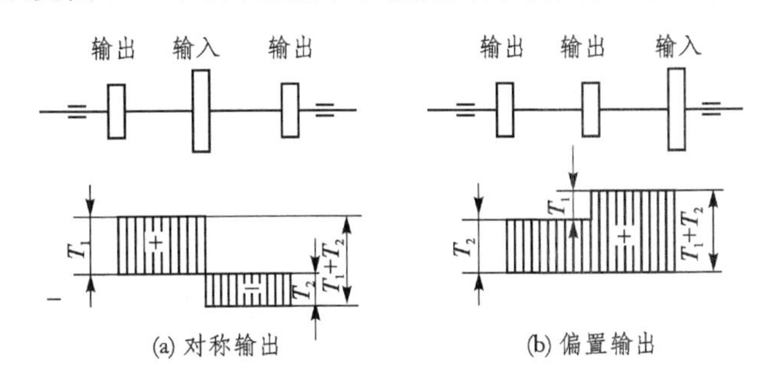

图 1-4　三齿轮转矩布置

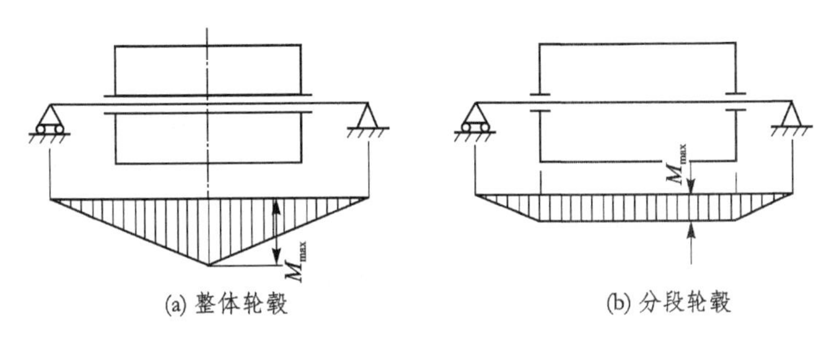

图 1-5　卷筒轴结构图

对于受弯矩和转矩联合作用的转轴，可以改进轴和轴上零件结构，以减小轴的承载。如图 1-6 所示的轴，采用卸载结构，作用于带轮上的载荷由轴承承担，轴只受到转矩作用。又如图 1-7 所示的轴，采用图(a)的结构时，转矩由转动件直接传递，此轴只受弯矩，不受转矩。

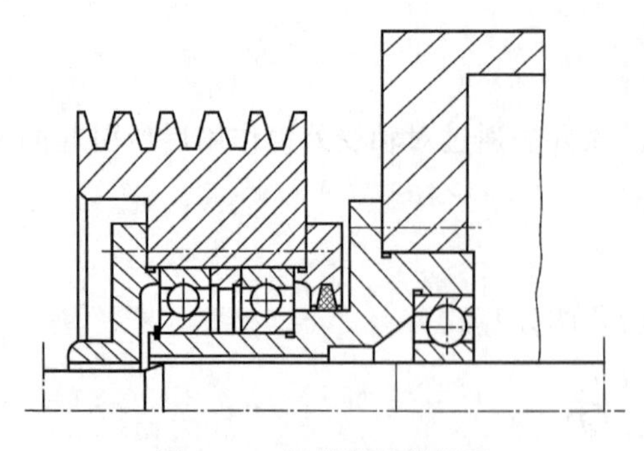

图 1-6　卸载带轮结构图

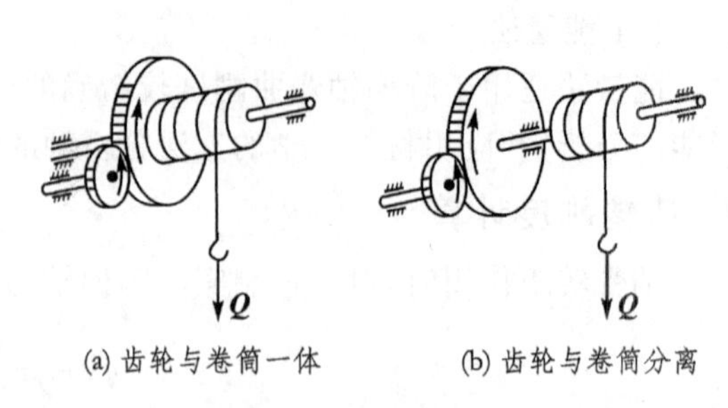

(a) 齿轮与卷筒一体　　(b) 齿轮与卷筒分离

图 1-7　联动卷筒轴

(2) 减小应力集中

改进轴的结构，避免轴的剖面尺寸发生较大的变化，采用较大的过渡圆角半径，当装配零件的倒角很小时，可以采用图 1-8 中介绍的内凹圆角或加装隔离环；尽可能不在轴的受载区段切制螺纹；可能时适当放松零件与轴的配合，在轮毂上或与轮毂配合区段两端的轴上加开卸载槽（见图 1-9），以减小过盈配合处的应力集中等。

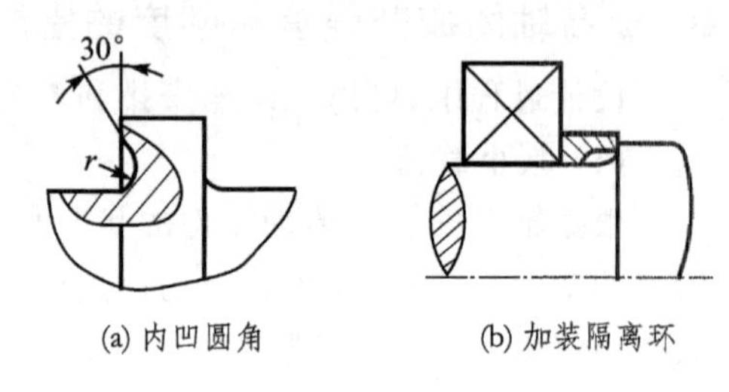

(a) 内凹圆角　　(b) 加装隔离环

图 1-8　轴结构的改进方法

(3) 提高轴的疲劳强度

改进轴的表面质量，减小表面及圆角处的表面粗糙度；对零件进行表面淬火、渗氮、渗碳及碳氮共渗等处理；对零件表面进行碾压加工或喷丸硬化处理等都可以显著提高轴的承载能力。

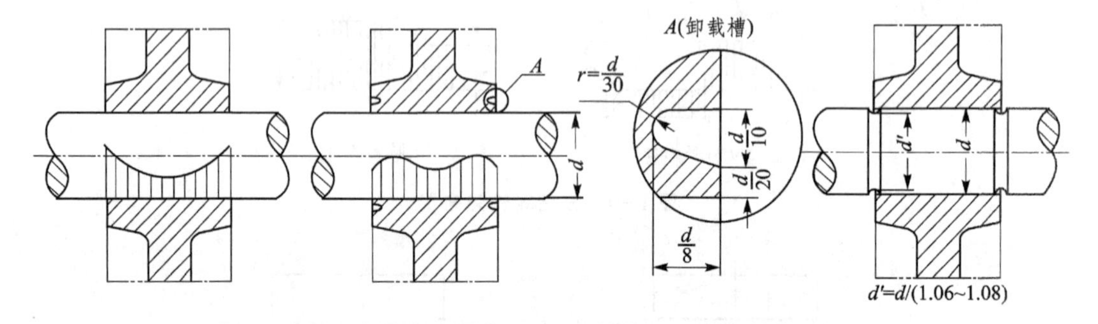

图 1-9　轮毂上或与轮毂配合区段两端的轴上加开卸载槽

(4) 适度采用空心结构

采用空心结构，减小质量的同时，应保证或提高强度和刚度。内径/外径（d_0/d）为 0.6 的空心轴与直径为 d 的实心轴相比，空心轴的剖面模量减小 13%，质量减小 36%；d_0/d 仍为 0.6 的空心轴与同质量的实心轴相比，剖面模量可增加 1.7 倍。

1.5　轴的振动计算

受变载荷作用的轴，当载荷的变化频率与轴的自振频率相同或接近时，轴会发生共振。共振使轴的运动状态发生很大变化，严重时会使轴或轴上零件甚至整个机器遭受破坏。发生共振现象时的转速,称为轴的临界转速。

轴上所受周期性载荷、轴的几何特征和轴上零件的质量,都对其振动特性产生影响。轴上的回转件结构不对称、材质不均匀、制造和安装误差,都将造成质心与回转轴线不重合,因而在回转时产生离心力,使轴受到周期性的离心干扰载荷作用。这时,干扰载荷的频率就是轴的回转频率。当这一频率与轴的自振频率相同或接近时,轴会发生共振。对于高转速的轴和受周期性外载荷的轴,必须进行振动特性计算。

计算轴的振动特性,主要是计算其临界转速,以便采取必要的措施,使轴的自振频率避开周期载荷的作用频率,以免发生共振现象。轴的振动有横向振动(弯曲振动)、纵向振动和扭转振动等。纵向振动的自振频率很高,超出一般轴的工作转速范围,分析时可不予考虑。横向振动的临界转速可以有多个,最低的一个称为一阶临界转速,其余依次为二阶临界转速、三阶临界转速……在一阶临界转速下发生共振的概率较大,且振动强烈,最为危险,所以通常主要计算一阶临界转速。必要时,还须计算高阶临界转速。横向振动临界转速的计算方法很多,现以最常见的横向振动问题为例作一简要介绍。

分析一根装有单圆盘的双铰支轴,如图1-10所示。设圆盘的质量 m 很大,相对而言,轴的质量可以忽略不计,并假定圆盘材料不均匀或制造有误差,其重心与轴线间的偏心距为 e。当轴以角速度 ω 转动时,由于离心力而产生挠度 y。

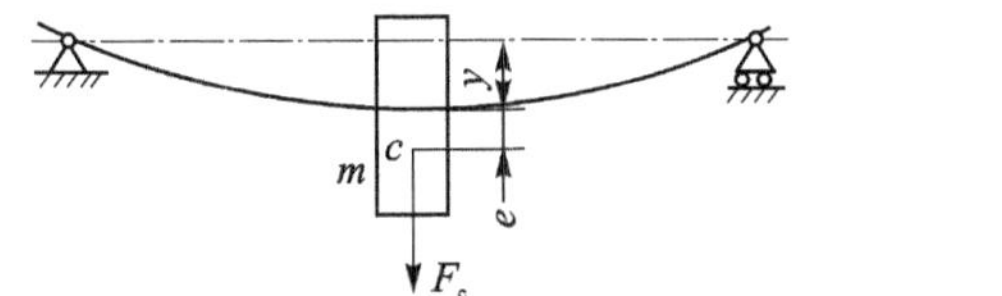

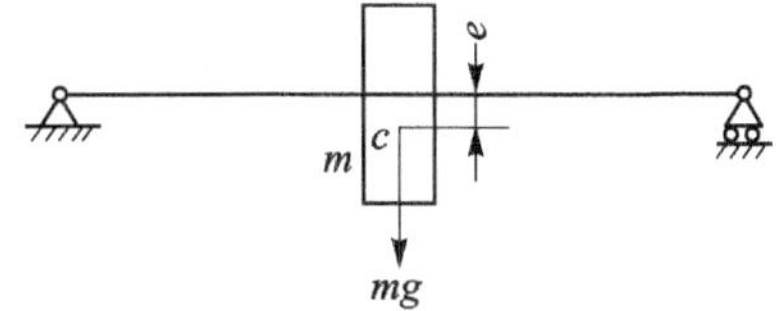

图1-10 单圆盘的双铰支轴

旋转时圆盘的离心力为

$$F_c = m\omega^2(y+e)$$

弯曲变形后的弹性反力为

$$F'_c = ky$$

式中:k——轴的弯曲刚度。

根据平衡条件 $m\omega^2(y+e)=ky$,可以求得轴的挠度为

$$y = \frac{e}{\dfrac{k}{m\omega^2} - 1}$$

当轴的角速度 ω 由零逐渐增大时,y 值随角速度 ω 的增大而增大。在没有阻尼的情况下,当 $\dfrac{k}{m\omega^2}$ 趋近于1时,挠度 y 趋近于无穷大。这意味着轴会产生极大的变形而导致破坏。此时所对应的角速度 ω 称为临界角速度,用 ω_c 表示。其表达式为

$$\omega_c = \sqrt{\frac{k}{m}} \tag{1-15}$$

式(1-15)右边恰为轴的自振角频率,即轴的临界角速度等于其自振角频率。由式(1-15)可知,临界角速度 ω_c 只与轴的刚度 k 和圆盘的质量 m 有关,而与偏心距 e 无关。

由于轴的刚度 $k=\dfrac{mg}{y_0}$，式中 g 为重力加速度，y_0 为轴圆盘处的静挠度，所以临界角速度 ω_c 可写成

$$\omega_c=\sqrt{\frac{k}{m}}=\sqrt{\frac{g}{y_0}} \tag{1-16}$$

取 $g=9.8\times10^3\ \mathrm{mm/s^2}$，$y_0$ 的单位为 mm，由式(1-16)可求得装有单圆盘的双铰支轴在不计自重时的一阶临界转速 n_{c1}，即

$$n_{c1}=\frac{60}{2\pi}\omega_c\approx946\sqrt{\frac{1}{y_0}} \tag{1-17}$$

由于轴的临界转速 n_{c1} 与 $\sqrt{y_0}$ 成反比，故对工作转速较低的轴，可减小其 y_0，采用直径大而跨距短的轴，使轴的临界转速高于工作转速（此类轴称为刚性轴）；对工作转速很高的轴，可增加其 y_0，采用直径相对小而跨距长的轴，使轴的临界转速低于工作转速（此类轴被称为柔性轴）。一般情况下，对于刚性轴，应使工作转速 $n<0.85n_{c1}$；对于柔性轴，应使工作转速 $1.15n_{c1}<n<0.85n_{c2}$（此处 n_{c1} 和 n_{c2} 分别为轴的一阶、二阶临界转速）。

振动计算如不符合要求，则需要改进设计。可以采用改变工作转速，改变轴径尺寸，改变支承跨距，改变轴上零件的质量和增设减振装置等措施。

例 1-1　设计如图 1-11(a)所示的斜齿圆柱齿轮减速器的输入轴。已知：该轴的输入功率 $P=37.5$ kW，转速 $n_1=960$ r/min，小齿轮节圆直径 $d_1=140$ mm，模数 $m_n=4$ mm，齿宽 $b=140$ mm，螺旋角 $\beta=15°20'1''$，压力角 $\alpha_n=20°$。初选中系列圆锥滚子轴承。

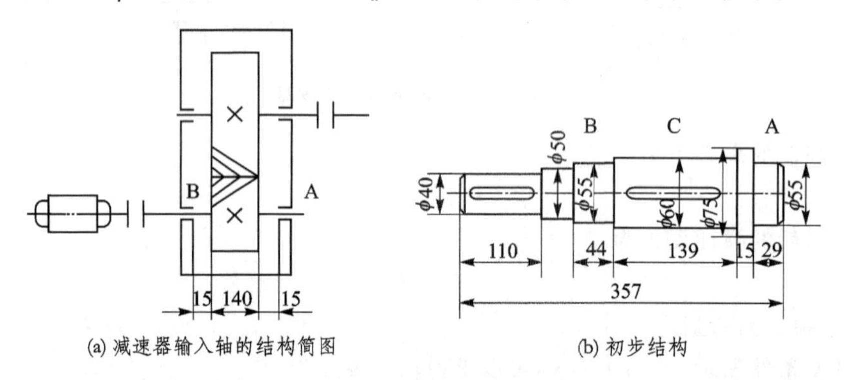

(a) 减速器输入轴的结构简图　　(b) 初步结构

图 1-11　斜齿圆柱齿轮减速器的输入轴

分析　该输入轴设计，可先参照使用条件选择材料，确定输入转矩；按扭转强度初估最小轴径，进行轴的初步结构设计，确定轴的各段轴径和轴向长度；然后进行弯扭合成强度校核计算，对轴上若干危险截面的几何尺寸进行核验。主要的设计要求是在实现轴上零件可靠安装固定的同时，保证足够的强度。

解

1）选择材料和热处理

根据轴的使用条件，选择 45 钢，正火，硬度 HB=170～217。

2）按扭转强度估算轴径

查表 1-3 取 $C=112$，则由式(1-2)得

$$d\geqslant C\sqrt[3]{P/n}=112\sqrt[3]{37.5/960}\ \mathrm{mm}=38\ \mathrm{mm}$$

按联轴器的标准系列，取其轴径 $d=40$ mm，轴孔长度 $L=112$ mm。

3）初步设计轴的结构

初选中系列圆锥滚子轴承 30311，轴承尺寸为外径 $D=120$ mm，宽度 $B=29$ mm。初步设计轴的结构如图 1-11(b)所示。

4）轴的空间受力分析

该轴所受的外载荷为转矩和小齿轮上的作用力，空间受力如图 1-12 所示。参考齿轮传动的受力分析如下：

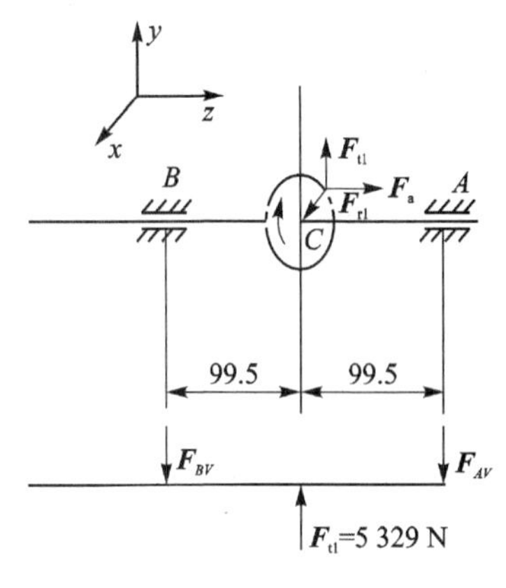

图 1-12　空间受力简图

● 输入轴转矩为

$$T_1=9.55\times10^6\times\frac{P}{n}=9.55\times10^6\times\frac{37.5}{960}\ \text{N}\cdot\text{mm}=3.73\times10^5\ \text{N}\cdot\text{mm}$$

● 小齿轮圆周力为

$$F_{t1}=\frac{2T_1}{d_1}=\frac{2\times3.73\times10^5}{140}\ \text{N}=5\ 329\ \text{N}$$

● 小齿轮径向力为

$$F_{r1}=F_t\frac{\tan\alpha_n}{\cos\beta}=5\ 329\ \text{N}\times\frac{\tan20^\circ}{\cos15^\circ20'1''}=2\ 012\ \text{N}$$

● 小齿轮轴向力为

$$F_{a1}=F_{t1}\tan\beta=5\ 329\ \text{N}\times\tan15^\circ20'1''=1\ 461\ \text{N}$$

5）计算轴承支点的支反力，绘出水平面和垂直面弯矩图 M_H 和 M_V

● 垂直面（YZ 平面）支反力及弯矩计算如下：

$$F_{AV}=\frac{5\ 329\times99.5}{199}\ \text{N}=2\ 665\ \text{N}$$

$$F_{BV}=F_{AV}=2\ 665\ \text{N}$$

$$M_{VC}=2\ 665\ \text{N}\times99.5\ \text{mm}=265\ 168\ \text{N}\cdot\text{mm}$$

其受力图和弯矩图如图 1-13(a)所示。

● 水平面（XZ 平面）支反力及弯矩计算如下：

$$F_{AH}=\frac{2\ 012\times99.5+1\ 461\times70}{199}\ \text{N}=1\ 520\ \text{N}$$

$$F_{BH}=\frac{2\ 012\times99.5-1\ 461\times70}{199}\ \text{N}=492\ \text{N}$$

$$M'_{HC}=F_{BH}\times99.5\ \text{mm}=492\ \text{N}\times99.5\ \text{mm}=48\ 962\ \text{N}\cdot\text{mm}$$

$$M''_{HC}=F_{AH}\times99.5\ \text{mm}=1\ 520\ \text{N}\times99.5\ \text{mm}=151\ 240\ \text{N}\cdot\text{mm}$$

其受力图和弯矩图如图 1-13(b)所示。

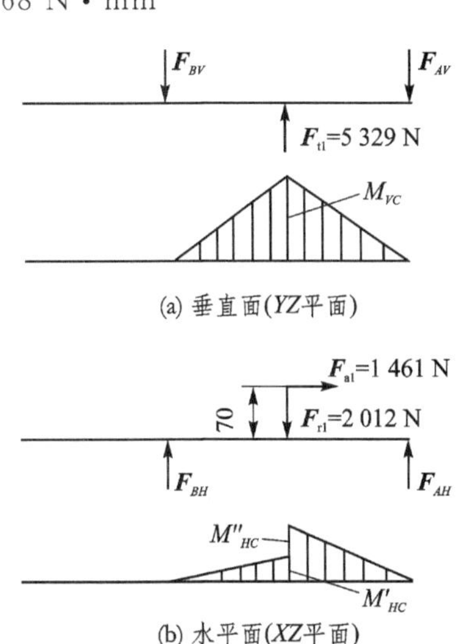

图 1-13　受力图和弯矩图

6）计算并绘制合成弯矩图

$$M'_C=\sqrt{M_{VC}^2+M'^2_{HC}}=\sqrt{265\ 168^2+48\ 962^2}\ \text{N}\cdot\text{mm}=269\ 650\ \text{N}\cdot\text{mm}$$

$$M''_C = \sqrt{M_{VC}^2 + M''^2_{HC}} =$$

$$\sqrt{265\ 168^2 + 151\ 240^2}\ \text{N} \cdot \text{mm} = 305\ 267\ \text{N} \cdot \text{mm}$$

合成弯矩图如图 1-14(a)所示。

7) 计算并绘制转矩图

$$T = 9.55 \times 10^6 \times \frac{P}{n} = 9.55 \times 10^6 \times \frac{37.5}{960}\ \text{N} \cdot \text{mm} = 3.73 \times 10^5\ \text{N} \cdot \text{mm}$$

转矩图如图 1-14(b)所示。

8) 计算并绘制当量弯矩图

转矩按脉动循环考虑，取 $\alpha = \frac{[\sigma_{-1b}]}{[\sigma_{0b}]}$。由表 1-2 查得 $\sigma_b = 600$ MPa，由表 1-4 查得 $[\sigma_{-1b}] = 55$ MPa，$[\sigma_{0b}] = 95$ MPa，则 $\alpha = 55/95 = 0.58$。

由公式 $M_e = \sqrt{M^2 + (\alpha T)^2}$ 求出危险截面 C 处当量弯矩为

$$M_{eC} = \sqrt{M''^2_C + (\alpha T)^2} =$$

$$\sqrt{325\ 267^2 + (0.58 \times 3.73 \times 10^5)^2}\ \text{N} \cdot \text{mm} =$$

$$390\ 643\ \text{N} \cdot \text{mm}$$

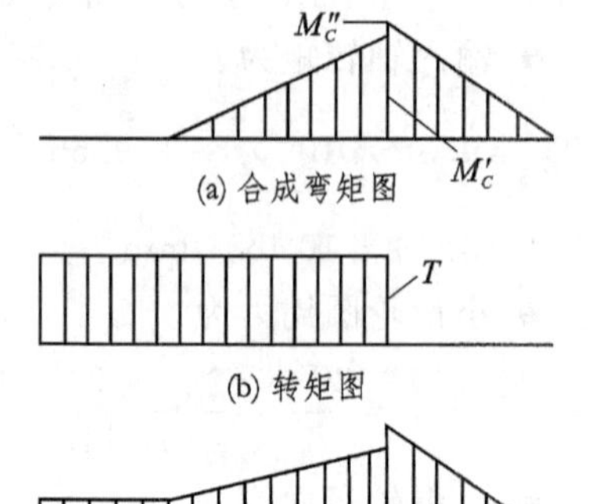

图 1-14　弯矩图和转矩图

绘制当量弯矩图如图 1-14(c)所示。

9) 按弯扭合成应力校核轴的强度

由表 1-4 查得许用弯曲应力为 $[\sigma_{-1b}] = 55$ MPa。由式(1-3)

$$\sigma_b = \frac{M_e}{W} = \frac{M_e}{0.1d^3} \leqslant [\sigma_{-1b}]$$

得危险截面 C 处的弯曲应力

$$\sigma_{bC} = \frac{M_{eC}}{W_C} = \frac{390\ 643}{0.1 \times 60^3}\ \text{MPa} = 18\ \text{MPa}$$

$\sigma_{bC} < [\sigma_{-1b}]$，安全。

10) 校核计算危险截面安全系数(略)

11) 刚度校拉和振动计算(略)

习　题

1-1　按受载情况分类轴有哪些形式？车床主轴、自行车前轮轴、中轴和后轮轴各属于何种轴？

1-2　常用轴的结构多呈什么形状，为什么？轴的结构设计主要应考虑哪些因素？

1-3　零件在轴上的轴向和周向固定的常见方法有哪些？各有何特点？

1-4　轴头与轴颈处的直径为什么通常要圆整为标准值？同一轴上不同轴向位置的键槽设计中，从轴的结构设计考虑，一般怎样设计比较合理？

1-5　图 1-15 所示为一单向旋转的齿轮轴，从动齿轮为标准直齿圆柱齿轮。已知齿轮模数

$m=2$ mm，齿数 $z=50$，分度圆压力角 $\alpha=20°$，齿轮传递的转矩 $T=50$ N·m，轴的危险剖面最大抗弯剖面模量 $W=2\ 500$ mm^3，最大抗扭剖面模量 $W_T=50\ 000$ mm^3。

(1) 计算该齿轮受力(图中啮合点为 A)；

(2) 画出轴的弯矩图和转矩图；

(3) 求轴危险剖面的弯曲应力并计算危险截面直径。

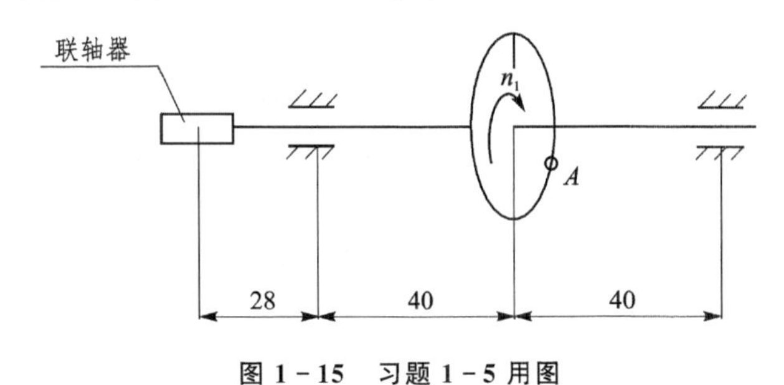

图 1-15　习题 1-5 用图

1-6　一单级斜齿圆柱齿轮减速器，输入轴材料为 45 钢调质处理，单向转动，工作平稳，已知齿轮上的作用力的分力的大小分别为：$F_t=5\ 400$ N，$F_r=2\ 010$ N，$F_a=1\ 400$ N，方向如图 1-16 所示；齿轮的分度圆半径为 40 mm。轴的轴向结构尺寸如图 1-16 所示。试用弯扭合成强度计算并确定危险截面位置及其直径。

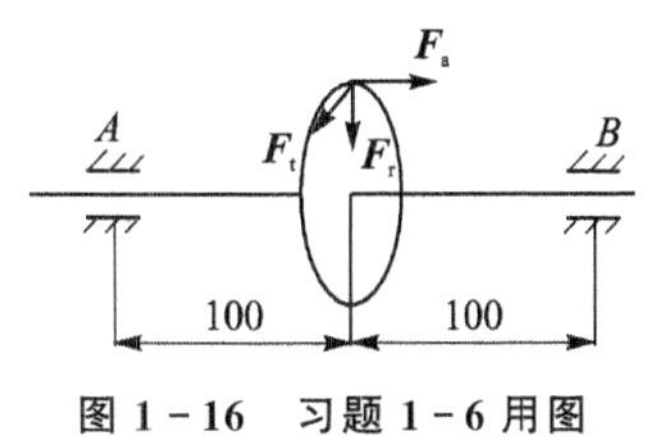

图 1-16　习题 1-6 用图

1-7　设计一单级斜齿圆柱齿轮减速器的低速轴。该轴输出端与联轴器相接，已知：功率 $P=3.88$ kW，转速 $n=130$ r/min，轴上齿轮分度圆直径 $d=300$ mm，齿轮宽 $b=91$ mm，螺旋角 $\beta=12°$，法面压力角 $\alpha_n=20°$，两轴承间距为 160 mm，载荷基本平稳，传动不逆转。要求完成轴的结构设计(包括选轴承及联轴器)并按许用弯曲应力校核轴的强度。

第2章　齿轮传动

2.1　齿轮传动的特点与分类

齿轮传动是一种应用非常广泛的机械传动。它主要用来传递两轴之间的运动和动力，传递的功率从几瓦至数百千瓦，圆周速度可高达 300 m/s，齿轮的直径可从数毫米至几米。

本章在对齿轮传动特点、分类、齿轮参数和几何尺寸计算简要介绍的基础上，着重对齿轮传动材料选择、受力状况、失效形式及强度设计计算和齿轮传动的设计问题等进行分析讨论。

齿轮传动设计的主要内容包括：按运动要求确定传动比和精度等级；按强度及制造加工要求确定材料、几何尺寸和公差；按基本尺寸和制造要求确定齿轮结构；同时，考虑与之相关的零件(轴、轴承和箱体等)，使齿轮传动与这些零件相互匹配。

1. 齿轮传动的主要特点

齿轮传动的主要特点如下：

① 传动效率高。在所有的机械传动中，齿轮传动的效率较高，在润滑良好的条件下，一级圆柱齿轮传动的效率可达到 99%。

② 使用可靠，工作寿命长。齿轮传动在设计制造合理、使用维护良好的情况下，工作可靠，寿命易于保证。

③ 传动比稳定，结构紧凑。齿轮独特的齿形设计，保证了齿轮在传动承载工作过程中保持恒定的传动比。在相同的传动比要求下，齿轮传动一般可获得较小的结构尺寸。

④ 制造和安装精度要求高，成本较高；精度不高或在高速下运行时，振动和噪声较大。

⑤ 不宜用于传动中心距较大的场合。

常见的齿轮传动形式如图 2-1 所示。

2. 齿轮传动的分类

齿轮传动的分类有多种方式，如：

- 按齿廓曲线可分为：渐开线齿廓、摆线齿廓和圆弧齿廓。
- 按齿线相对于齿轮母线方向可分为：直齿、斜齿、人字齿和曲齿。
- 按两齿轮轴的相对位置可分为：平行轴、相交轴和交错轴。
- 按齿轮工作条件可分为：闭式传动和开式传动。
- 按齿面的硬度可分为：软齿面(布氏硬度HB<350)和硬齿面(布氏硬度HB>350)。

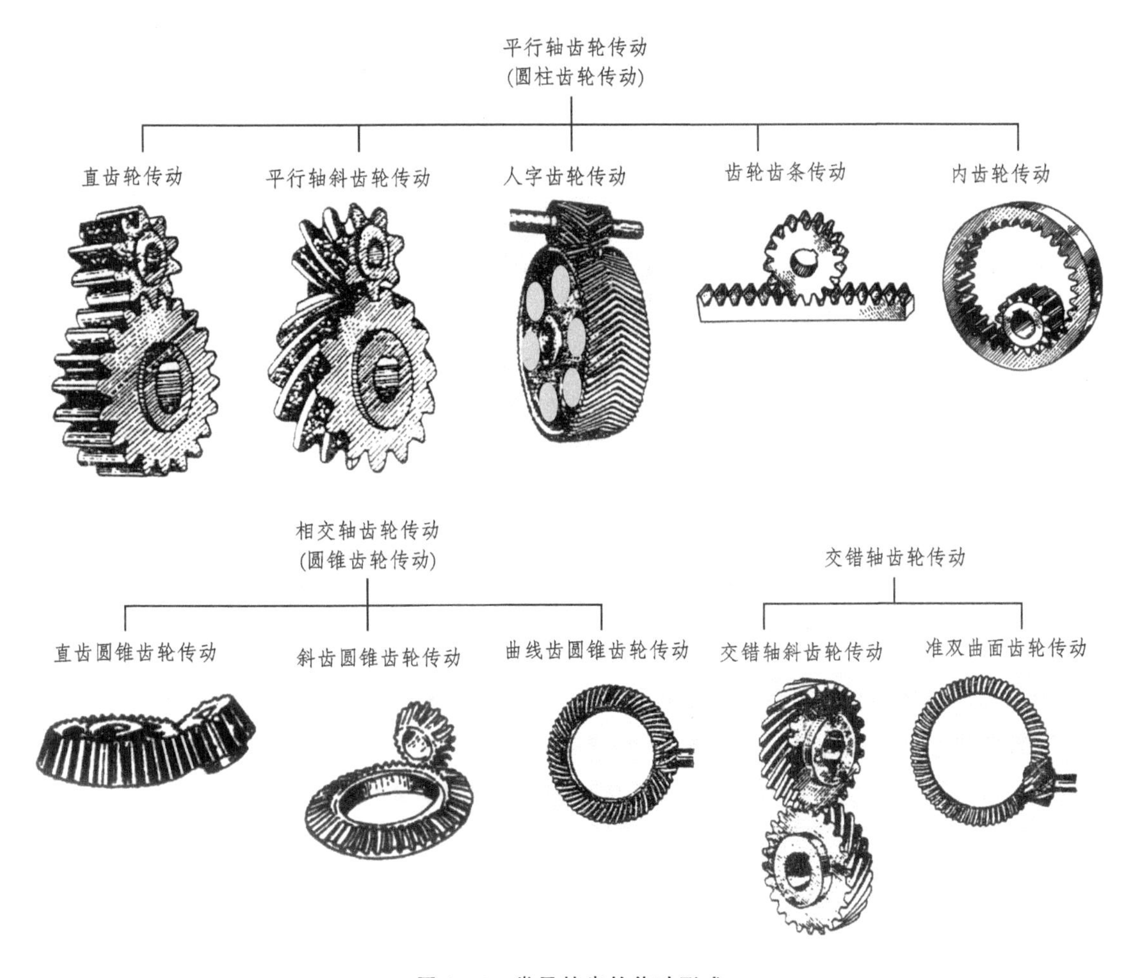

图2-1 常见的齿轮传动形式

2.2 渐开线齿轮传动的主要参数

1. 传动比和齿数比

(1) 传动比

传动比是指主动轮转速与从动轮转速之比,用 i 来表示为

$$i=\frac{n_1}{n_2}=\frac{d'_2}{d'_1}=\frac{d_2}{d_1}=\frac{z_2}{z_1}$$

式中:d'_1,d'_2——主动轮、从动轮的节圆直径;

d_1,d_2——主动轮、从动轮的分度圆直径;

z_1,z_2——主动轮、从动轮的齿数。

(2) 齿数比

为了强度计算方便,引入齿数比。齿数比是指大齿轮齿数与小齿轮齿数之比,用 u 来表示为

$$u=\frac{z_2}{z_1}$$

式中：z_1——小齿轮齿数；

z_2——大齿轮齿数。

(3) 传动比与齿数比的关系

$i>1$ 称为减速传动，$i<1$ 称为增速传动。

对于减速传动，$i=u$ ；对于增速传动，$i=1/u$。

2. 齿轮传动的精度等级

国家标准 GB/T 10095—2008 和 GB/T 11365—1989 规定了齿轮的精度标准。渐开线圆柱齿轮精度包括单个渐开线圆柱齿轮同侧齿面精度和径向综合偏差与径向跳动精度两种类型。同侧齿面精度分为 0～12 共 13 个精度等级，0 级最高，12 级最低；径向综合偏差与跳动精度分为 4～12 共 9 个精度等级，4 级最高，12 级最低。

圆锥齿轮精度分为 1～12 共 12 个精度等级，1 级最高，12 级最低。按照公差的特性对传动性能的影响，每个精度等级分为三个公差组，允许各公差组以不同精度等级组合，但齿轮副中两齿轮的同一公差组的精度必须相同。

齿轮的精度等级应根据传动的用途、使用条件、传动功率及圆周速度等决定。各精度中的偏差项目和数值依据相关标准确定。表 2－1 列出了常用精度等级的最大圆周速度，表 2－2 列出了常见机器中使用的齿轮的精度等级，供设计时参考。

表 2－1　常用精度等级的最大圆周速度

齿轮种类	齿面硬度 HB	精度等级					
		5	6	7	8	9	10
		圆周速度/($m \cdot s^{-1}$)					
直　齿	≤350	>12	≤18	≤12	≤6	≤4	≤1
	>350	>10	≤15	≤10	≤5	≤5	≤1
斜　齿	≤350	>25	≤36	≤25	≤12	≤8	≤2
	>350	>20	≤30	≤20	≤9	≤6	≤1.5

表 2－2　常见机器中使用的齿轮的精度等级

机器种类	齿轮精度等级	机器种类	齿轮精度等级
汽轮机	3～6	拖拉机	6～8
金属切削机床	3～8	通用减速器	6～8
航空发动机	4～8	锻压机床	6～9
轻型汽车	5～8	起重机	7～10
载重汽车	7～9	农业机器	8～11

注：主动齿轮或重要的齿轮传动，精度等级偏上限选择；辅助传动的齿轮或一般齿轮传动，精度等级居中或偏下限选择。

3. 模数、中心距和变位齿轮

(1) 模　数

国家标准规定渐开线圆柱齿轮和圆锥齿轮的基本齿廓及齿廓参数为标准值，见表 2－3；

同时规定这些齿轮的模数为标准值，常用值见表 2-4，设计模数优先选用第一系列。

表 2-3　渐开线圆柱齿轮和锥齿轮的基本齿廓

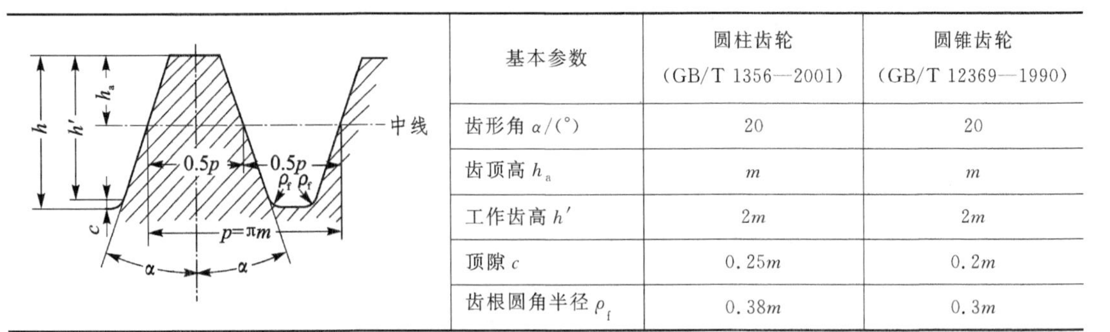

基本参数	圆柱齿轮 (GB/T 1356—2001)	圆锥齿轮 (GB/T 12369—1990)
齿形角 α/(°)	20	20
齿顶高 h_a	m	m
工作齿高 h'	$2m$	$2m$
顶隙 c	$0.25m$	$0.2m$
齿根圆角半径 ρ_f	$0.38m$	$0.3m$

表 2-4　常用标准模数　mm

圆柱齿轮 (GB/T 1357—2008)	第一系列	1		1.25		1.5		2		2.5		3
	第二系列		1.125		1.375		1.75		2.25		2.75	
圆锥齿轮 (GB/T 12368—1990)		1	1.125	1.25	1.375	1.5	1.75	2	2.25	2.5	2.75	3
圆柱齿轮 (GB/T 1357—2008)	第一系列				4		5		6			8
	第二系列		3.5			4.5		5.5		(6.5)	7	
圆锥齿轮 (GB/T 12368—1990)		3.25	3.5	3.75	4	4.5	5	5.5	6	6.5	7	8
圆柱齿轮 (GB/T 1357—2008)	第一系列		10		12		16		20			
	第二系列	9		(11)		14		18				
圆锥齿轮 (GB/T 12368—1990)		9	10	11	12	14	16	18	20			

注：1 斜齿轮和人字齿轮法向模数取为标准模数；圆锥齿轮大端模数取为标准模数。
2 优先采用第一系列，括号内的模数尽量不用。

(2) 中心距

中心距是指两齿轮轴线之间的距离，它与齿轮传动的结构、外形和承载等都有很大的关系，是齿轮传动中一个重要的参数。标准齿轮无齿侧间隙安装，即一对标准齿轮分度圆相切时的中心距称为标准中心距，具体计算见 2.3 节。

(3) 变位齿轮传动

由变位齿轮组成的齿轮传动是变位传动，变位传动须成对设计、制造和使用。变位传动包括以下两种类型：

① 高度变位齿轮传动　组成变位传动的两齿轮，其变位系数的绝对值相等，但一齿轮为正变位，另一齿轮为负变位，即 $\sum x = x_1 + x_2 = 0$。在这种传动中，两轮的分度圆仍然相切，分度圆与节圆重合，中心距仍然为标准中心距，只是齿顶高和齿根高发生了变化。这种变位传动也称为等变位传动。

② 角度变位齿轮传动　组成变位传动的两齿轮，其变位系数之和不为零，即 $\sum x = x_1 + x_2 \neq 0$。若变位系数之和大于零，则称为正传动；变位系数之和小于零，则称为负传动。在角

度变位传动中，两轮的分度圆不再相切，分度圆与节圆不重合，中心距不等于标准中心距。

2.3　渐开线齿轮传动几何计算

在渐开线齿轮传动中，应用最广泛的是外啮合的圆柱齿轮和圆锥齿轮。本节将介绍它们的几何参数计算。

1. 外啮合圆柱齿轮传动几何计算

表 2-5 列出了渐开线外啮合圆柱齿轮传动中的主要几何参数和计算公式。

表 2-5　外啮合圆柱齿轮传动主要几何参数及计算

名称及符号	计算公式及说明	
	直齿轮	斜齿及人字齿轮
模数 m	由强度计算或结构设计确定，并按表 2-4 取标准值	法向模数 m_n 取标准值 端面模数 $m_t=m_n/\cos\beta$（精确值）
分度圆直径 d	$d=mz$	$d=m_t z$
未变位时（标准齿轮传动）的中心距 a	$a=(d_2+d_1)/2=(z_1+z_2)m/2$	$a=(d_2+d_1)/2=(z_1+z_2)m_n/(2\cos\beta)$
变位传动中心距 a'	$a'=a+ym=a\cos\alpha/\cos\alpha'$	$a'=a+y_t m_t=a+y_n m_n=a\cos\alpha_t/\cos\alpha'_t$
啮合角 α'	条件 1　已知总变位系数 (x_1+x_2)： $\mathrm{inv}\,\alpha'=\dfrac{2(x_1+x_2)}{z_1+z_2}\tan\alpha+\mathrm{inv}\,\alpha$，　$\mathrm{inv}\,\alpha'_t=\dfrac{2(x_{n1}+x_{n2})}{z_1+z_2}\tan\alpha_n+\mathrm{inv}\,\alpha_t$ 求出啮合角 α' 后，代入变位传动中心距公式求中心距 a'	
	条件 2　已知变位后的中心距 a'： $\cos\alpha'=a\cdot\cos\alpha/a'$，　$\cos\alpha'_t=a\cdot\cos\alpha_t/a'$ 求出啮合角 α' 后，由条件 1 的公式求 (x_1+x_2) 值，再进行分配	
中心距变动系数 y	$y=(a'-a)/m=[(z_1+z_2)/2]\cdot(\cos\alpha/\cos\alpha'-1)$	$y_n=(a'-a)/m_n=[(z_1+z_2)/(2\cos\beta)]\cdot(\cos\alpha_t/\cos\alpha'_t-1)$ $y_t=y_n\cos\beta$
分度圆螺旋角 β	$\beta=0$	两轮螺旋角大小相等，方向相反
分度圆压力角 α	$\alpha=20°$	$\alpha_n=20°$ $\tan\alpha_t=\tan\alpha_n/\cos\beta$
根圆直径 d_f	$d_f=d-2(h_a+c-xm)$	$d_f=d-2(h_a+c_n-x_n m_n)$
顶圆直径 d_a	$d_{a1}=2a'-d_{f2}-2c$ $d_{a2}=2a'-d_{f1}-2c$	$d_{a1}=2a'-d_{f2}-2c_n$ $d_{a2}=2a'-d_{f1}-2c_n$
齿顶高 h_a	$h_a=(d_a-d)/2$	
齿根高 h_f	$h_f=(d-d_f)/2$	
齿高 h	$h=h_a+h_f$	
基圆直径 d_b	$d_b=d\cos\alpha$	$d_b=d\cos\alpha_t$
节圆直径 d'	$d'=d_b/\cos\alpha'$	$d'=d_b/\cos\alpha'_t$
	变位系数为 0 时，节圆直径与分度圆直径相等	

续表 2-5

名称及符号	计算公式及说明	
	直齿轮	斜齿及人字齿轮
分度圆齿距 p	$p=\pi m$	$p_n=\pi m_n, p_t=\pi m_t$
基圆齿距 p_b	$p_b=p\cos\alpha$	$p_{bt}=p_t\cos\alpha_t$
齿顶压力角 α_a	$\alpha_a=\arccos(d_b/d_a)$	$\alpha_{at}=\arccos(d_b/d_a)$
基圆螺旋角 β_b	$\beta_b=0$	$\tan\beta_b=\tan\beta\cos\alpha_t$ $\cos\beta_b=\cos\beta\cos\alpha_n/\cos\alpha_t$
端面重合度 ε_α	$\varepsilon_\alpha=[z_1(\tan\alpha_{a1}-\tan\alpha')+z_2(\tan\alpha_{a2}-\tan\alpha')]/2\pi$	$\varepsilon_\alpha=[z_1(\tan\alpha_{at1}-\tan\alpha_t')+z_2(\tan\alpha_{at2}-\tan\alpha_t')]/2\pi$
纵向重合度 ε_β	$\varepsilon_\beta=0$	$\varepsilon_\beta=b\sin\beta/\pi m_n$，$b$——齿轮宽度
总重合度 ε_γ	$\varepsilon_\gamma=\varepsilon_\alpha$	$\varepsilon_\gamma=\varepsilon_\alpha+\varepsilon_\beta$
当量齿数	$z_v\approx z/\cos^3\beta$	

注：角标 n 为法面，t 为端面，1 为小齿轮，2 为大齿轮。

工程设计中有些参数也可使用近似公式计算，如端面重合度：$\varepsilon\alpha\approx\left[1.88-3.2\left(\frac{1}{z_1}\pm\frac{1}{z_2}\right)\right]$

2. 圆锥齿轮传动

(1) 圆锥齿轮传动的特点

圆锥齿轮传动用来传递两相交轴之间的运动和动力。圆锥齿轮轮齿分布在一个截锥体上。一对圆锥齿轮两轴之间的交角可根据传动需要来确定，$\Sigma=90°$的传动最为常见，如图 2-2 所示。圆锥齿轮传动按两轮啮合形式的不同，可分为外啮合、内啮合及平面啮合三种；按轮齿相对于圆锥母线的方向，可分为直齿、斜齿及曲齿等。由于直齿圆锥齿轮的设计、制造和安装均相对简便，应用较多。

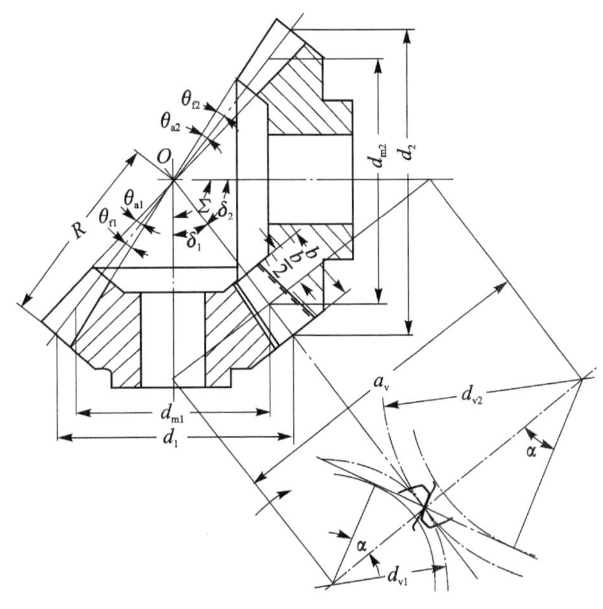

图 2-2 直齿圆锥齿轮传动几何关系

(2) 直齿圆锥齿轮的参数

为了保证圆锥齿轮轮齿的正确啮合,圆锥齿轮轮齿的齿廓在理论上应是球面渐开线。圆锥齿轮轮齿上各点与锥顶的距离不同,各点的齿廓参数不同。设计中,规定圆锥齿轮大端的参数为基准参数。对于标准圆锥齿轮传动,其几何参数如表 2-6 所列。

表 2-6　标准直齿圆锥齿轮传动主要几何参数及计算

名称及代号	计算公式及说明
大端模数 m	由强度计算或结构设计确定,并按表 2-4 取标准值
大端分度圆直径 d	$d=mz$
齿数比 u	$u=z_2/z_1$
当量齿数 z_n	$z_n=z/\cos\delta$
分锥角 δ	$\tan\delta_1=z_1/z_2=1/u$
当量齿数的齿数比 u_n	$u_n=z_{n1}/z_{n2}=u^2$
锥距 R	$R=d_1/(2\sin\delta_1)=d_2/(2\sin\delta_2)=\frac{m}{2}\sqrt{z_1^2+z_2^2}$
齿宽系数 ψ_R	$\psi_R=b/R\leqslant 1/3$,b 为齿宽,一般 $\psi_R=1.25\sim0.3$
平均分度圆直径 d_m	$d_m=(1-0.5\psi_R)d$
平均模数 m_m	$m_m=d_m/z=(1-0.5\psi_R)d$
齿顶高 h_a	$h_a=m$
齿根高 h_f	$h_f=1.2m$
齿高 h	$h=h_a+h_f=2.2m$
大端顶圆直径 d_a	$d_a=d+2h_a\cos\delta$
齿顶角 θ_a	不等顶隙收缩齿 $\tan\theta_a=h_a/R$
	等顶隙收缩齿 $\theta_{a1}=\theta_{f2}$,$\theta_{a2}=\theta_{f1}$
齿根角 θ_f	$\tan\theta_f=h_f/R$
顶锥角 δ_a	不等顶隙收缩齿 $\delta_{a1}=\delta_1+\theta_{a1}$,$\delta_{a2}=\delta_2+\theta_{a2}$
	等顶隙收缩齿 $\delta_{a1}=\delta_1+\theta_{f2}$,$\delta_{a2}=\delta_2+\theta_{f1}$
根锥角 δ_f	$\delta_{f1}=\delta_1+\theta_{f1}$,　$\delta_{f2}=\delta_2+\theta_{f2}$

(3) 当量齿轮

由于直齿圆锥齿轮的轮齿厚度由大端向小端逐渐收缩,圆锥齿轮轮齿上各点的载荷和应力状况比较复杂,因此在工程设计中,做了适当简化。设计中,近似地将一对相互啮合的圆锥齿轮转化为一对当量圆柱直齿轮,借助圆柱齿轮的强度设计公式进行圆锥齿轮的设计。

2.4　齿轮传动的载荷和应力

2.4.1　齿轮传动的载荷计算

1. 直齿圆柱齿轮传动的受力分析

在理想情况下，作用于齿轮上的力是沿接触线均匀分布的，可以用集中力代替。忽略摩擦力，则直齿轮啮合时的作用力与啮合点的法向方向一致，即沿啮合线的方向垂直于齿面，记为法向力 $\boldsymbol{F}_n$，如图 2-3 所示。

在分度圆上，法向力 $\boldsymbol{F}_n$ 可分解为两个互相垂直的分力：与分度圆相切的圆周力（切向力）$\boldsymbol{F}_t$ 和沿半径方向的径向力 $\boldsymbol{F}_r$。其大小分别为

$$\left.\begin{aligned} &\text{圆周力} \quad F_t = \frac{2\,000T_1}{d_1} \\ &\text{径向力} \quad F_r = F_t \tan\alpha \\ &\text{法向力} \quad F_n = \frac{F_t}{\cos\alpha} \end{aligned}\right\} \qquad (2-1)$$

$$T_1 = 9\,550\frac{P_1}{n_1}$$

式中：d_1——小齿轮的分度圆直径，mm；

α——分度圆压力角；

T_1——小齿轮传递的名义转矩，N·m；

P_1——小齿轮所传递的功率，kW；

n_1——小齿轮转速，r/min。

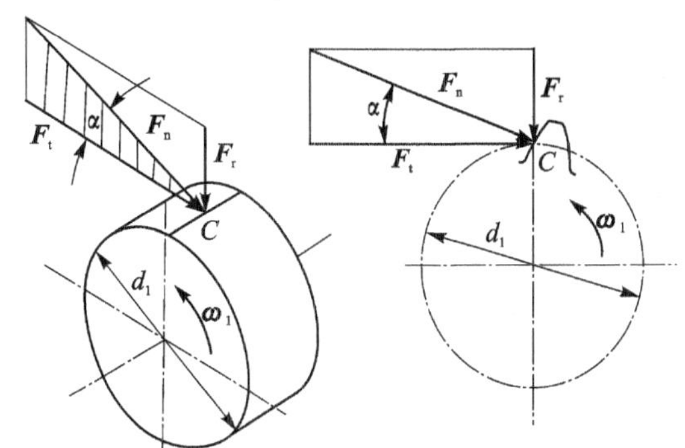

图 2-3　直齿圆柱齿轮传动受力分析

作用在主动轮和从动轮上的力大小相等，方向相反。主动轮上的圆周力是阻力，其方向与它的回转方向相反；从动轮上的圆周力是驱动力，其方向与它的回转方向相同；两轮所受的径向力分别指向各自的轮心。齿面上的总法向力沿啮合点的法线方向，对于渐开线齿廓即沿通过啮合点与基圆相切的啮合线，根据主、从动轮回转方向确定法向力具体指向。

2. 斜齿圆柱齿轮传动的受力分析

如图 2-4 所示，斜齿圆柱齿轮法面内的齿廓为渐开线，在切于两基圆的啮合平面内，两轮齿间相互作用着法向力 $\boldsymbol{F}_n$。当忽略齿面间的摩擦力时，可将法向力 $\boldsymbol{F}_n$ 在分度圆上分解为互相垂直的三个分力，即圆周力（切向力）$\boldsymbol{F}_t$、径向力 $\boldsymbol{F}_r$ 和轴向力 $\boldsymbol{F}_a$。其大小分别为

$$\left.\begin{aligned} &\text{圆周力} \quad F_t = \frac{2\,000T_1}{d_1} \\ &\text{径向力} \quad F_r = F_t \tan\alpha_t = \frac{F_t \tan\alpha_n}{\cos\beta} \\ &\text{轴向力} \quad F_a = F_t \tan\beta \\ &\text{法向力} \quad F_n = \frac{F_t}{\cos\alpha_t \cos\beta_b} = \frac{F_t}{\cos\alpha_n \cos\beta} \end{aligned}\right\} \qquad (2-2)$$

式中：α_t——端面分度圆压力角；

α_n——法向分度圆压力角；

β——分度圆螺旋角；

β_b——基圆螺旋角。

圆周力和径向力方向的判断与直齿圆柱齿轮相同，轴向力的方向取决于轮齿螺旋线的方向和齿轮的旋转方向，可根据啮合时的空间力方向分解来确定，也可以用主动轮左、右手法则来判断。

左、右手法则：对于主动轮，左旋用左手，右旋用右手；拇指与其他四指垂直，握住主动轮轴线，四指指向齿轮的旋转方向，拇指的指向即为主动轮的轴向力方向。从动轮的轴向力方向与主动轮相反，大小相等。

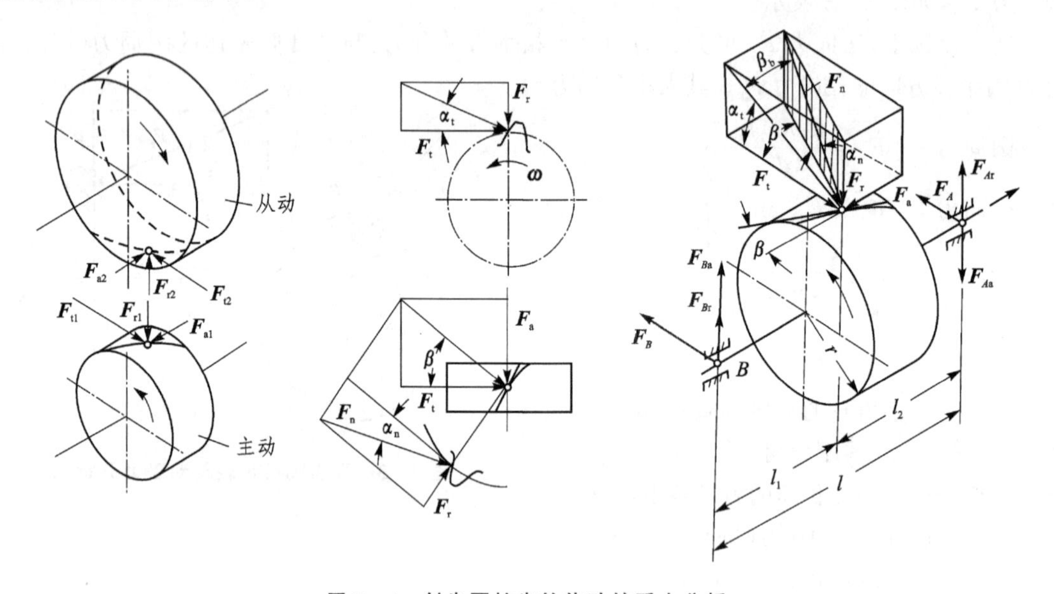

图 2-4　斜齿圆柱齿轮传动的受力分析

3. 直齿圆锥齿轮传动的受力分析

如图 2-5 所示，忽略摩擦力，假设法向力 $\boldsymbol{F}_n$ 集中作用在齿宽中点分度圆处，则 $\boldsymbol{F}_n$ 可分解为互相垂直的三个分力。其大小分别为

$$\left.\begin{aligned}&\text{圆周力} && F_{t1}=\frac{2\,000T_1}{d_{m1}}\\&\text{径向力} && F_{r1}=F'\cos\delta_1=F_t\tan\alpha\cos\delta_1\\&\text{轴向力} && F_{a1}=F'\sin\delta_1=F_t\tan\alpha\sin\delta_1\end{aligned}\right\}\qquad(2-3)$$

式中：d_{m1}——小齿轮齿宽中点分度圆直径，mm；

δ_1——小锥齿轮分度圆锥角。

圆周力和径向力的方向判别与直齿圆柱齿轮判别方法相同，轴向力方向分别指向各自的大端。由于常见圆锥齿轮传动两轴的空间交角为 90°，因此存在以下关系：$F_{r1}=-F_{a2}$，$F_{a1}=-F_{r2}$。其中负号表示方向相反。

4. 齿轮传动的计算载荷

齿轮承受载荷常表现为其传递的力矩或圆周力。由上述力的分析，根据名义转矩计算所

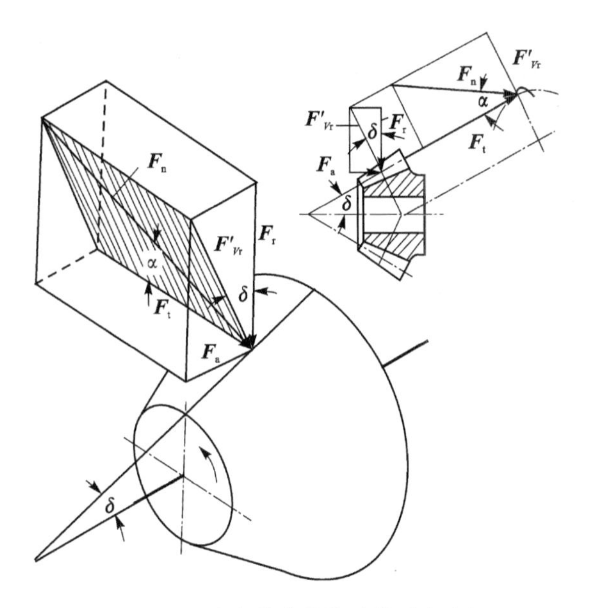

图 2-5　直齿锥齿轮传动的受力分析

得出的圆周力为齿轮传动的名义圆周力。在实际工作中，由于各种因素的影响，齿轮实际承受的圆周力要大于名义圆周力。考虑各种因素的影响，实际圆周力 F_{tc} 为

$$F_{tc} = K_A K_V K_\alpha K_\beta F_t$$

F_{tc} 也称为计算载荷。式中其他参数的说明如下：

① K_A——使用系数。用以考虑齿轮啮合时由外部因素引起的附加动载荷的影响系数。这种外部附加动载荷取决于原动机和从动机的特性、轴和联轴器系统的质量和刚度以及运行状态。如有可能，使用系数应通过精密测量或对传动系统的全面分析来确定。当设计条件不允许时，可参考表 2-7 选取。

表 2-7　使用系数 K_A

原动机工作特性	工作机工作特性			
	均匀平稳	轻微冲击	中等冲击	严重冲击
均匀平稳	1	1.25	1.5	1.75
轻微冲击	1.1	1.35	1.6	1.85
中等冲击	1.25	1.5	1.75	2
严重冲击	1.5	1.75	2	2.25

注：1 对于增速传动，建议取表中值的 1.1 倍。

2 当外部机械与齿轮装置之间挠性连接时，通常取值可适当减小。

② K_V——动载荷系数。用以考虑齿轮制造精度、运转速度对轮齿内部附加动载荷的影响系数。影响动载荷系数的主要因素有：

- 齿轮啮合过程中存在的基节误差、齿形误差；节线速度；
- 转动件的惯量和速度；
- 轮齿载荷；轮齿啮合刚度在啮合循环中的变化以及跑合效果、润滑油特性等。

对于一般速度的齿轮，在缺乏详细资料的设计阶段，动载荷系数 K_V 值可按齿轮精度和节线速度，从图 2-6 中查取。对于要求精确计算或圆周速度较高的齿轮，应按国家标准 GB/T 3480—1997 中规定的方法进行精确计算。动载荷系数 K_V 值不应小于 1。

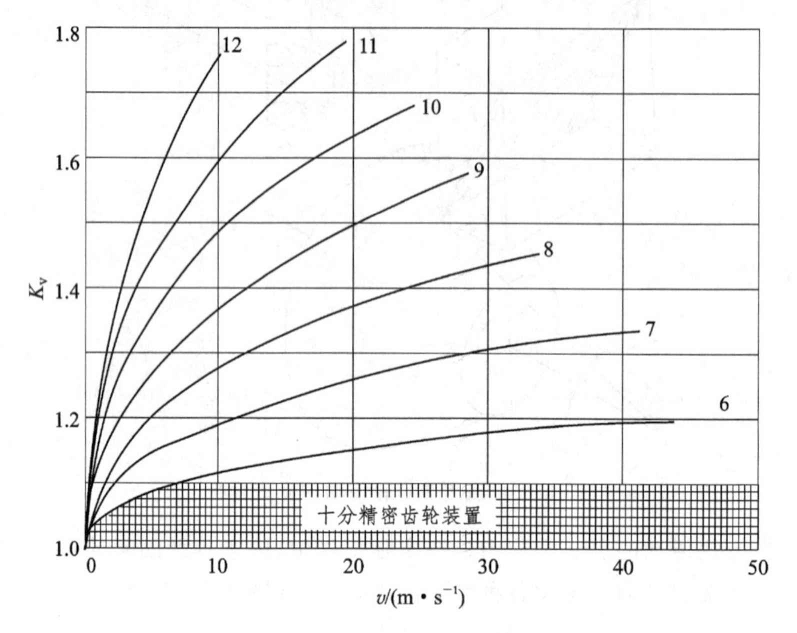

图 2-6　动载荷系数 K_V

为了减小内部附加动载荷，可采取提高精度、减小圆周速度、减小齿轮的质量和尺寸以及提高齿面硬度等措施。对于圆柱齿轮也可以采用修缘齿，即将齿顶局部切去一小部分，如图 2-7 所示。齿廓修缘减小了齿轮副的基节差值，改善了啮合质量，提高了传动平稳性。修缘的缺点是会使重合度减小，所以修缘量不宜过大。

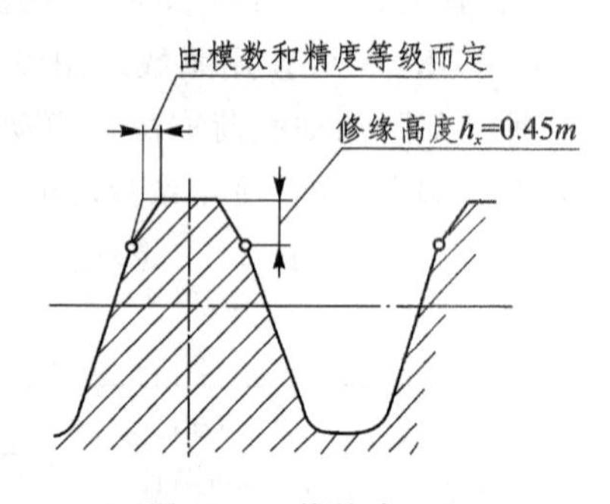

图 2-7　修缘齿

③ $K_{H\alpha}$ 和 $K_{F\alpha}$——齿间载荷分配系数。用以考虑同时啮合的各对轮齿之间，由于载荷分配不均对齿轮载荷的影响系数。这种分配不均，主要与轮齿受载后的变形、轮齿的制造误差特别是基节误差、齿廓修形和跑合效果等因素有关。

连续传动的齿轮传动，其重合度均大于 1。对于理论上精确的刚性齿轮来说，载荷将均匀分布在同时啮合的各对齿轮上，使得单位齿宽上的载荷减小。这种由于多对齿同时啮合对齿轮承载能力提高的影响因素，在齿轮强度计算中引入重合度系数予以考虑。实际的轮齿是有误差的弹性体，由于制造误差的存在，实际的承载长度达不到理论值；同时啮合的各对轮齿的啮合刚度不同，轮齿的变形也不同，从而产生了齿间载荷的不均匀。

对于齿轮材料为钢制、灰铸铁或球墨铸铁，标准齿廓符合 GB/T 1356—2001，直齿轮和 $\beta \leqslant 30°$ 的斜齿轮传动，可以根据表 2-8 确定齿间载荷分配系数 $K_{H\alpha}$ 和 $K_{F\alpha}$。对于要求精确计算的齿轮，应按国家标准 GB/T 3480—1997 规定的方法进行精确计算。

表 2-8　齿间载荷分配系数 $K_{H\alpha}$ 和 $K_{F\alpha}$

$K_A F_t/b$		≥100 N/mm							<100 N/mm
精度等级		5	6	7	8	9	10	11～12	5 级及更低
硬齿面 直齿轮	$K_{H\alpha}$	1.0		1.1	1.2	$1/Z_\varepsilon^2 \geqslant 1.2$			
	$K_{F\alpha}$					$1/Y_\varepsilon \geqslant 1.2$			
硬齿面 斜齿轮	$K_{H\alpha}$, $K_{F\alpha}$	1.0	1.1	1.2	1.4	$\varepsilon_\alpha/\cos^2\beta_b \geqslant 1.4$			
非硬齿面 直齿轮	$K_{H\alpha}$	1.0			1.1	1.2	$1/Z_\varepsilon^2 \geqslant 1.2$		
	$K_{F\alpha}$						$1/Y_\varepsilon \geqslant 1.2$		
非硬齿面 斜齿轮	$K_{H\alpha}$, $K_{F\alpha}$	1.0		1.1	1.2	1.4	$\varepsilon_\alpha/\cos^2\beta_b \geqslant 1.4$		

注：1 小齿轮和大齿轮精度等级不同时，按精度低的取值。

2 软齿面和硬齿面相啮合的齿轮副，取平均值。

3 经修形的 6 级精度硬齿面斜齿轮，取为 1。

④ $K_{H\beta}$ 和 $K_{F\beta}$——齿向载荷分布系数。用以考虑载荷沿齿宽方向分布不均匀而对齿轮载荷的影响系数。影响的因素主要有：

- 齿轮副的接触精度，主要取决于轮齿加工误差、箱体镗孔偏差、轴承的间隙和误差、大小齿轮轴的平行度及跑合情况等；
- 轮齿啮合刚度、齿轮的尺寸结构、支承形式及轮缘、轴、箱体和机座的刚度；
- 轮齿、轴及轴承的变形、热膨胀和热变形；
- 切向、轴向载荷及轴上的附加载荷；
- 设计中有无元件变形补偿措施(例如齿向修形)。

理论上轮齿啮合过程中的接触沿齿宽方向均匀接触，载荷为均布载荷。由于存在上述因素，实际载荷分布状况有很大的变化。如图 2-8 所示，圆柱齿轮轴向安装位置与轴承不对称，

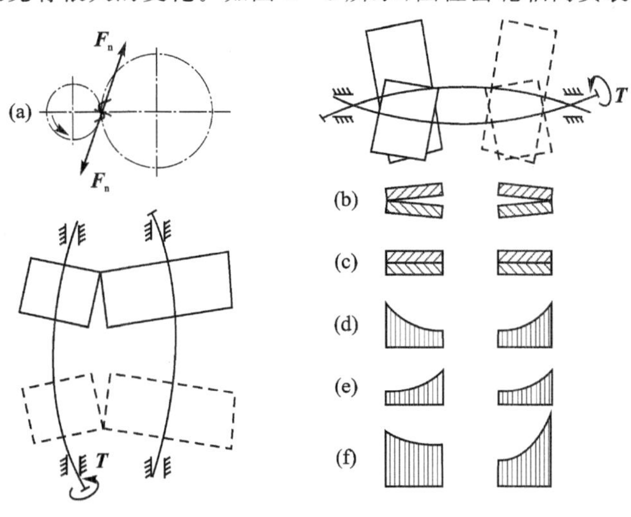

图 2-8　齿向载荷分布情况

轴受力产生弯曲变形，相啮合的齿轮位置发生歪斜(见图 2－8(a))，将造成齿轮在某端接触状况恶劣(见图 2－8(b))。虽然轮齿是弹性体，受力后将产生变形，逐渐形成沿齿向全线接触如图 2－8(c)所示，但载荷沿齿向分布必然不均匀见图(d)。由于轴受转矩 $\boldsymbol{T}$ 产生扭转变形，齿轮靠近转矩输入的一端，其扭转变形量必定大于远离转矩输入的一端，所以由转矩引起齿向载荷分布同样不均匀，如图 2－8(e)所示。轮齿越宽，不均匀的程度越严重，综合作用各线下的齿向载荷分布如图(2－8)(f)所示。

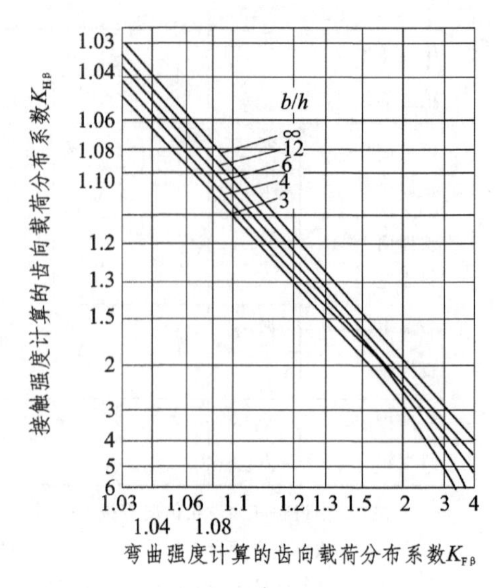

图 2－9　接触和弯曲强度计算的齿向载荷分布系数($K_{H\beta}$ 和 $K_{F\beta}$)

由于影响齿向载荷分布的因素众多，确切的载荷分布系数应通过实际的精密测量和全面分析已知的各影响因素的量值综合确定。精确计算，可按国家标准 GB/T 3480—1997 中所规定的方法进行。接触强度计算的齿向载荷分布系数 $K_{H\beta}$ 和弯曲强度计算的齿向载荷分布系数 $K_{F\beta}$ 可参考图 2－9 确定，$K_{H\beta}$ 也可由表 2－9 简化计算。

表 2－9　接触强度计算的齿向载荷分布系数 $K_{H\beta}$

结构布局	对称支承$\left(\frac{s}{l}<0.1\right)$	非对称支承$\left(0.1<\frac{s}{l}<0.3\right)$	悬臂支承$\left(\frac{s}{l}<0.3\right)$
计算公式	$K_{H\beta}=A+B\left(\frac{b}{d_1}\right)^2+C\cdot10^{-3}b$	$K_{H\beta}=A+B\left[1+0.6\left(\frac{b}{d_1}\right)^2\right]\cdot\left(\frac{b}{d_1}\right)^2+C\cdot10^{-3}b$	$K_{H\beta}=A+B\left[1+6.7\left(\frac{b}{d_1}\right)^2\right]\cdot\left(\frac{b}{d_1}\right)^2+C\cdot10^{-3}b$
	b——轮齿工作宽度；d_1——小齿轮分度圆直径		

调质齿轮精度等级*	装配时不作检验调整			装配时检验调整或对研跑合		
	A	B	C	A	B	C
5	1.07	0.16	0.23	1.03	0.16	0.12
6	1.09	0.16	0.30	1.04	0.16	0.15
7	1.11	0.16	0.47	1.05	0.16	0.23
8	1.17	0.16	0.61	1.09	0.16	0.31

硬齿面齿轮精度等级	装配时不作检验调整						装配时检验调整					
	$K_{H\beta}\leqslant1.34$			$K_{H\beta}>1.34$			$K_{H\beta}\leqslant1.34$			$K_{H\beta}>1.34$		
	A	B	C	A	B	C	A	B	C	A	B	C
5	1.09	0.26	0.20	1.05	0.31	0.23	1.05	0.26	0.10	0.99	0.31	0.12
6	1.09	0.26	0.33	1.05	0.31	0.23	1.05	0.26	0.16	1.0	0.31	0.19

选择合理的齿轮位置、合理的齿宽，提高制造和安装精度，提高轴和轴承及机座的刚度，适当增加轮齿的柔度，均有利于改善齿向载荷分布不均匀的现象。另外，将一对齿轮中的一个齿轮的轮齿进行鼓形修整，如图 2-10 所示，则齿宽中部首先接触，再扩大到整个齿宽，载荷分布不均匀的现象也可以得到改善。

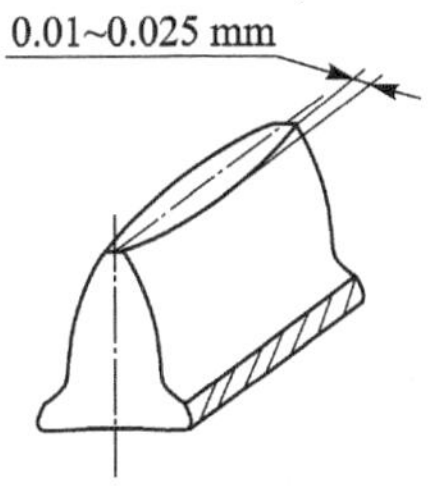

图 2-10 鼓形齿

2.4.2 齿轮传动的应力分析

齿轮传动工作过程中，相啮合的轮齿受到法向力 $\boldsymbol{F}_n$ 的作用，主要产生两种应力：齿面接触应力和齿根弯曲应力。

1. 齿面接触应力 σ_H

齿轮传动过程中，相啮合的两轮齿齿面直接接触。在载荷作用下，渐开线齿面理论上为线接触，考虑齿轮的弹性变形，实际上为很小的面接触。接触面上产生齿面接触应力。对于相啮合齿轮上的一对特定轮齿，啮合时齿面产生接触应力，退出啮合后齿面的接触应力消失，即工作齿廓上的各对应接触部位仅仅在接触的瞬间产生接触应力，脱离接触后，该部位的接触应力随即消失。因此，不论轮齿承受稳定载荷或不稳定载荷，传动运动方式如何，齿面接触应力均为脉动循环变应力。

齿面接触应力的数值，与载荷大小、接触点的变形及材料性能等因素有关，可按弹性力学理论和轮齿表面的具体情况予以确定；齿面接触应力的变化次数，与齿轮的预期工作寿命及转速等因素有关。对于不同形式的齿轮传动，具体的分析计算方法见 2.7 节。

2. 齿根弯曲应力 σ_F

齿轮传动过程中，相啮合的两齿轮的载荷，主要作用在啮合的轮齿上。相对于刚度很大的轮芯，轮齿可以看作是宽度为齿宽 b 的悬臂梁。受法向力 $\boldsymbol{F}_n$ 后，齿根处所受应力最大。如图 2-11 所示，$\boldsymbol{F}_n$ 可以分解为 $\boldsymbol{F}_n\cos\alpha_{F_a}$ 和 $\boldsymbol{F}_n\sin\alpha_{F_a}$，分力 $\boldsymbol{F}_n\cos\alpha_{F_a}$ 使齿根危险剖面产生弯曲应力 σ_F 和剪应力 τ，分力 $\boldsymbol{F}_n\sin\alpha_{F_a}$ 使齿根危险剖面产生压缩应力 σ_b。剪应力和压缩应力较小，可通过一定的系数转换为弯曲应力来考虑。

与接触应力一样，无论齿轮所受的载荷稳定与否，齿根弯曲应力均为变应力多为脉动循环变应力，对于频繁双向工作或摆动的齿轮传动，弯曲应力则按对称循环变应力来考虑。

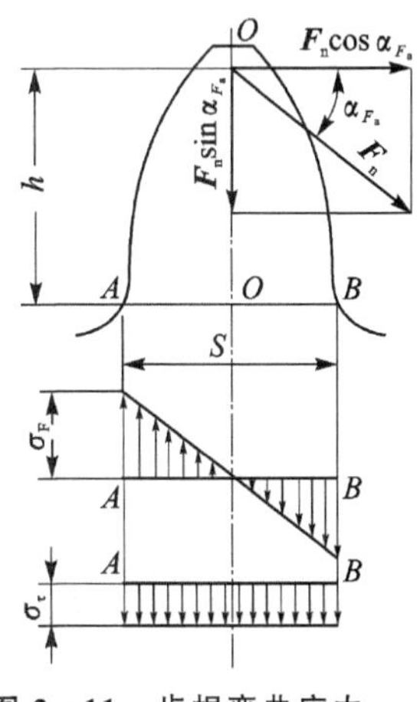

图 2-11 齿根弯曲应力

2.5 齿轮传动的失效分析

不同的齿轮传动，其工作条件、使用状况及齿面硬度等有很大的不同，因此其主要的失效形式也有差别。一般来说，齿轮传动的失效主要发生在轮齿上。轮齿部分的失效形式分为两大类：即轮齿折断和齿面失效。

1. 轮齿折断

轮齿折断失效通常有轮齿的弯曲疲劳折断、过载折断和随机折断。

通过齿轮轮齿应力分析可知，轮齿受载之后齿根处会产生较大的变应力；同时齿根处过渡部分的尺寸发生急剧的变化，进而引起应力集中；沿齿宽方向留下的加工刀痕也会引起应力集中，使得齿根部位受载更加严重，出现断裂。

工作时轮齿反复受载，使得齿根处产生疲劳裂纹，并逐步扩展导致轮齿折断的失效，为弯曲疲劳折断。疲劳裂纹多起源于齿根受拉的一侧。

轮齿突然过载，或严重磨损后齿厚减薄时，过载，轮齿会发生过载折断。

随机折断通常是指由于轮齿缺陷、点蚀或其他应力集中源在轮齿某部位形成过高应力集中而引起轮齿折断。断裂部位随缺陷或过高有害残余应力的位置有关，与齿根圆角半径无关。

轮齿折断的形式有整体折断和局部折断(见图 2-12)。整体折断多发生于直齿轮，局部折断多发生于斜齿和人字齿轮。齿宽较大的直齿轮及由于安装、制造因素使得局部受载过大的直齿轮，也可能发生局部折断。疲劳折断的断口较光滑，过载折断的断口则较粗糙。

增大齿根过渡圆角半径，减小齿面粗糙度，对齿根进行喷丸或碾压强化处理，消除该处的加工刀痕，选用韧性较好的材料，采用合理的变位等，均有助于提高轮齿的抗折断能力。

轮齿疲劳折断是闭式硬齿面齿轮传动的主要失效形式。

2. 齿面失效

齿面失效常见的失效形式有：点蚀、胶合、齿面磨损和齿面塑性变形。

(1) 点　蚀

齿轮在啮合过程中，相互接触的齿面受到周期性变化的接触应力的作用。若齿面接触应力超出材料的接触疲劳极限时，在载荷的多次重复作用下，齿面会产生细微的疲劳裂纹；封闭在裂纹中的润滑油的挤压作用使裂纹扩大，最后导致表层小片状剥落而形成麻点。这种疲劳磨损现象，在齿轮传动中称为点蚀(见图 2-13)。节线靠近齿根的部位最先产生点蚀。润滑油的黏度对点蚀的扩展影响很大。点蚀将影响传动的平稳性，并产生冲击、振动和噪声，引起传动失效。

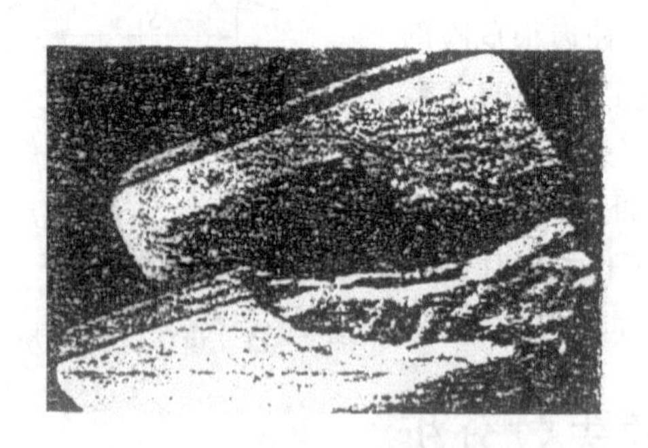

图 2-12　轮齿局部折断

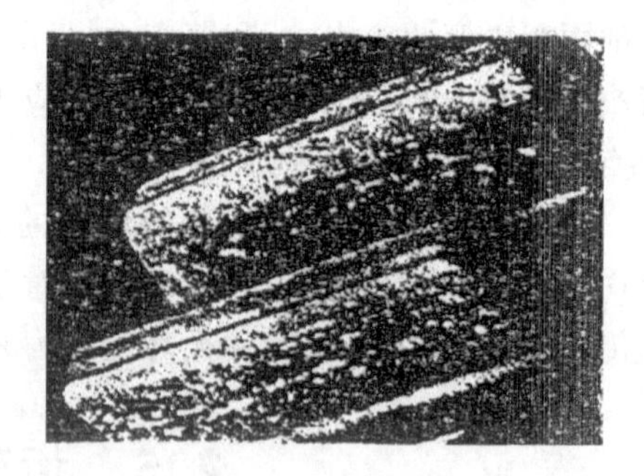

图 2-13　齿面点蚀

点蚀又分为收敛性点蚀和扩展性点蚀。收敛性点蚀指新齿轮在短期工作后出现点蚀痕迹，继续工作后不再发展或反而消失的点蚀现象。收敛性点蚀只发生在软齿面上，一般对齿轮工作影响不大。扩展性点蚀指随着工作时间的延长而继续扩展的点蚀现象，常在软齿面轮齿经跑合后，接触应力高于接触疲劳极限时发生。硬齿面齿轮由于材料的脆性，凹坑边缘不易被碾平，而是继续碎裂形成大凹坑，点蚀区域呈扩展性。严重的扩展性点蚀能使齿轮在很短的时间内报废。

提高齿面硬度和降低表面粗糙度，在许可的范围内增大相互啮合齿轮的综合曲率半径，采用黏度较高的润滑油等，有助于提高齿轮的抗点蚀能力。

(2) 齿面胶合

齿面胶合是指在重载或高速传动时，齿面局部金属出现类似焊接的情形，继而又因相对滑动，齿面的金属从其表面被撕落，轮齿表面沿滑动方向出现粗糙沟痕的现象（见图2-14）。

在高速重载情况下工作的齿轮，由于其滑动速度大而导致瞬时温度过高，使油膜破裂而产生粘焊，从而引起的胶合称为热胶合。在低速重载情况下，由于齿面应力过大，相对速度低，油膜不易形成，使接触处产生了局部高温而发生的胶合称为冷胶合。胶合从程度上可分为轻微胶合、中等胶合和破坏胶合。轻微胶合需要借助于显微镜才能看见其粘着痕迹；中等胶合的条纹细浅，肉眼可见；破坏胶合沿齿廓相对滑动方向呈明显的粘撕沟痕，整个齿面明显发生材料移失现象，振动噪声增大，齿轮迅速失效，严重时发生咬死。

提高齿面硬度，降低表面粗糙度，采用有抗胶合添加剂的润滑油，采取有效冷却，选用合理变位，减小模数和齿高来降低滑动速度，选用抗胶合性能好的材料等，有助于提高齿轮的抗胶合能力。

(3) 齿面磨损

齿轮传动在工作时，齿廓表面在啮合中存在着相对滑动，齿面由此产生摩擦导致齿面磨损。齿面磨损常见的形式包括：磨粒磨损、低速磨损和腐蚀磨损。当金属微粒、灰尘及异物等落入相啮合的齿面之间，它们将起到磨料的作用从而引起齿面磨粒磨损（见图2-15）。磨粒磨损是开式齿轮传动最常见的失效；闭式传动新齿轮在磨合后未予清洗或密封不良等导致润滑油污染时，也会引起磨粒磨损。当齿轮圆周速度过低时（小于0.5 m/s），相啮合齿面间的弹性流体动力膜厚度很小，会引起齿面材料的连续性磨损，称为低速磨损，通常发生在低速传动中。润滑油中的一些活性成分会与齿轮材料发生化学和电化学作用，从而引起腐蚀磨损。

图2-14　齿面胶合

图2-15　齿面磨粒磨损

齿面磨损造成齿厚减薄，齿廓形状破坏，啮合侧隙增大，并导致振动、噪声和冲击，严重时会使得齿轮因强度不足而折断。

齿轮工作过程中，保持清洁，适时更换润滑油，采用合适的密封和润滑装置，改善润滑方式，选用黏度较高的润滑剂和合适的极压添加剂以及合适的材料等，有助于减轻齿面的磨损。

(4) 齿面塑性变形

由于载荷和摩擦力过大，使齿面材料在啮合过程中产生塑性流动，从而导致齿面形状损坏，即齿面塑性变形，如图 2－16 所示。这种情况一般发生在软齿面齿轮上。

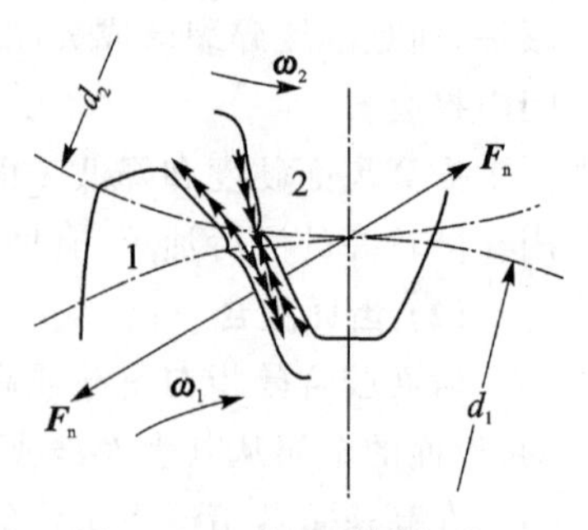

图 2－16　齿面塑性变形

由于主动轮轮齿表面上所受到的摩擦力背离节线，分别朝向齿顶和齿根作用，因此产生塑性变形后，齿面上节线附近就下凹；从动轮轮齿表面所受到的摩擦力，分别由齿顶及齿根朝向节线作用，产生塑性变形后，齿面上节线附近就上凸。这种失效常在低速重载、频繁启动和过载传动中出现。减小接触应力，适当提高齿面硬度及润滑油的黏度等，有助于减小和防止齿面塑性变形。

此外，齿轮传动中，由于安装及制造误差过大、材料缺陷、磨削烧伤、裂纹及表面处理不当等原因，也会造成多种失效。加强原材料和成品检验、控制加工和安装质量，改进热处理工艺，对有效地防止齿轮失效，提高齿轮强度具有重要的意义。

3. 设计计算准则

齿轮传动中，在不同的载荷和工作条件下，齿轮可能出现不同的失效形式。对于不同的失效形式，应根据其失效机理，分别确立相应的设计准则。但是，对于如齿面磨损、齿面塑性变形等的设计计算，目前尚未建立广为工程实际使用，并且行之有效的计算方法和设计数据。所以，目前设计一般使用条件下的齿轮传动时，通常按保证齿面接触疲劳强度和齿根弯曲疲劳强度两项准则计算。对于高速大功率的齿轮传动，须进行抗胶合能力的计算。齿轮传动有短时过载的，均须进行静强度计算。

工程实践中，一般推荐采用以下的设计计算准则：

(1) 闭式齿轮传动

闭式齿轮传动的传动形式、失效形式以及设计计算准则如表 2－10 所列。

表 2－10　闭式齿轮传动

传动形式		主要失效形式	设计计算准则
中、小功率	软齿面	齿面点蚀 齿根疲劳折断	接触疲劳强度设计计算 弯曲疲劳强度校核计算
	硬齿面	齿根疲劳折断 齿面点蚀	弯曲疲劳强度设计计算 接触疲劳强度校核计算
大功率、重载	高　速	齿面点蚀 齿根疲劳折断 齿面热胶合	接触疲劳强度设计计算 弯曲疲劳强度校核计算 热胶合强度计算
	低　速	齿面点蚀 齿根疲劳折断 齿面冷胶合 齿面塑性变形	接触疲劳强度设计计算 弯曲疲劳强度校核计算 冷胶合强度计算 轮齿静强度计算

(2) 开式齿轮传动

开式齿轮传动的主要失效形式为弯曲疲劳折断和磨粒磨损。按弯曲疲劳强度进行计算，并将得出的模数增大10%～15%来考虑磨损影响，由于磨损速度大大超过齿面疲劳裂纹扩展速度，故无须进行接触疲劳强度计算。

2.6　齿轮常用材料和热处理

1. 齿轮材料

根据齿轮转动的特点和轮齿的失效形式，设计齿轮传动时，对齿轮材料和热处理的基本要求是：① 齿面要有足够的硬度，以使齿面具有较高的抗磨损、抗点蚀、抗胶合及抗塑性变形的能力；② 齿芯材料要有较高的机械性能，高强度极限、疲劳极限和足够的韧性，以使轮齿具有足够的抗弯曲疲劳折断的能力；③ 价格合理，购买方便，具有良好的加工和热处理工艺性。

齿轮材料中最常用的是各种钢材，其次是铸铁，还有一些非金属材料。齿轮的毛坯由锻造、铸造或焊接而成，也可以直接用棒料加工。

(1) 钢

钢材的韧性好，耐冲击，还可以通过热处理或化学处理改善材料的机械性能，提高齿面的硬度。常用的钢材有锻钢和铸钢两类。

除尺寸过大或形状复杂只宜铸造者外，一般都用锻钢制造齿轮，常用的是含碳量为0.15%～0.6%的碳钢或合金钢。

铸钢的耐磨性及强度均较好，但应经退火及时效处理，必要时也可进行调质。铸钢常用于尺寸较大的齿轮。

(2) 铸　铁

灰铸铁价廉、易切削，其中石墨能起润滑作用，能吸收噪声，但抗弯强度低，冲击韧性差，适用于形状复杂、尺寸较大、工作平稳、速度较低及功率不大的场合，尤其适用于开式齿轮传动。

球墨铸铁的力学性能和抗冲击性能高于灰铸铁，可替代某些调质钢的大齿轮。

(3) 非金属材料

对高速、轻载及精度不高的齿轮传动，为了降低噪声，常采用夹布胶木、塑料及尼龙等非金属材料。非金属材料齿轮的优点是质量小，减振性好，噪声低，具有相应的抗腐蚀性；缺点是导热性差、易变形等。为了有利于散热，与其配对啮合的齿轮多用钢或铸铁制造。

齿轮常用材料及其机械性能见表2-11。

表2-11　齿轮常用材料及其机械性能

材　料	热处理	截面尺寸/mm		材料力学性能/MPa		硬　度	
		直径 d	壁厚 s	σ_B	σ_S	HB	表面淬火 HRC
45	正　火	≤100	≤50	588	294	169～217	40～50
		101～300	51～150	569	284	162～217	
		301～500	151～250	549	275	162～217	
	调　质	≤100	≤50	647	373	229～286	
		101～300	51～150	628	343	217～255	
		301～500	151～250	608	314	197～255	

续表 2-11

材　料	热处理	截面尺寸/mm		材料力学性能/MPa		硬　度	
		直径 d	壁厚 s	σ_B	σ_S	HB	表面淬火 HRC
42SiMn	调　质	≤100	≤50	784	510	229～286	45～55
		101～200	51～100	735	461	217～269	
		201～300	101～150	686	441	217～255	
40MnB	调　质	≤200	≤100	750	500	241～286	45～55
		201～300	101～150	686	441	241～286	
40Cr	调　质	≤100	≤50	750	550	241～286	48～55
		101～300	51～150	700	550	241～286	
20Cr	渗碳淬火＋低温回火	≤60		637	392		渗　碳 56～62
20CrMnTi	渗碳淬火	≤30		1 079	786		56～62
	低温回火	≤100		834	490		
ZG310-570	正　火			570	310	163～197	
ZG340-640	正　火			640	340	179～207	
ZG35CrMnSi	正火，回火			700	350	≤217	
	调　质			785	588	197～269	
HT300			＞10～20	290		182～273	
HT350			＞10～20	340		197～298	
QT500-7				500	320	170～230	
QT600-3				600	370	190～270	

2. 齿轮热处理

钢制齿轮可以通过不同的热处理方法获得不同的表面硬度，如表 2-12 所列。工业上以 350HB 为界将齿轮传动分为软齿面（布氏硬度 HB≤350）和硬齿面（布氏硬度 HB≥350）。

表 2-12　齿面硬度组合示例

齿面类型	齿轮种类	热处理		两轮工作齿面硬度差	工作齿面硬度举例		备　注
		小齿轮	大齿轮		小齿轮	大齿轮	
软齿面（HB≤350）	直　齿	调　质	正　火	$0<(HB_1)_{min}-(HB_2)_{max}\leqslant 20\sim25$	HB＝240～270	HB＝180～220	用于重载中低速固定式传动装置
			调　质		HB＝260～290	HB＝220～240	
			调　质		HB＝280～310	HB＝240～280	
			调　质		HB＝300～330	HB＝260～280	
	斜齿及人字齿	调　质	正　火	$(HB_1)_{min}-(HB_2)_{max}\geqslant 40\sim50$	HB＝240～270	HB＝160～190	
			正　火		HB＝260～290	HB＝180～210	
			调　质		HB＝270～300	HB＝200～230	
			调　质		HB＝300～330	HB＝230～260	

续表 2-12

齿面类型	齿轮种类	热处理		两轮工作齿面硬度差	工作齿面硬度举例		备　注
		小齿轮	大齿轮		小齿轮	大齿轮	
软硬组合齿面（$HB_1>350$ $HB_2\leqslant350$）	斜齿及人字齿	表面淬火	调　质	齿面硬度差很大	HRC＝45～50	HB＝200～230 HB＝230～260	用于载荷冲击及过载都不大的重载中低速固定式传动装置
		渗　碳	调　质		HRC＝56～62	HB＝270～300 HB＝300～330	
硬齿面（HB＞350）	直齿、斜齿及人字齿	表面淬火	表面淬火	齿面硬度大致相同	HRC＝45～50		用于传动尺寸受结构条件限制的情形和运输机器上的传动装置
		渗　碳	渗　碳		HRC＝56～62		

（1）软齿面

软齿面齿轮常用的热处理方法为调质和正火。齿轮的材料一般选用中碳钢和中碳合金钢以及中碳铸钢和中碳合金铸钢。调质齿轮的强度、韧性和齿面硬度均高于正火齿轮；对于不宜调质、尺寸较大或不太重要的齿轮一般采用正火。

软齿面齿轮适用于对强度、速度和精度要求不高的齿轮传动。通常是齿轮毛坯经过热处理后进行切齿，切制后即为成品。精度一般为 8 级，精切时可达 7 级。软齿面齿轮制造简便、经济且生产率高。

（2）硬齿面

硬齿面齿轮采用表面硬化处理方法。常用的方法包括：

① *表面淬火*　常用材料为中碳钢和中碳合金钢。表面硬度 HRC＝48～54。芯部韧性高，能用于承受中等冲击载荷。中、小尺寸齿轮可采用中频或高频感应加热，大尺寸可采用火焰加热。感应加热使轮齿变形较小，对精度要求不很高的齿轮传动无须进行磨齿。火焰加热变形大，齿面不易获得均匀的硬度，质量不易保证。

② *渗碳淬火*　常用材料为韧性较好的低碳钢和低碳合金钢。表面硬度 HRC＝58～63，用于承受较大冲击载荷的齿轮。

③ *氮　化*　常用材料有 40CrMo 和 38CrMoAl 等。渗氮后齿轮硬度高，耐磨性好，变形小，处理后无须磨齿。但因氮化层较薄，其承载能力不及渗碳齿轮高，冲击载荷下易破碎，故宜用于载荷平稳、润滑良好的传动。

④ *碳氮共渗*　适宜处理各种中碳钢和中碳合金钢。表面硬度 HRC＝62～67。齿轮变形小，抗接触疲劳和抗胶合的性能优于渗碳淬火。

⑤ *表面激光硬化*　将激光束扫射齿面，使齿面组织细、硬。硬度可达 HRC92 以上。特点是处理后轮齿的变形极小，便于处理大尺寸齿轮。适用于各类中碳钢和中碳合金钢。

硬齿面齿轮表面硬度高，所以承载能力较大，结构紧凑。加工多采用先切齿，再作表面硬化处理，最后进行精加工。精度要求较高的齿轮均须进行磨齿，精度可达 4 级。这类齿轮承载力高，加工精度高，但制造要求高，价格较高。

在齿轮工作过程中，小齿轮的轮齿接触次数比大齿轮多，为了使大小齿轮寿命接近，通常取小齿轮的硬度值比大齿轮的高，HB＝20～40 个布氏硬度单位。传动比越大，硬度差也应越大。对于硬齿面齿轮，硬度差不宜过大。实践表明，硬度差也有利于提高抗胶合能力。

2.7　齿轮传动的强度设计计算

2.7.1　齿面接触疲劳强度的计算

在齿面接触疲劳强度的计算中，由于赫兹应力是齿面间应力的主要指标，故把赫兹应力作为齿面接触应力的计算基础，并用来评价接触强度。齿面接触疲劳强度核算时，根据设计要求可以选择不同的计算公式。用于总体设计和非重要齿轮计算时，可采用简化计算方法；用于重要齿轮校核时，可采用精确计算方法。本节介绍齿面接触疲劳强度的常用计算方法，简化计算方法见附录B。

分析计算表明，大、小齿轮的接触应力相等，齿面最大接触应力一般出现在小轮单对齿啮合区内界点、节点和大轮单对齿啮合区内界点三个特征点之一，实际使用和实验也证明了这一规律。因此，在齿面接触疲劳强度的计算中，常采用节点的接触应力分析齿轮的接触强度。强度条件为：大、小齿轮在节点处的计算接触应力 σ_H 均不大于其相应的许用接触应力 σ_{HP}，即

$$\sigma_H \leqslant \sigma_{HP}$$

1. 圆柱齿轮的接触疲劳强度计算

(1) 两圆柱体接触时的接触应力

在载荷作用下，两曲面零件表面理论上为线接触或点接触，考虑到弹性变形，实际为很小的面接触。两圆柱体接触时的接触面尺寸和接触应力可按赫兹公式计算，如图2-17所示。

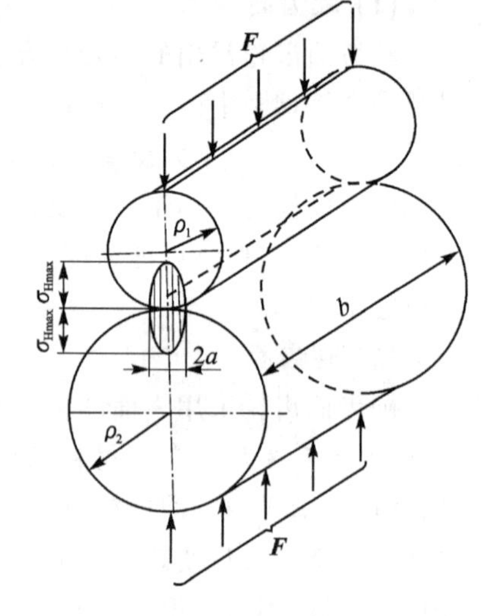

图2-17　两圆柱体接触时的接触面尺寸

两圆柱体接触时，接触面为矩形($2ab$)，最大接触应力 σ_{Hmax} 位于接触面宽中线处，计算公式为

- 接触面半宽　$a=\sqrt{\dfrac{4F}{\pi b}\left[\dfrac{\dfrac{1-\mu_1^2}{E_1}+\dfrac{1-\mu_2^2}{E_2}}{\dfrac{1}{\rho}}\right]}$

- 最大接触应力 $\sigma_{Hmax}=\sqrt{\dfrac{F}{\pi b}\left[\dfrac{\dfrac{1}{\rho}}{\dfrac{1-\mu_1^2}{E_1}+\dfrac{1-\mu_2^2}{E_2}}\right]}$　　(2-4)

式中：F——接触面所受到的载荷；

ρ——综合曲率半径，$\dfrac{1}{\rho}=\dfrac{1}{\rho_1}\pm\dfrac{1}{\rho_2}$，“+”号用于外接触，“-”号用于内接触；

E_1 和 E_2——两接触体材料的弹性模量；

μ_1 和 μ_2——两接触体材料的泊松比。

(2) 齿轮啮合时的接触应力

两渐开线圆柱齿轮在任意一处啮合点时接触应力状况，都可以转化为以啮合点处的曲率半径 ρ_1 和 ρ_2 为半径的两圆柱体的接触应力。在整个啮合过程中的最大接触应力即为各啮合点接触应力的最大值。节点附近处的 ρ 虽然不是最小值，但节点处一般只有一对轮齿啮合，点蚀也往往先在节点附近的靠齿根一侧的表面出现，因此，接触疲劳强度计算通常以节点为最大接触应力计算点。其各项参数的计算公式如表 2-13 所列。

表 2-13　各参数的计算公式

参　数	直齿圆柱齿轮	斜齿圆柱齿轮
节点处的载荷	$F_n=\dfrac{F_t}{\cos\alpha}=\dfrac{2T_1}{d_1\cos\alpha}$	$F_n=\dfrac{F_t}{\cos\alpha_t\cos\beta_b}$
综合曲率半径倒数	$\dfrac{1}{\rho}=\dfrac{2}{d_1\cos\alpha\tan\alpha'}\cdot\dfrac{u\pm1}{u}$	$\dfrac{1}{\rho}=\dfrac{2\cos\beta_b}{d_1\cos\alpha_t\tan\alpha_t'}\cdot\dfrac{u\pm1}{u}$
接触线的长度	$L=\dfrac{b}{Z_\varepsilon^2}$，　$b=\psi_d d_1$	$L=\dfrac{b}{Z_\varepsilon^2\cos\beta_b}$

(3) 圆柱齿轮的接触疲劳强度

将节点处的上述参数带入两圆柱体接触应力公式，并考虑各载荷系数的影响，得到以下公式：

● 接触疲劳强度的校核公式为

$$\sigma_H=Z_HZ_EZ_\varepsilon Z_\beta\sqrt{K_AK_VK_{H\beta}K_{H\alpha}\frac{F_t}{d_1b}\frac{u\pm1}{u}}\leqslant\sigma_{HP} \tag{2-5}$$

● 接触疲劳强度的设计公式为

$$d_1\geqslant\sqrt[3]{K_AK_VK_{H\beta}K_{H\alpha}\frac{2T_1}{\psi_d}\frac{u\pm1}{u}\left(\frac{Z_HZ_EZ_\varepsilon Z_\beta}{\sigma_{HP}}\right)^2} \tag{2-6}$$

式(2-5)和式(2-6)中的各参数的含义如下：

K_A——使用系数，见表 2-7。

K_V——动载荷系数，见图 2-6。

$K_{H\alpha}$——接触强度计算的齿间载荷分配系数，见表 2-8。

$K_{H\beta}$——接触强度计算的齿向载荷分布系数，见表 2-9。

F_t——端面内分度圆上的名义切向力，N。

T_1——端面内分度圆上的名义转矩，N·mm。

d_1——小齿轮分度圆直径，mm。

b——工作齿宽，mm，指一对齿轮中的较小齿宽。

u——齿数比。

ψ_d——齿宽系数，指齿宽 b 和小齿轮分度圆直径的比值（$\psi_d=b/d_1$）。在一定载荷作用下，齿宽增加可以减小齿轮传动的结构尺寸，降低圆周速度，但齿宽过大，载荷分布不均匀增加，因此必须合理选择齿宽系数，表 2-14 可供选择时参考。

表 2-14　齿宽系数 ψ_d 选择

齿轮相对于轴承的位置	齿宽系数 ψ_d	
	软齿面	硬齿面
对称布置	0.8～1.4	0.4～0.9
非对称布置	0.6～1.2	0.3～0.6
悬臂布置	0.3～0.4	0.2～0.25

注：1 直齿圆柱齿轮宜取较小值，斜齿圆柱齿轮可取较大值(人字齿可到 2)。

2 载荷稳定且刚性较大的轴取较大值，变载荷且刚性较小的轴取较小值。

Z_H——节点区域系数。用于考虑节点处齿廓曲率对接触应力的影响，见图 2-18。

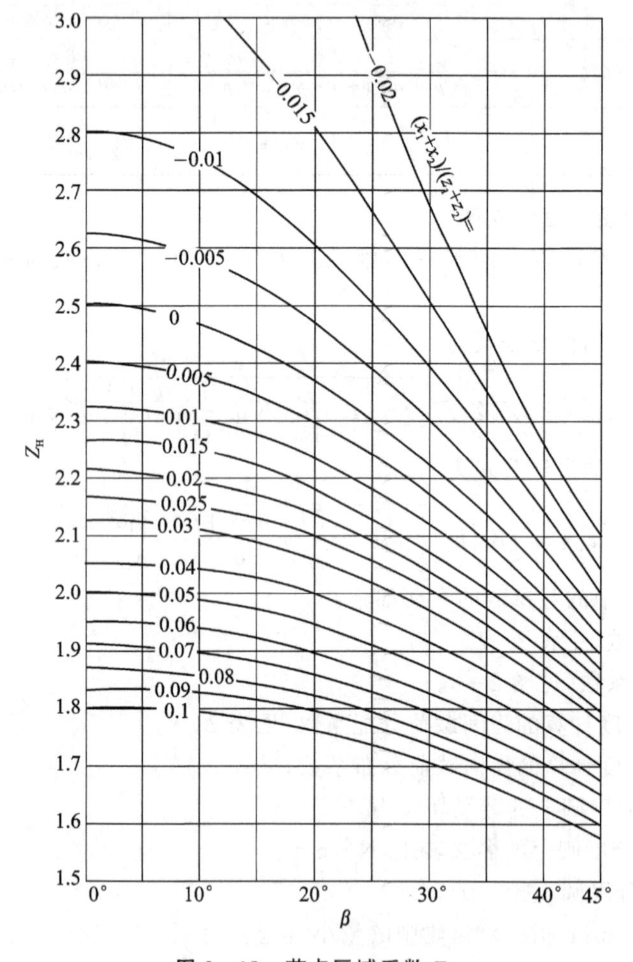

图 2-18　节点区域系数 Z_H

Z_E——弹性系数。用于修正材料的弹性模量和泊松比对接触应力的影响，不同材料组合的齿轮副，其弹性系数见表 2-15。

Z_ε——齿面接触强度计算重合度系数。用于考虑重合度对单位齿宽载荷的影响，重合度越大，承载的接触线总长度越大，单位接触载荷越小。Z_ε 可按以下公式计算：

● 直齿轮　$Z_\varepsilon=\sqrt{\dfrac{4-\varepsilon_\alpha}{3}}$。

● 斜齿轮　当 $\varepsilon_\beta<1$ 时，$Z_\varepsilon=\sqrt{\dfrac{4-\varepsilon_\alpha}{3}(1-\varepsilon_\beta)+\dfrac{\varepsilon_\beta}{\varepsilon_\alpha}}$；

当 $\varepsilon_\beta\geqslant1$ 时，$Z_\varepsilon=\sqrt{\dfrac{1}{\varepsilon_\alpha}}$。

式中：ε_α——端面重合度；

ε_β——纵向重合度。

表 2-15　弹性系数 Z_E

齿轮 1		齿轮 2		$Z_E/\sqrt{N/mm^2}$
材　料	弹性模量 $E_1/(N\cdot mm^{-2})$	材　料	弹性模量 $E_2/(N\cdot mm^{-2})$	
钢	2.06×10^5	钢	2.06×10^5	189.8
		铸　钢	2.02×10^5	188.9
		球墨铸铁	1.73×10^5	181.4
		灰铸铁	$1.18\times10^5\sim1.26\times10^5$	162～165.4
铸　钢	2.02×10^5	铸　钢	2.02×10^5	188
		球墨铸铁	1.73×10^5	180.5
		灰铸铁	1.18×10^5	161.4
球墨铸铁	1.73×10^5	球墨铸铁	1.73×10^5	173.9
		灰铸铁	1.18×10^5	156.6
灰铸铁	$1.18\times10^5\sim1.26\times10^5$	灰铸铁	1.18×10^5	143.7～146.7

Z_β——螺旋角系数。用于考虑螺旋角造成的接触线倾斜对接触应力的影响，其数值的计算公式为

$$Z_\beta=\sqrt{\cos\beta}$$

σ_{HP}——许用接触应力，N/mm^2，取相互啮合两齿轮中的较小值。

2. 直齿圆锥齿轮的接触疲劳强度计算

直齿圆锥齿轮的齿厚沿齿向变化，其标准模数为大端模数，设计时先将直齿圆锥齿轮沿背锥中点展开，把直齿圆锥齿轮转化为相应的当量圆柱直齿轮，再按当量圆柱齿轮进行强度分析和参数计算，然后将当量齿轮的设计参数对应为锥齿轮的大端参数。

对于轴交角为 90°的直齿圆锥齿轮传动，将齿宽中点处的当量圆柱齿轮的参数带入圆柱齿轮接触强度的公式为

$$\sigma_H=Z_HZ_EZ_\varepsilon Z_\beta Z_K\sqrt{K_AK_VK_{H\beta}K_{H\alpha}\frac{F_{mt}}{d_{m1}b_{eH}}\frac{\sqrt{u^2+1}}{2}}\leqslant\sigma_{HP}\tag{2-7}$$

式中：Z_K——接触强度计算的圆锥齿轮系数，一般情况取 1，当齿顶和齿根修形适当时可取 0.85；

F_{mt}——齿宽中点分度圆上的名义圆周力，N；

d_{m1}——小轮齿宽中点分度圆直径，mm；

b_{eH}——接触强度计算的有效齿宽，mm，一般取为 $0.85b$；

其余参数的含义同圆柱齿轮的接触疲劳强度计算公式。

将当量直齿轮的参数转化为圆锥齿轮的大端参数，再进行整理。

直齿圆锥齿轮接触强度计算的校核公式和设计公式如下：

● 校核公式为

$$\sigma_H = Z_H Z_E Z_\varepsilon \sqrt{K_A K_V K_{H\beta} K_{H\alpha} \frac{4.7T_1}{\psi_R(1-0.5\psi_R)^2 d_1^3 u}} \leqslant \sigma_{HP} \tag{2-8}$$

● 设计公式为

$$d_1 \geqslant \sqrt[3]{K_A K_V K_{H\beta} K_{H\alpha} \frac{4.7T_1}{\psi_R(1-0.5\psi_R)^2 u}\left(\frac{Z_H Z_E Z_\varepsilon}{\sigma_{HP}}\right)^2} \tag{2-9}$$

式中：d_1——小齿轮大端分度圆直径，mm；

$K_{H\beta}$——接触强度计算的齿向载荷分布系数，见表 2-16。

ψ_R——齿宽系数，见表 2-6。

表 2-16　直齿锥齿轮接触强度计算的齿向载荷分布系数

应　用	小轮和大轮的支承		
	两者都是两端支承	一个两端支承，一个悬臂	两者都是悬臂
飞机、车辆	1.5	1.65	1.88
工业机器、船舶	1.65	1.88	2.25

其余参数的含义和确定，一般计算时，同圆柱齿轮；精确校核计算时，按国家标准GB/T 10062—2003 确定。

2.7.2　齿根弯曲疲劳强度的计算

在齿根弯曲疲劳强度中，作为判据的齿根应力，原则上可用任何适宜的方法（如有限元法和积分法等）或实际测量（如光弹测量和应变测量）来确定。国家标准中以载荷作用侧的齿廓根部的最大拉应力作为名义齿根弯曲应力，经相应的系数修正后计算齿根应力，把此应力作为齿根弯曲应力的计算基础，并用来评价弯曲强度。齿根弯曲疲劳强度核算时，根据设计要求可以选择不同的计算公式。用于总体设计和非重要齿轮计算时，可采用简化计算方法；重要齿轮校核时，可采用精确计算方法（安全系数法）。下面介绍齿根弯曲疲劳强度常用的一般精度的计算方法，简化计算方法见附录 B。

齿根弯曲疲劳强度条件为：大、小齿轮在齿根处的计算弯曲应力 σ_F 均不大于其相应的许用齿根弯曲应力 σ_{FP}，即

$$\sigma_F \leqslant \sigma_{FP}$$

1. 圆柱齿轮的齿根弯曲疲劳强度计算公式

国家标准 GB/T 3480—1997 中以载荷作用于齿顶为基础的计算方法，适用于 $\varepsilon_\alpha \leqslant 2$ 的齿轮传动。对于斜齿圆柱齿轮，由于轮齿折断时多为局部折断，齿根应力较复杂，通常按斜齿轮

的法面当量直齿轮进行计算和分析。

(1) 名义齿根应力计算

载荷作用在齿顶时，轮齿可看作宽度为 b 的悬臂梁，齿根处的危险截面可由 30°截面法确定，见图 2-19。确定方法为：作与轮齿对称中线成 30°角，并与齿根过渡曲线相切的切线，通过两切点且平行于齿轮轴线的截面，即为齿根危险截面。

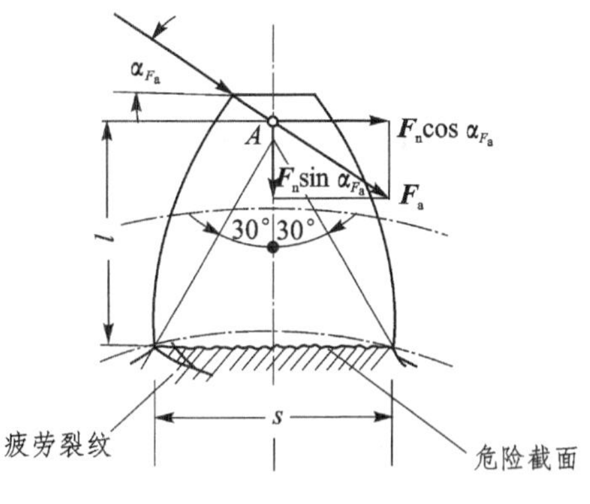

图 2-19　齿根危险截面

沿啮合线方向作用于齿顶的法向力 $\boldsymbol{F}_n$ 分解后，使齿根危险剖面产生弯曲应力 σ_F、剪应力 τ 和压缩应力 σ_b。剪应力和压缩应力较小，其对齿根应力的影响可通过应力修正系数 Y_{Sa} 转换为弯曲应力来考虑。理论上载荷由同时啮合的多对轮齿分担，为简化计算，通常按全部载荷作用于一对轮齿啮合时的齿顶进行分析，再用齿根弯曲强度计算重合度系数 Y_ε 对齿根弯曲应力进行修正。

由图 2-19 可知，受拉侧齿根的最大弯曲应力为

$$\sigma_{Fn}=\frac{M}{W}=\frac{F_n\cos\alpha_{F_a}\cdot l}{\dfrac{bs^2}{6}}=\frac{F_t}{bm}\cdot\frac{6\left(\dfrac{l}{m}\right)\cos\alpha_{F_a}}{\left(\dfrac{s}{m}\right)^2\cos\alpha}=\frac{F_t}{bm}Y_{Fa}\tag{2-10}$$

(2) 圆柱齿轮的弯曲疲劳强度公式

考虑应力修正系数、重合度系数、螺旋角系数和各载荷系数的影响，可以得到以下公式：

- 弯曲疲劳强度的校核公式为

$$\sigma_F=K_AK_VK_{F\beta}K_{F\alpha}\frac{F_t}{bm_n}Y_{Fa}Y_{Sa}Y_\varepsilon Y_\beta\leqslant\sigma_{FP}\tag{2-11}$$

- 弯曲疲劳强度的设计公式为

$$m_n\geqslant\sqrt[3]{\frac{2K_AK_VK_{F\beta}K_{F\alpha}T_1\cos^2\beta}{\psi_d z_1^2\sigma_{FP}}Y_{Fa}Y_{Sa}Y_\varepsilon Y_\beta}\tag{2-12}$$

式(2-11)和式(2-12)中：

$K_{F\beta}$——弯曲强度计算的齿向载荷分布系数，见图 2-9；

$K_{F\alpha}$——弯曲强度计算的齿间载荷分配系数，见表 2-8；

z_1——小齿轮齿数；

m_n——法向模数，mm；

Y_{Fa}——载荷作用于齿顶时的齿形系数，考虑载荷作用于齿顶时齿形对弯曲应力的影响，它只与齿形有关（随齿数和变位系数而异），与模数无关。外齿轮齿形系数可参考图 2-20 确定，也可按照国家标准 GB/T 3480—1997 提供的计算公式确定。

Y_{Sa}——应力修正系数，用于综合考虑齿根过渡曲线处的应力集中效应和弯曲应力以外的其他应力对齿根应力的影响。外齿轮应力修正系数可参考图 2-21 确定。

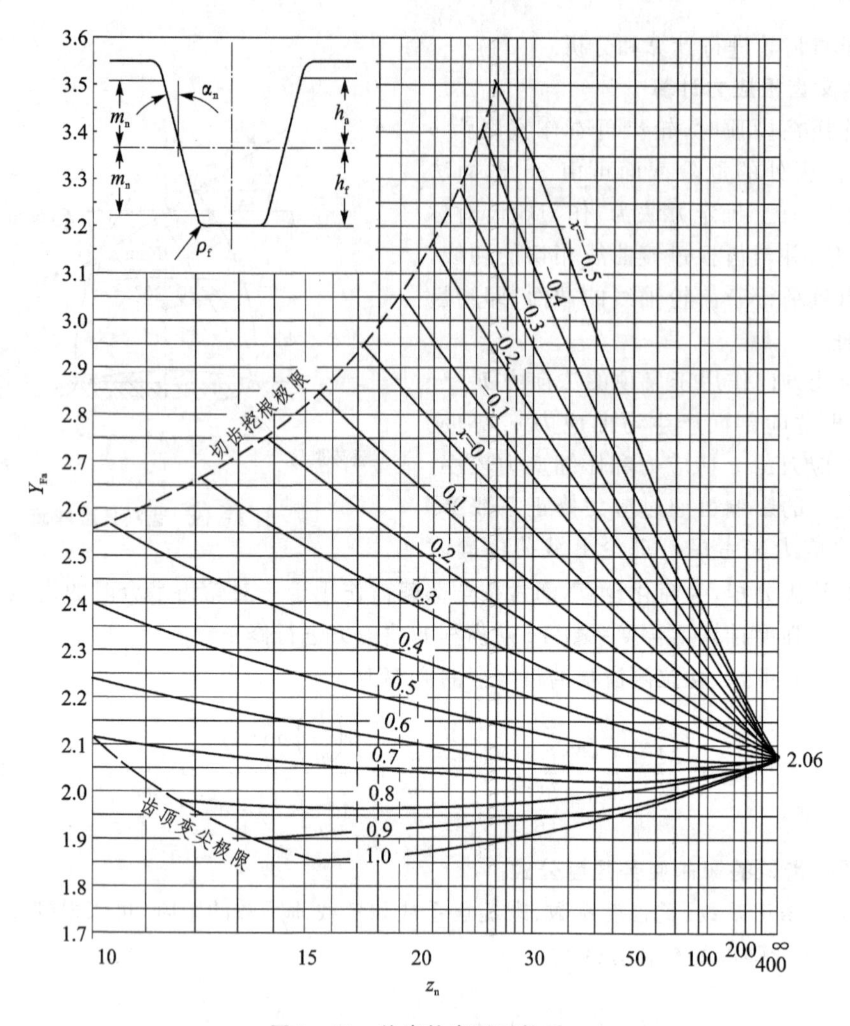

图 2-20　外齿轮齿形系数 Y_{Fa}

Y_ε——重合度系数，表达式为

$$Y_\varepsilon = 0.25 + \frac{0.75}{\varepsilon_{\alpha e}}$$

式中的 $\varepsilon_{\alpha e}$ 为当量齿轮的端面重合度，$\varepsilon_{\alpha e} = \dfrac{\varepsilon_\alpha}{\cos^2 \beta_b}$。

Y_β——螺旋角系数，考虑螺旋角造成的接触线倾斜对齿根应力产生的影响，其值可根据 β 和纵向重合度 ε_β 由图 2-22 确定，也可按国家标准 GB/T 3480—1997 提供的计算公式确定。

σ_{FP}——许用齿根弯曲应力，N/mm^2。

其余参数的含义同接触疲劳强度计算公式。

由于大、小齿轮齿根弯曲应力和许用弯曲应力不同，在进行齿轮弯曲强度计算时，应分别对大、小齿轮进行校核。斜齿圆柱齿轮计算中，Y_{Fa} 和 Y_{Sa} 按当量齿数来确定。

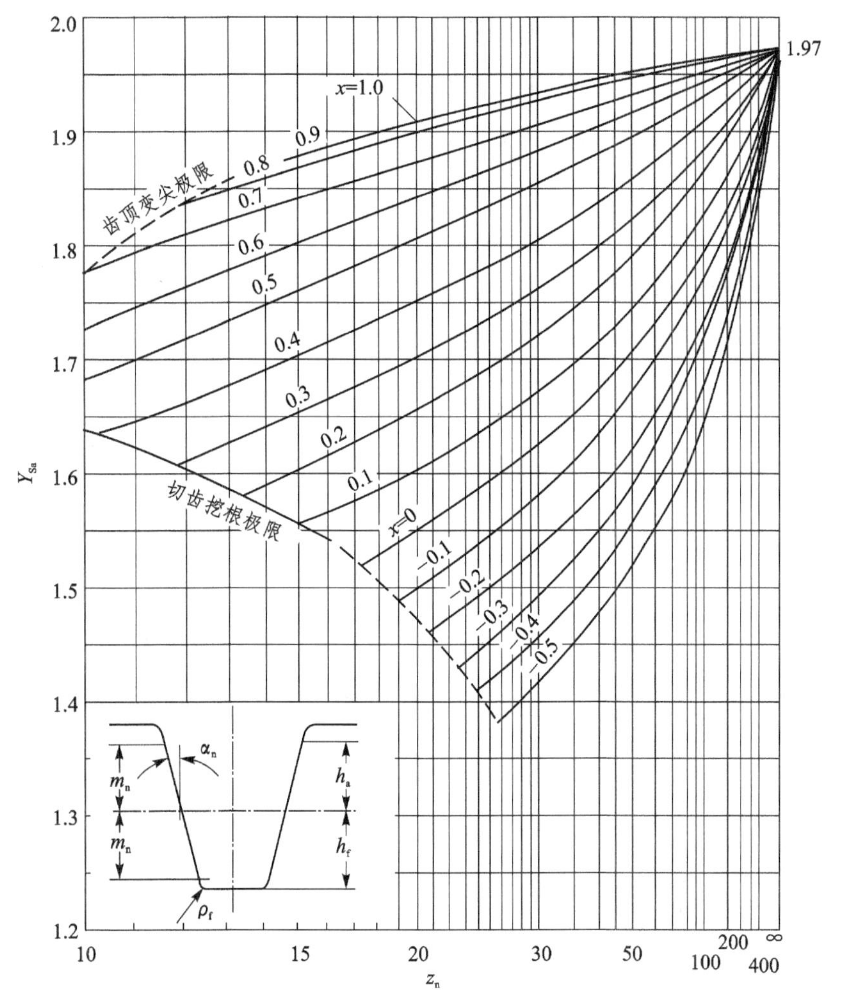

图 2-21　外齿轮应力修正系数 Y_{Sa}

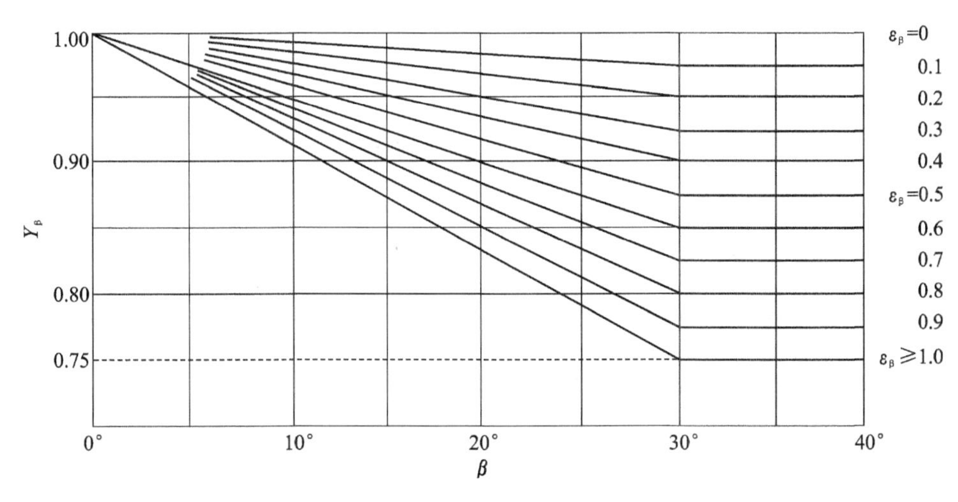

图 2-22　弯曲强度螺旋角系数 Y_β

2. 直齿圆锥齿轮的齿根弯曲疲劳强度计算公式

直齿圆锥齿轮的齿根弯曲疲劳强度按其当量圆柱齿轮计算，其弯曲强度公式为

$$\sigma_F = K_A K_V K_{F\beta} K_{F\alpha} \frac{F_{mt}}{b_{eF} m_m} Y_{Fa} Y_{Sa} Y_\varepsilon Y_\beta Y_K \leqslant \sigma_{FP} \tag{2-13}$$

式中：b_{eF}——圆锥齿轮弯曲强度计算的有效齿宽，一般取 $0.85b$；

m_m——圆锥齿轮齿宽中点平均模数；

Y_K——弯曲强度计算的圆锥齿轮系数，正常齿形时取 1。

其余参数含义同接触疲劳强度计算公式。

将当量齿轮参数转化为大端参数，整理可得到以下公式：

● 弯曲强度校核公式为

$$\sigma_F = K_A K_V K_{F\beta} K_{F\alpha} \frac{4.7T_1}{\psi_R(1-0.5\psi_R)^2 z_1^2 m^2 \sqrt{u^2+1}} Y_{Fa} Y_{Sa} Y_\varepsilon \leqslant \sigma_{FP} \tag{2-14}$$

● 弯曲强度设计公式为

$$m \geqslant \sqrt[3]{\frac{4.7K_A K_V K_{F\beta} K_{F\alpha} T_1}{\psi_R(1-0.5\psi_R)^2 \sqrt{u^2+1} z_1^2 \sigma_{FP}} Y_{Fa} Y_{Sa} Y_\varepsilon} \tag{2-15}$$

式(2-14)和式(2-15)中参数的含义同接触疲劳强度计算公式。一般计算时，参数的确定参考圆柱齿轮；精确校核时，按国家标准 GB/T 10062—2003 确定。

在直齿圆锥齿轮参数确定中，凡是与齿数有关的参数，均按当量齿数确定。

2.7.3　许用应力计算

1. 许用接触应力计算

大、小齿轮的许用接触应力分别计算，取其中的小值进行强度计算。

$$\sigma_{HP} = \frac{\sigma_{Hlim} Z_{NT} Z_L Z_v Z_R Z_W Z_X}{S_{Hmin}} \tag{2-16}$$

式(2-16)中各参数说明如下：

① S_{Hmin}——接触强度的最小安全系数。根据设计齿轮的使用情况确定，一般情况下可以参考表 2-17 选择。

表 2-17　最小安全系数参考值

使用要求	最小安全系数	
	S_{Fmin}	S_{Hmin}
高可靠度	2.00	1.50～1.60
较高可靠度	1.60	1.25～1.30
一般可靠度	1.25	1.00～1.10
低可靠度	1.00	0.85

注：1　在经过使用验证或对材料强度、载荷工况及制造精度拥有较准确的数据时，取下限值。

2　一般齿轮传动不推荐采用低可靠度的安全系数值。

3　采用低可靠度的接触安全系数值时，可能在点蚀前先出现齿面塑性变形。

② σ_{Hlim}——实验齿轮的接触疲劳极限，N/mm^2。它指某种材料的齿轮经长期持续的重复载荷作用(大多数材料其应力循环数为 5×10^7)后，齿面不出现扩展性点蚀时的极限应力。其主要影响因素有：材料成分、力学性能、热处理及硬化层深度、毛坯结构、残余应力、材料纯度和缺陷等。σ_{Hlim} 可由齿轮的载荷运转实验得出或使用已知的统计数据。图 2－23～图 2－26，给出了在一定实验条件下，失效概率为 1％的轮齿接触疲劳极限，一般设计中 σ_{Hlim} 可根据材料种类和硬度参考图 2－23～图 2－26 确定。

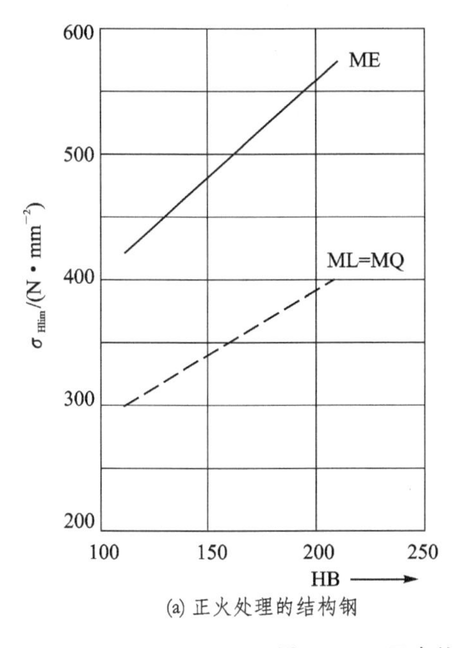

(a) 正火处理的结构钢

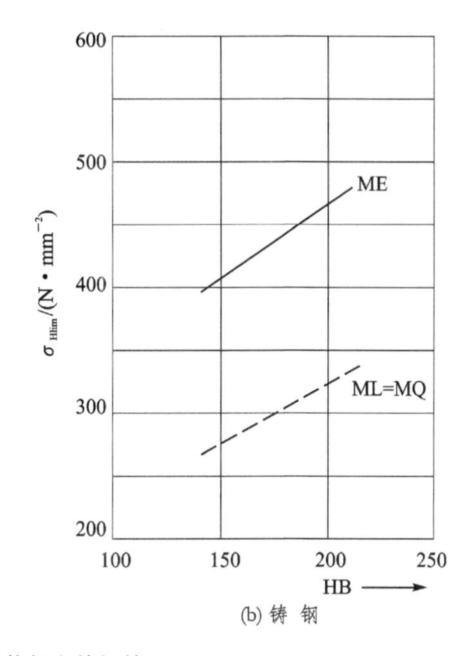

(b) 铸 钢

图 2－23　正火处理的结构钢和铸钢的 σ_{Hlim}

图 2－23～图 2－26 中，ML 表示齿轮材料质量和热处理质量达到最低要求时的疲劳极限取值线；MQ 表示齿轮材料质量和热处理质量达到中等要求时的疲劳极限取值线，此中等要求是有经验的工业齿轮制造者以合理的生产成本所能达到的；ME 表示齿轮材料质量和热处理质量达到很高要求时的疲劳极限取值线，只在具有高水平的制造过程控制能力时才能达到；MX 表示对淬透性及金相组织有特殊考虑的调质合金钢的取值线。

③ Z_{NT}——接触强度计算的寿命系数如图 2－27 所示。当寿命小于或大于持久寿命条件循环次数 N_{C} 时，其为可承受的接触应力值与相应的条件循环次数 N_{C} 时疲劳极限应力的比例系数。在设计中，它可以根据应力循环次数 N_{L} 和齿轮材料及热处理状况参考图 2－27 确定。

当齿轮在定载荷工况下工作时，应力循环次数 N_{L} 为齿轮设计寿命期内单侧齿面的啮合次数；双向工作时，按啮合次数较多的一侧计算。当齿轮在变载荷工况下工作时，应力循环次数 N_{L} 应根据载荷变化的具体情况，采用疲劳累积分析方法，按国家标准中的规定进行计算。

④ Z_{L}，Z_v，Z_R——润滑油膜影响系数。考虑润滑油膜对齿面承载能力的影响，主要因素有：润滑区的油粘度——用润滑剂系数 Z_{L} 来考虑；相啮合间齿面的相对速度——用速度系数 Z_v 来考虑；齿面粗糙度——用粗糙度系数 Z_R 来考虑。

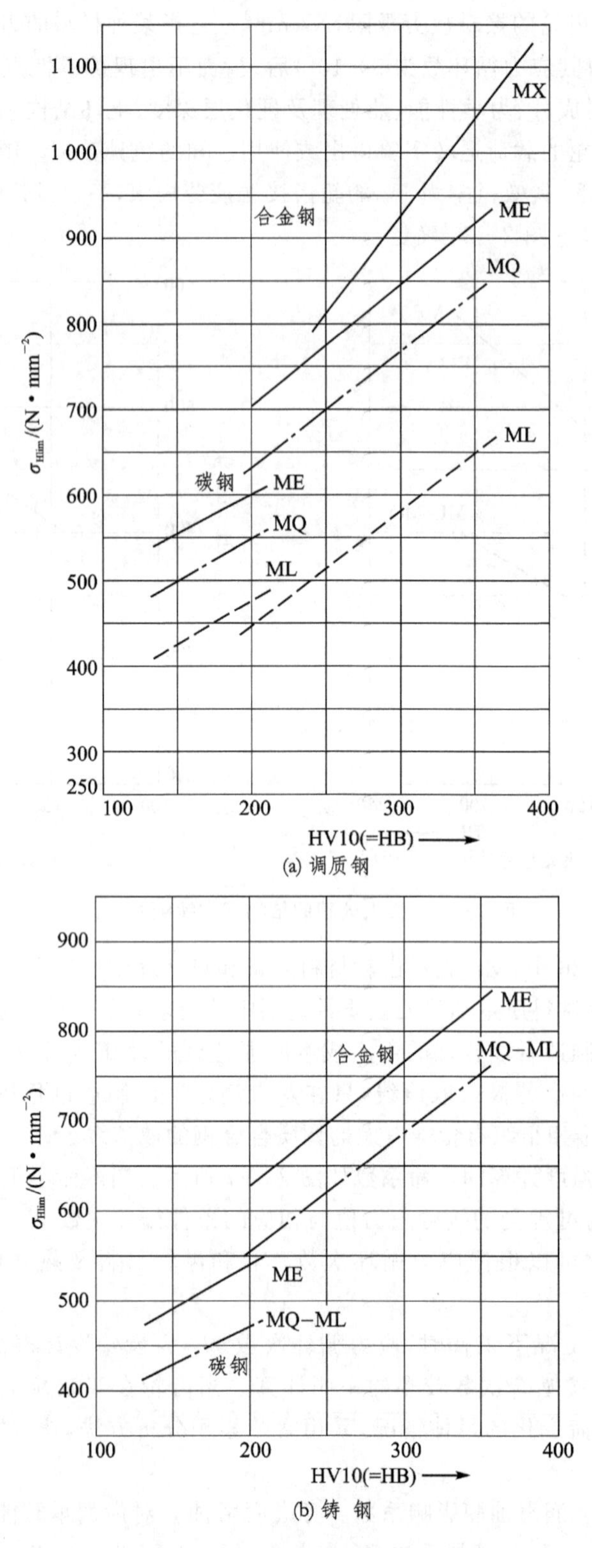

图 2-24　调质处理的碳钢、合金钢和铸钢的 σ_{Hlim}

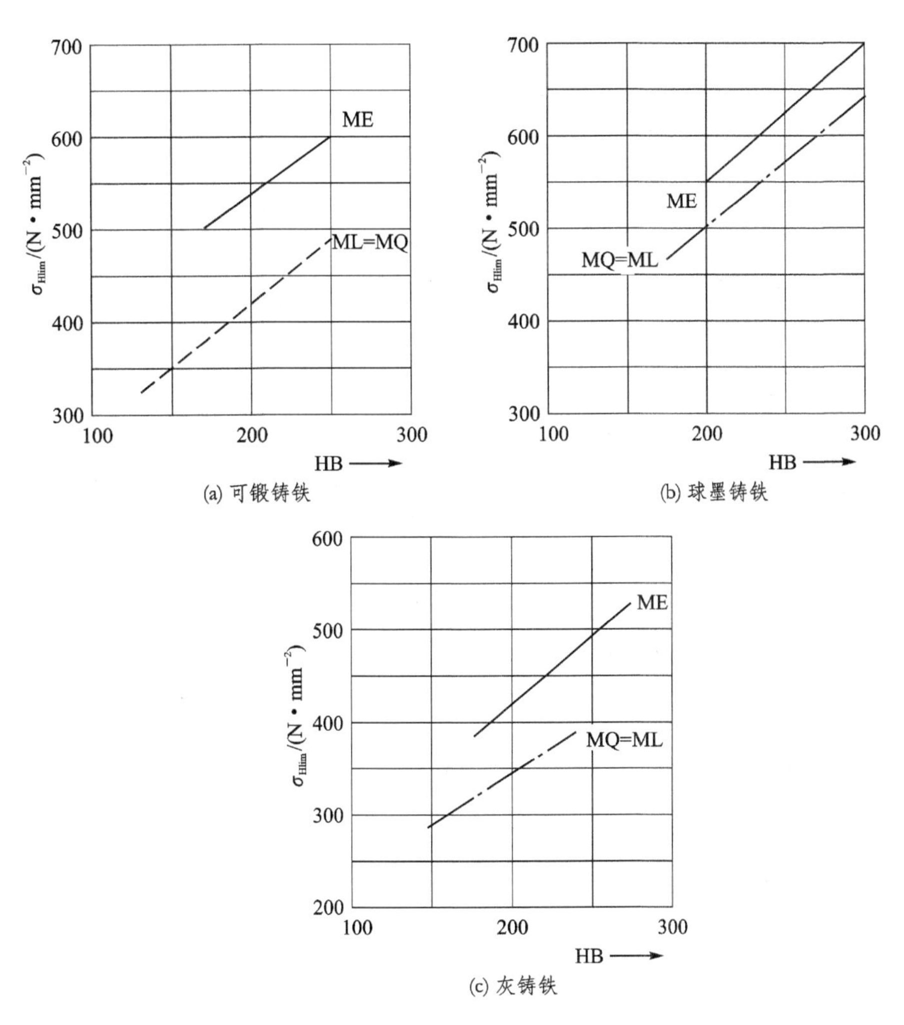

(a) 可锻铸铁　　(b) 球墨铸铁

(c) 灰铸铁

图 2－25　铸铁的 $\boldsymbol{\sigma}_{Hlim}$

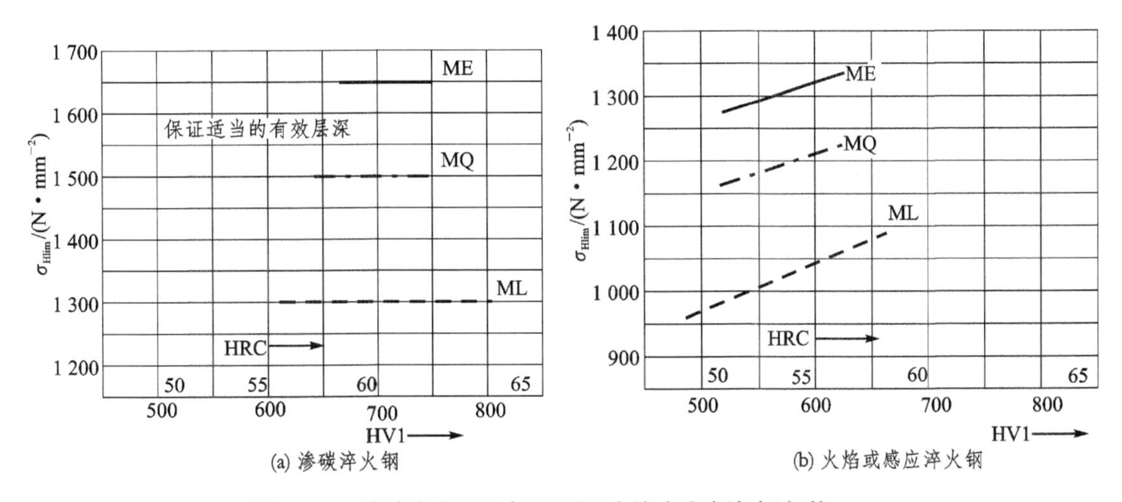

(a) 渗碳淬火钢　　(b) 火焰或感应淬火钢

图 2－26　渗碳淬火钢和表面硬化(火焰或感应淬火)钢的 $\boldsymbol{\sigma}_{Hlim}$

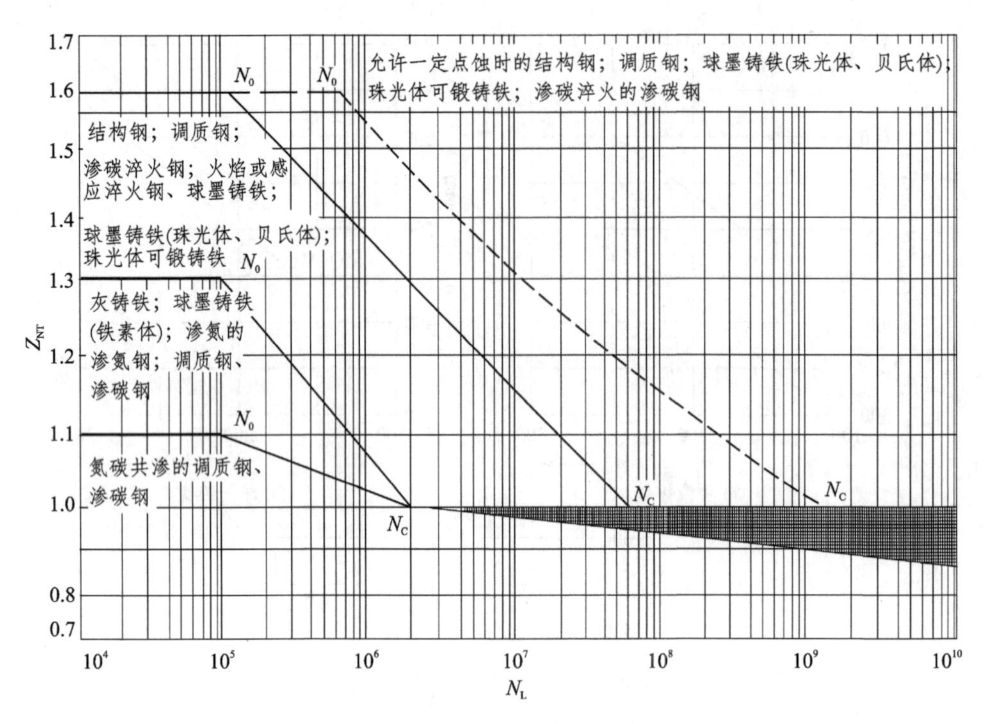

图 2-27 接触强度计算的寿命系数 Z_{NT}

确定润滑油膜影响系数数值的理想方法是总结现场使用经验或具有可类比的尺寸、材料、润滑剂及运行条件的齿轮箱实验。无合适实验或经验数据时，简化处理通常均取为 1.0，重要齿轮的计算可参考国家标准 GB/T 3480—1997 中的计算公式和图表确定。

⑤ Z_W——齿面工作硬化系数。用于考虑经光整加工的硬齿面小齿轮在运转过程中对调质钢大齿轮齿面产生冷作硬化，从而使大齿轮的许用接触应力提高程度的系数。

当大齿轮齿面硬度 HB＝130～470 时，$Z_W=1.2-\dfrac{HB-130}{1\ 700}$；当 HB＜130 时，取 $Z_W=1.2$；当 HB＞470 时，取 $Z_W=1$。

⑥ Z_X——接触强度尺寸系数。考虑因尺寸增大使材料强度降低的尺寸效应因素的影响，参考表 2-18 确定。

表 2-18 接触强度尺寸系数 Z_X

材 料	Z_X	备 注
调制钢、结构钢	$Z_X=1.0$	
短时间液体渗氮钢、气体渗氮钢	$Z_X=1.067-0.005\ 6m_n$	$m_n<12$ 时，取 $m_n=12$ $m_n>30$ 时，取 $m_n=30$
渗碳淬火钢、感应或火焰淬火表面硬化钢	$Z_X=1.067-0.010m_n$	$m_n<7$ 时，取 $m_n=7$ $m_n>30$ 时，取 $m_n=30$

注：m_n 为齿轮法向模数，单位为 mm。

2. 许用齿根(弯曲)应力计算

大、小齿轮许用齿根弯曲应力分别确定，分别进行各自的强度计算。计算公式为

$$\sigma_{FP}=\frac{\sigma_{Flim}Y_{ST}Y_{NT}Y_{VrelT}Y_{RrelT}Y_X}{S_{Fmin}} \tag{2-17}$$

式(2-17)中各参数说明如下：

① σ_{Flim}——实验齿轮的齿根弯曲疲劳极限，N/mm^2。它指某种材料的齿轮经长期持续的重复载荷作用(对大多数材料其应力循环数为 3×10^6)后，齿根保持不破坏时的极限应力。其主要影响因素同接触疲劳极限应力。

σ_{Flim} 可由齿轮的载荷运转实验或使用经验的统计数据得出。图 2-28～图 2-31 左侧纵坐标给出了在一定实验条件下，某种材料的齿轮失效概率为 1%的轮齿齿根弯曲疲劳极限。一般设计中 σ_{Flim} 可根据材料和硬度参考图 2-28～图 2-31 确定。图中右侧纵坐标值 σ_{FE} 是用齿轮材料制成的无缺口试件，在完全弹性范围内受脉动载荷作用时的名义弯曲疲劳极限。

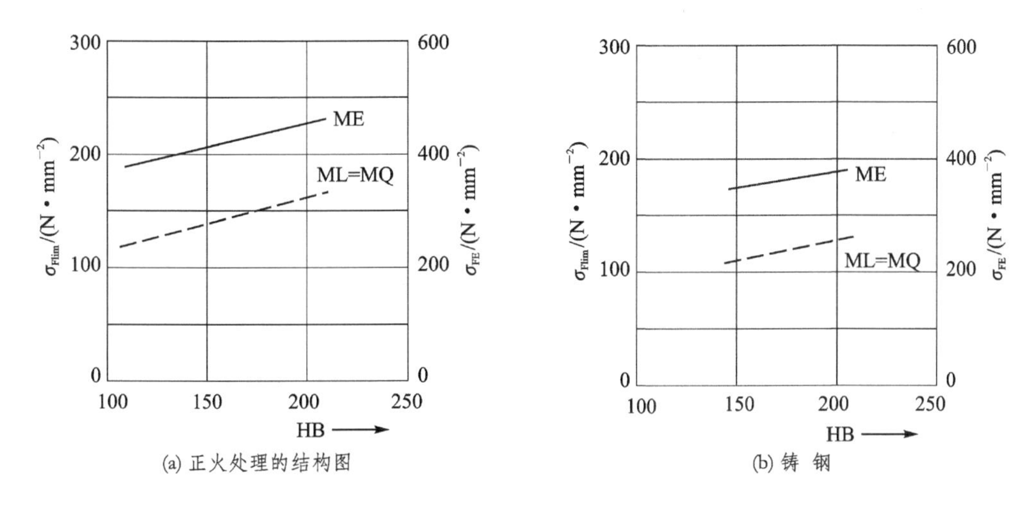

图 2-28　正火处理的结构钢和铸钢的弯曲疲劳极限应力 σ_{Flim}

图 2-28～图 2-31 中的数值适用于轮齿单向弯曲的受载状况；对于受对称双向弯曲的齿轮(如中间轮和行星轮)，应将图中查得的数值乘以 0.7；对于双向运转的齿轮，所乘系数可稍大于 0.7。

② S_{Fmin}——弯曲强度的最小安全系数。根据设计齿轮的使用情况确定，一般情况下可以参考表 2-17 选择。

③ Y_{NT}——弯曲强度计算的寿命系数如图 2-32 所示。当寿命小于或大于持久寿命条件循环次数 N_C 时，其为可承受的接触应力值与相应的条件循环次数 N_C 时疲劳极限应力的比例系数。在设计中，它可以根据应力循环次数 N_L、齿轮材料及热处理状况参考图 2-32 确定。

④ Y_{ST}——实验齿轮的应力修正系数。用图 2-28～图 2-31 确定的 σ_{Flim} 值计算时，取 2.0。

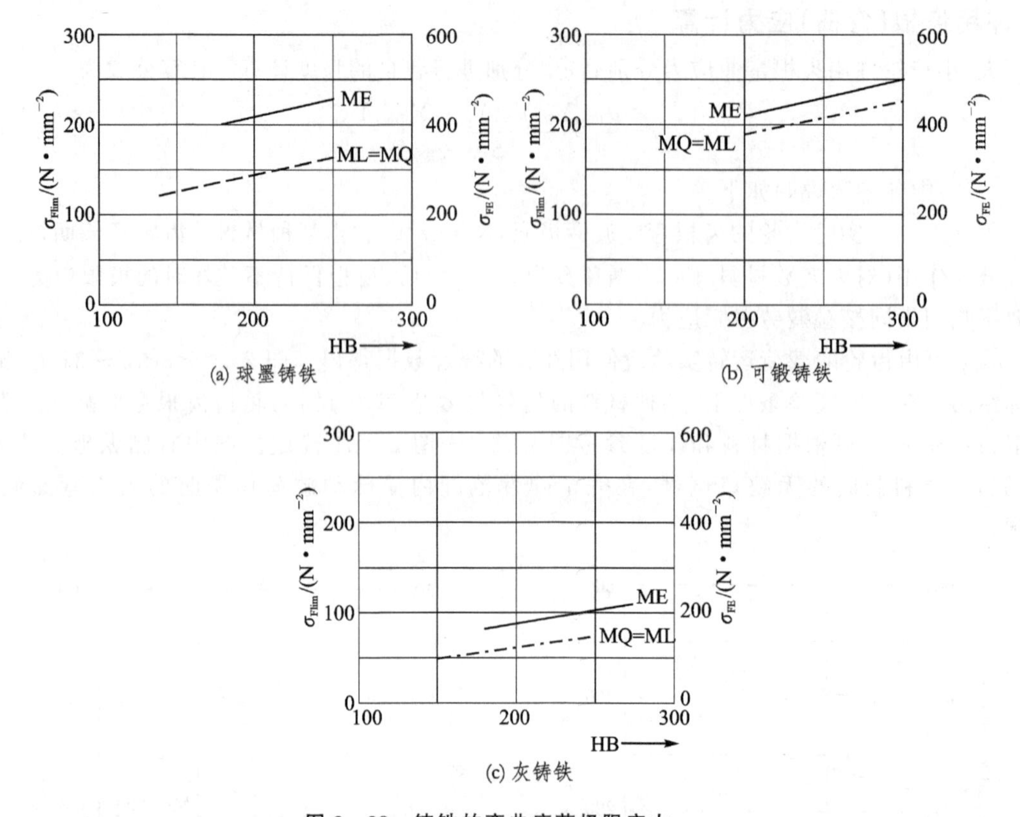

图 2－29　铸铁的弯曲疲劳极限应力 σ_{Flim}

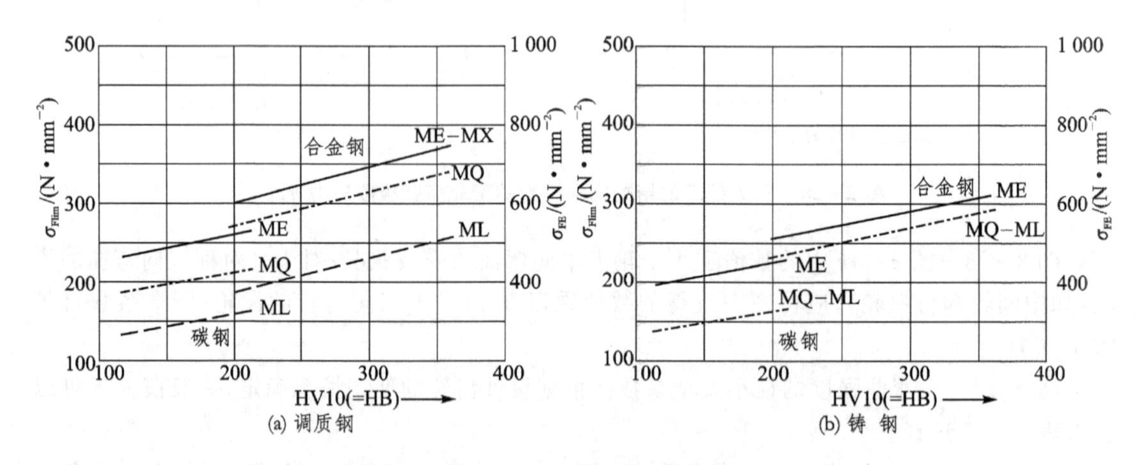

图 2－30　调质处理的碳钢、合金钢和铸钢的 σ_{Flim}

⑤ Y_{VrelT}——相对齿根圆角敏感系数。用于计算齿轮的材料、几何尺寸等对齿根应力的敏感度与实验齿轮不同而引进的系数。

⑥ Y_{RrelT}——相对齿根表面状况系数。主要考虑齿根圆角处的粗糙度对齿根弯曲应力的影响。

Y_{VrelT} 和 Y_{RredT} 两个系数通常需要精确的分析或实验数据，一般设计中可以不予考虑(均取为 1.0)，有计算精度要求时，可参考国家标准 GB/T 3480—1997 确定。

⑦ Y_X——弯曲强度尺寸系数。考虑因尺寸增大使材料强度降低的尺寸效应因素的影响参考图 2-33 确定。

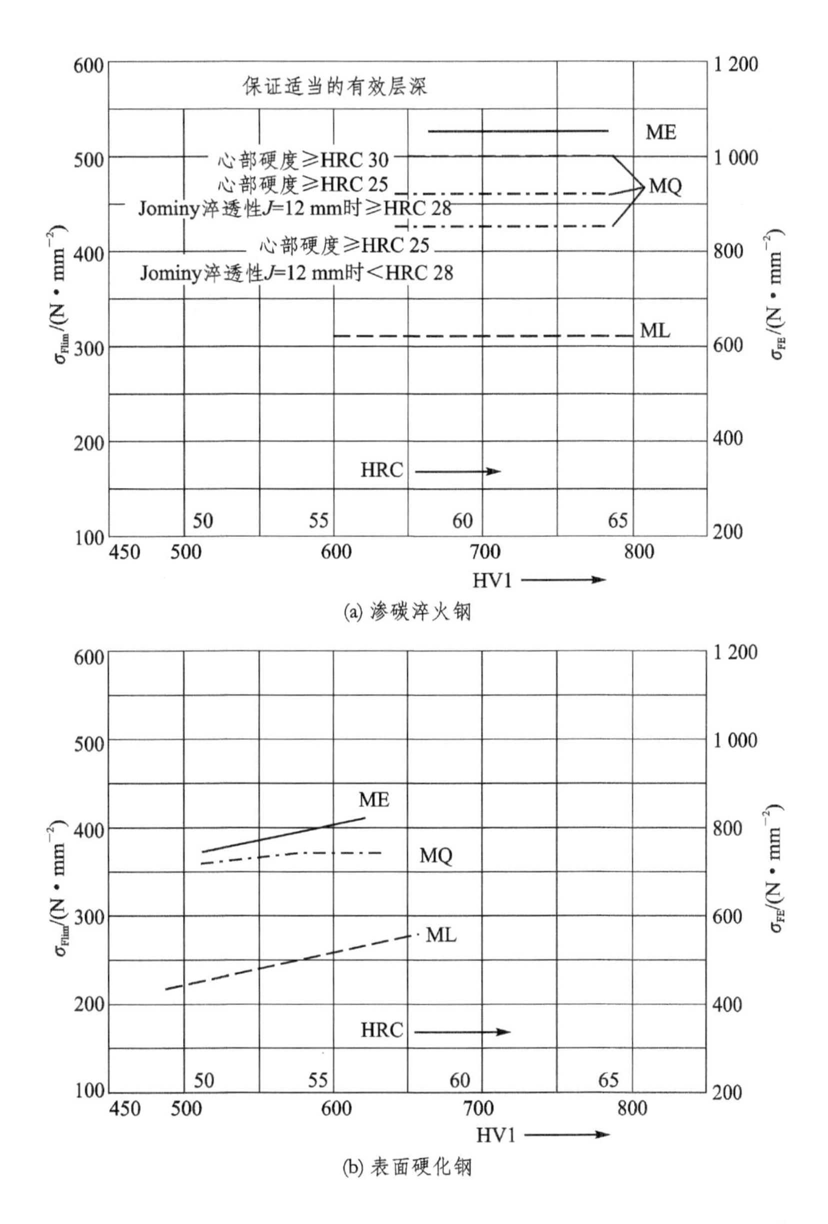

图 2-31　渗碳淬火钢和表面硬化钢的 σ_{Flim}

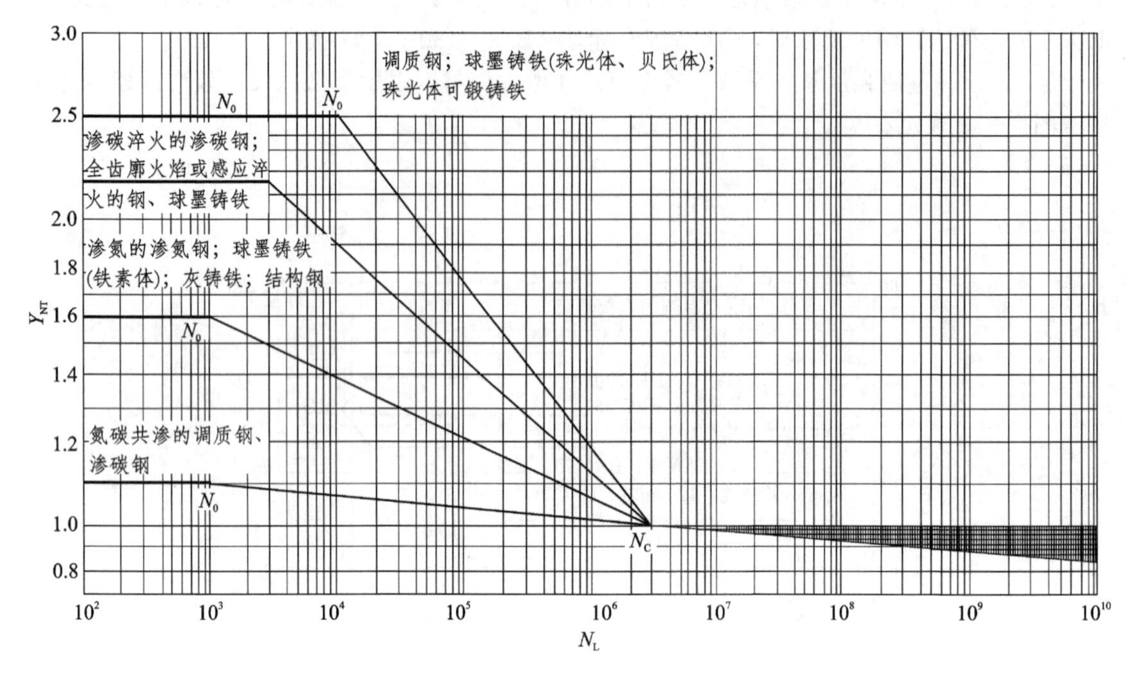

图 2-32　弯曲强度计算的寿命系数 Y_{NT}

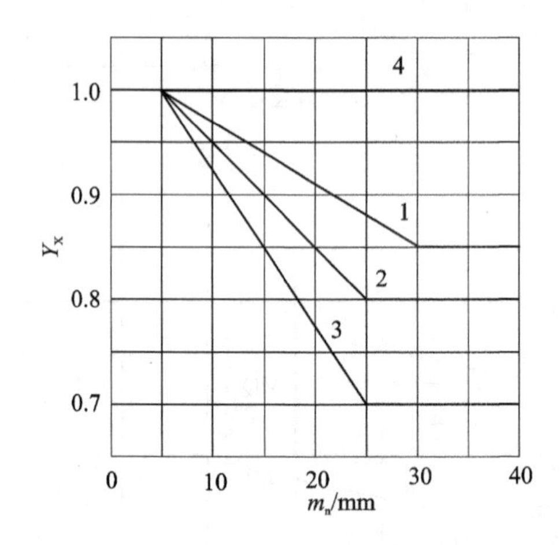

1—结构钢、调质钢、球墨铸铁(珠光体、贝氏体)、珠光体可锻铸铁；2—渗碳淬火钢和全齿廓感应或火焰淬火钢，渗氮或氮碳共渗钢；3—灰铸铁、球墨铸铁(铁素体)；4—静强度计算时的所有材料

图 2-33　弯曲强度尺寸系数 Y_X

2.7.4　轮齿静强度核算

当齿轮工作可能出现短时间、少次数(应力循环次数小于图 2-27 和图 2-32 中规定的 N_C 值)的超过额定工况的大载荷，以及在运行中出现异常的重载荷或有重复性的中等甚至严重冲击时，应进行静强度核算。

1. 载荷计算

应取载荷谱中或实测的最大载荷来确定名义圆周力。当没有这些数据时，可取预期的最大载荷 T_{max}（如启动转矩、电机最大输出转矩或其他最大过载转矩）为静强度理论载荷。

名义圆周力和最大转矩的关系为

$$F_t = \frac{2\,000T_{max}}{d}$$

修正载荷为

$$F_{tc} = F_t K_A K_V K_\alpha K_\beta$$

式中：K_A——使用系数，因已按最大载荷计算，故取为1；

K_V——动载荷系数；

K_α——齿间载荷分配系数，对于接触强度计算和弯曲强度计算分别为 $K_{H\alpha}$ 和 $K_{F\alpha}$；

K_β——齿向载荷分布系数，对于接触强度计算和弯曲强度计算分别为 $K_{H\beta}$ 和 $K_{F\beta}$。

各系数取值同接触强度和弯曲强度计算。

2. 齿面静强度核算

强度条件为

$$\sigma_{Hst} \leqslant \sigma_{HPst} \tag{2-18}$$

式中：σ_{Hst}——最大齿面应力，N/mm²，其表达式为

$$\sigma_{Hst} = Z_H Z_E Z_\varepsilon Z_\beta \sqrt{K_A K_V K_{H\beta} K_{H\alpha} \frac{F_t}{d_1 b} \frac{u \pm 1}{u}} \tag{2-19}$$

式(2-19)中参数含义及取值同式(2-5)。

σ_{HPst}——许用静齿面应力，N/mm²，其表达式为

$$\sigma_{HPst} = \frac{\sigma_{HE} Z_{NT} Z_W}{S_{Hmin}} \tag{2-20}$$

式(2-20)中参数含义及取值同式(2-16)。σ_{HE} 为齿面静强度极限，一般取 $\sigma_{HE} = 2\sigma_{Hlim}$。$Z_{NT}$ 选取时的循环次数为静载荷作用对应值，一般取 $N_L = N_0$。

3. 弯曲静强度核算

强度条件为

$$\sigma_{Fst} \leqslant \sigma_{FPst} \tag{2-21}$$

式中：σ_{Fst}——最大静齿根弯曲应力，N/mm²，计算公式为

$$\sigma_{Fst} = K_A K_V K_{F\beta} K_{F\alpha} \frac{F_t}{bm_n} Y_{Fa} Y_{Sa} Y_\varepsilon Y_\beta \tag{2-22}$$

式(2-22)中参数含义及取值同式(2-11)。

σ_{FPst}——许用静齿根弯曲应力，单位为 N/mm²，计算公式为

$$\sigma_{FPst} = \frac{\sigma_{FE} Y_{ST} Y_{NT} Y_{VrelT}}{S_{Fmin}} \tag{2-23}$$

式(2-23)中参数含义及取值同式(2-17)。σ_{FE} 为齿根静强度极限，一般取 $\sigma_{FE} = 2\sigma_{Flim}$。$Y_{NT}$ 选取时的循环次数为静载荷作用对应值，一般取 $N_L = N_0$。

例 2-1　设计用于带式运输机的闭式标准直齿圆柱齿轮传动。已知：名义功率

$P=20$ kW；小齿轮转速 $n_1=1\ 000$ r/min；传动比 $i\ (=u)=3.5$。预期使用寿命 10 年，每年 300 个工作日，每日工作 8 h。在使用期限内，工作时间占 20%。动力机为电动机，工作有中等振动，传动不逆转，齿轮对称布置，传动尺寸无严格限制，小批量生产，齿面允许少量点蚀，无严重过载。

分析　该直齿轮传动设计，可先参照使用条件选择齿轮材料、热处理和精度等级；初选小齿轮齿数，然后按照强度设计准则进行设计和校核计算。主要的设计参数包括齿轮的齿数、模数、分度圆直径、齿轮宽度和中心距。

解

1）选择材料和精度等级

考虑主动轮转速不是很高，传动尺寸无严格限制，批量较小，故小齿轮用 40Cr，调质处理，硬度 HB=241～286，平均取为 260HB；大齿轮用 45 钢，调质处理，硬度 HB=229～289，平均取为 240HB。同侧齿面精度等级选 8 级精度。

2）初选齿数

初取齿数 $z_1=31$，则

$$z_2=iz_1=3.5\times 31=108.5$$

z_2 取 109。

3）确定材料的许用接触应力

① 确定接触疲劳极限。

由图 2-24 查得接触疲劳极限 $\sigma_{Hlim1}=710$ MPa，$\sigma_{Hlim2}=580$ MPa。

② 确定寿命系数 Z_{NT}

小齿轮循环次数

$$N_{L1}=60\gamma n_1 t_h=60\times 1\times 1\ 000\times (10\times 300\times 8\times 0.2)=2.88\times 10^8$$

大齿轮循环次数

$$N_{L2}=N_{L1}/i=2.88\times 10^8/3.5=8.23\times 10^7$$

由图 2-27 查得 $Z_{NT1}=1.06$，$Z_{NT2}=1.17$。

③ 确定接触强度尺寸系数 Z_X，由表 2-18 查得 $Z_{X1}=Z_{X2}=1.0$。

④ 确定接触最小安全系数 S_{Hlim}，查表 2-17（一般可靠度），取 $S_{Hlim}=1.05$。

⑤ 确定齿面工作硬化系数 Z_{W1} 为

$$Z_{W1}=Z_{W2}=1.2-\frac{HB_2-130}{1\ 700}=1.2-\frac{240-130}{1\ 700}=1.14$$

⑥ 润滑油膜影响系数为

$$Z_{L1}=Z_{L2}=Z_{R1}=Z_{R2}=Z_{V1}=Z_{V2}=1$$

⑦ 计算许用应力 σ_{HP}

$$\sigma_{HP1}=\frac{710\times 1.06\times 1\times 1\times 1\times 1.14\times 1}{1.05}\ \text{MPa}=817\ \text{MPa}$$

$$\sigma_{HP2}=\frac{580\times 1.17\times 1\times 1\times 1\times 1.14\times 1}{1.05}\ \text{MPa}=737\ \text{MPa}$$

4）闭式软齿面传动，根据设计准则，按齿面接触疲劳强度设计

按式（2-6）计算齿面接触强度，公式为

$$d_1 \geqslant \sqrt[3]{K_A K_V K_{H\beta} K_{H\alpha} \frac{2T_1}{\psi_d} \frac{u \pm 1}{u} \left(\frac{Z_H Z_E Z_\varepsilon Z_\beta}{\partial_{HP}}\right)^2}$$

确定上式中的各参数计算数值。

① 试选载荷系数　　　　$K_t = K_A K_V K_{H\beta} K_{H\alpha} = 1.8$

② 计算小齿轮传递的扭矩

$$T_1 = 9.55 \times 10^3 \frac{P}{n_1} = \left(9.55 \times 10^3 \times \frac{20}{1\,000}\right) \text{ N} \cdot \text{m} = 191 \text{ N} \cdot \text{m}$$

③ 确定齿宽系数 ψ_d，由表 2－14 查取齿宽系数 $\psi_d = 1.0$。

④ 确定材料弹性影响系数 Z_E，弹性系数 Z_E 由表 2－15 查得，$Z_E = 189.8\sqrt{\text{N/mm}^2}$。

⑤ 确定节点区域系数 Z_H，从图 2－18 查得标准直齿轮节点区域系 $Z_H = 2.5$。

⑥ 确定重合度系数 Z_ε，计算重合度

$$\varepsilon_a = 1.88 - 3.2\left(\frac{1}{Z_1} + \frac{1}{Z_2}\right) = 1.88 - 3.2\left(\frac{1}{31} + \frac{1}{109}\right) = 1.747$$

计算重合度系数

$$Z_\varepsilon = \sqrt{\frac{4 - \varepsilon_\alpha}{3}} = \sqrt{\frac{4 - 1.747}{3}} = 0.867$$

⑦ 确定螺旋角系数，直齿轮 $Z_\beta = 1$。

⑧ 计算待修后小齿轮直径 d_{1t}

$$d_{1t} \geqslant \sqrt[3]{K_A K_V K_{H\beta} K_{H\alpha} \frac{2T_1}{\psi_d} \frac{u \pm 1}{u} \left(\frac{Z_H Z_E Z_\varepsilon Z_\beta}{\partial_{HP}}\right)^2}$$

$$= \sqrt[3]{1.8 \times \frac{2 \times 191 \times 10^3}{1.0} \frac{3.5 + 1}{3.5} \left(\frac{2.5 \times 189.8 \times 0.867 \times 1}{737}\right)^2} \text{ mm}$$

$$= 65.066 \text{ mm}$$

取 $d_{1t} = 66$ mm。

5）确定实际计算载荷系数 K，并修正所计算的分度圆直径

① 确定使用系数 K_A，查表 2－7 得使用系数 $K_A = 1.5$。

② 确定动载荷系数 K_V。

计算圆周速度

$$\nu = \frac{\pi d_{1t} n_1}{60 \times 1\,000} = \frac{\pi \times 66 \times 1\,000}{60 \times 1\,000} = 3.456 \text{ m/s}$$

查表 2－1，取 8 级精度合理。查图 2－6 得动载荷系数 $K_V = 1.17$。

③ 确定齿间载荷分配系数 $K_{H\alpha}$。

齿宽　　　　$b = \psi_d d_{1t} = 1.0 \times 66 \text{ mm} = 66 \text{ mm}$

单位载荷

$$\frac{K_A F_t}{b} = \frac{2K_A T_1}{bd_{1t}} = \frac{2 \times 1.5 \times 191 \times 10^3}{66 \times 66} \text{ N/mm} = 131.54 \text{ N/mm} > 100 \text{ N/mm}$$

查表 2－8 得 $K_{H\alpha} = 1.1$。

④ 确定齿向载荷分配系数 $K_{H\beta}$，查表 2－9。其中，对称支承、调质齿轮精度等级 8 级。

$$K_{H\beta}=A+B\left(\frac{b}{d_{1t}}\right)^2+C\cdot10^{-3}b=1.17+0.16\times\left(\frac{66}{66}\right)^2+0.61\times10^{-3}\times66=1.37$$

⑤ 计算载荷系数，有

$$K=K_AK_VK_{H\beta}K_{H\alpha}=1.5\times1.17\times1.37\times1.1=2.64。$$

⑥ 修正小齿轮分度圆直径。

根据实际计算载荷系数，有

$$d_1=d_{1t}\sqrt[3]{\frac{K}{K_t}}=66\times\sqrt[3]{\frac{2.64}{1.8}}\ \text{mm}=74.99\ \text{mm}$$

⑦ 计算模数

$$m=\frac{d_1}{z_1}=\frac{74.99}{31}=2.42\ \text{mm}$$

由表 2-4 模数取为 $m=2.5$。

6）确定传动主要几何尺寸

分度圆直径

$$d_1=mz_1=2.5\times31\ \text{mm}=77.5\ \text{mm}$$

$$d_2=mz_2=2.5\times109\ \text{mm}=272.5\ \text{mm}$$

中心距

$$a=(d_1+d_2)/2=(77.5+272.5)/2\ \text{mm}=175\ \text{mm}$$

齿宽

$$b_2=\psi_d d_1=1.0\times77.5\ \text{mm}=77.5\ \text{mm}，取\ \mathrm{b}_2\approx78\ \text{mm}，b_1=82\ \text{mm}$$

7）根据弯曲疲劳强度进行校核计算

由式(2-11)$\sigma_F=K_AK_VK_{F\beta}K_{F\alpha}\dfrac{F_t}{bm_n}Y_{F\alpha}Y_{S\alpha}Y_\varepsilon Y_\beta\leqslant\sigma_{FP}$ 验算齿轮弯曲疲劳强度。

确定上式中的各计算数值如下。

① 确定弯曲应力极限值。由图 2-30 查得 $\sigma_{Flim\,1}=300$ MPa，$\sigma_{Flim\,2}=270$ MPa。

② 确定弯曲强度寿命系数 Y_{NT}，由图 2—32(应力循环次数确定同接触疲劳强度校核)查得 $Y_{NT1}=0.89$，$Y_{NT2}=0.93$。

③ 确定弯曲强度最小安全系数 S_{Fmin}，由表 2-17 查得 $S_{Fmin}=1.25$(一般可靠度)。

④ 确定弯曲强度尺寸系数 Y_X，由图 2-33 查得 $Y_{X1}=Y_{X2}=1$。

⑤ 应力修正系数 Y_{ST} 为 $Y_{ST1}=Y_{ST2}=2$。

相对齿根圆角敏感及表面状况系数为 $Y_{VrelT1}=Y_{VrelT2}=Y_{RrelT1}=Y_{RrelT2}=1$。

⑥ 按式(2-17)许用弯曲应力为

$$\sigma_{FP1}=\frac{\sigma_{Flim1}Y_{ST1}Y_{NT1}Y_{VrelT1}Y_{RrelT1}Y_{X1}}{S_{Fmin}}=\frac{300\times2\times0.89\times1\times1\times1}{1.25}\ \text{MPa}=427.2\ \text{MPa}$$

$$\sigma_{FP2}=\frac{\sigma_{Flim2}Y_{ST2}Y_{NT2}Y_{VrelT2}Y_{RrelT2}Y_{X2}}{S_{Fmin}}=\frac{270\times2\times0.93\times1\times1\times1}{1.25}\ \text{MPa}=401.76\ \text{MPa}$$

⑦ 确定载荷系数。

确定齿高　$h=2.25\ \mathrm{m}=2.25\times2.5=5.625$，　$b/h=78/5.625=13.87$

由图 2-9 查得齿向载荷分配系数 $K_{F\beta}=1.35$。

由表2-8查得齿间载荷分配系数 $K_{F\alpha}=1.1$。

⑧ 确定齿形系数 Y_{Fa}，由图2-20(非变位)查得 $Y_{Fa1}=2.55$，$Y_{Fa2}=2.2$。

⑨ 确定应力修正系数 Y_{Sa}，由图2-21查得 $Y_{Sa1}=1.63$，$Y_{Sa2}=1.79$。

⑩ 计算重合度系数 Y_ε，有

$$Y_\varepsilon=0.25+\frac{0.75}{\varepsilon_\alpha}=0.25+\frac{0.75}{1.747}=0.68$$

把以上数值代入公式计算，得

$$\begin{aligned}\sigma_{F1}&=K_AK_VK_{F\beta}K_{F\alpha}\frac{F_t}{bm_n}Y_{Fa1}Y_{Sa1}Y_\varepsilon Y_\beta\\&=\left(1.5\times1.17\times1.35\times1.1\times\frac{2\times191\times10^3}{77.5\times78\times2.5}\times2.25\times1.63\times0.68\right)\text{MPa}\\&=164.289\ \text{MPa}\end{aligned}$$

$$\sigma_{F2}=\sigma_{F1}\frac{Y_{Fa2}Y_{Sa2}}{Y_{Fa1}Y_{Sa1}}=\left(164.289\times\frac{2.2\times1.79}{2.55\times1.63}\right)\text{MPa}=155.653\ \text{MPa}$$

其中，由图2-22查得螺旋角系数 $Y_\beta=1$，直齿轮。

弯曲疲劳强度的校核：

$$\sigma_{F1}<\sigma_{FP1}=427.2\ \text{MPa}$$

$$\sigma_{F2}<\sigma_{FP2}=401.76\ \text{MPa}$$

合格。

8）确定齿轮结构形式和其他结构尺寸，并绘制零件工作图(略)

因传动无严重过载，可不做静强度校核。

例2-2　已知条件同例2-1，试设计一对标准斜齿轮传动。

分析　斜齿轮传动设计过程与直齿轮传动设计类似。选择齿轮材料、热处理和精度等级，小齿轮齿数，按照强度设计准则进行设计和校核计算。需要注意的是，斜齿轮传动中主要的设计参数中包括螺旋角，其中心距需借助螺旋角和齿数圆整。

解

1）选择材料和精度等级

考虑主动轮转速不是很高，传动尺寸无严格限制，批量较小，故小齿轮用40Cr，调质处理，硬度HB=241～286，平均取为260个布氏硬度单位，大齿轮用45钢，调质处理，硬度HB=229～289，平均取为240个布氏硬度单位。同侧齿面精度等级选8级精度。

2）初选齿数

初取齿数 $z_1=35$，则 $z_2=iz_1=3.5\times35=122.5$，$z_2$ 取为122。

3）确定材料的许用接触应力

① 确定接触疲劳极限

由图2-24查得接触疲劳极限 $\sigma_{Hlim\,1}=710$ MPa，$\sigma_{Hlim\,2}=580$ MPa。

② 确定寿命系数 Z_{NT}

小齿轮循环次数

$$N_{L1}=60\gamma n_1t_h-60\times1\times1\,000\times(10\times300\times8\times0.2)=2.88\times10^8$$

大齿轮循环次数

$$N_{L2}=N_{L1}/i=2.88\times10^{8}/3.5=8.23\times10^{7}$$

由图 2-27 查得 $Z_{NT1}=1.06$，$Z_{NT2}=1.17$。

③ 确定接触强度尺寸系数 Z_X，由表 2-18 查得 $Z_{X1}=Z_{X2}=1.0$。

④ 确定接触最小安全系数 S_{Hlim}，查表 2-17(一般可靠度)，取 $S_{Hlim}=1.05$。

⑤ 确定齿面工作硬化系数 Z_{W1} 为

$$Z_{W1}=Z_{W2}=1.2-\frac{HB_2-130}{1\,700}=1.2-\frac{240-130}{1\,700}=1.14$$

⑥ 润滑油膜影响系数为

$$Z_{L1}=Z_{L2}=Z_{R1}=Z_{R2}=Z_{V1}=Z_{V2}=1$$

⑦ 计算许用应力 σ_{HP}。

$$\sigma_{HP1}=\frac{710\times1.06\times1\times1\times1\times1.14\times1}{1.05}\ \text{MPa}=817.109\ \text{MPa}$$

$$\sigma_{HP2}=\frac{580\times1.17\times1\times1\times1\times1.14\times1}{1.05}\ \text{MPa}=736.766\ \text{MPa}$$

4) 根据设计准则，按齿面接触疲劳强度设计

按式(2-6)计算齿轮齿面接触强度，公式为

$$d_1\geqslant\sqrt[3]{K_AK_VK_{H\beta}K_{H\alpha}\frac{2T_1}{\psi_d}\frac{u\pm1}{u}\left(\frac{Z_HZ_EZ_\varepsilon Z_\beta}{\partial_{HP}}\right)^2}$$

确定上式中的各计算数值如下：

① 初定螺旋角 $\beta=15°$，并试选载荷系数 $K_t=K_AK_VK_{H\beta}K_{H\alpha}=1.8$。

② 计算小齿轮传递的扭矩

$$T_1=9.55\times10^3\frac{P}{n_1}=9.55\times10^3\times\frac{20}{1\,000}\ \text{N}\cdot\text{m}=191\ \text{N}\cdot\text{m}$$

③ 确定齿宽系数 ψ_d，由表 2-14 查取齿宽系数 $\psi_d=1.0$。

④ 确定材料弹性影响系数 Z_E，弹性系数 Z_E 由表 2-15 查得，$Z_E=189.8\sqrt{\text{N/mm}^2}$。

⑤ 确定节点区域系数 Z_H，从图 2-18 查得节点区域系数 $Z_H=2.43$。

⑥ 确定重合度系数 Z_ε，计算重合度。

端面重合度

$$\varepsilon_a=\left[1.88-3.2\left(\frac{1}{Z_1}+\frac{1}{Z_2}\right)\right]\cos\beta=\left[1.88-3.2\left(\frac{1}{35}+\frac{1}{122}\right)\right]\cos15°=1.70$$

轴面重合度系数

$$\varepsilon_\beta=\frac{\varphi_dz_1}{\pi}\tan\beta=\frac{1.0\times35}{\pi}\tan15°=2.986$$

因为 $\varepsilon_\beta>1$，故 $Z_\varepsilon=\sqrt{\frac{1}{\varepsilon_a}}=\sqrt{\frac{1}{1.70}}=0.77$。

⑦ 确定螺旋角系数，$Z_\beta=\sqrt{\cos\beta}=\sqrt{\cos15°}=0.98$。

⑧ 试算所需小齿轮直径 d_1。

$$d_{1t}\geqslant\sqrt[3]{K_AK_VK_{H\beta}K_{H\alpha}\frac{2T_1}{\psi_d}\frac{u\pm1}{u}\left(\frac{Z_HZ_EZ_\varepsilon Z_\beta}{\partial_{HP}}\right)^2}$$

$$=\sqrt[3]{1.8\times\frac{2\times 191\times 10^{3}}{1.0}\frac{3.5+1}{3.5}\left(\frac{2.43\times 189.8\times 0.77\times 0.98}{736.766}\right)^{2}}\ \mathrm{mm}$$

$$=58.21\ \mathrm{mm}$$

取 $d_{1t}=59$ mm。

5）确定实际载荷系数 K 与修正所计算的分度圆直径

① 确定使用系数 K_A，查表 2－7 得使用系数 $K_A=1.5$。

② 确定动载荷系数 K_V。

计算圆周速度

$$\nu=\frac{\pi d_{1t}n_1}{60\times 1\ 000}=\frac{\pi\times 59\times 1\ 000}{60\times 1\ 000}=3.089\ \mathrm{m/s}$$

查表 2－1，取 8 级精度合理。查图 2－6 得动载荷系数 $K_V=1.16$。

③ 确定齿间载荷分配系数 $K_{H\alpha}$。

齿宽初定 $b=\psi_d d_{1t}=1.0\times 59\ \mathrm{mm}=59\ \mathrm{mm}$

单位载荷$\frac{K_A F_t}{b}=\frac{2K_A T_1}{bd_1}=\frac{2\times 1.5\times 191\times 10^3}{59\times 59}=164.61\ \mathrm{N/mm}>100\ \mathrm{N/mm}$

查表 2－8 得 $K_{H\alpha}=1.2$。

④ 确定齿向载荷分配系数 $K_{H\beta}$，查表 2－9。其中：对称支承，调质齿轮精度等级 8 级。

$$K_{H\beta}=A+B\left(\frac{b}{d_1}\right)^2+C\cdot 10^{-3}b=1.17+0.16\times\left(\frac{59}{59}\right)^2+0.61\times 10^{-3}\times 59=1.37$$

⑤ 计算载荷系数 $K=K_A K_V K_{H\beta} K_{H\alpha}=1.5\times 1.16\times 1.37\times 1.2=2.86$。

⑥ 根据实际载荷系数按 $d_1=d_{1t}\sqrt[3]{\frac{K}{K_t}}=59\times\sqrt[3]{\frac{2.86}{1.8}}\ \mathrm{mm}=68.85\ \mathrm{mm}$。

⑦ 计算模数。

$$m_t=\frac{d_1}{z_1}=\frac{68.85}{35}=1.96\ \mathrm{mm}$$

由表 2－4 法向模数取为 $m_n=2$。

6）确定传动主要几何尺寸

分度圆直径

$$d_1=\frac{z_1 m_n}{\cos\beta}=\frac{35\times 2}{\cos 15^\circ}=72.47\ \mathrm{mm}$$

$$d_2=\frac{z_2 m_n}{\cos\beta}=\frac{122\times 2}{\cos 15^\circ}=252.61\ \mathrm{mm}$$

中心距

$a=(z_1+z_2)m_n/2\cos\beta=(35+252.61)\times 2/2\cos 15^\circ=162.54$ mm，圆整为 165 mm。

可求得精确的螺旋角

$$\beta=\arccos\frac{(z_1+z_2)m_n}{2a}=\arccos\frac{(35+122)\times 2}{2\times 165}=15.09^\circ=17^\circ 55'3''$$

合理

齿宽 $b_2=\psi_d d_1=1.0\times 64.19\ \mathrm{mm}=74.47\ \mathrm{mm}\approx 73\ \mathrm{mm}$，$b_1=76$ mm。

7）根据弯曲疲劳强度进行校核计算

由式(2-11)$\sigma_F = K_A K_V K_{F\beta} K_{F\alpha} \dfrac{F_t}{bm_n} Y_{F\alpha} Y_{S\alpha} Y_\varepsilon Y_\beta \leqslant \sigma_{FP}$ 验算齿轮弯曲疲劳强度。

确定上式中的各计算数值如下。

① 确定弯曲应力极限值。由图 2-30 查得 $\sigma_{Flim\,1}=300$ MPa，$\sigma_{Flim\,2}=270$ MPa。

② 确定弯曲强度寿命系数 Y_{NT}，由图 2-32（应力循环次数确定同接触疲劳强度校核）查得 $Y_{NT1}=0.89$，$Y_{NT2}=0.93$。

③ 确定弯曲强度最小安全系数 S_{Fmin}，由表 2-17 查得 $S_{Fmin}=1.25$（一般可靠度）。

④ 确定弯曲强度尺寸系数 Y_X，由图 2-33 查得 $Y_{X1}=Y_{X2}=1$。

⑤ 应力修正系数 Y_{ST} 为 $Y_{ST1}=Y_{ST2}=2$。

相对齿根圆角敏感及表面状况系数为

$$Y_{VrelT1}=Y_{VrelT2}=Y_{rrelT1}=Y_{RrelT2}=1$$

⑥ 按式(2-17)许用弯曲应力为

$$\sigma_{FP1}=\frac{\sigma_{Flim1} Y_{ST1} Y_{NT1} Y_{VrelT1} Y_{RrelT1} Y_{X1}}{S_{Fmin}}=\frac{300\times 2\times 0.89\times 1\times 1\times 1}{1.25}\text{ MPa}=427.2\text{ MPa}$$

$$\sigma_{FP2}=\frac{\sigma_{Flim2} Y_{ST2} Y_{NT2} Y_{VrelT2} Y_{RrelT2} Y_{X2}}{S_{Fmin}}=\frac{270\times 2\times 0.93\times 1\times 1\times 1}{1.25}\text{ MPa}=401.76\text{ MPa}$$

⑦ 确定载荷系数。

确定齿高 $h=2.25\ m=2.25\times 2=4.5$，$b/h=64/4.5=14.22$

由图 2-9 查得齿向载荷分配系数 $K_{F\beta}=1.36$。

由表 2-8 查得齿间载荷分配系数 $K_{F\alpha}=1.2$。

⑧ 确定齿形系数 Y_{Fa}，当量齿数为

$$z_{v1}=35/\cos^3 17°55'3''=40.7，z_{v2}=122/\cos^3 17°55'3''=121$$

由图 2-20（非变位）查得 $Y_{Fa1}=2.43$，$Y_{Fa2}=2.19$。

⑨ 确定应力修正系数 Y_{Sa}，由图 2-21 查得 $Y_{Sa1}=1.67$，$Y_{Sa2}=1.8$。

⑩ 计算重合度系数 Y_ε。

根据端面压力角 $\alpha_t=\arctan\left(\dfrac{\tan\alpha_n}{\cos\beta}\right)$

基圆螺旋角的余弦值为

$$\cos\beta_b=\cos\beta\cos\alpha_n/\cos\alpha_t$$

当量齿轮端面重合度 $\varepsilon_{\alpha v}=\dfrac{\varepsilon_\alpha}{\cos^2\beta_b}$

得到重合度系数 $Y_\varepsilon=0.25+\dfrac{0.75}{\varepsilon_{\alpha v}}=0.669$

把以上数值代入公式计算，得

$$\begin{aligned}\sigma_{F1}&=K_A K_V K_{F\beta} K_{F\alpha}\frac{F_t}{bm_n}Y_{Fa1}Y_{Sa1}Y_\varepsilon Y_\beta\\&=\left(1.5\times 1.16\times 1.36\times 1.2\times\frac{2\times 191\times 10^3}{72.47\times 73\times 2}\times 2.43\times 1.67\times 0.669\times 0.87\right)\text{ MPa}\\&=242.15\text{ MPa}\end{aligned}$$

$$\sigma_{F2}=\sigma_{F1}\frac{Y_{Fa2}Y_{Sa2}}{Y_{Fa1}Y_{Sa1}}=\left(242.15\times\frac{2.19\times1.8}{2.43\times1.67}\right)\text{ MPa}=235.22\text{ MPa}$$

其中，螺旋角系数Y_β，由图 2-22 得$Y_\beta=0.87$。

弯曲疲劳强度的校核：

$$\sigma_{F1}<\sigma_{FP1}=427.2\text{ MPa}$$

$$\sigma_{F2}<\sigma_{FP2}=401.76\text{ MPa}$$

合格。

8) 确定齿轮结构形式和其他结构尺寸，并绘制零件工作图（略）

因传动无严重过载，可不做静强度校核。

例 2-3　图 2-34 所示为二级标准斜齿圆柱齿轮减速传动示意图。如图 2-34(a)所示，Ⅰ轴为输入轴，输入功率为$P=6.25$ kW，$n_1=275$ r/min。齿轮 1 的旋向和转向已经给出。Ⅲ轴为输出轴。已知：高速级齿数$z_1=44$，$z_2=94$，模数$m_{n12}=2.5$ mm；低速级齿轮齿数$z_3=43$，$z_4=95$，模数$m_{n34}=3.5$ mm；齿轮 4 的螺旋角$\beta_4=15°$。试确定：① 齿轮 2、3、4 的轮齿旋向，使轴Ⅱ上齿轮 2、3 的轴向力抵消一部分；② 轴Ⅱ上齿轮 2、3 的受力方向，并计算齿轮 3 受力大小。

解

① 齿轮 1 左旋，则与其外啮合的齿轮 2 右旋；齿轮 1 为主动轮，已知旋向左旋，转向向上，根据右手法则，可判断出齿轮 1 的轴向力F_{a1}向右；齿轮 2 的轴向力F_{a2}与F_{a1}互为作用力与反作用力，则F_{a2}方向向左；轴Ⅱ上齿轮 2、3 的轴向力抵消一部分，则齿轮 3 的轴向力F_{a3}向右；齿轮 3 为主动轮，根据已经判断出F_{a3}向右，旋向向下；由右手法则，可判断出齿轮 3 的旋向为右旋，则与其外啮合的齿轮 4 的旋向为左旋。如图 2-34(b)所示。

② 齿轮 2、3 的受力方向如图 2-34(c)所示。

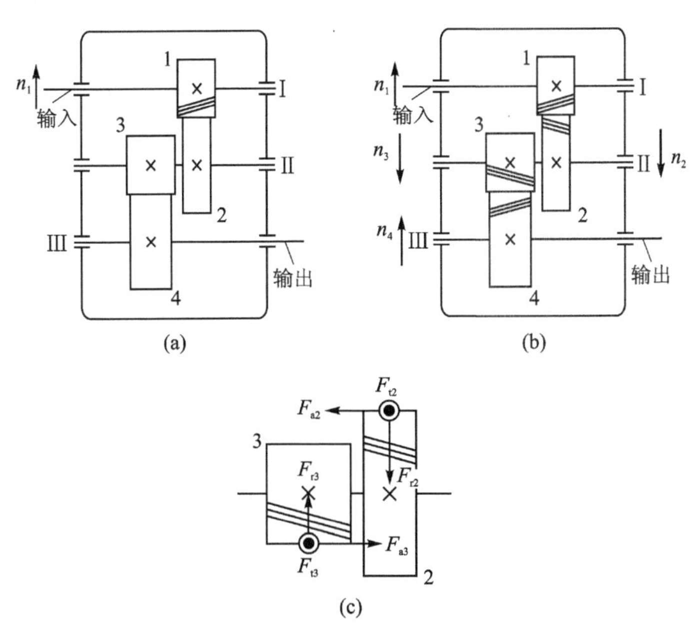

图 2-34　二级标准斜齿圆柱齿轮减速传动示意图

齿轮 3 传递的扭矩为

$$T_3 = T_2 = T_1 i_{12} = 9.55 \times 10^3 \times \frac{P}{n_1} \times \frac{z_2}{z_1}$$

$$= \left(9.55 \times 10^3 \times \frac{6.25}{275} \times \frac{94}{44}\right) \ \text{N} \cdot \text{m} = 463.688 \ \text{N} \cdot \text{m}$$

圆周力为

$$F_{t3} = \frac{2\,000 T_3}{d_3} = \frac{2\,000 T_3}{m_{n34} z_3 / \cos\beta_3} = \frac{2\,000 \times 463.688}{3.5 \times 43 / \cos 15°} \text{N} = 5\,952.00 \ \text{N}$$

径向力为

$$F_{r3} = F_{t3} \tan a_n / \cos\beta_3 = (5\,952.00 \times \tan 20° / \cos 15°) \text{N} = 2\,242.77 \ \text{N}$$

轴向力为

$$F_{a3} = F_{t3} \tan\beta_3 = (5\,952.00 \times \tan 15°) \text{N} = 1\,594.83 \ \text{N}$$

2.8　传动效率与结构设计

1. 齿轮传动的效率

齿轮传动的功率损失主要包括：① 啮合中的摩擦损失；② 搅动润滑油的油阻损失；③ 轴承损失。

闭式齿轮传动的效率 η 为

$$\eta = \eta_1 \eta_2 \eta_3$$

式中：η_1——啮合效率，与齿轮精度有关；

η_2——搅油效率；

η_3——轴承效率。

圆柱齿轮闭式传动平均效率为 0.96～0.99；圆锥齿轮闭式传动平均效率为 0.94～0.98。

2. 齿轮传动的润滑

齿轮啮合过程中，相啮合的齿面间有相对滑动，产生摩擦和磨损。因此，保证齿轮传动可靠和高效地工作，需要考虑齿轮的润滑。轮齿啮合面间加注润滑剂，不仅可以避免金属直接接触，减小摩擦和磨损，还可以散热冷却、防锈蚀，吸收振动和缓和冲击以及降低噪声等，从而改善轮齿的工作状况，确保正常的运转和一定的寿命。

(1) 齿轮传动的润滑方式

闭式齿轮传动，根据齿轮圆周速度的大小选择润滑方式。圆周速度 $v \leqslant 12 \sim 15$ m/s 时，常选择将齿轮浸入油池的浸油润滑，如图 2－35 所示。齿轮浸入油池的深度可视齿轮的圆周速度大小而定，对圆柱齿轮至少为 1～2 个齿高，一般不应小于 10 mm；对圆锥齿轮一般应浸入全齿宽，至少应浸入齿宽的一半。在多级齿轮传动中，可采用辅助装置如溅油盘或带油轮使未浸入油池内的齿轮得以润滑。

当齿轮的圆周速度 $v \geqslant 15$ m/s 时，应采用喷油润滑，如图 2－36 所示。由油泵或中心供油站以一定的压力供油，通过喷嘴将润滑油喷到轮齿的啮合面上。当 $v > 25$ m/s 时，压力油应喷入轮齿退出啮合的一侧进行润滑，同时润滑油可以对刚啮合过的轮齿及时进行冷却。

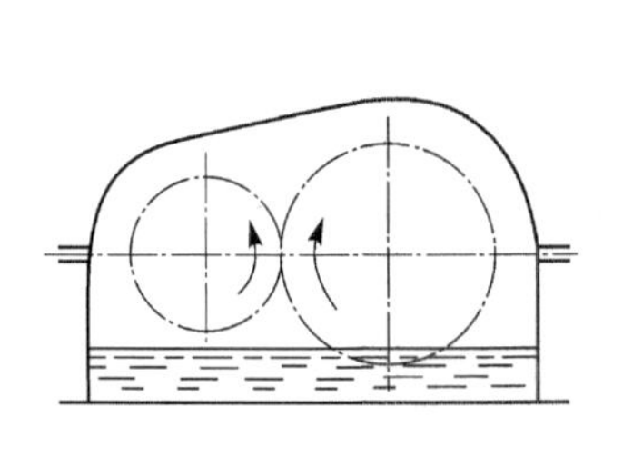

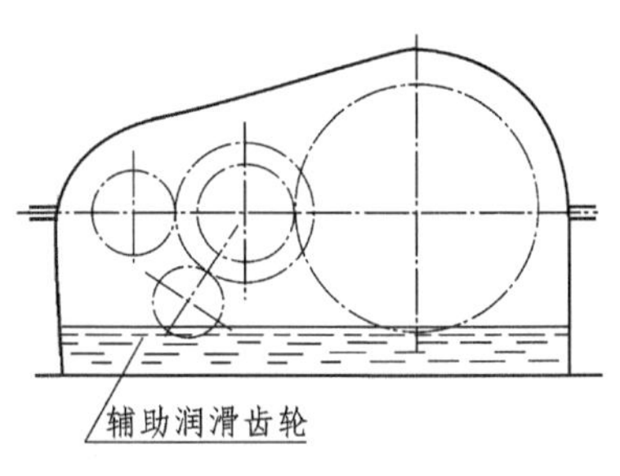

图 2-35　浸油润滑和辅助润滑

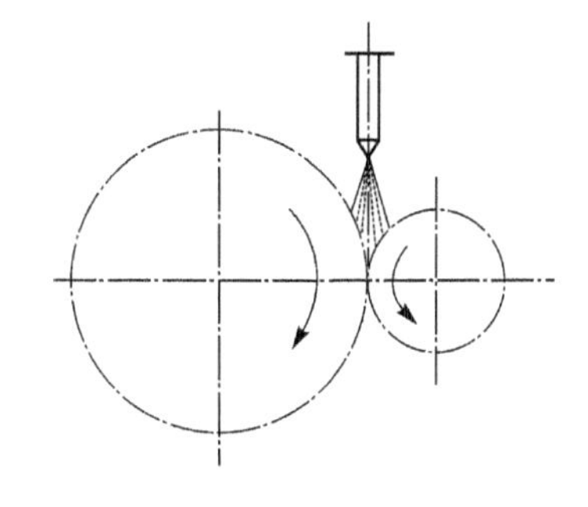

图 2-36　喷油润滑

有些齿轮传动中也选择油雾润滑。用压缩空气通过一个带储油器的雾化装置使油成为雾状，将雾状低压润滑油喷入轮齿啮合部位进行润滑。这种方式的特点是无搅油损失，冷却效果一般，要配有专用雾化装置。

开式齿轮传动和低速重载闭式传动采用润滑脂润滑。在极高温、极低温或多尘工作环境中，对主要作为传递运动的轻载传动或在真空工作的齿轮，可以用石墨等进行固体润滑。

(2) 齿轮传动润滑剂的选择

齿轮传动的润滑剂有润滑油、润滑脂和固体润滑剂，应用最多的是润滑油。传动中根据配对齿轮的材料、齿面硬度和圆周速度选择润滑油种类和牌号。可参考表 2-19 或其他相关资料选择。

表 2-19　齿轮传动润滑剂选择

名　称	牌　号	主要性能及用途
机械油	HJ-30，HJ-40，HJ-50	各种高速、轻载或中小载荷，循环式或油箱式集中润滑系统，中小型齿轮、蜗杆传动的润滑
工业齿轮油	50，70，90，120，150	该类油加有很少量的极压剂、抗氧化剂等添加剂，有较高的承压能力、较好的氧化安定性及防锈和防腐性；适用于冶金、矿山用机器等载荷较重的齿轮传动
极压工业齿轮油	120，150，200，250，300，350	该类油加有极压剂、油性剂等改善油性的添加剂，性能优于工业齿轮油；适用于工作条件极差(重载、高温、冲击载荷及潮湿等环境)的齿轮和蜗杆传动
汽车齿轮油	HL-20(冬季用) HL-30(夏季用)	汽车变速齿轮传动、重型机器的闭式齿轮及蜗杆传动、各种载荷的齿轮和蜗杆减速器
开式齿轮油	1，2，3	该类油有抗磨、防锈等添加剂；适用于开式齿轮传动，使用时可用溶剂稀释
钙钠基润滑脂	ZGN-2，ZGN-3	适用于 80～100 ℃、有水分或较潮湿的环境中工作的齿轮，不适用于低温情况
石墨钙基润滑脂	ZG-S	适用于起重机底盘的齿轮传动、开式齿轮传动，需耐潮湿处

3. 齿轮的结构设计

在选定齿轮材料和计算出主要参数尺寸之后，还须设计确定齿轮的结构尺寸。齿轮一般由三部分组成：轮缘、轮毂和轮辐。根据轮辐部分的不同形式，齿轮的结构分为齿轮轴、实心式齿轮、辐板式齿轮(见图 2-37)和轮辐式(见图 2-38)齿轮；根据毛坯的制造方法不同，齿轮结构分为锻造齿轮、铸造齿轮、焊接齿轮和组合齿轮。齿轮采用何种结构，取决于齿轮的径向尺寸(齿顶圆直径)、材料、使用要求、生产批量和经济性等因素。齿轮的结构尺寸可按经验公式和经验数据确定。设计时除满足强度要求之外，还要符合加工和安装的工艺性。

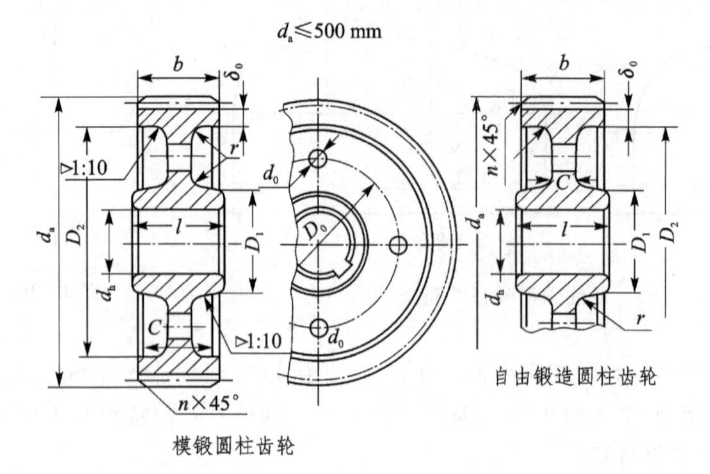

注：$D_1=1.6d_h$；$l=(1.2\sim1.5)d_h$，$l\geqslant b$；$\delta_0=(2.5\sim4)m_n$，但不小于 8～10 mm；$n=0.5m_n$；$r\approx 0.5C$；$D_0=0.5(D_1+D_2)$；$d_0=15\sim25$ mm；$C=(0.2\sim0.3)b$；模锻；$0.3b$ 自由锻

图 2-37 辐板式齿轮

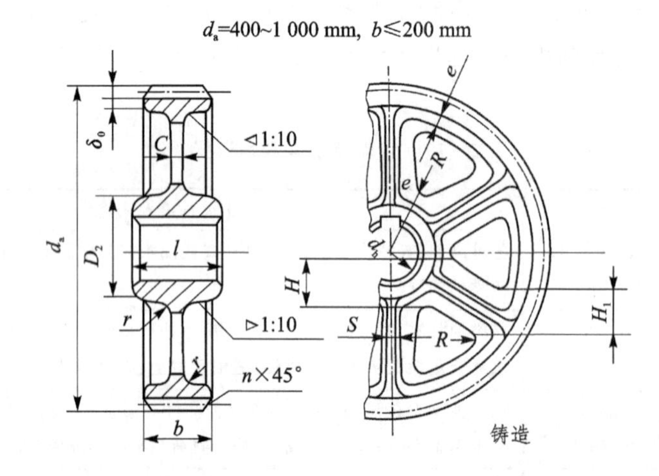

注：$D_1=1.6d_h$(铸钢)，$D_1=1.8d_h$(铸铁)；$l=(1.2\sim1.5)d$，$l>b$；$\delta_0=(2.5\sim4)m_n$，但不小于 8 mm；$n=0.5m_n$；$r\approx0.5C$，$C=H/5$；$S=H/6$，但不小于 10 mm；$e=0.8\delta_0$；$H=0.8d$，$H_1=0.8H$

图 2-38 轮辐式齿轮

习 题

2-1 与带传动、链传动等比较，齿轮传动的主要优点和缺点有哪些？

2-2 齿轮传动有哪些类型？各有何特点？其分别适用于何种场合？

2-3 轮齿的主要失效形式有哪些？其分别在什么情况下发生？

2-4 齿面点蚀通常发生于轮齿的什么部位？如何提高齿轮抗点蚀的能力？

2-5 理想的齿轮材料应当具备什么条件？常用材料有哪些？

2-6 通常所谓硬齿面与软齿面的界限是如何划分的？一对齿轮中，大、小齿轮的材料和齿面硬度应当怎样搭配？

2-7　齿面接触强度计算的理论基础是什么？设计中选哪个位置为接触疲劳的计算点？为什么？

2-8　齿面接触疲劳强度主要受哪些因素的影响？当齿轮的材质确定后，提高齿面接触强度的最有效方法是什么？

2-9　试分析轮齿齿根应力的种类，最大应力在轮齿受拉侧还是受压侧？为什么轮齿折断始于轮齿的受拉一侧？影响齿轮弯曲强度最大的几何参数是什么？

2-10　闭式、开式齿轮传动在其承载能力的计算方法上有何不同？为什么？

2-11　某齿轮副在按接触强度初步确定了主要几何尺寸和参数后，经验算发现其弯曲强度不能满足要求，试问应如何修改设计？

2-12　试分析图 2-39 中，当分别以轮 1、轮 2 为主动时，齿轮 2 的接触应力及弯曲应力的循环特征。

2-13　已知某减速器中的 8 级斜齿圆柱齿轮传动的有关数据为：齿数 $z_1=23$，$z_2=76$，模数 $m_n=2.5$ mm 和中心距 $a=125$ mm，试确定以下数据：齿数比 u 和传动比 i，螺旋角 β，齿顶高 h_a 和齿根高 h_f，小齿轮的分度圆直径 d，齿顶圆直径 d_a，齿根圆直径 h_f 以及当量齿数 z_e。

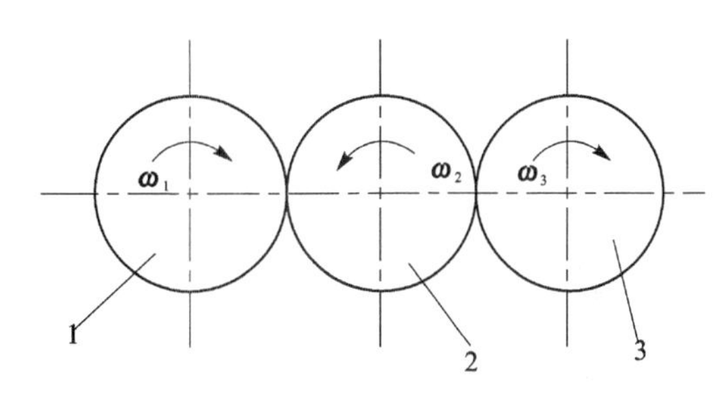

图 2-39　习题 2-12 用图

2-14　某传动装置采用闭式标准直齿圆柱齿轮传动。已知：小齿轮齿数 $z_1=32$，减速比 $i=3$，模数 $m=2.5$ mm，小齿轮转速 $n_1=970$ r/min 及额定功率 $P=10$ kW，试计算齿轮上的圆周力 F_t 和径向力 F_r。

2-15　两级斜齿圆柱齿轮传动如图 2-40 所示。已知动力从轴 Ⅰ 输入，转向如图中所示。请分析：

(1) 确定齿轮 2，3，4 的轮齿旋向和转向，要求轴 Ⅱ 上两斜齿轮所受轴向力可部分抵消；

(2) 标出齿轮 2，3 所受各分力的方向；

(3) 画出中间轴 Ⅱ 及两个斜齿圆柱齿轮 2，3 的空间受力简图。

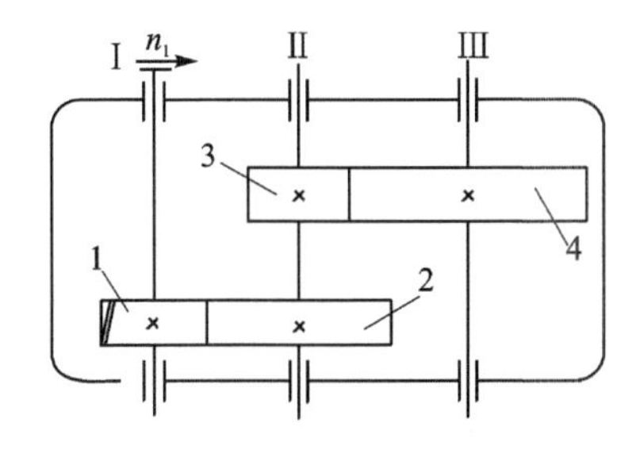

图 2-40　习题 2-15 用图

2-16　图 2-41 所示斜齿圆柱齿轮传动齿轮 2 为主动，齿轮齿数 $z_2=31$，模数 $m_n=2.5$ mm，$\beta=18°24'35''$。

(1) 请在图中补上齿轮 2 的转向和螺旋线方向,并分析从动轮的 F_t,F_r 和 F_a 各分力的大小和方向。

(2) 齿轮回转方向不变,而轮齿倾斜方向取与图示相反时,分析从动轮的 F_t,F_r 和 F_a 各分力的大小和方向。

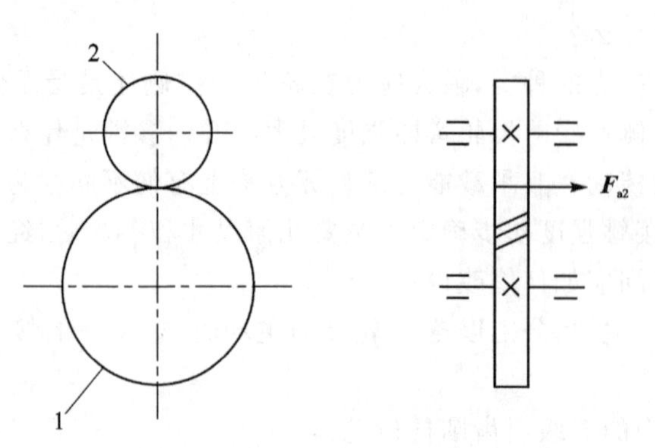

图 2-41　习题 2-16 用图

2-17　设计铣床中一对直齿圆柱齿轮传动,已知:功率 $P_1=7.5$ kW,小齿轮主动,转速 $n_1=1\ 450$ r/min,齿数 $z_1=26$,$z_2=54$。单向传动,预期使用寿命 16 000 h。小齿轮对轴承非对称布置。轴刚性较大,工作中受中等冲击,7 级制造精度。

2-18　设计由电动机驱动的单级斜齿圆柱齿轮减速器的齿轮传动。已知小齿轮主动,功率 $P_1=4.5$ kW,转速 $n_1=1\ 480$ r/min;大齿轮转速 $n_2=465$ r/min。每日工作 10 h,使用期限 8 年(每年以 300 天计算)。短期过载不超过正常载荷的 1.8 倍,工作中有中等冲击。速度允许有±5%的误差。

2-19　设计由电动机驱动的闭式直齿圆锥齿轮传动。已知:小齿轮悬臂布置,转速 $n_1=970$ r/min,功率 $P_1=9.2$ kW,减速比 $i=3$,三班制,单向工作,载荷平稳,启动载荷为正常载荷的 1.2 倍,预期寿命 5 年,每年 300 天,每日工作 10 h。

第3章　蜗杆传动

3.1　蜗杆传动的特点与分类

蜗杆传动是一种应用广泛的机械传动，主要用来实现空间交错轴之间的运动和动力的传递。

蜗杆传动由蜗杆和蜗轮组成如图3-1所示，通常用于传递轴交角$\Sigma=90^\circ$的两交错轴之间的运动和动力。蜗杆传动通常是蜗杆主动，用做减速。蜗杆传动广泛用于机床、汽车、仪器及冶矿机械等多种机械设备中。

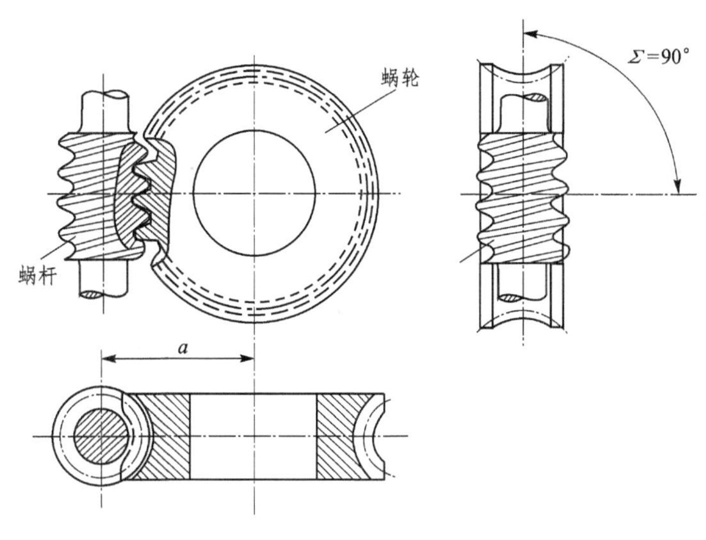

图3-1　蜗杆传动

1. 蜗杆传动特点

在蜗杆传动中，蜗杆上是一个或几个连续的螺旋齿，蜗杆与蜗轮之间通过特定的啮合关系来传递载荷和运动。因此，蜗杆传动的主要特点有：

① 传动平稳，传动比大，结构紧凑；

② 通过控制某些设计参数可以使蜗杆传动自锁；

③ 传动效率较低，较易磨损和胶合；

④ 结构较复杂且蜗轮常采用较贵重金属，加工工艺较复杂，制造成本较高。

2. 蜗杆传动类型

根据不同的分类方法，蜗杆传动的分类形式有多种。

根据蜗杆形状的不同，蜗杆传动通常可以分为三类：圆柱面蜗杆传动、圆环面蜗杆传动和圆锥面蜗杆传动，如图3-2所示。其中，圆柱面蜗杆传动最为常用。

根据蜗杆螺旋线方向不同，蜗杆传动可分为右旋蜗杆传动和左旋蜗杆传动。一般常用右

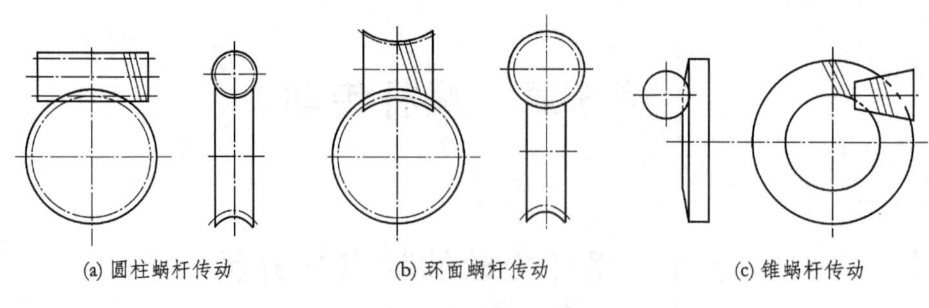

图 3-2　蜗杆传动类型

旋蜗杆。

根据蜗杆头数的不同，蜗杆传动又可分为单头、双头和多头蜗杆传动。单头蜗杆结构紧凑，容易自锁，传动效率较低；双头和多头蜗杆效率较高，结构较为复杂；头数越多加工难度越大。

3. 圆柱面蜗杆传动类型

在圆柱面蜗杆传动中，按照蜗杆齿廓形状及形成原理的不同，常见的形式有下面几种。

(1) 阿基米德圆柱蜗杆传动

图 3-3 所示为阿基米德圆柱蜗杆(ZA 型蜗杆)。其蜗杆齿面为阿基米德螺旋面，蜗杆端面齿廓为阿基米德螺旋线。通过蜗杆轴线垂直于蜗轮轴线的平面称为中间平面。蜗杆在中间平面上的齿廓为直线(梯形齿条形状)，蜗轮在中间平面上的齿廓为渐开线。这种蜗杆齿形称为齿形 A。

阿基米德蜗杆传动在中间平面上的啮合相当于齿轮与齿条的啮合。此蜗杆可用车刀、铣刀或斜齿插齿刀加工(后者用于大批量)，磨削时砂轮需经修正，所以较难采用硬齿面，不易获得高精度。

一般用于头数较少、载荷较小的传动。但它具有的加工简便的优点，使其在实际机械中应用很广。

(2) 渐开线圆柱蜗杆传动

图 3-4 所示为渐开线圆柱蜗杆(ZI 型蜗杆)，其蜗杆齿面为渐开线螺旋面，端面齿廓是渐开线。这种蜗杆齿形称为齿形Ⅰ。

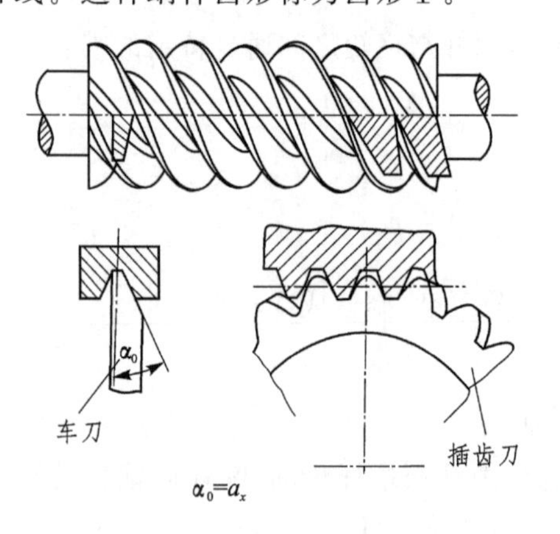

图 3-3　阿基米德蜗杆

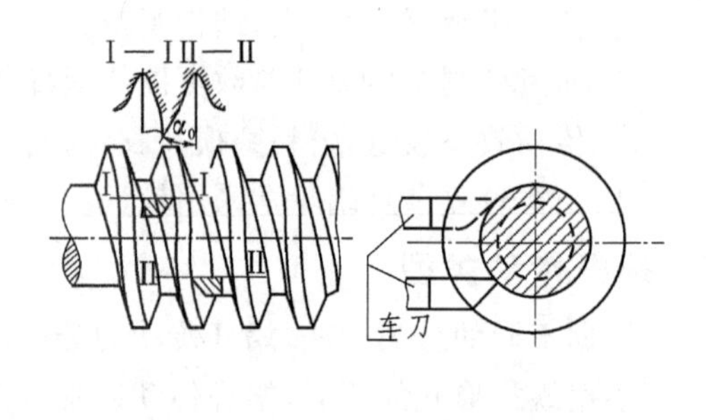

图 3-4　渐开线圆柱蜗杆

在切制蜗杆时，切刀刀刃平行于轴线且与基圆柱相切，切制出的蜗杆在垂直于轴线的截面上齿廓线为渐开线。这种蜗杆可以用切制齿轮的滚刀加工，也可以用平面砂轮磨削，因此可以采用硬齿面，精度较高，可获得较高的承载力和效率。一般用于蜗杆头数较多、大功率、高转速、较高传动精度及成批生产的情况。

(3) 法向直廓圆柱蜗杆传动

在规定的法平面上，齿廓为直线的圆柱蜗杆是法向直廓圆柱蜗杆(ZN型蜗杆)。这种蜗杆齿形称为齿形N。

根据所选蜗杆法平面的不同分为：齿槽法向直廓圆柱蜗杆(ZN1型蜗杆)，其法平面为垂直于过齿槽中点与分度圆柱螺旋线平行的假想螺旋线的法平面；齿体法向直廓圆柱蜗杆(ZN2型蜗杆)，其法平面为垂直于过齿厚中点与分度圆柱螺旋线平行的假想螺旋线的法平面；齿面法向直廓圆柱蜗杆(ZN3型蜗杆)，其法平面为垂直于分度圆柱螺旋线的法平面。

法向直廓圆柱蜗杆可以磨削，适用于较大的导程。

除以上三种形式外，还有圆弧齿圆柱蜗杆(ZC型蜗杆)传动和锥面包络圆柱蜗杆(ZK型蜗杆)传动。蜗杆传动类型的选择主要考虑现有的制造工艺条件、载荷、转速和制造成本等。

本章主要介绍圆柱面蜗杆传动的设计方法。

3.2　圆柱蜗杆传动主要参数及几何计算

设计圆柱蜗杆传动时，均取给定平面上的参数和几何尺寸作为主要参数，参考齿轮传动的计算关系进行几何计算。

3.2.1　蜗杆传动主要参数

1. 普通圆柱蜗杆的基准齿廓

普通圆柱蜗杆的基准齿廓是指在蜗杆的轴平面内的规定齿廓，见图3-5。在蜗杆的轴平面内基准齿廓的尺寸参数如表3-1所列。

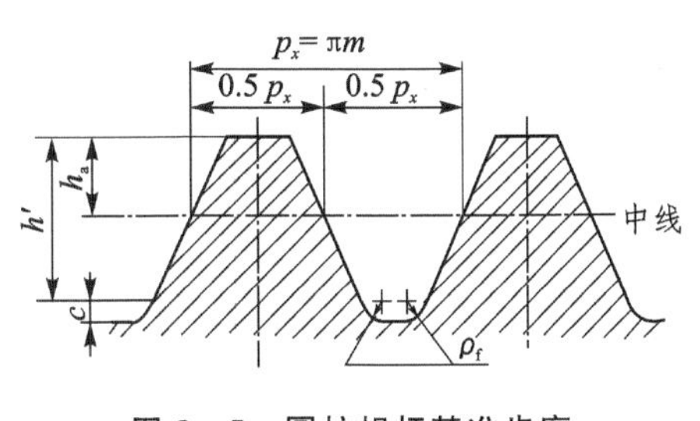

图3-5　圆柱蜗杆基准齿廓

表3-1　圆柱蜗杆基准齿廓

齿廓参数名称	代号及数值
齿顶高	$h_a=m$(正常齿)　$h_a=0.8m$(短齿)
工作齿高	$h'=2m$(正常齿)　$h'=1.6m$(短齿)
轴向齿距	$p_x=\pi m$ (中线上的齿厚等于齿槽宽)
顶　隙	$c=0.2m$，必要时可减小到$0.15m$或增大到$0.35m$
齿根圆角	$\rho_f=0.3m$，必要时可减小到$0.2m$或增大到$0.4m$
齿形角	阿基米德蜗杆，轴向齿形角$\alpha_x=20°$ 法向直廓蜗杆，法向齿形角$\alpha_n=20°$ 渐开线蜗杆，法向齿形角$\alpha_n=20°$

2. 模数、蜗杆分度圆直径和直径特性系数

(1) 模数 m

在中间平面上的模数为标准值，即蜗杆的轴向模数m_x和蜗轮的中间平面模数m_t为标准值，应按表3-2取值，优先选用第一系列。

表 3-2　常用标准模数值

单位:mm

第一系列	1,1.25,1.6,2,2.5,3.15,4,5,6.3,8,10,12.5,16,20,25,31.5,40
第二系列	1.5,3,3.5,4.5,5.5,6,7,12,14

(2) 蜗杆分度圆直径 d_1

要保证蜗杆与蜗轮的正确啮合,蜗轮加工是用与该蜗轮相啮合的蜗杆的直径、齿形参数完全相同的滚刀切制。为了减少加工蜗轮滚刀的规格,利于蜗轮滚刀的标准化和系列化,国家标准规定蜗杆分度圆直径 d_1 为标准值,且与 m 有一定的搭配关系如表 3-3 所列。

表 3-3　动力蜗杆传动中的基本参数(轴交角为 90°)

(部分摘自 GB/T 10085—2018)

模数 m/mm	分度圆直径 d_1/mm	直径系数 q	蜗杆头数 z_1	齿根圆直径 d_{f1}/mm	$m^2 d_1$/mm^3
1	18	18.000	1	15.6	18
1.25	20	16.000	1	17	31.25
	22.4	17.920	1	19.4	35
1.6	20	12.500	1, 2, 4	16.16	51.2
	28	17.500	1	24.16	71.68
2	(18)	9.000	1, 2, 4	13.2	72
	22.4	11.200	1, 2, 4, 6	17.6	89.6
	(28)	14.000	1, 2, 4	23.2	112
	35.5	17.750	1	30.7	142
2.5	(22.4)	8.960	1, 2, 4	16.4	140
	28	11.200	1, 2, 4, 6	22	175
	(35.5)	14.200	1, 2, 4	29.5	221.9
	45	18.000	1	39	281
3.15	(28)	8.889	1, 2, 4	20.4	277.8
	35.5	11.270	1, 2, 4, 6	27.9	352.2
	(45)	14.286	1, 2, 4	37.4	446.5
	56	17.778	1	48.4	556
4	(31.5)	7.875	1, 2, 4	21.9	504
	40	10.000	1, 2, 4, 6	30.4	640
	(50)	12.500	1, 2, 4	40.4	800
	71	17.750	1	61.4	1 136
5	(40)	8.000	1, 2, 4	28	1 000
	50	10.000	1, 2, 4, 6	38	1 250
	(63)	12.600	1, 2, 4	51	1 575
	90	18.000	1	78	2 250
6.3	(50)	7.936	1, 2, 4	34.9	1 985
	63	10.000	1, 2, 4, 6	47.9	2 500
	(80)	12.698	1, 2, 4	64.8	3 175
	112	17.778	1	96.9	4 445

续表 3-3

模数 m/mm	分度圆直径 d_1/mm	直径系数 q	蜗杆头数 z_1	齿根圆直径 d_{f1}/mm	m^2d_1/mm^3
8	(63)	7.875	1，2，4	43.8	4 032
	80	10.000	1，2，4，6	60.8	5 376
	(100)	12.500	1，2，4	80.8	6 400
	140	17.500	1	120.8	8 960
10	(71)	7.100	1，2，4	47	7 100
	90	9.000	1，2，4，6	66	9 000
	(112)	11.200	1，2，4	88	11 200
	160	16.000	1	136	16 000
12.5	(90)	7.200	1，2，4	60	14 062
	112	8.960	1，2，4	82	17 500
	(140)	11.200	1，2，4	110	21 875
	200	16.000	1	170	31 250
16	(112)	7.000	1，2，4	73.6	28 672
	140	8.750	1，2，4	101.6	35 840
	(180)	11.250	1，2，4	141.6	46 080
	250	15.625	1	211.6	64 000
20	(140)	7.000	1，2，4	92	56 000
	160	8.000	1，2，4	112	64 000
	(224)	11.200	1，2，4	176	89 600
	315	15.750	1	267	126 000
25	(180)	7.200	1，2，4	120	112 500
	200	8.000	1，2，4	140	125 000
	(280)	11.200	1，2，4	220	175 000
	400	16.000	1	340	250 000

注：括号内的数据尽可能不选。

(3) 蜗杆直径特性系数 q

由于蜗杆分度圆柱直径 d_1 和蜗杆模数 m 均为标准值，定义它们的比值为蜗杆直径特性系数，即 $q=\dfrac{d_1}{m}$。

3. 蜗杆头数 z_1 和蜗轮齿数 z_2

蜗杆头数 z_1 是指蜗杆圆柱面上连续齿的个数，也就是螺旋线的线数，常用取值为 1,2,4,6。z_1 过大，传动的结构尺寸较大，加工制造的难度增加，精度不易保证；z_1 减小，传动效率降低，传动比较大或要求自锁时取 $z_1=1$。

蜗轮齿数 z_2 根据传动比 i 和 z_1 确定，$z_2=iz_1$。为避免蜗轮轮齿发生根切和保证传动的平稳性，一般取蜗轮齿数 $z_2\geqslant18$；同时，为避免结构尺寸一定时，模数过小而导致弯曲强度不够，或者模数一定时，蜗轮直径过大而导致蜗杆轴支承跨距过大，从而使刚度降低，因此蜗轮齿数也不宜过大，一般取 $z_2<80$。z_1 和 z_2 的推荐值见表 3-4。

表 3-4　z_1 和 z_2 的推荐值

i	5～6	7～8	9～13	14～24	25～27	28～40	40 以上
z_1	6	4	3～4	2～3	2～3	1～2	1
z_2	29～36	28～32	28～52	28～72	50～81	28～80	>40

4. 蜗杆导程角 γ 和蜗轮螺旋角 β

蜗杆导程角 γ 是指蜗杆分度圆上的导程角 γ，计算式为

$$\tan\gamma=\frac{z_1m}{d_1}=\frac{z_1}{q} \tag{3-1}$$

蜗杆导程角 γ 的大小影响传动的效率。当为动力传动时，应力求大的 γ 值，即应选用多头数和小分度圆的蜗杆；但当 $\gamma>30°$ 以后，效率随之增大的变化不明显；当 $\gamma>45°$ 后，效率反而随 γ 的增大而减小。对于要求具有自锁性能的传动，应采用 $\gamma<3°30'$ 的蜗杆传动。

对于 $\Sigma=90°$ 的圆柱蜗杆传动，蜗杆导程角 γ 等于蜗轮螺旋角 β，且旋向相同。

5. 中心距 a、传动比 i 及齿数比 u

① 普通圆柱蜗杆传动的减速装置的中心距 a(mm)为设计参数，设计中最好圆整。一般圆柱蜗杆传动的减速装置的中心距 a 应按下列数值选取：

40;50;63;80;100;125;160;(180);200;(225);250;(280);315;(355);400;(450);500。

大于 500 mm 的中心距可按优先数系 R20 的优先数通用。

注：括号中的数字尽可能不采用。

② 蜗杆传动的传动比 i 和齿数比 u 的定义与齿轮传动相同。对于减速传动，$i=u=n_1/n_2=z_2/z_1$；对于增速传动，$i=1/u=n_2/n_1=z_1/z_2$。n_1 为蜗杆转速，n_2 为蜗轮转速。

由于蜗杆传动中蜗杆分度圆取值的特点，因此蜗杆传动的传动比不等于蜗轮与蜗杆的直径之比。

蜗杆减速装置的传动比的公称值，一般按下列数值选取：5，7.5，10，12.5，15，20，25，30，40，50，60，70，80。其中，10，20，40，80 为基本传动比，优先选用。

③ 采用上述所列规定数值中心距的蜗杆传动，蜗杆和蜗轮参数应匹配，详细匹配要求参见 GB/T10085-2018。

6. 变位系数

蜗杆传动变位的主要目的是配凑中心距和改变传动比；此外，还可以提高传动的承载能力和效率，消除蜗轮根切现象。

蜗杆传动的变位与齿轮传动相同，利用改变切齿时刀具与齿坯的径向位置来实现变位。变位后的蜗杆传动，由于蜗杆相当于滚刀，所以变位对蜗杆尺寸无影响，但节圆有所变化；变位使蜗轮的齿顶圆、齿根圆及齿厚都发生了变化，但节圆不变，仍与分度圆重合。

图 3-6 所示为几种蜗杆传动的变位示意图。

① 未变位蜗杆传动(见图 3-6(a))，中心距为

$$a=\frac{1}{2}(d_1+d_2)=\frac{1}{2}m(q+z_2) \tag{3-2}$$

② 用变位凑中心距，如图 3-6(b)和(c)所示，保持 m,q,i,z_1,z_2 不变，中心距变化。变位后的中心距为

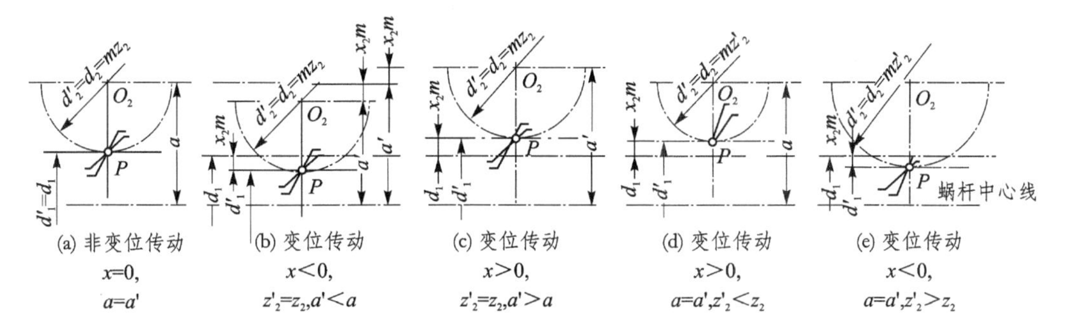

图 3－6　蜗杆传动的变位

$$a'=a+x_2m=\frac{1}{2}m(q+z_2+2x_2) \tag{3-3}$$

蜗轮变位系数为

$$x_2=\frac{a'}{m}-\frac{1}{2}(q+z_2)$$

推荐范围为$-0.5<x_2<0.5$。

③ 用变位改变传动比，如图 3－6(d)和(e)所示，保持 a,m,q,z_1 不变，z_2 变化，从而 i 变化。变位后：z_2 变为 z'_2，传动比 i 变为 i'，中心距保持不变，即

$$a'=a=\frac{1}{2}(d'_1+d'_2)=\frac{1}{2}m(q+z'_2+2x_2)=\frac{1}{2}m(q+z_2)$$

蜗轮的变位系数为

$$x_2=\frac{1}{2}(z_2-z'_2)$$

x_2 为 0.5 的整倍数。

3.2.2 蜗杆传动几何计算

普通圆柱蜗杆传动的各部分几何尺寸如图 3－7 所示，具体计算如表 3－5 所列。

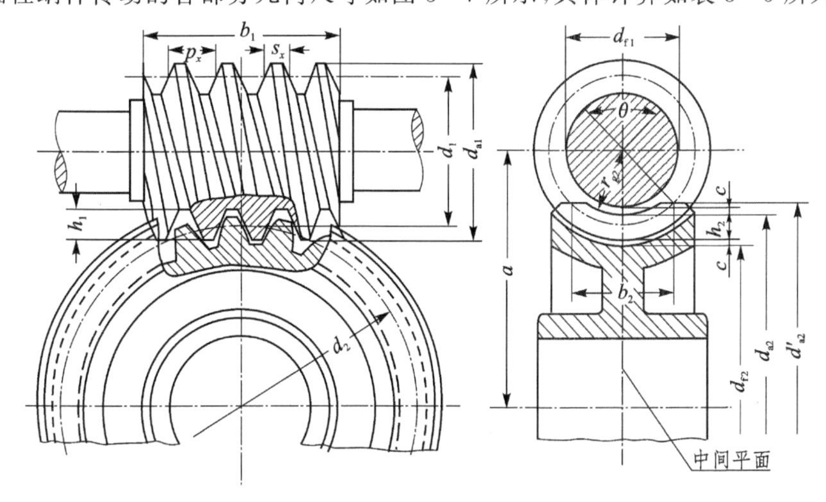

图 3－7　普通圆柱蜗杆传动

表 3-5 普通圆柱蜗杆传动几何尺寸计算

名 称	符 号	计算公式及说明
蜗杆轴向模数	m	由强度计算或结构要求根据表 3-3 取标准值
法向模数	m_n	$m_n=m\cos\gamma$,m_n 不取标准值
蜗杆轴向齿距	p_{x1}	$p_{x1}=\pi m$
蜗杆螺旋线导程	p_{z1}	$p_{z1}=p_{x1}z_1=\pi m z_1$
蜗杆轴向齿形角	α_x	$\alpha_x=20°$,对于 ZA 蜗杆
蜗杆法向齿形角	α_n	$\alpha_n=20°$,当 $\gamma<30°$ 对于 ZN,ZI,ZK 蜗杆
蜗杆直径特性系数	q	$q=d_1/m=z_1/\tan\gamma$
蜗杆分度圆直径	d_1	$d_1=qm$,由强度计算或结构要求根据表 3-3 取标准值
中心距 标准传动	a	$a=0.5(d_1+d_2)=0.5(q+z_2)m$
中心距 变位传动	a'	$a'=a+x_2m=0.5(q+z_2+2x_2)m$
传动比	i	$i=n_1/n_2$,减速传动 $i=n_2/n_1$,增速传动,n_1 为蜗杆转速,n_2 为蜗轮转速
齿数比	u	$u=z_2/z_1$,其中:z_1 为蜗杆头数,z_2 为蜗轮齿数;用飞刀切制蜗轮时 z_2 与 z_1 应尽量避免公因数
蜗轮变位系数	x_2	$x_2=(a'-a)/m$,常用范围为 $-0.5\leqslant x_2\leqslant+0.5$,极限范围为 $-1\leqslant x_2\leqslant+1$
蜗杆节圆直径	d'_1	$d'_1=(q+2x_2)m=2a'-mz_2$
蜗杆分度圆柱导程角	γ	$\tan\gamma=z_1/q=z_1m/d_1$
蜗杆节圆柱导程角	γ'	$\tan\gamma'=z_1/(q+2x_2)$
蜗杆齿顶高	h_{a1}	$h_{a1}=h_a^*m=m$
蜗杆齿根高	h_{f1}	$h_{f1}=(h_a^*+c^*)m=1.2m$
蜗杆全齿高	h_1	$h_1=h_{a1}+h_{f1}=h_2$
顶 隙	c	$c=c*m=0.2m$
蜗杆齿顶圆直径	d_{a1}	$d_{a1}=d_1+2h_{a1}$
蜗杆齿根圆直径	d_{f1}	$d_{f1}=d_1-2h_{f1}$
蜗杆齿宽	b_1	$b_1\approx2.5m\sqrt{z_2+1}$
蜗轮分度圆螺旋角	β_2	$\beta_2=\gamma'$,螺旋线方向同蜗杆,习惯用右旋
蜗轮分度圆直径	d_2	$d_2=d'_2=mz_2$
蜗轮中圆直径	d_{m2}	$d_{m2}=2a'-d_1=(z_2+2x_2)m$
蜗轮齿顶高	h_{a2}	$h_{a2}=(h_a^*+x_2)m=(1+x_2)m$
蜗轮齿根高	h_{f2}	$h_{f2}=(h_a^*+c^*-x_2)m=(1.2-x_2)m$
蜗轮全齿高	h_2	$h_2=h_{a2}+h_{f2}=h_1$

续表 3-5

名　称	符　号	计算公式及说明
蜗轮齿顶圆直径	d_{a2}	$d_{a2}=d_2+2h_{a2}$
蜗轮齿根圆直径	d_{f2}	$d_{f2}=d_2-2h_{f2}=d_{a2}-2h_2$
蜗轮外圆直径	d'_{a2}	$d'_{a2}\approx d_{a2}+m$
蜗轮齿宽	b_2	$b_2\approx 2m(0.5+\sqrt{q+1})$
蜗轮齿宽角	θ	$\theta=2\arcsin(b_2/d_1)$
蜗轮咽喉半径	r_{g2}	$r_{g2}=a-0.5d_{a2}$

3.2.3　蜗杆传动精度等级

为满足蜗杆传动的传动平稳性、载荷分布均匀性、传递运动准确性和使用寿命，国家标准GB/T10089-2018规定了蜗杆传动中的精度等级和各种精度等级下蜗杆、蜗轮的尺寸偏差项，啮合偏差项及相应的允许值。其中，对蜗杆传动规定了12个精度等级，1级最高、12级最低，允许选用不同的精度等级组合。蜗杆和配对蜗轮的精度等级一般相同，在硬度高的蜗杆和材质较软的蜗轮传动中，可选择蜗杆的精度等级略高于蜗轮的等级。

蜗杆和蜗轮的加工方法和应用场合不同，可选不同精度等级。表3-6列出了常用的精度等级和应用范围。

表 3-6　蜗杆传动精度选择

精度等级	应用范围	制造方法	表面粗糙度 $Ra/\mu m$	允许滑动速度/($m\cdot s^{-1}$)
6级	中等精密机床的分度机构；发动机调整器的传动	蜗杆渗碳淬火，磨削和抛光；蜗轮滚齿后用剃齿刀精加工	蜗杆　0.4 蜗轮　0.4	>10
7级	中等精度的运输机及中等功率蜗杆传动	蜗杆渗碳淬火，磨削和抛光；蜗轮滚齿，建议用剃削或加载磨合	蜗杆　0.4～0.8 蜗轮　0.4～0.8	≤10
8级	圆周速度较低，每天工作较短的不重要传动	蜗杆车床加工；蜗轮铣削或飞刀加工，建议加载磨合	蜗杆　0.8～1.6 蜗轮　1.6	≤5
9级	不重要的低速传动及手动传动	蜗杆车床加工；蜗轮铣削或飞刀加工，建议加载磨合	蜗杆　1.6～3.2 蜗轮　3.2	≤2

3.2.4　蜗杆传动效率和自锁

1. 效　率

与齿轮传动的效率类似，蜗杆传动的功率损失主要包括：① 啮合损失；② 搅动润滑油的油阻损失；③ 轴承损失。

闭式蜗杆传动的效率 η 为

$$\eta=\eta_1\eta_2\eta_3 \tag{3-4}$$

式中：η_1——啮合效率；

η_2——搅油效率(一般为0.95～0.99)；

η_3——轴承效率(对滚动轴承取0.99,对滑动轴承取0.98～0.99)。

在正确设计的蜗杆传动中,搅油损失和轴承的摩擦损失很小,通常忽略不计。因此,蜗杆传动的效率主要取决于啮合效率。

蜗杆传动的啮合效率可以参照螺旋副的效率计算方法进行。计算公式如下:

- 对于减速蜗杆传动(蜗杆主动)

$$\eta_1=\frac{\tan\gamma}{\tan(\gamma+\rho_e)} \tag{3-5}$$

- 对于增速蜗杆传动(蜗轮主动)

$$\eta_1'=\frac{\tan(\gamma-\rho_e)}{\tan\gamma}$$

式中:ρ_e——当量摩擦角。其值与蜗杆和蜗轮的材料组合、齿面精度及相对滑动速度等有关。其滑动速度概略值可以按图3-8确定。表3-7所列为蜗杆传动的ρ_e。表中的相对滑动速度为$v_s=\frac{v_1}{\cos\gamma}$,$v_1$为蜗杆节圆处的圆周速度。

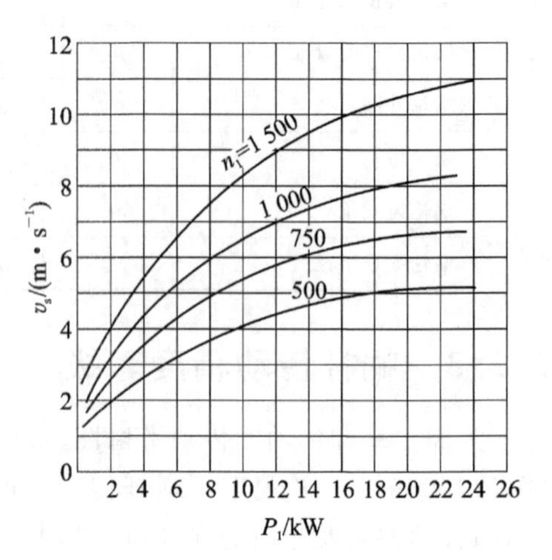

图3-8　滑动速度概略值

表3-7　蜗杆传动的当量摩擦角ρ_e

蜗轮材料		ρ_e				
		锡青铜		无锡青铜	灰铸铁	
钢制蜗杆齿面硬度		HRC≥45	其他情况	HRC≥45	HRC≥45	其他情况
相对滑动速度v_s/(m·s^{-1})	0.01	6°17′	6°51′	10°12′	10°12′	10°45′
	0.05	5°09′	5°43′	7°58′	7°58′	9°05′
	0.10	4°34′	5°09′	7°24′	7°24′	7°58′
	0.25	3°43′	4°17′	5°43′	5°43′	6°51′
	0.50	3°09′	3°43′	5°09′	5°09′	5°43′
	1.0	2°35′	3°09′	4°00′	4°00′	5°09′
	1.5	2°17′	2°52′	3°43′	3°43′	4°34′
	2.0	2°00′	2°35′	3°09′	3°09′	4°00′
	2.5	1°43′	2°17′	2°52′		
	3.0	1°36′	2°00′	2°35′		
	4	1°22′	1°47′	2°17′		
	5	1°16′	1°40′	2°00′		
	8	1°02′	1°29′	1°43′		
	10	0°55′	1°22′			
	15	0°48′	1°09′			
	24	0°45′				

注:蜗杆齿面表面粗糙度R_a为1.6～0.4 μm。

从蜗杆传动的啮合效率中可以看出,导程角γ是影响啮合效率的重要参数,而导程角γ又与蜗杆头数有直接关系。

2. 自　锁

在减速蜗杆传动中，蜗杆可以带动蜗轮旋转，而蜗轮不能带动蜗杆旋转称为自锁。其自锁条件与螺纹副的自锁条件相同，即导程角 $\gamma \leqslant \rho_e$。自锁蜗杆传动效率 $\eta < 0.5$。

设计蜗杆传动时，需要预估传动的效率，可以参考表 3-8 中的数值确定。

表 3-8　蜗杆传动效率 η 估计

蜗杆头数 z_1	1(自锁)	1	2	3	4,6
预估效率 η	0.4	0.65～0.75	0.75～0.82	0.82～0.85	0.85～0.95

3.3　蜗杆传动的载荷和失效分析

1. 蜗杆传动受力分析

蜗杆传动为啮合传动，其受力状况与齿轮传动近似。对于减速蜗杆传动，蜗杆主动时，其受力分析如图 3-9 所示。

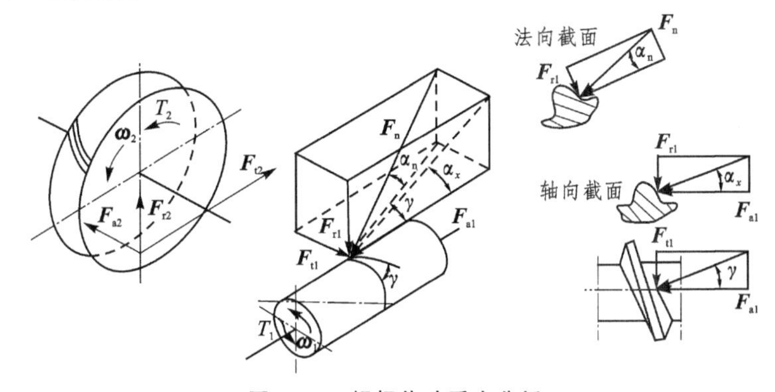

图 3-9　蜗杆传动受力分析

作用在蜗杆齿面上的法向力 $\boldsymbol{F}_n$ 可以分解为互相垂直的三个分力：圆周力(切向力)$\boldsymbol{F}_{t1}$、径向力 $\boldsymbol{F}_{r1}$ 和轴向力 $\boldsymbol{F}_{a1}$。由于作用力和反作用力关系，蜗轮上受到大小相等、方向相反的三个对应分力：蜗轮轴向力 $\boldsymbol{F}_{a2}$、径向力 $\boldsymbol{F}_{r2}$ 和圆周力 $\boldsymbol{F}_{t2}$。力的大小和方向如下：

- 蜗杆圆周力 $\boldsymbol{F}_{t1}$(蜗轮轴向力 $\boldsymbol{F}_{a2}$)的大小为

$$F_{t1} = -F_{a2} = \frac{2\,000T_1}{d_1} \tag{3-6}$$

$\boldsymbol{F}_{t1}$ 的方向与蜗杆啮合处的转动方向相反，$\boldsymbol{F}_{a2}$ 与 $\boldsymbol{F}_{t1}$ 反向。

- 蜗杆径向力 $\boldsymbol{F}_{r1}$(蜗轮径向力 $\boldsymbol{F}_{r2}$)的大小为

$$F_{r1} = -F_{r2} \approx F_{t2}\tan\alpha_x = \frac{2\,000T_2}{d_2}\tan\alpha_x \tag{3-7}$$

$\boldsymbol{F}_{r1}$ 和 $\boldsymbol{F}_{r2}$ 的方向分别指向各自的圆心。

- 蜗杆轴向力 $\boldsymbol{F}_{a1}$(蜗轮圆周力 $\boldsymbol{F}_{t2}$)的大小为

$$F_{a1} = -F_{t2} = \frac{2\,000T_2}{d_2} \tag{3-8}$$

$\boldsymbol{F}_{a1}$ 的方向可以按左右手法则判定，$\boldsymbol{F}_{t2}$ 与 $\boldsymbol{F}_{a1}$ 反向且与蜗轮啮合处的转动方向相同。

● 蜗杆法向力 $\boldsymbol{F}_{n1}$（蜗轮法向力 $\boldsymbol{F}_{n2}$）的大小为

$$F_{n1} = -F_{n2} \approx \frac{2\,000T_2}{d_2 \cos \alpha_x \cos \gamma} \tag{3-9}$$

$\boldsymbol{F}_{n1}$ 和 $\boldsymbol{F}_{n2}$ 的方向分别垂直于啮合点指向各自本体。

式(3-6)～式(3-9)中：

T_1 和 T_2——蜗杆和蜗轮的转矩，N·m；

d_1 和 d_2——蜗杆和蜗轮的分度圆直径，mm；

α_x——蜗杆轴面分度圆压力角；

γ——蜗杆导程角。

2. 蜗杆传动失效分析

蜗杆传动的常见失效形式与齿轮传动相似，包括齿面点蚀、胶合、齿面磨损和轮齿折断等。由于蜗杆传动中齿面相对滑动速度大且传动效率较低，摩擦、磨损及发热较严重，同时根据蜗杆、蜗轮材料选择的不同，工作过程中主要的失效形式为蜗轮齿面的胶合、磨损及点蚀。同时，由于蜗杆径向尺寸较小，轴向尺寸较大，因此在有些情况下，会因蜗杆轴的强度和刚度不够，而带来蜗杆传动的失效。

(1) 设计准则

对于蜗轮齿面的胶合、点蚀和磨损失效，因其失效变化过程复杂，缺乏准确、适宜的计算方法，因此目前在设计过程中对于闭式传动，通常按齿面接触疲劳强度进行设计，避免蜗轮齿面的胶合和点蚀；只有当 $z_2>80$，或采用负变位的传动时，才进行轮齿的弯曲强度计算。蜗杆工作过程中的强度，可以根据轴的强度计算方法进行危险截面应力计算；为避免蜗杆的变形过大引起失效，对于支承跨距大的蜗杆轴须进行的刚度验算；由于蜗杆传动发热量较大，设计中还须进行热平衡计算。

(2) 蜗杆传动材料选择

由上述蜗杆传动的失效形式可知，蜗杆、蜗轮的材料不仅要求具有足够的强度和刚度，同时必须具有良好的耐磨性、减磨性和抗胶合性。

蜗杆为细长杆件，要保证一定的强度和刚度，材料一般用碳钢或合金钢。按热处理不同分有硬面蜗杆和调质蜗杆。采用硬齿面的蜗杆承载能力较高，制造时需要磨削或抛光；调质蜗杆加工方便，受短时冲击载荷时效果较好。蜗杆常用材料如表 3-9 所列。

表 3-9　蜗杆常用材料

材料牌号	热处理	硬　度	表面粗糙度 $Ra/\mu m$
45,40Cr,42SiMn,40CrNi,38SiMnMo	表面淬火	HRC=45～55	1.6～0.8
15CrMn,20CrMn,20Cr,20CrNi	渗碳淬火	HRC=58～63	1.6～0.8
45	调　质	HB<270	3.2

蜗轮材料通常是指蜗轮轮缘部分的材料，需要选择减磨性和耐磨性较好的材料，通常采用铜合金和铸铁。锡青铜有良好的耐磨性，适用于 $v_s \leqslant 12$ m/s 和持续运转的场合；铝青铜机械强度较高，减磨性稍差，适用于 $v_s \leqslant 10$ m/s 的场合，配对蜗杆必须为硬面蜗杆；黄铜抗点蚀能力高，抗磨损性能差，适用于较低滑动速度场合；铸铁蜗轮适用于 $v_s \leqslant 2$ m/s 和蜗轮尺寸较大

的场合。选择材料过程中,除考虑材料性能之外还要适当考虑材料价格因素。蜗轮常用材料及其性能如表 3-10 所列。

表 3-10　蜗轮常用材料及其机械性能和许用应力

蜗轮材料		铸造方法	适用的滑动速度 v_s/(m·s^{-1})	σ_B/(N·mm^{-2})	σ'_{HP}/(N·mm^{-2}) 蜗杆齿面硬度 HB≤350	σ'_{HP}/(N·mm^{-2}) 蜗杆齿面硬度 HRC>45	σ'_{FP}/(N·mm^{-2}) 一侧受载	σ'_{FP}/(N·mm^{-2}) 两侧受载
锡青铜	ZCuSn10P1	砂　模	≤12	220	180	200	51	32
		金属模	≤25	310	200	220	70	40
	ZCuSn5Pb5Zn5	砂　模	≤10	200	110	125	33	24
		金属模	≤12	250	135	150	40	29
铝青铜	ZCuAl10Fe3	砂　模	≤10	490			82	64
		金属模		540			90	80
	ZCuAl10Fe3Mn2	砂　模	≤10	490			—	—
		金属模		540			100	90
黄铜	ZCuZn38Mn2Pb2	砂　模	≤10	245			62	56
		金属模		345			—	—
灰铸铁	HT150		≤2	150			40	25
	HT200		≤2～5	200			48	30
	HT250		≤2～5	250			56	35

3.4　蜗杆传动的设计计算

1. 蜗轮强度计算

蜗杆传动中,由于蜗杆和蜗轮材料选择的差异,点蚀、胶合和磨损等失效首先发生在蜗轮上。蜗杆传动的强度计算,主要包括蜗轮齿面的接触强度计算和轮齿的弯曲强度计算。

(1) 齿面接触强度计算

接触强度设计公式为

$$m^2 d_1 \geqslant \left(\frac{15\ 000}{\sigma_{HP} z_2}\right)^2 K T_2 \tag{3-10}$$

接触强度校核公式为

$$\sigma_H = Z_E \sqrt{\frac{9\ 400 T_2}{d_1 d_2^2} K_A K_V K_\beta} \leqslant \sigma_{HP} \tag{3-11}$$

式(3-10)和式(3-11)中:

T_2——蜗轮的转矩,N·m。

K——载荷系数,一般取 1～1.4,当载荷平稳 $v_2 \leqslant 3$ m/s 和 7 级以上精度时,取较小值,否则取较大值。

σ_{HP}——蜗轮许用接触应力,N/mm^2,与蜗轮轮缘的材料有关:

- 对无锡青铜、黄铜和铸铁的轮缘,其值见表 3-11。
- 对锡青铜的轮缘,有

$$\sigma_{HP}=\sigma'_{HP}Z_{v_s}Z_N$$

式中，σ'_{HP}——蜗轮的应力循环次数 $N_L=10^7$ 时，蜗轮材料的许用接触应力，其值见表 3-10；

Z_{v_s}——滑动速度影响系数，根据相对滑动速度和润滑方式按图 3-10 确定；

Z_N——接触疲劳强度计算的寿命系数，按图 3-11 根据蜗轮工作时间内的应力循环次数 N_L 确定。

表 3-11　无锡青铜许用接触应力

蜗轮材料		蜗杆材料	相对滑动速度 $v_s/(m\cdot s^{-1})$							
			0.25	0.5	1	2	3	4	6	8
铝青铜	ZCuAl10Fe3 ZCuAl10Fe3Mn2	钢经淬火*	—	250	230	210	180	160	120	90
黄　铜	ZCuZn38Mn2Pb2	钢经淬火*	—	215	200	180	150	135	95	75
灰铸铁	HT150，HT200	调质钢	160	130	115	90	—	—	—	—
	HT250	调质或淬火	140	110	90	70	—	—	—	—

* 蜗杆如未经淬火，表中数值降低 20%。

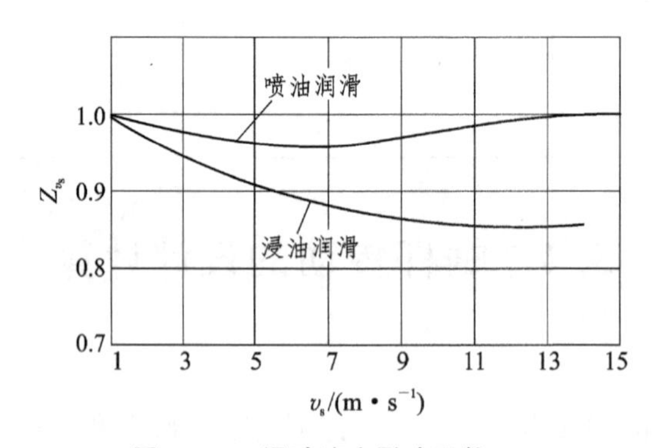

图 3-10　滑动速度影响系数 Z_{v_s}

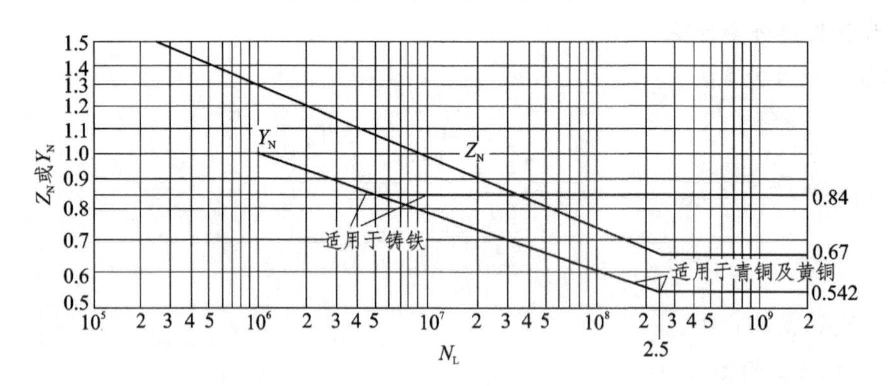

图 3-11　寿命系数

Z_E——弹性系数与蜗杆蜗轮的材料有关，查表 3-12。

表 3-12　弹性系数 Z_E

蜗杆材料	蜗轮材料				
	铸锡青铜	铸铝青铜	铸铝黄铜	灰铸铁	球墨铸铁
钢	155	156	157	162	182

K_A——使用系数,查表 3-13。

表 3-13　使用系数 K_A

原动机	工作机		
	平　稳	中等冲击	严重冲击
电动机,汽轮机	0.8～1.25	0.9～1.5	1～1.75
多缸内燃机	0.9～1.5	1～1.75	1.25～2
单缸内燃机	1～1.75	1.25～2	1.5～2.25

K_V——动载荷系数,当蜗轮速度 $v_2 \leqslant 3$ m/s 时,取 $K_V = 1 \sim 1.1$;当 $v_2 > 3$ m/s 时,取 $K_V = 1.1 \sim 1.2$。

K_β——载荷分布系数,载荷平稳时取 $K_\beta = 1$;载荷变化时取 $K_\beta = 1.1 \sim 1.3$。

(2) 轮齿弯曲强度计算

弯曲强度设计公式为

$$m^2 d_1 \geqslant \frac{600}{\sigma_{FP} z_2} K T_2 Y_{FS} \tag{3-12}$$

弯曲强度校核公式为

$$\sigma_F = \frac{666 T_2 K_A K_V K_\beta}{d_1 d_2 m} Y_{FS} Y_\beta \leqslant \sigma_{FP} \tag{3-13}$$

式(3-12)和式(3-13)中:

σ_{FP}——蜗轮许用弯曲应力,N/mm^2,与蜗轮轮缘的材料有关,其关系式为

$$\sigma_{FP} = \sigma'_{FP} Y_N$$

式中:σ'_{FP}——蜗轮的应力循环次数 $N_L = 10^6$ 时,蜗轮材料的许用弯曲应力,其值见表 3-10;

Y_N——弯曲疲劳强度计算的寿命系数,按图 3-11 根据蜗轮工作时间内的应力循环次数 N_L 确定。

Y_{FS}——蜗轮的复合齿形系数,$Y_{FS} = Y_{Fa} \cdot Y_{Sa}$,按蜗轮的当量齿数 $z_{e2} = z_2 / \cos^3 \gamma$ 及蜗轮变位系数根据图 2-20 齿轮的齿形系数图和图 2-21 齿轮的应力修正系数确定。

Y_β——导程角系数,$Y_\beta = 1 - \dfrac{\gamma}{120°}$。

2. 蜗杆刚度计算

蜗杆的齿面强度较高,但蜗杆的细长结构使得蜗杆轴在啮合部位受到载荷作用之后会产生挠曲变形。过大的挠曲变形会影响啮合状况,造成局部偏载或干涉,设计中对蜗杆要进行刚度校核。

校核公式为

$$y_1 = \frac{\sqrt{F_{t1}^2 + F_{r1}^2}}{48EI} L^3 \leqslant y_p \tag{3-14}$$

式中：F_{t1}——蜗杆所受圆周力；

F_{r1}——蜗杆所受径向力；

E——蜗杆材料的弹性模量，钢制蜗杆取 2.07×10^5 N/mm^2；

I——蜗杆危险截面惯性矩，mm^4，其公式为

$$I = \frac{\pi d_{f1}^4}{64}$$

式中，d_{f1} 为蜗杆齿根圆直径；

L——蜗杆两支撑间距离，由结构设计确定，初算时可取 $L=0.9d_2$，d_2 为蜗轮分度圆直径，mm；

y_p——许用最大挠度，可取 $y_p=(0.001\sim0.002\,5)d_1$，$d_1$ 为蜗杆分度圆直径，mm。

3. 蜗杆传动热平衡计算

蜗杆传动效率一般较低，尤其是自锁蜗杆，啮合效率低于 0.5，工作时会产生较多的热量；对于连续工作的闭式传动，有时因传动温度过高使润滑条件恶化，引起传动失效。因此，须进行热平衡计算。

在蜗杆传动工作中，单位时间内发热损耗的功率(W)表达式为

$$P_s = P_1(1-\eta)$$

式中：P_1——输入功率；

η——传动总效率。

单位时间内的散热功率(W)表达式为

$$P_c = kA(t_1 - t_2)$$

式中：k——导热率，在自然通风良好的工作环境中取 14～17.5 W/(m^2·℃)，通风较差时取 8.7～10.5 W/(m^2·℃)；

A——传动装置散热的计算面积，设计时可按 $A=0.33\left(\frac{a}{100}\right)^{1.73}$ 初估，a 为传动中心距，mm；

t_1——润滑油的温度，最大允许值为 95 ℃；

t_2——工作环境的温度，一般取 20 ℃。

设计要求传动装置在允许的温升范围内，它的散热功率 P_c 要大于等于损耗的功率 P_s，即 $P_c \geqslant P_s$。因此，传动装置的润滑油工作温度应满足

$$t_1 = \frac{P_1(1-\eta)}{kA} + t_2 \leqslant 95\ ℃ \tag{3-15}$$

当润滑油工作温度过高，不能满足热平衡条件时，设计中须采取一定的措施，增加散热量。常见的方法(见图 3-12)有：在箱体上设计散热片以增加散热面积；在蜗杆轴端设置风扇增强通风；在润滑油池中设置冷却水管；采用压力喷油循环润滑等。

以上所给出的散热功率计算是针对自然通风状况进行的，强迫冷却时的计算参考其他相关资料。

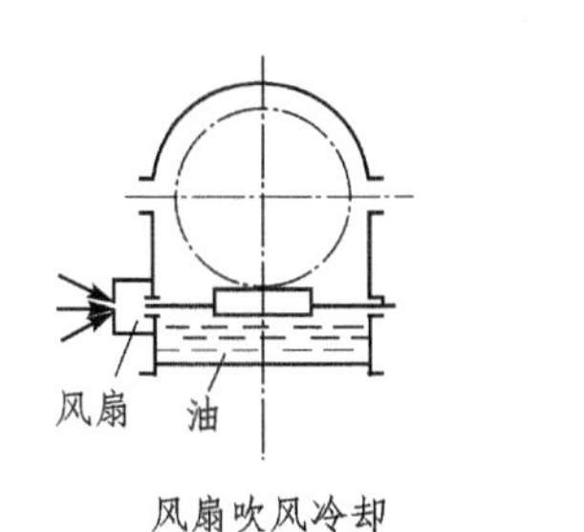

风扇吹风冷却

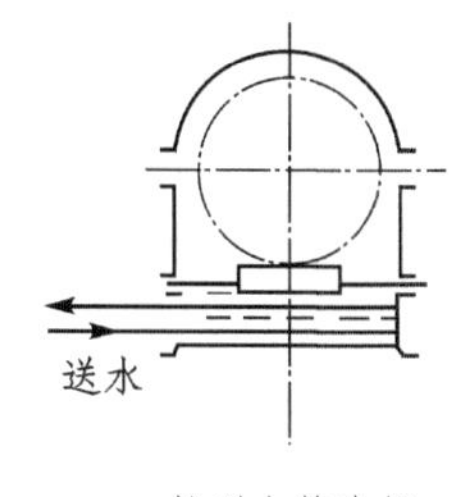

蛇形水管冷却

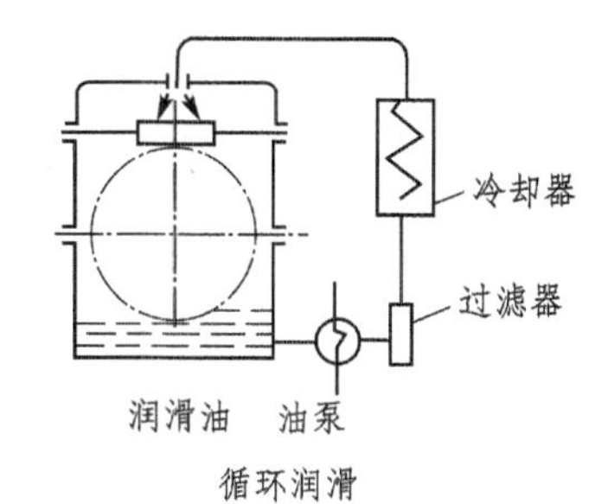

循环润滑

图 3-12　蜗杆传动冷却方式

例　设计用于卷扬机工作的蜗杆传动。已知：蜗杆输入功率 $P_1=7.5\ \mathrm{kW}$，转速 $n_1=1\ 450\ \mathrm{r/min}$，传动比 $i=20$；工作机载荷平稳，动力机有轻微振动；预期寿命 5 年，每年工作 300 日，每日工作 8 h；蜗杆布置在下方，小批量生产。

分析　该蜗杆传动设计，可先参照使用条件选择蜗杆、蜗轮材料、热处理和精度等级、择蜗杆头数和蜗轮齿数，再按照强度设计准则进行设计和校核计算；并进行蜗杆刚度、热平衡等计算。主要的设计参数包括齿数、模数、蜗杆分度圆直径、中心距和导程角等。

解

1）选择传动类型、精度等级及材料

考虑传动功率不大，转速也不很高，选用 ZA 型蜗杆传动，精度等级为 8 级。

蜗杆用 45 钢淬火，表面硬度 HRC=45～50。蜗轮轮缘材料采用 ZCuSn10P1，砂模铸造。

2）确定蜗杆、蜗轮齿数

传动比 $i=20$，参考表 3-4，取 $z_1=2$，$z_2=i\,z_1=20\times2=40$。

蜗轮转速为

$$n_2=n_1/i=\frac{1\ 450\ \mathrm{r/min}}{20}=72.5\ \mathrm{r/min}$$

3）确定蜗轮许用接触应力

蜗杆材料为锡青铜，计算公式为

$$\sigma_{\mathrm{HP}}=\sigma'_{\mathrm{HP}}Z_{v_s}Z_{\mathrm{N}}$$

由表 3-10，查得 $\sigma'_{\mathrm{HP}}=200\ \mathrm{N/mm^2}$。

参考图 3-8 初估滑动速度 $v_s=7\ \mathrm{m/s}$，浸油润滑。由图 3-10 查得，滑动速度影响系数 $Z_{v_s}=0.87$。

单向运转 γ 取 1，蜗轮应力循环次数为

$$N_{\mathrm{L}}=60\gamma\cdot n_2t_{\mathrm{h}}=60\times1\times72.5\times5\times300\times8=5.22\times10^7$$

由图 3-11 查得 $Z_{\mathrm{N}}=0.8$，则

$$\sigma_{\mathrm{HP}}=\sigma'_{\mathrm{HP}}Z_{v_s}Z_{\mathrm{N}}=200\ \mathrm{N/mm^2}\times0.87\times0.8=139.2\ \mathrm{N/mm^2}$$

4）接触强度设计

载荷系数 $K=1.1$，由表 3-8 估取蜗杆传动效率 $\eta=0.8$，则蜗轮转矩为

$$T_2=T_1i\eta=9\ 550\frac{P_1}{n_1}i\eta=\left(9\ 550\times\frac{7.5}{1\ 450}\times20\times0.8\right)\ \mathrm{N\cdot m}=790.3\ \mathrm{N\cdot m}$$

由式(3-10)得

$$m^2 d_1 \geqslant \left(\frac{15\ 000}{\sigma_{HP} z_2}\right)^2 K T_2 = \left(\frac{15\ 000}{139.2\ \text{N/mm}^2 \times 40}\right)^2 \times 1.1 \times 790.3\ \text{N}\cdot\text{m} = 6\ 309.12\ \text{mm}^3$$

查表 3-3 可选用 $m^2 d_1 = 6\ 400\ \text{mm}^3$，传动基本尺寸为 $m=8$ mm，$d_1=100$ mm，$q=12.5$。

5）主要几何尺寸计算

蜗轮分度圆直径为 $d_2 = m z_2 = 8\ \text{mm} \times 40 = 320\ \text{mm}$。

蜗杆导程角为 $\tan\gamma = z_1/q = 2/12.5 = 0.16$，则 $\gamma = 9.09°$。

蜗轮齿宽（见表 3-5）为

$$b_2 \approx 2m(0.5 + \sqrt{q+1}) = 2 \times 8 \times (0.5 + \sqrt{12.5+1})\ \text{mm} = 66.788\ \text{mm}$$

取 $b_2 = 68$ mm。

传动中心距为 $a = 0.5(d_1 + d_2) = 0.5 \times (100 + 320)\ \text{mm} = 210\ \text{mm}$。

6）计算蜗轮的圆周速度和传动效率

蜗轮圆周速度为

$$v_2 = \pi d_2 n_2 / (60 \times 1\ 000) = [\pi \times 320 \times 725/(60 \times 1\ 000)]\ \text{m/s} = 1.21\ \text{m/s}$$

齿面相对滑动速度为

$$v_s = v_1/\cos\gamma = \pi d_1 n_1/(60 \times 1\ 000)\ \cos 9.09° = 7.69\ \text{m/s}$$

由表 3-7 查出当量摩擦角为 $\rho_e = 1.05° = 1°3'$，由式(3-5)得

$$\eta_1 = \frac{\tan\gamma}{\tan(\gamma + \rho_e)} = \frac{\tan 9.09°}{\tan(9.09° + 1.05°)} = 0.894$$

搅油效率 $\eta_2 = 0.96$，滚动轴承效率 $\eta_3 = 0.99$，则由式(3-4)得

$$\eta = \eta_1 \eta_2 \eta_3 = 0.894 \times 0.96 \times 0.99 = 0.85$$

与估取值近似。

7）校核接触强度

蜗轮转矩为

$$T_2 = T_1 i \eta = \left(9\ 550 \times \frac{7.5}{1\ 450} \times 20 \times 0.85\right)\ \text{N}\cdot\text{m} = 839.7\ \text{N}\cdot\text{m}$$

由表 3-12 可查弹性系数为 $Z_E = 155$。

由表 3-13 查得使用系数 $K_A = 1$。

由于 $v_2 = 1.21\ \text{m/s} < 3\ \text{m/s}$，因此取动载荷系数 $K_V = 1.03$；载荷分布系数为 $K_\beta = 1$，则由式(3-11)得

$$\sigma_H = Z_E \sqrt{\frac{9\ 400 T_2}{d_1 d_2^2} K_A K_V K_\beta} =$$

$$155 \times \sqrt{\frac{9\ 400 \times 839.7}{100 \times 320^2} \times 1 \times 1.03 \times 1}\ \text{N/mm}^2 = 138.1\ \text{N/mm}^2$$

$\sigma_H < \sigma_{HP}$，合格。

8）轮齿弯曲强度校核

确定许用弯曲应力为 $\sigma_{FP} = \sigma'_{FP} Y_N$。

由表 3-10 查出 $\sigma'_{FP} = 51\ \text{N/mm}^2$（一侧受载）。

由图 3-11 查出弯曲强度寿命系数 $Y_N = 0.66$，故

$$\sigma_{FP} = \sigma'_{FP} Y_N = 51\ \text{N/mm}^2 \times 0.66 = 33.66\ \text{N/mm}^2$$

蜗轮的复合齿形系数的计算公式为

$$Y_{FS}=Y_{Fa}\cdot Y_{Sa}$$

蜗轮当量齿数为

$$z_{e2}=z_2/\cos^3\gamma=40/\cos^3 9.09°=41.55$$

蜗轮无变位，查图 2 - 20 和图 2 - 21 得 $Y_{Fa}=2.42$，$Y_{Sa}=1.67$，代入复合齿形系数公式得

$$Y_{FS}=2.42\times1.67=4.04$$

导程角 γ 的系数为

$$Y_\beta=1-\frac{\gamma}{120°}=1-\frac{9.09°}{120°}=0.92$$

其他参数与接触强度计算相同，则由式(3 - 13)得

$$\sigma_F=\frac{666T_2K_AK_VK_\beta}{d_1d_2m}Y_{FS}Y_\beta=$$

$$\left(\frac{666\times790.3\times1.05\times1}{100\times320\times8}\times4.04\times0.92\right)\ \text{N/mm}^2=8.03\ \text{N/mm}^2$$

$\sigma_F<\sigma_{FP}$，合格。

9）蜗杆轴刚度验算

蜗杆所受圆周力为

$$F_{t1}=\frac{2T_1}{d_1}=\frac{2\times9.55\times10^6\times\dfrac{7.5}{1\,450}}{100}\ \text{N}=987.93\ \text{N}$$

蜗杆所受径向力为

$$F_{r1}=\frac{2T_2}{d_2}\tan\alpha_x=\left(\frac{2\times839.7\times10^3}{320}\times\tan20°\right)\ \text{N}=1\,910.2\ \text{N}$$

蜗杆两支撑间距离 $L=0.9d_2=0.9\times320$ mm=288 mm。

蜗杆危险截面惯性矩为

$$I=\frac{\pi d_f^4}{64}=\frac{\pi(100-2.5m)^4}{64}=$$

$$\left[\frac{\pi\times(100-2.5\times8)^4}{64}\right]\ \text{mm}^4=2.01\times10^6\,\text{mm}^4$$

许用最大变形为 $y_P=0.001d_1=0.001\times100$ mm=0.1 mm。

由式(3 - 14)得蜗杆轴变形为

$$y_1=\frac{\sqrt{F_{t1}^2+F_{r1}^2}}{48EI}L^3=$$

$$\left(\frac{\sqrt{987.93^2+1\,910.2^2}}{48\times2.1\times10^5\times2.01\times10^6}\times288^3\right)\ \text{mm}=0.002\,5\ \text{mm}<0.1\ \text{mm}$$

$y_1<y_P$，合格。

10）蜗杆传动热平衡计算

蜗杆传动效率 $\eta=0.85$，导热率 k 取为 $k=15$ W/(m^2·℃)（中等通风环境），工作环境温度 t_2 取为 $t_2=20$ ℃，传动装置散热的计算面积为

$$A=0.3\left(\frac{a}{100}\right)^{1.73}=\left[0.33\times\left(\frac{210}{100}\right)^{1.73}\right]\ \mathrm{m}^2=1.191\ \mathrm{m}^2$$

由式(3－15)得

$$t_1=\frac{P_1(1-\eta)}{kA}+t_2=$$

$$\left[\frac{7\ 500\times(1-0.85)}{15\times1.191}+20\right]\ ℃=82.97\ ℃<95\ ℃$$

合格。

11）其他几何尺寸计算

参考表3－5计算蜗杆、蜗轮的几何尺寸(略)。

12）结构设计

设计零件工作图(略)。

3.5　蜗杆传动的结构设计

1. 蜗杆结构

蜗杆一般加工成与轴一体的蜗杆轴，特殊情况下($d_{f1}/d>1.7$ 时，d 为蜗杆齿根圆相邻轴段直径)也可用蜗杆齿圈配合于轴上。图3－13(a)为车制蜗杆，图(b)为铣制蜗杆。

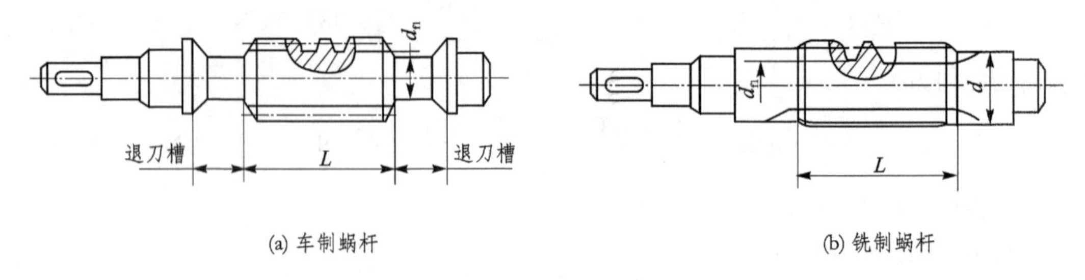

(a) 车制蜗杆　　(b) 铣制蜗杆

图3－13　蜗杆的制作

2. 蜗轮结构

蜗轮由于承载的要求和材料选择的特殊性，轮毂和轮缘所用材料可能不同。常见的结构形式有：

① 轮箍式见图3－14(a)，一般采用青铜轮缘与铸铁轮芯，通常采用H7/r6配合。为防止轮缘滑动，在配合处加装4～6个螺钉固定。

② 螺栓连接式见图3－14(b)，采用H7/m6配合，用铰制孔螺栓连接，螺栓的数目按剪切计算确定，并以轮毂受挤压校核。

③ 镶铸式见图3－14(c)，青铜轮缘镶铸在铸铁的轮芯上，轮芯上预制出榫槽，使轮芯-轮缘连接可靠。这种结构形式，适宜于大批量生产。

④ 整体式见图3－14(d)，适用于直径小于100 mm的青铜蜗轮和任意尺寸的铸铁蜗轮。直径较小时可用实体或辐板结构，直径较大时可用轮辐式结构。

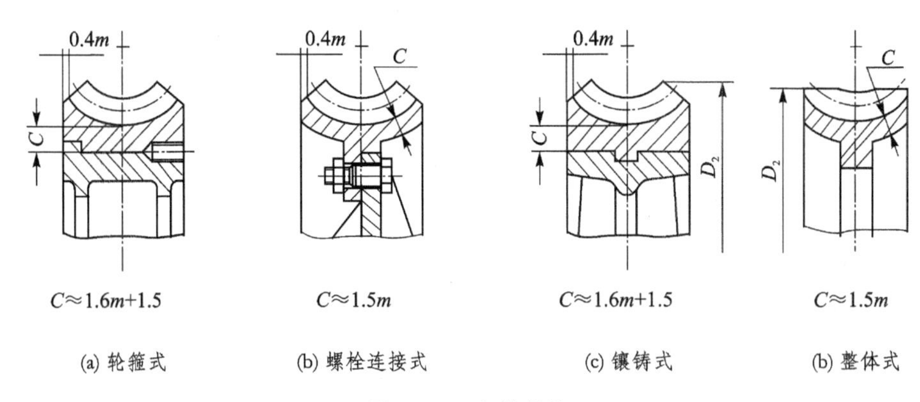

图 3－14　蜗轮结构

习　题

3－1　蜗杆传动有何特点？宜在什么情况下采用？大功率时为何不宜采用普通蜗杆传动？

3－2　普通圆柱蜗杆传动有哪些类型？各有什么特点？

3－3　蜗杆传动的传动比是否沿用圆柱齿轮转动传动比计算，有何异同？

3－4　采用变位蜗杆传动能够解决哪些问题？变位蜗杆传动中哪些尺寸发生了变化？

3－5　蜗杆的螺旋升角和蜗轮的螺旋角之间有何关系？蜗杆为右旋时，蜗轮的旋向如何？

3－6　蜗杆传动的主要失效形式是什么？它对材料选择有何影响？

3－7　图 3－15 所示为斜齿轮—蜗杆减速器，小齿轮由电机驱动，转向如图。已知：蜗轮右旋；电机功率 $P=4.5$ kW，转速 $n=1\ 450$ r/min；齿轮传动的传动比 $i_1=2.2$；蜗杆传动效率 $\eta=0.86$，传动比 $i_2=18$，蜗杆头数 $z_3=2$，模数 $m=10$ mm、分度圆直径 $d_3=80$ mm、压力角 $\alpha=20°$，齿轮传动效率损失不计。试完成以下工作：

(1) 使中间轴上所受轴向力部分抵消，确定各轮的旋向和回转方向。

(2) 求蜗杆在啮合点的各分力的大小，在图上画出力的方向。

3－8　图 3－16 所示为一斜齿轮—双头蜗杆传动的手摇起重装置。已知：手把半径 $R=100$ mm，卷筒直径 $D=220$ mm，齿轮传动的传动比 $i_1=2$，蜗杆的模数 $m=5$ mm，直径特性系数 $q=10$，蜗杆传动的传动比 $i_2=48$，啮合表面的当量摩擦角 $\rho_e=0.14$，作用在手柄上的力 $F=200$ N，如果强度足够，试分析：若手柄按图示方向转动，重物匀速上升时，能提升的重物为多重？在升举后松开手时，重物能否自行下降？齿轮传动效率和轴承效率损失不计。

3－9　有一阿基米德蜗杆传动。已知：模数 $m=5$ mm，蜗杆头数 $z_1=1$，蜗轮齿数 $z_2=50$，蜗杆螺旋线方向为右旋，标准传动。试选择蜗杆特性系数 q，并计算蜗杆和蜗轮的几何尺寸。如取中心距 $a'=155$ mm，其余参数 m,q,z_1,z_2 均不改变。试确定变位系数 x 并分析计算说明变位后哪些尺寸不同于标准蜗杆传动。

3－10　已知一蜗杆传动，传递的功率 $P_1=8.8$ kW，$n_1=960$ r/min，$i=18$，$z_1=2$，$m=10$ mm，$q=8$，传动总效率 $\eta=0.88$。求蜗杆传动中蜗杆和蜗轮所受的力(F_t,F_r,F_a)。

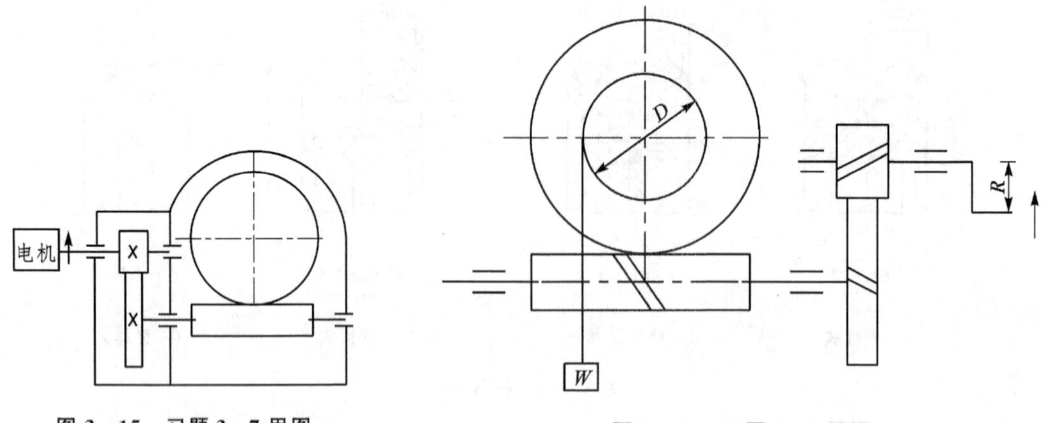

图 3-15　习题 3-7 用图

图 3-16　习题 3-8 用图

3-11　设计一起重设备用的闭式蜗杆传动。载荷有中等冲击，蜗杆轴由电动机驱动，额定功率 $P_1=10$ kW，转速 $n_1=1\ 470$ r/min，$n_2=120$ r/min，间歇工作，每日工作以 2 h 计算，要求使用寿命为 10 年。

3-12　设计一由电动机驱动的单级圆柱蜗杆减速器。已知电动机额定功率 $P=7.5$ kW，转速 $n=1\ 440$ r/min，减速器传动比 $i=24$，载荷平稳，预期使用寿命为 10 年，每天工作 16 h，单向回转。

第二篇 摩擦学设计

第4章 带传动

4.1 概 述

带传动是机械传动中一种常用的传动方式，用于距离较远轴间的传动，以平行轴间运动和动力传输较为多见。带传动使用带轮间的挠性带把主动轴的运动和动力传给从动轴。

带传动一般由主动轮1、从动轮3和张紧在两轮上的传动带2组成，如图4-1所示。

当驱动力矩使主动轮转动时，依靠带和带轮间摩擦力的作用带动从动轮，带传动是一种利用摩擦的传动。

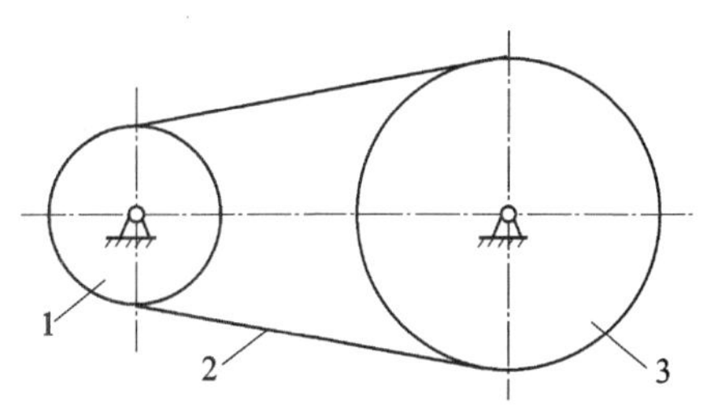

1—小带轮；2—传动带；3—大带轮。

图4-1 带传动示意图

1. 带传动的分类

带传动按其传动形式不同，可分为开口传动（见图4-2(a)）、交叉传动（见图4-2(b)）和半交叉传动（见图4-2(c)）。

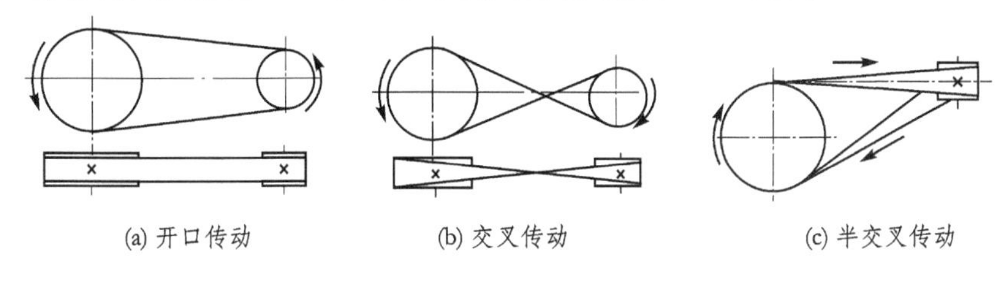

(a) 开口传动　(b) 交叉传动　(c) 半交叉传动

图4-2 带传动形式

开口传动是应用最广泛的一种传动形式，主要用于两平行轴、两轮回转方向相同的场合。

交叉传动主要用来改变两平行轴的回转方向。由于带在交叉处互相摩擦，使带很快磨损，因此这种传动只适用于较大的中心距（$a \geqslant 20b$，b为带宽）和较低带速（$v \leqslant 15$ m/s）的平型带传动。

半交叉传动主要用来传递空间两交错轴的回转运动，通常两轴交错角为90°一般用于单向传动。

根据工作原理的不同，带传动分为摩擦带传动和啮合带（如齿型带）传动两类。根据带的截面形状，带传动又可分为平型带传动、V带传动、多楔带传动、同步带传动等，见图4-3。

2. 带的类型与特点

(1) 平型带

平型带(见图 4-3、图 4-4)的截面形状为扁平矩形,工作面是与轮面相接触的内表面。与其他带传动相比,平型带具有结构简单、加工方便的特点,适用于中心距较大的场合。

当平型带的压紧力为 F_Q 时,所产生的正压力和摩擦力分别为

正压力　　$F_N = F_Q$

摩擦力　　$F_\mu = \mu F_N = \mu F_Q$　　(4-1)

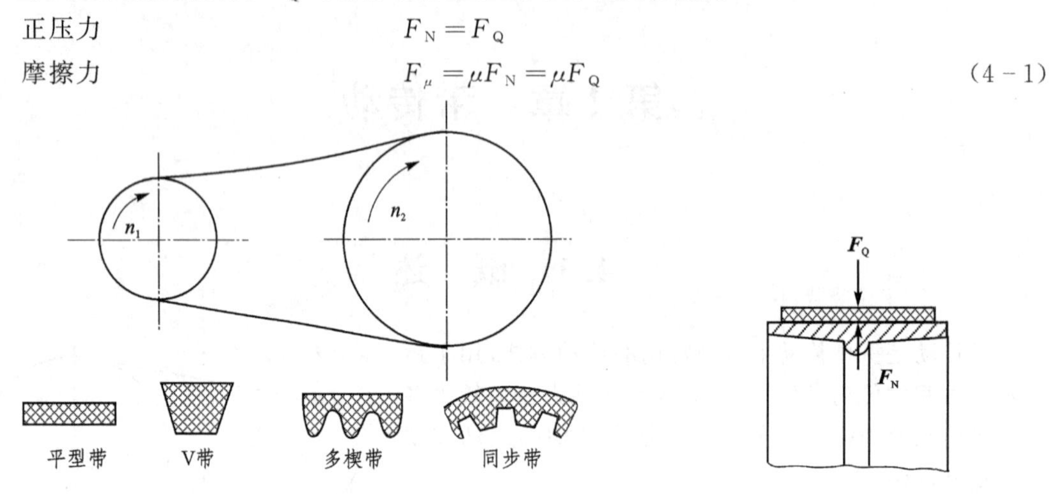

图 4-3　带的截面形状

图 4-4　平型带传动局部剖视图

(2) V 带

V 带(也称三角带,见图 4-5)的横截面为等腰梯形,工作面是与轮槽相接触的两个侧面,因此 V 型带的压紧力

$$F_Q = 2F_N\left(\sin\frac{\varphi}{2} + \mu\cos\frac{\varphi}{2}\right)$$

摩擦面正压力

$$2F_N = \frac{F_Q}{\sin\frac{\varphi}{2} + \mu\cos\frac{\varphi}{2}}$$

所以产生的摩擦力为

$$F_\mu = 2\mu F_N = \frac{\mu F_Q}{\sin\frac{\varphi}{2} + \mu\cos\frac{\varphi}{2}} = \mu_e F_Q \tag{4-2}$$

$$\mu_e = \frac{\mu}{\sin\frac{\varphi}{2} + \mu\cos\frac{\varphi}{2}}$$

式中:μ——摩擦因数;

μ_e——当量摩擦因数。

V 带的横截面夹角 φ(见图 4-5)为 40°,考虑到传动带受力后要产生横向伸缩变形,带轮轮槽的夹角 φ' 为 32°,34°,36°,38°,取 $\mu=0.3$,$\mu_e=0.50\sim0.53$。可见,V 带在同样压紧力的作用下,所产生的摩擦力要比平型带大得多。因此,V 带承载能力大,结构紧凑;V 带传动比平型带传动应用更加广泛。

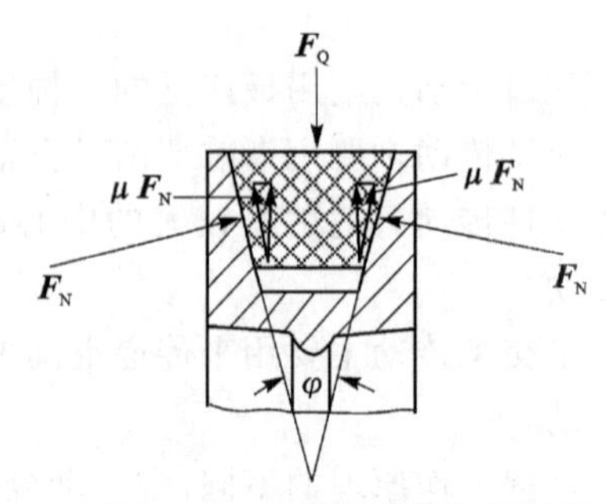

图 4-5　V 带传动局部剖视图

(3) 圆形带

圆形带的横截面为圆形,传递功率小,常用于仪器和家用机器中。

(4) 多楔带

多楔带(见图 4-3)以扁平部分为基体,下面有若干等距纵向楔形槽,工作面是楔的侧面。这种带具有平型带的弯曲应力小和 V 带的摩擦力大等优点,常用于传递功率大、又要求结构紧凑的场合,其传动比可达 10,带速可达 40 m/s。

4.2　V 带传动

1. V 带的结构

V 带有普通 V 带、窄 V 带和宽 V 带等多种类型。一般普通 V 带使用较多,窄 V 带的使用也日趋广泛。

窄 V 带采用合成纤维绳或钢丝绳作为承载层,与普通 V 带比较,当高度相同时,其宽度比普通 V 带窄约 30%,见图 4-6。窄 V 带的承载能力、允许速度和挠曲次数相对较高,适合中心距传动小和大功率且有结构要求紧凑的场合。

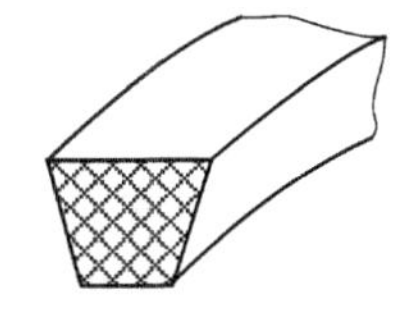

普通V带　相对高度 h/b_p 约为0.7

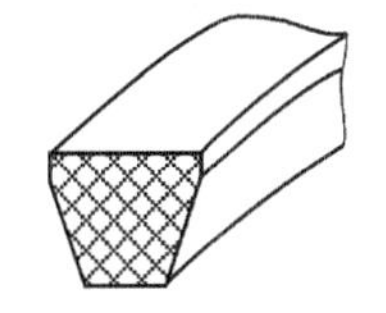

窄V带　相对高度 h/b_p 约为0.9

图 4-6　普通 V 带与窄 V 带相对高度的比较

普通 V 带有 Y,Z,A,B,C,D,E 七种型号,其截面尺寸如表 4-1 所列。

表 4-1　V 带的截面尺寸

V 带截面图	带　型	节宽 b_p/mm	顶宽 b/mm	高度 h/mm	截面面积* A/mm^2	单位长度质量* $\rho_l/(kg \cdot m^{-1})$	楔角 $\varphi/(°)$
	Y	5.3	6	4	18	0.023	40
	Z	8.5	10	6	47	0.060	
	SPZ			8	57	0.072	
	A	11	13	8	81	0.105	
	SPA			10	94	0.112	
	B	14	17	11	142	0.170	
	SPB			14	167	0.192	
	C	19	22	14	236	0.300	
	SPC			18	278	0.370	
	D	27	32	19	476	0.630	
	E	32	38	23	692	0.970	

* 参考值。

普通V带由顶胶层、抗拉体、底胶层和包布所组成，如图4-7所示。抗拉体由帘布芯或绳芯构成。帘布芯制造方便；而绳芯柔韧性好，适用于转速较高、载荷不大和带轮直径较小的场合。

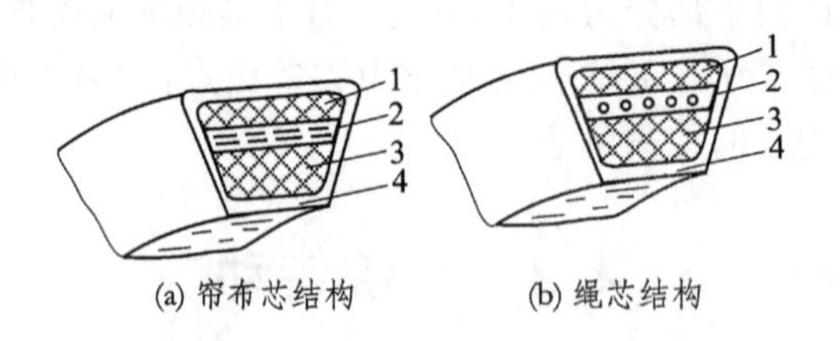

(a) 帘布芯结构　(b) 绳芯结构

1—顶胶层；2—抗拉层；3—底胶层；4—包布

图4-7　普通V带的结构

当V带弯曲时，顶胶层伸长，底胶层缩短，而在两者之间的中性层长度不变，此面称为节面。带的节面宽度称为节宽 b_p，当带弯曲时，该宽度保持不变。V带的高度 h 与节宽 b_p 之比 (h/b_p) 称为相对高度。普通V带的相对高度约为0.7。

在V带轮上，与V带的节宽相对应的带轮直径称为基准直径 d_d。V带是无接头的环形标准带，在规定的预紧力下，位于带轮基准直径上的周线长度称为基准长度 L_d，即V带的公称长度。其长度系列见表4-2。

窄V带采用合成纤维绳或钢丝绳作为抗拉体，相对高度约为0.9。当窄V带的高度与普通V带的高度相同时，其宽度约为普通V带的三分之一，而承载能力可高1.5～2.5倍。窄V带的设计方法与普通V带相同，规格尺寸也已标准化。

2. V带传动的特点和应用

带传动的主要优点是：传动平稳、噪声小，可缓和冲击和振动；当过载时，带在带轮上打滑，对其他零件有安全保护作用；结构简单，制造、安装和维护方便，成本较低；适用于中心距较大的场合。缺点是：带与带轮接触时存在弹性滑动，传动比不为恒定值；传动效率较低，带的寿命短；结构不紧凑；有时需要张紧装置；不宜用于易燃易爆的场合。

普通V带传动一般用于功率 $P\leqslant 700$ kW的传动，带速一般为 $v=5\sim 25$ m/s，传动比 $i\leqslant 7$，一般为2～4，传动效率 $\eta\approx 0.94\sim 0.96$。带传动在多级传动系统中，一般应放在高速级。

4.3　带传动受力和应力分析

4.3.1　带传动的受力分析

1. 带的有效圆周力

为了保证带传动的摩擦力，传动带在工作前必须以一定的预紧力张紧在带轮上。此时，整圈带的拉力相等，此拉力称为初拉力 $\boldsymbol{F}_0$，如图4-8所示。

表 4－2　V 带的基准长度 L_d(mm)系列及长度系数 K_L

普通 V 带														窄 V 带				
Y		Z		A		B		C		D		E		L_d	K_L			
L_d	K_L	L_d	K_L	L_d	K_L	L_d	K_L	L_d	K_L	L_d	K_L	L_d	K_L		SPZ	SPA	SPB	SPC
200	0.81	405	0.87	630	0.81	930	0.83	1 565	0.82	2 740	0.82	4 660	0.91	630	0.82			
224	0.82	475	0.90	700	0.83	1 000	0.84	1 760	0.85	3 100	0.86	5 040	0.92	710	0.84			
250	0.84	530	0.93	790	0.85	1 100	0.86	1 950	0.87	3 330	0.87	5 420	0.94	800	0.86	0.81		
280	0.87	625	0.96	890	0.87	1 210	0.87	2 195	0.90	3 730	0.90	6 100	0.96	900	0.88	0.83		
315	0.89	700	0.99	990	0.89	1 370	0.90	2 420	0.92	4 080	0.91	6 850	0.99	1 000	0.90	0.85		
355	0.92	780	1.00	1 100	0.91	1 560	0.92	2 715	0.94	4 620	0.94	7650	1.01	1 120	0.92	0.87		
400	0.96	920	1.04	1 250	0.93	1 760	0.94	2 880	0.95	5 400	0.97	9 150	1.05	1 250	0.94	0.89	0.82	
450	1.00	1 080	1.07	1 430	0.96	1 950	0.97	3 080	0.97	6 100	0.99	12 230	1.11	1 400	0.96	0.91	0.84	
500	1.02	1 330	1.13	1 550	0.98	2 180	0.99	3 520	0.99	6 840	1.02	13 750	1.15	1 600	1.00	0.93	0.86	
		1420	1.4	1 640	0.99	2 300	1.01	4 060	1.02	7 620	1.05	15 280	1.17	1 800	1.01	0.95	0.88	
		1 540	1.54	1 750	1.00	2 500	1.03	4 600	1.05	9 140	1.08	16 800	1.19	2 000	1.02	0.96	0.90	0.81
				1 940	1.02	2 700	1.04	5 380	1.08	10 700	1.13			2 240	1.05	0.98	0.92	0.83
				2 050	1.04	2 870	1.05	6 100	1.11	12 200	1.16			2 500	1.07	1.00	0.94	0.86
				2 200	1.06	3 200	1.07	6 815	1.14	13 700	1.19							
				2 300	1.07	3 600	1.09	7 600	1.17	15 200	1.21							
				2 480	1.09	4 060	1.13	9 100	1.21									
				2 700	1.10	4 430	1.15	10 700	1.24									
						4 820	1.17											
						5 370	1.20											
						6 070	1.24											

当主动轮旋转时，由于传动带张紧在带轮上产生摩擦力，主动轮作用在带上的摩擦力 $\boldsymbol{F}_\mu$ 的方向与主动轮的圆周速度方向相同，此摩擦力使传动带运动；带作用在从动轮上的摩擦力与带的运动方向相同，此摩擦力 $\boldsymbol{F}_\mu$ 使从动轮转动。因此两带轮所受到的摩擦力方向如图 4－9 所示。摩擦力的作用，启动时带处于 AB、CD 两边时的拉力发生变化，绕进主动轮 1 的一侧带被进一步拉紧，称为紧边，其拉力从 $\boldsymbol{F}_0$ 增大到 $\boldsymbol{F}_1$；另一侧带则被放松，称为松边，带的拉力由 $\boldsymbol{F}_0$ 减小到 $\boldsymbol{F}_2$。

假设带的总长度不变，则紧边拉力和松边拉力的增减量相同，即

$$F_1 - F_0 = F_0 - F_2$$

若取主动轮及其上上的一段带为研究对象（见图 4－10），由平衡条件可得

$$T_1 = F_1 \frac{d_{d1}}{2} - F_2 \frac{d_{d1}}{2}$$

$$T_1 = (F_1 - F_2) \frac{d_{d1}}{2}$$

由此可见，紧边和松边的拉力差值就是产生有效驱动力矩的圆周力，而有效圆周力 F 的大小等于带与带轮间的摩擦力的总和。因此，定义紧边和松边的拉力差值为有效圆周力 F，即

$$F = F_1 - F_2 = \sum F_\mu \tag{4-3}$$

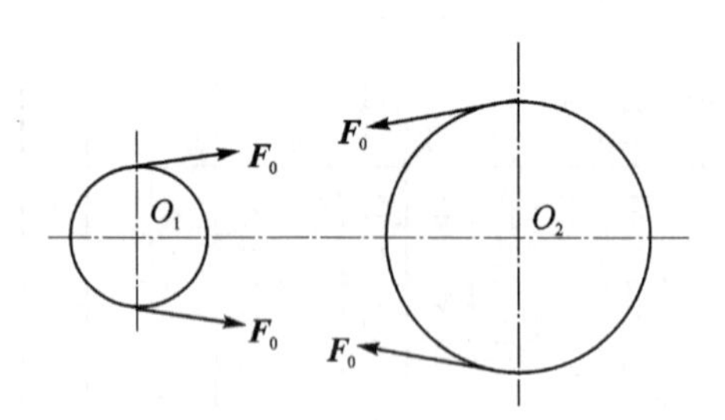

图 4－8　工作前带的受力

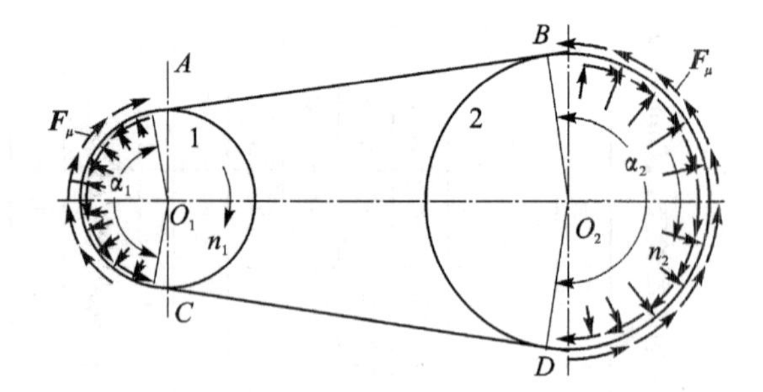

图 4－9　工作中带与带轮的受力

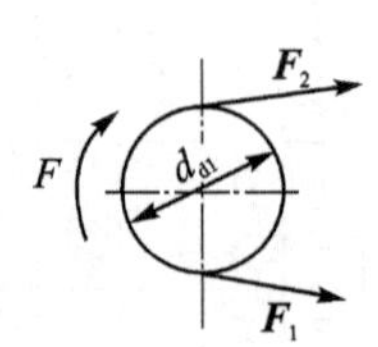

图 4－10　带与带轮间有效圆周力

带传动的传递功率 P 可用有效圆周力 F 与速度 v 的乘积表示，即

$$P = \frac{Fv}{1\,000} \tag{4-4}$$

式中：P——带传动的传递功率，kW；

F——带的有效圆周力，N；

v——带的速度，m/s。

从关系式（4－4）可以看出，若带速一定，带所传递的功率将随着有效圆周力的增加而增加。事实上，有效圆周力的大小受到带与带轮之间摩擦力极限值 $F_{\mu\lim}$ 的制约。当有效圆周力的需求超过这一极限值时，带将沿着带轮产生不规则的相对滑动，这种现象称为打滑，此时带传动失效。而当传递功率一定时，适当增加带速，可以有效降低传动对有效摩擦力的需求。

2. 欧拉公式

欧拉公式描述了带传动在即将打滑还未打滑的临界状态时，紧边拉力 $\boldsymbol{F}_1$ 和松边拉力 $\boldsymbol{F}_2$ 之间的关系。体现了带传动在不发生打滑失效条件下，达到最大承载能力时，带传动拉力设计条件间的关系。

假设传动满足以下条件：

① 可忽略带的总长与厚度变化及质量的影响；

② 认为带是绝对挠性体，忽略弯曲阻力和离心力的影响；

③ 带与带轮间的摩擦因数等于两物体间的摩擦因数。

取一平型带微段带长为 $\mathrm{d}l$ 的单元体(见图 4－11)进行受力分析。$\mathrm{d}l$ 微段两断面的受力分别为 $\boldsymbol{F}$ 及 $\boldsymbol{F}+\mathrm{d}\boldsymbol{F}$，底面受有正压力 $\mathrm{d}\boldsymbol{F}_N$ 和摩擦力 $\mu\mathrm{d}\boldsymbol{F}_N$。根据受力平衡条件有

水平方向受力方程　$$\mathrm{d}F_N = F\sin\frac{\mathrm{d}\alpha}{2} + (F+\mathrm{d}F)\sin\frac{\mathrm{d}\alpha}{2} \tag{4-5}$$

垂直方向受力方程　$$\mu\mathrm{d}F_N + F\cos\frac{\mathrm{d}\alpha}{2} = (F+\mathrm{d}F)\cos\frac{\mathrm{d}\alpha}{2} \tag{4-6}$$

因为 $\mathrm{d}\alpha$ 很小，所以取 $\cos\frac{\mathrm{d}\alpha}{2}\approx 1$；而 $\sin\frac{\mathrm{d}\alpha}{2}\approx\frac{\mathrm{d}\alpha}{2}$，略去二阶小量 $\mathrm{d}F\sin\frac{\mathrm{d}\alpha}{2}$，式(4－5)和式(4－6)可简化为

$$\mathrm{d}F_N = F\mathrm{d}\alpha$$
$$\mu\mathrm{d}F_N = \mathrm{d}F$$

解得

$$\frac{\mathrm{d}F}{F} = \mu\mathrm{d}\alpha \tag{4-7}$$

图 4－11　带的拉力分析

对式(4－7)两边积分，有

$$\int_{F_2}^{F_1}\frac{\mathrm{d}F}{F} = \int_0^{\alpha}\mu\mathrm{d}\alpha$$

则

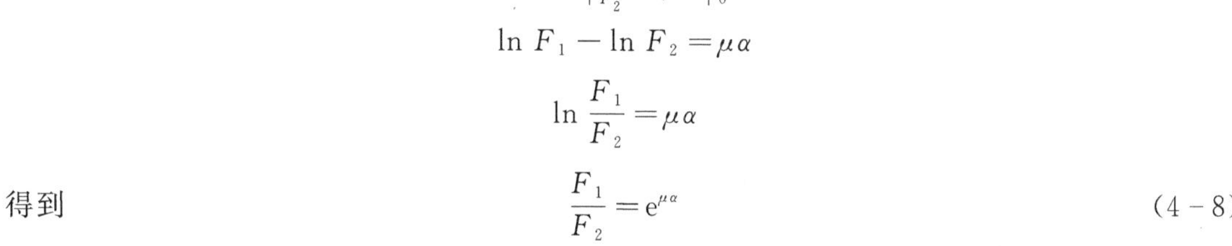

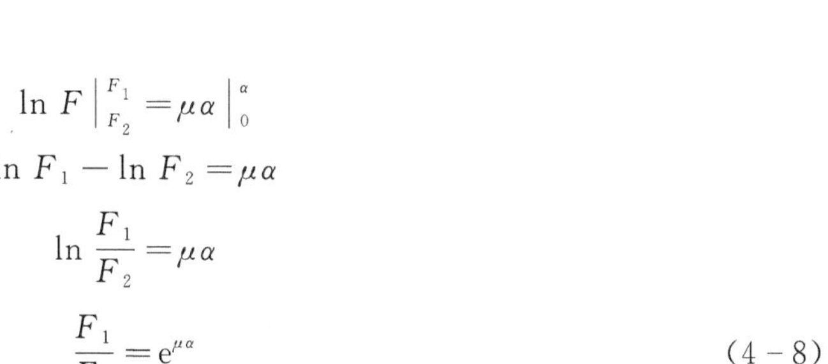

$$\ln F\Big|_{F_2}^{F_1} = \mu\alpha\Big|_0^{\alpha}$$
$$\ln F_1 - \ln F_2 = \mu\alpha$$
$$\ln\frac{F_1}{F_2} = \mu\alpha$$

得到

$$\frac{F_1}{F_2} = \mathrm{e}^{\mu\alpha} \tag{4-8}$$

式(4－7)即为欧拉公式，表达了在临界状态时紧边拉力与松边拉力之间的关系。此时，F_1-F_2 取得最大值。

3. 最大有效圆周力

对于一般开口传动，如果两轴固定，可近似认为带传动工作时，相对初拉力其紧边拉力的增加量等于松边拉力的减少量，即

$$F_1 - F_0 = F_0 - F_2 \qquad 或 \qquad F_1 + F_2 = 2F_0 \tag{4-9}$$

同时有效圆周力为

$$F = F_1 - F_2 \tag{4-10}$$

由式(4-9)和式(4-10)，利用欧拉公式(4-8)可得 F，即为最大有效圆周力，为

$$F_{\max} = 2F_0 \frac{e^{\mu\alpha} - 1}{e^{\mu\alpha} + 1} = 2F_0 \frac{1 - \dfrac{1}{e^{\mu\alpha}}}{1 + \dfrac{1}{e^{\mu\alpha}}} \tag{4-11}$$

可见，带传动的最大有效拉力 $F_{\max}$ 与带的包角 α 和摩擦因数 μ 有关，一般设计时要求 $\alpha \geqslant (90° \sim 120°)$；而摩擦因数 μ 与带和带轮的材料、表面状态及工作环境等有关。除 α 和 μ 外，最大有效拉力的还与初拉力 F_0 有关，因此控制初拉力的大小在带传动的设计和使用中非常重要的。F_0 过小不能充分发挥带的工作能力，而且易发生颤动和打滑；但 F_0 过大会使带因磨损加剧及应力增加而缩短寿命。

当带传动所需的有效拉力 $F \geqslant F_{\max}$ 时，传动带将会发生打滑。

4.3.2　带的应力分析

1. 由离心拉力 F_c 产生的离心拉应力 σ_c

由于带本身质量的作用，当传动带随带轮旋转时就会产生离心力，相应地在带上就要产生离心拉力，同时产生离心拉应力 σ_c。

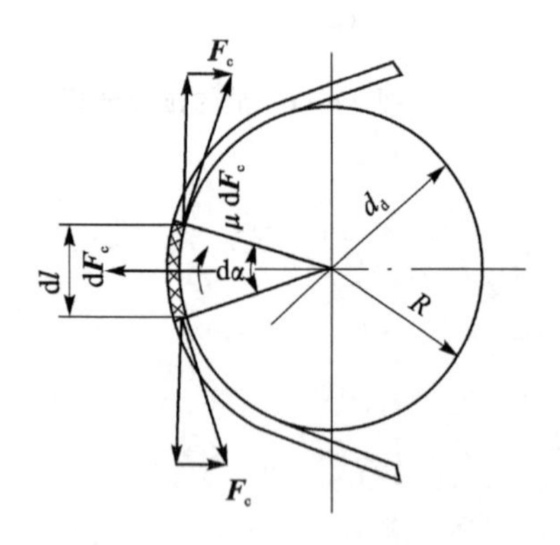

图 4-12　带的离心拉力分析

对带的微元体 dl（见图 4-12）进行受力分析，若其单位长度质量为 ρ_l(kg/m)，则微元体的质量为 $\rho_l(R\,d\alpha)$，其上的离心力 dF_c 为

$$dF_c = ma = \rho_l (R\,d\alpha) \frac{v^2}{R}$$

在水平方向上的平衡方程为

$$2F_c \sin\frac{d\alpha}{2} = dF_c = \rho_l R\,d\alpha \frac{v^2}{R} \tag{4-12}$$

因为 $d\alpha$ 很小，所以 $\sin\frac{d\alpha}{2} \approx \frac{d\alpha}{2}$，由式(4-12)经简化，离心拉力为

$$F_c = \rho_l v^2 \tag{4-13}$$

由式(4-13)可见，离心拉力与单位长度的质量 ρ_l 和圆周速度 v^2 成正比。所以，在高速时宜采用轻质带，以利于降低离心拉力的影响。

由离心拉力所产生的离心拉应力为

$$\sigma_c = \frac{F_c}{A} = \frac{\rho_l v^2}{A}$$

忽略圆周速度的变化，可以认为离心拉应力沿着圆周是均匀分布的，见图 4-13。

2. 紧边拉力和松边拉力所产生的拉应力

紧边拉力所产生的拉应力为

$$\sigma_1 = \frac{F_1}{A} \tag{4-14}$$

松边拉力所产生的拉应力为

$$\sigma_2 = \frac{F_2}{A} \tag{4-15}$$

紧边拉力和松边拉力所产生的拉应力见图 4-13，当带绕过轮时，由于摩擦力的作用，此应力实现从 σ_1 到 σ_2 或从 σ_2 到 σ_1 的过渡。

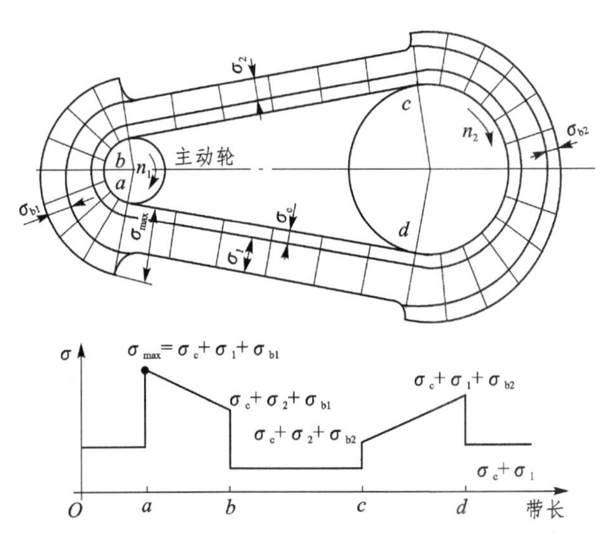

图 4-13　带的应力分析图

3. 带绕过带轮所产生的弯曲应力

带绕过带轮时，因带的弯曲而产生的弯曲应力为

$$\sigma_b = E\frac{2y}{d_d} \tag{4-16}$$

式中：E——带的弹性模量，普通 V 带为 250～400 MPa；

y——带的中性层到带的最外层的距离；

d_d——带轮的基准直径。

带绕过大小带轮时所产生的弯曲应力为

$$\sigma_{b1} = E\frac{2y}{d_{d1}}, \qquad \sigma_{b2} = E\frac{2y}{d_{d2}}$$

可见，带轮直径越小，带越厚，所产生的弯曲应力就越大，因而带绕过小带轮时的弯曲应力大于绕过大带轮时的弯曲应力，即 $\sigma_{b1}>\sigma_{b2}$。因此，为了避免产生过大的弯曲应力，在各种 V 带传动的设计中，对每种型号的 V 带都规定了相应的最小带轮直径。

通过以上的分析可知，传动带在运转过程中所受的应力为上述三种应力之和，如图 4-13 所示，即

$$\sigma_{\Sigma}=\sigma_c+\sigma_b+\sigma \tag{4-17}$$

传动带在运转过程中，作用在传动带上的应力是随其运行的位置、时间而不断变化的，即传动带所受到应力是变化的应力。其最大应力为

$$\sigma_{max}=\sigma_c+\sigma_{b1}+\sigma_1 \tag{4-18}$$

最大应力 σ_{max} 发生在带的紧边开始进入小带轮处，见图 4-13。因此，传动带在循环应力作用下将有可能发生疲劳破坏。

实验表明，带的疲劳寿命与应力关系曲线是非线性的。带轮直径过小或传动功率过大或带长过短都将导致带的使用寿命大幅缩短。

4.4　带的弹性滑动和打滑

1. 带的弹性滑动

由于带是弹性体，受力不同时其伸长量也不同。带传动在工作时紧边拉力大于松边拉力，紧边带单位带长的伸长量大于松边带单位带长的伸长量。带在由紧边绕过主动轮进入松边的过程中，所受的拉力将由紧边拉力 F_1 逐渐减小到松边拉力 F_2，带的弹性变形量也将逐渐减小。此时，带在随着带轮运动的同时将有微小的反向收缩，使得带的速度也会逐渐落后于主动轮的圆周速度。这种由带的弹性变形引起的带与带轮间的相对滑动现象，也会发生在带绕过从动轮的过程中。当带绕过从动轮时拉力逐渐增大，其拉伸变形也逐渐增加；带随着带轮运动的同时将有同向伸长，从而使带的速度逐渐超过从动轮的圆周速度，进而在带与带轮之间产生相对滑动。这种由带的弹性变形引起的带与带轮之间的相对滑动，称为带的弹性滑动。

显然，弹性滑动是带传动过程中不可避免的现象，是带传动的固有特性之一。由于弹性滑动的存在，使得从动轮的圆周速度 v_2 低于主动轮的圆周速度 v_1，同时降低了传动效率，还会引起带的磨损和温升，影响带的寿命。

弹性滑动大小与带紧边和松边拉力的差值有关，差值越大，弹性滑动就越明显。

由于带的弹性变形而产生的弹性滑动，使得从动轮的圆周速度低于主动轮的圆周速度；而传递的载荷越大，从动轮的转速 n_2 越低，因此，带传动的实际传动比 i 一般不是恒定值。也就是说，带传动瞬时传动比并不准确。其圆周速度的相对降低程度可用滑动率(ε)表示。

$$\varepsilon=\frac{v_1-v_2}{v_1}=\frac{\pi n_1 d_{d1}-\pi n_2 d_{d2}}{\pi n_1 d_{d2}}=1-\frac{n_2 d_{d2}}{n_1 d_{d1}}=1-\frac{d_{d2}}{d_{d1}}\frac{1}{i}$$

$$i=\frac{d_{d2}}{d_{d1}}\frac{1}{1-\varepsilon} \tag{4-19}$$

式中：v_1——主动轮的圆周速度；

v_2——从动轮的圆周速度；

i——传动比。

对于 V 带传动，$\varepsilon=0.01\sim0.02$；在一般的带传动计算中可不考虑滑动率。

2. 带的打滑

带传动中带与带轮接触部分对应的圆弧被称为接触弧，正常工作时，弹性滑动只发生在一部分接触弧上。接触弧可分为有相对滑动的滑动弧和未发生相对滑动的静弧两部分。滑动弧对应的圆心角称为滑动角，用 α'' 表示；静弧对应的圆心角称为静角，用 α' 表示。静弧总是发生在带进入带轮的一侧如图 4－14 所示，滑动弧总是发生在离开带轮的一侧。

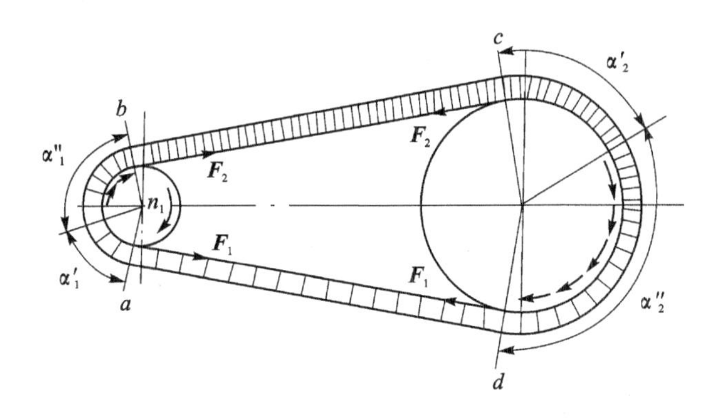

图 4－14　带的弹性滑动示意图

传动带不工作时，有效拉力为零，滑动角也为零；带传动工作时，随着有效拉力的增大，滑动角逐渐增大，静角逐渐减小。当滑动角 α'' 增大且趋近于整个包角 α 时，带的有效拉力达到最大值，此时带与带轮间的摩擦处于临界状态，如传动载荷继续增加，则两带轮对应较小包角的小轮上静弧消失，带与带轮间出现明显滑动，这种现象称为打滑失效。打滑使得带传动处于不稳定的运动状态，不能正常工作，并且将导致严重磨损和温度剧烈升高。

4.5　V 带传动设计

1. 带传动的失效形式和设计准则以及单根 V 带的基准额定功率

带传动的主要失效形式为打滑和疲劳拉断。设计时须使带传动既不打滑，又不发生疲劳断裂。

(1) 强度条件

为保证传动带具有一定的疲劳强度和寿命，即使带的最大应力 $\sigma_{\max}$ 满足：

$$\sigma_{\max}=\sigma_c+\sigma_{b1}+\sigma_1\leqslant[\sigma]$$

或

$$\sigma_1\leqslant[\sigma]-\sigma_c-\sigma_{b1} \tag{4-20}$$

式中：$[\sigma]$——带的许用拉应力。

对于一定结构和材质的带，当 L_d 为一特定长度，包角 $\alpha_1=\alpha_2=180°$，即传动比 $i=1$，载荷平稳，循环次数 $N=10^8\sim10^9$ 时，引入实验常数 C，单根带的许用应力可表达为

$$[\sigma]=\sqrt[m]{\frac{CL_{d}}{3\,600\,Z_{p}tv}} \tag{4-21}$$

式中：m——指数，对于普通 V 带，$m=11.1$；

L_d——带的基准长度，m；

Z_p——带轮数，一般取 $Z_p=2$；

t——带的寿命，h；

C——由带的结构和材质决定的实验常数。

(2) 最大有效拉力条件

为保证传动带不打滑，即带的拉力差不大于最大有效拉力。利用欧拉公式代入式(4-3)，得

$$F\leqslant F_1\left(1-\frac{1}{e^{\mu\alpha}}\right)$$

或

$$F\leqslant \sigma_1 A\left(1-\frac{1}{e^{\mu\alpha}}\right) \tag{4-22}$$

为了保证具有一定的疲劳强度，考虑式(4-20)和式(4-22)，有

$$F=([\sigma]-\sigma_c-\sigma_{b1})A\left(1-\frac{1}{e^{\mu\alpha}}\right) \tag{4-23}$$

式(4-23)为既不打滑，又满足疲劳强度的单根平型带在特定条件下所能传递的有效圆周力。

带的传递功率

因为

$$P=\frac{Fv}{1\,000}$$

当 F 取式(4-22)中最大值时有

$$P=\frac{([\sigma]-\sigma_c-\sigma_{b1})A\left(1-\frac{1}{e^{\mu\alpha}}\right)v}{1\,000} \tag{4-24}$$

式(4-24)即是保证传动带既不打滑，又具有一定疲劳强度和寿命的单根平型带在特定条件下所能传递的最大功率。

将式(4-22)中的摩擦因数 μ 换成当量摩擦因数 μ_e，即可得到单根 V 带在特定条件下所能传递的最大功率，设计时一般按基准额定功率选取。表 4-3～表 4-6 分别列出了单根普通 V 带的基准额定功率 P_1 和增量 ΔP_1 以及单根窄 V 带的基本额定功率 P_1 和增量 ΔP_1。

表 4-3　单根普通 V 带的基准额定功率 P_1

带　型	小带轮节圆直径 d_{d1}/mm	小带轮转速 n_1/(r·min^{-1})						
		400	730	800	980	1 200	1 460	2 800
		P_1/kW						
Z 型	50	0.06	0.09	0.10	0.12	0.14	0.16	0.26
	63	0.08	0.13	0.15	0.18	0.22	0.25	0.41
	71	0.09	0.17	0.20	0.23	0.27	0.31	0.50
	80	0.14	0.20	0.22	0.26	0.30	0.36	0.56

续表 4-3

带　型	小带轮节圆直径 d_{d1}/mm	小带轮转速 n_1/(r·min^{-1})						
		400	730	800	980	1 200	1 460	2 800
		P_1/kW						
A 型	75	0.27	0.42	0.45	0.52	0.60	0.68	1.00
	90	0.39	0.63	0.68	0.79	0.93	1.07	1.64
	100	0.47	0.77	0.83	0.97	1.14	1.32	2.05
	112	0.56	0.93	1.00	1.18	1.39	1.62	2.51
	125	0.67	1.11	1.19	1.40	1.66	1.93	2.98
B 型	125	0.84	1.34	1.44	1.67	1.93	2.20	2.96
	140	1.05	1.69	1.82	2.13	2.47	2.83	3.85
	160	1.32	2.16	2.32	2.72	3.17	3.64	4.89
	180	1.59	2.61	2.81	3.30	3.85	4.41	5.76
	200	1.85	3.05	3.30	3.86	4.50	5.15	6.43
C 型	200	2.41	3.80	4.07	4.66	5.29	5.86	5.01
	224	2.99	4.78	5.12	5.89	6.71	7.47	6.08
	250	3.62	5.82	6.23	7.18	8.21	9.06	6.56
	280	4.32	6.99	7.52	8.65	9.81	10.74	6.13
	315	5.14	8.34	8.92	10.23	11.53	12.48	4.16
	400	7.06	11.52	21.10	13.67	15.04	15.51	—

表 4-4　单根普通 V 带的基准额定功率的增量 ΔP_1

带　型	小带轮转速 n_1/(r·min^{-1})	传动比 i									
		1.00～1.01	1.02～1.04	1.05～1.08	1.09～1.12	1.13～1.18	1.19～1.24	1.25～1.34	1.35～1.51	1.52～1.99	≥2.0
		ΔP_1/kW									
Z 型	400	0.00	0.00	0.00	0.00	0.00	0.00	0.00	0.00	0.01	0.01
	730	0.00	0.00	0.00	0.00	0.00	0.00	0.01	0.01	0.01	0.02
	800	0.00	0.00	0.00	0.00	0.01	0.01	0.01	0.01	0.02	0.02
	980	0.00	0.00	0.00	0.01	0.01	0.01	0.01	0.02	0.02	0.02
	1 200	0.00	0.00	0.01	0.01	0.01	0.01	0.02	0.02	0.02	0.03
	1 460	0.00	0.00	0.01	0.01	0.01	0.02	0.02	0.02	0.02	0.03
	2 800	0.00	0.01	0.02	0.02	0.03	0.03	0.03	0.04	0.04	0.04

续表 4-4

带　型	小带轮转速 $n_1/(\mathrm{r \cdot min^{-1}})$	传动比 i									
		1.00～1.01	1.02～1.04	1.05～1.08	1.09～1.12	1.13～1.18	1.19～1.24	1.25～1.34	1.35～1.51	1.52～1.99	≥2.0
		ΔP_1/kW									
A 型	400	0.00	0.01	0.01	0.02	0.02	0.03	0.03	0.04	0.04	0.05
	730	0.00	0.01	0.02	0.03	0.04	0.05	0.06	0.07	0.08	0.09
	800	0.00	0.01	0.02	0.03	0.04	0.05	0.06	0.08	0.09	0.10
	980	0.00	0.01	0.03	0.04	0.05	0.06	0.07	0.08	0.10	0.11
	1 200	0.00	0.02	0.03	0.05	0.07	0.08	0.10	0.11	0.13	0.15
	1 460	0.00	0.02	0.04	0.06	0.08	0.09	0.11	0.13	0.15	0.17
	2 800	0.00	0.04	0.08	0.11	0.15	0.19	0.23	0.26	0.30	0.34
B 型	400	0.00	0.01	0.03	0.04	0.06	0.07	0.08	0.10	0.11	0.13
	730	0.00	0.02	0.05	0.07	0.10	0.12	0.15	0.17	0.20	0.22
	800	0.00	0.03	0.06	0.08	0.11	0.14	0.17	0.20	0.23	0.25
	980	0.00	0.03	0.07	0.10	0.13	0.17	0.20	0.23	0.26	0.30
	1 200	0.00	0.04	0.08	0.13	0.17	0.21	0.25	0.30	0.34	0.38
	1 460	0.00	0.05	0.10	0.15	0.20	0.25	0.31	0.36	0.40	0.46
	2 800	0.00	0.10	0.20	0.29	0.39	0.49	0.59	0.69	0.79	0.89
C 型	400	0.00	0.04	0.08	0.12	0.16	0.20	0.23	0.27	0.31	0.35
	730	0.00	0.07	0.14	0.21	0.27	0.34	0.41	0.48	0.55	0.62
	800	0.00	0.08	0.16	0.23	0.31	0.39	0.47	0.55	0.63	0.71
	980	0.00	0.09	0.19	0.27	0.37	0.47	0.56	0.65	0.74	0.83
	1 200	0.00	0.12	0.24	0.35	0.47	0.59	0.70	0.82	0.94	1.06
	1 460	0.00	0.14	0.28	0.42	0.58	0.71	0.85	0.99	1.14	1.27
	2 800	0.00	0.27	0.55	0.82	1.10	1.37	1.64	1.92	2.19	2.47

表 4-5　单根窄 V 带的基准额定功率 P_1

带　型	小带轮节圆直径 d_{d1}/mm	小带轮转速 $n_1/(\mathrm{r \cdot min^{-1}})$						
		400	730	800	980	1 200	1 460	2 800
		P_1/kW						
SPZ 型	63	0.35	0.56	0.60	0.70	0.81	0.93	1.45
	71	0.44	0.72	0.78	0.92	1.08	1.25	2.00
	80	0.55	0.88	0.99	1.15	1.38	1.60	2.61
	90	0.67	1.12	1.21	1.44	1.70	1.98	3.26

续表 4-5

带　型	小带轮节圆直径 d_{d1}/mm	小带轮转速 n_1/(r·min^{-1})						
		400	730	800	980	1 200	1 460	2 800
		P_1/kW						
SPA 型	90	0.75	1.21	1.30	1.52	1.76	2.02	3.00
	100	0.94	1.54	1.65	1.93	2.27	2.61	3.99
	112	1.16	1.91	2.07	2.44	2.86	3.31	5.15
	125	1.40	2.33	2.52	2.98	3.50	4.06	6.34
	140	1.68	2.81	3.03	3.58	4.23	4.91	7.64
SPB 型	140	1.92	3.13	3.35	3.92	4.55	5.21	7.15
	160	2.47	4.06	4.37	5.13	5.98	6.89	9.52
	180	3.01	4.99	5.37	6.31	7.38	8.50	11.62
	200	3.54	5.88	6.35	7.47	8.74	10.07	13.41
	224	4.18	6.97	7.52	8.83	10.33	11.86	15.41
SPC 型	224	5.19	8.82	10.43	10.39	11.89	13.26	—
	250	6.31	10.27	11.02	12.76	14.61	16.26	—
	280	7.59	12.40	13.31	15.40	17.60	19.49	—
	315	9.07	14.82	15.90	18.37	20.88	22.92	—
	400	12.56	20.41	21.84	25.15	27.33	29.40	—

表 4-6　单根窄 V 带的基准额定功率的增量 ΔP_1

带　型	小带轮转速 n_1/(r·min^{-1})	传动比 i									
		1.00～1.01	1.02～1.05	1.06～1.11	1.12～1.18	1.19～1.26	1.27～1.38	1.39～1.57	1.58～1.94	1.95～3.38	≥3.39
		ΔP_1/kW									
SPZ 型	400	0.00	0.01	0.01	0.03	0.03	0.04	0.05	0.06	0.06	0.06
	730	0.00	0.01	0.03	0.05	0.06	0.08	0.09	0.10	0.11	0.12
	800	0.00	0.01	0.03	0.05	0.07	0.08	0.10	0.11	0.12	0.13
	980	0.00	0.01	0.04	0.06	0.08	0.10	0.12	0.13	0.15	0.15
	1 200	0.00	0.02	0.04	0.08	0.10	0.13	0.15	0.17	0.18	0.19
	1 460	0.00	0.02	0.05	0.09	0.13	0.15	0.18	0.20	0.22	0.23
	2 800	0.00	0.04	0.10	0.18	0.24	0.30	0.35	0.39	0.43	0.45
SPA 型	400	0.00	0.01	0.04	0.07	0.09	0.11	0.13	0.14	0.16	0.16
	730	0.00	0.02	0.07	0.12	0.16	0.20	0.23	0.26	0.28	0.30
	800	0.00	0.03	0.08	0.13	0.18	0.22	0.25	0.29	0.31	0.33
	980	0.00	0.03	0.09	0.16	0.21	0.26	0.30	0.34	0.37	0.40
	1 200	0.00	0.04	0.11	0.20	0.27	0.33	0.38	0.43	0.47	0.49
	1 460	0.00	0.05	0.14	0.24	0.32	0.39	0.46	0.51	0.56	0.59
	2 800	0.00	0.10	0.26	0.46	0.63	0.76	0.89	1.00	1.09	1.15

续表 4-6

带型	小带轮转速 $n_1/(r \cdot min^{-1})$	传动比 i									
		1.00～1.01	1.02～1.05	1.06～1.11	1.12～1.18	1.19～1.26	1.27～1.38	1.39～1.57	1.58～1.94	1.95～3.38	≥3.39
		ΔP_1/kW									
SPB型	400	0.00	0.03	0.08	0.14	0.19	0.22	0.26	0.30	0.32	0.34
	730	0.00	0.05	0.14	0.25	0.33	0.40	0.47	0.53	0.58	0.62
	800	0.00	0.06	0.16	0.27	0.37	0.45	0.53	0.59	0.65	0.68
	980	0.00	0.07	0.19	0.33	0.45	0.54	0.63	0.71	0.78	0.82
	1 200	0.00	0.09	0.23	0.41	0.56	0.67	0.79	0.89	0.97	1.03
	1 460	0.00	0.10	0.28	0.49	0.67	0.81	0.95	1.07	1.16	1.23
	2 800	0.00	0.20	0.55	0.96	1.30	1.57	1.85	2.08	2.26	2.40
SPC型	400	0.00	0.09	0.24	0.41	0.56	0.68	0.79	0.89	0.97	1.03
	730	0.00	0.16	0.42	0.74	1.00	1.22	1.43	1.60	1.75	1.85
	800	0.00	0.17	0.47	0.82	1.12	1.35	1.58	1.78	1.94	2.06
	980	0.00	0.21	0.56	0.98	1.34	1.62	1.90	2.14	2.33	2.47
	1 200	0.00	0.26	0.71	1.23	1.67	2.03	2.38	2.67	2.91	3.09
	1 460	0.00	0.31	0.85	1.48	2.01	2.43	2.85	3.21	3.50	3.70

2. V带传动带轮设计

(1) V带轮设计要求

V带轮设计应满足如下要求：质量小；结构工艺性好；无过大的铸造内应力；质量分布均匀，转速高时要经过动平衡；轮槽工作面要精加工(表面粗糙度 Ra 一般应为 3.2 μm)，以减少带的磨损；各槽的尺寸和角度应保持一定的精度，以使载荷分布较为均匀等。

(2) 带轮的材料

带轮的材料主要采用铸铁。常用材料的牌号为 HT150 或 HT200；转速较高时宜采用铸钢或用钢板冲压后焊接而成；小功率时可用铸铝或塑料。

(3) 结构尺寸

铸铁制 V 带轮的典型结构(见图 4-15)有以下几种形式：① 实心式见图(a)；② 辐板式见图(b)；③ 孔板式见图(c)；④ 椭圆轮辐式见图(d)。

带轮基准直径 $d_d \leqslant 2.5d$(d 为轴的直径，mm)时，可采用实心式；$d_d \leqslant 300$ mm 时，可采用辐板式；当 $D_1 - d_{d1} \geqslant 100$ mm 时，可采用孔板式；$d_d > 300$ mm 时，可采用椭圆轮辐式。

带轮的结构设计，主要是根据带轮的基准直径选择结构形式；根据带的截型确定轮槽尺寸，如表 4-7 所列；带轮的其他结构尺寸可参照图 4-15 中所列经验公式计算。确定了带轮各部分尺寸后，即可绘制出零件图，并按工艺要求，标注出相应的技术要求。

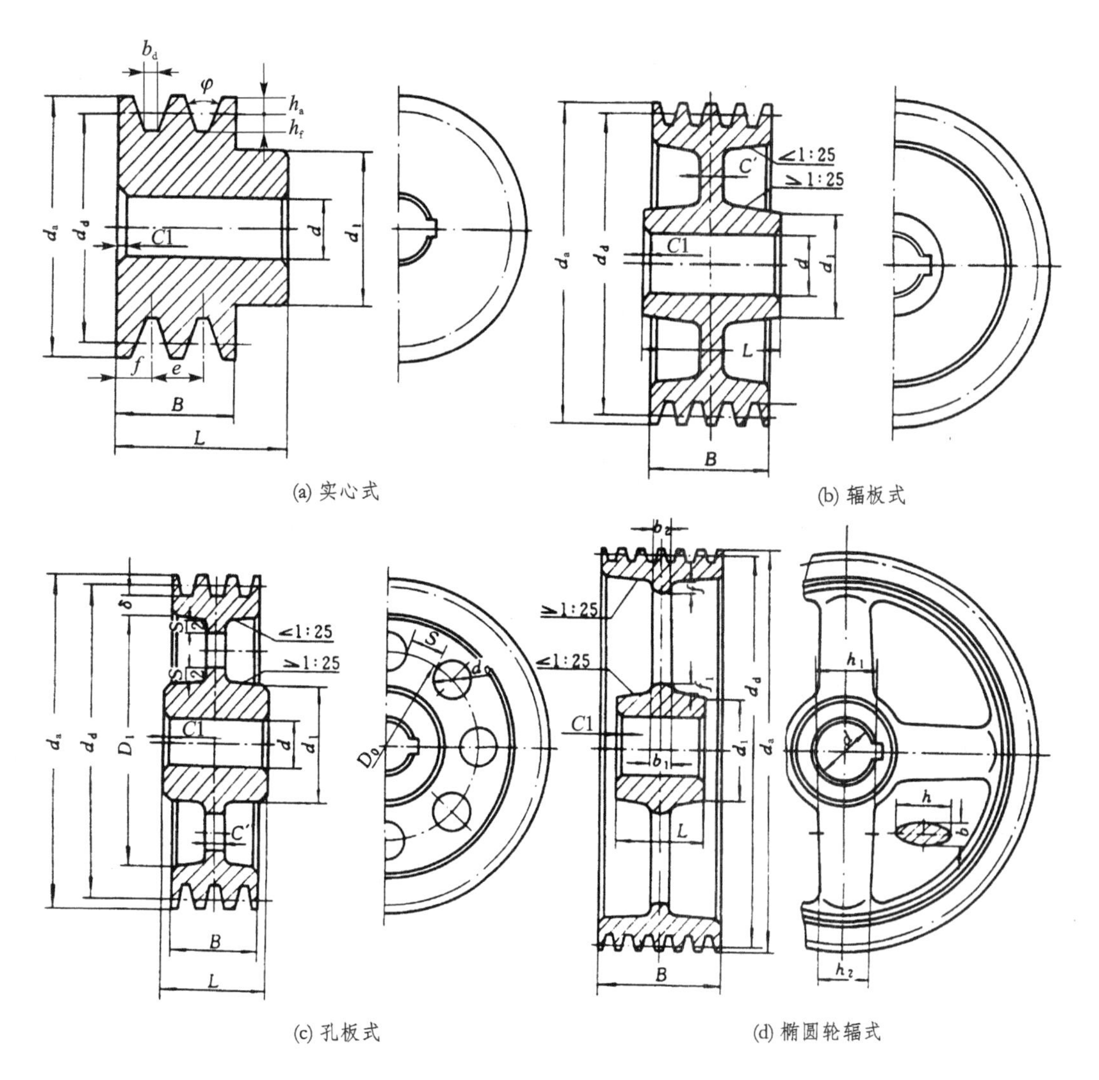

(a) 实心式　(b) 辐板式

(c) 孔板式　(d) 椭圆轮辐式

注：$d_1=(1.8\sim2)d$，d 为轴的直径；$h_2=0.8h_1$；$D_0=0.5(D_1+d_1)$；$b_1=0.4h_1$；$d_0=(0.2\sim0.3)(D_1-d_1)$；$b_2=0.8b_1$；$C'=(1/7\sim1/4)B$；$S=C'$；$L=(1.5\sim2)d$，当 $B<1.5d$ 时，$L=B$；$f_1=0.2h_1$；$f_2=0.2h_2$；$h_1=290\sqrt[3]{P/(nz_a)}$，式中：$P$—传递的功率，kW，$n$—带轮的转速，r/min，$z_a$—轮辐数

图 4-15　V 带轮的结构

表 4-7　V 带轮的轮槽尺寸

项　目	符　号	槽　型						
		Y	Z/SPZ	A/SPA	B/SPB	C/SPC	D	E
基准宽度(节宽)	$b_d(b_p)$/mm	5.3	8.5	11.0	14.0	19.0	27.0	32.0
基准线上槽深	h_{amin}/mm	1.6	2.0	2.75	3.5	4.8	8.1	9.6
基准线下槽深	$h_{\mu min}$/mm	4.7	7.0/9.0	8.7/11.0	10.8/14.0	14.3/19.0	19.9	23.4
槽间距	e/mm	8±0.3	12±0.3	15±0.3	19±0.4	25.5±0.5	37±0.6	44.5±0.7

续表 4－7

项　目		符　号	槽　型						
			Y	Z/SPZ	A/SPA	B/SPB	C/SPC	D	E
e 值累计极限偏差		mm	±0.6	±0.6	±0.6	±0.8	±1.0	±1.2	±1.4
第一槽对称面至端面的距离		f/mm	6	7	9	11.5	16	23	28
轮槽角 φ	32°	相应的基准直径 d_d/mm	≤60	—	—	—	—	—	—
	34°		—	≤80	≤118	≤190	≤315	—	—
	36°		>60	—	—	—	—	≤475	≤600
	38°		—	>80	>118	>190	>315	>475	>600
	极限偏差/(°)		±0.5						
最小轮缘厚(推荐)		δ_{min}/mm	5	5.5	6	7.5	10	12	15
带轮宽		B/mm	$B=(z-1)e+2f$　z 为轮槽数						
外　径		d_a/mm	$d_a=d_d+2h_a$						

3. 设计步骤和方法

给定传递功率 P、转速 n_1 和 n_2(或传动比 i)、传动位置要求及工作条件等,设计 V 带传动可按以下步骤进行。设计内容包括:确定带的型号、长度、根数、传动中心距、带轮基准直径及结构尺寸等。

(1) 确定传动计算功率 P_c

考虑载荷性质和运转时间长短等因素的影响,计算功率 P_c 为

$$P_c=K_AP \tag{4-25}$$

式中:P_c——计算功率,kW;

P——所传递的额定功率,kW;

K_A——工作情况系数,见表 4－8。

表 4－8　V 带传动的工作情况系数 K_A

工　况		K_A					
		空、轻载启动			重载启动		
		每天工作小时数/h					
		<10	10～16	>16	<10	10～16	>16
载荷变动最小	液体搅拌机、通风机和鼓风机(≤7.5 kW)、离心式水泵和压缩机、轻负荷输送机	1.0	1.1	1.2	1.1	1.2	1.3
载荷变动小	带式输送机(不均匀负荷)、通风机(>7.5 kW)、旋转式水泵和压缩机(非离心式)、发动机、金属切削机床、印刷机、旋转筛、锯木机和木工机械	1.1	1.2	1.3	1.2	1.3	1.4
载荷变动较大	制砖机、斗式提升机、往复式水泵和压缩机、起重机、磨粉机、冲剪机床、橡胶机械、振动筛、纺织机械、重载输送机	1.2	1.3	1.4	1.4	1.5	1.6

续表 4-8

工况		K_A					
		空、轻载启动			重载启动		
		每天工作小时数/h					
		<10	10～16	>16	<10	10～16	>16
载荷变动很大	破碎机（旋转式、颚式等）、磨碎机（球磨、棒磨、管磨）	1.3	1.4	1.5	1.5	1.6	1.6

注：1 空、轻载启动——电动机（交流启动、三角启动、直流并励）、四缸以上的内燃机、装有离心式离合器、液力联轴器的动力机。

2 重载启动——电动机（联机交流启动、直流复励或串励）、四缸以下的内燃机。

3 选取工况系数时，在反复启动、正反转频繁、工作条件恶劣等场合，普通 V 带 K_A 应乘以 1.2，窄 V 带 K_A 应乘以 1.1，在增速传动场合 K_A 应乘以下列系数：当 $1.25 \leqslant 1/i \leqslant 1.74$ 时为 1.05；$1.75 \leqslant 1/i \leqslant 2.49$ 时为 1.11；$2.50 \leqslant 1/i \leqslant 3.49$ 时为 1.18；$1/i \geqslant 3.50$ 时为 1.25。

(2) 选择带的型号

带的型号可根据计算功率 P_c 和小轮的转速 n_1 来选定，普通 V 带选型参考图 4-16，窄 V 带选型参考图 4-17。注意到选取小截面带型时，带的根数将有所增加，所以在设计选型时应根据带的设计根数与带型及几何尺寸的匹配关系做适当调整。

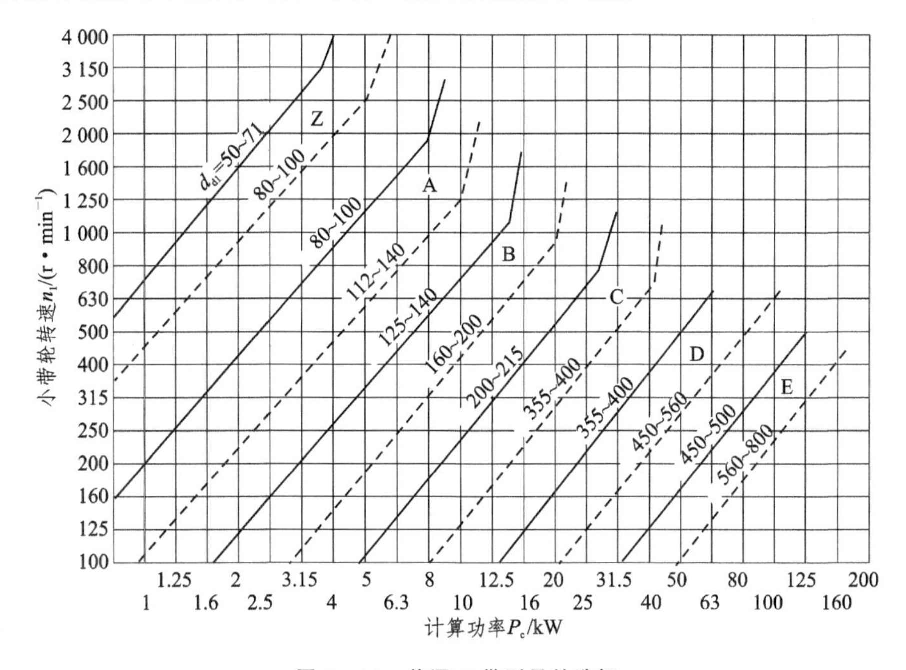

图 4-16　普通 V 带型号的选择

(3) 确定带轮直径和带速

由于带的弯曲应力是引起带的疲劳破坏的重要原因，而带轮越小，带的弯曲应力越大，因此小带轮的直径不宜太小，一般应按标准选取，保证带轮直径 $d_{d1} \geqslant d_{dmin}$。

带的速度 v_1 用与主动轮接触处的带速表达，为

$$v_1 = \frac{\pi d_{d1} n_1}{60 \times 1\,000} \tag{4-26}$$

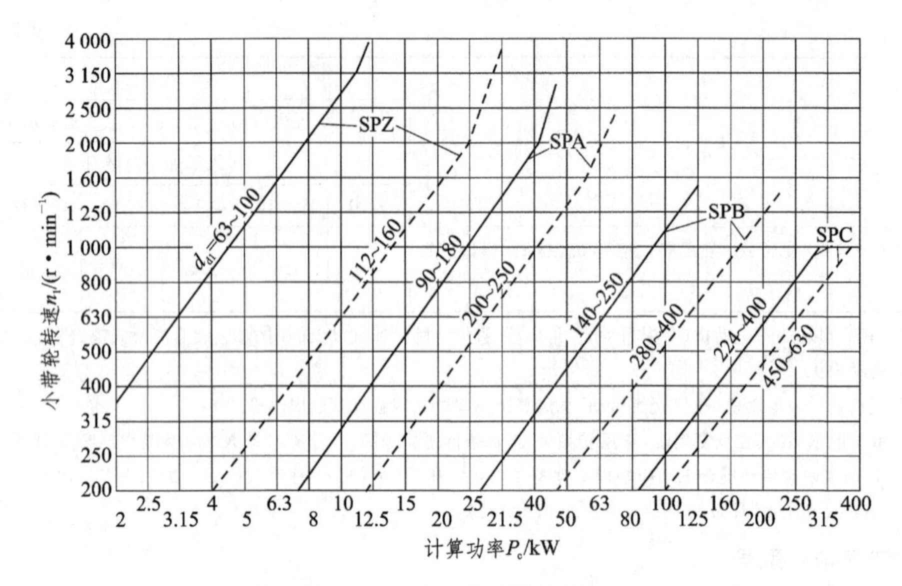

图 4-17　窄 V 带型号的选择

式中：n_1——小带轮转速，r/min；

d_{d1}——小带轮基准直径，mm。

一般带速以 5～25 m/s 为宜。对于普通 V 带，最大速度一般为 30 m/s；对于窄 V 带，最大速度一般为 40 m/s。设计中应使带速在合理的范围之内，并保证 $v \leqslant v_{max}$。带速过高，会使带的离心应力增加，并造成传动不稳定；带速过低，会使传动所需有效摩擦力相应增加导致带传动能力不易发挥。

从动轮的基准直径 d_{d2} 可通过公式 $d_{d2}=id_{d1}(1-\varepsilon)$ 计算，并按表 4-9 所列的 V 带轮基准直径系列加以圆整。

(4) 确定带传动的中心距和带的基准长度

如带传动的中心距减小，则对应带长减小，包角也减小。这将导致单位时间内带的应力循环次数将增加，带的寿命将缩短。同时，带传动的最大有效拉力将随包角减小而下降。当中心距过大时，将会引起带的颤动。对于 V 带传动，中心距 a_0 的一般选取范围为

$$0.55(d_{d1}+d_{d2}) \leqslant a_0 \leqslant 2(d_{d1}+d_{d2}) \tag{4-27}$$

表 4-9　V 带轮可推荐适用直径范围和基准直径

<table>
<tr><th>带轮槽型</th><th>Y</th><th>Z</th><th>A</th><th>B</th><th>C</th><th>D</th><th>E</th><th>SPZ</th><th>SPA</th><th>SPB</th><th>SPC</th></tr>
<tr><td>可推存的基准直径范围 d_d/mm</td><td>20～125</td><td>50～630</td><td>75～800</td><td>125～1 120</td><td>200～2 000</td><td>355～2 000</td><td>500～2 500</td><td>63～630</td><td>90～800</td><td>140～1 120</td><td>224～2 000</td></tr>
<tr><td>基准直径 d_d/mm</td><td colspan="11">20,22.4,25,28,31.5,35.5,40,45,50,56,63,71,75,80,85,90,95,100,106,112,118,125,132,140,150,160,170,180,200,212,224,236,250,265,280,300,315,335,355,375,400,425,450,475,500,530,560,600,630,670,710,750,800,900,1 000,1 060,1 120,1 250,1 350,1 400,1 500,1 600,1 700,1 800,2 000,2 120,2 240,2 360,2 500</td></tr>
</table>

设计时，初选中心距 a_0 后，可根据带传动的几何关系，计算出所需带的计算基准长度 L'_d 为

$$L'_d = 2a_0 + \frac{\pi}{2}(d_{d1} + d_{d2}) + \frac{(d_{d2} - d_{d1})^2}{4a_0} \tag{4-28}$$

按计算基准长度 L'_d，根据表 4-2 所列 V 带的基准长度系列，选取与 L'_d 相近的基准长度 L_d；再用 L_d 计算实际中心距 a。

由于 V 带传动的中心距一般是可以调整的，故可进行近似计算，取实际中心距为

$$a \approx a_0 + \frac{L_d - L'_d}{2} \tag{4-29}$$

考虑安装调整和补偿初拉力的需要，中心距的调整范围一般可取

$$a_{min} = a - 0.015L_d$$

$$a_{max} = a + 0.03L_d$$

(5) 验算小带轮上的包角

包角的大小直接影响到带的传动能力，小带轮的包角 α_1 与传动尺寸的关系如图 4-18 所示。

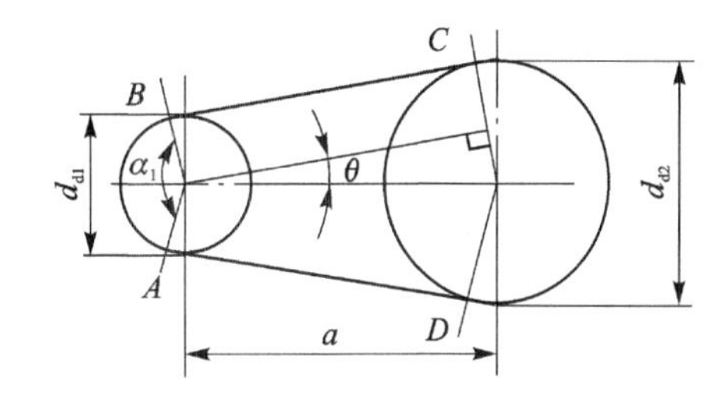

图 4-18 带传动的几何关系

$$\alpha_1 = 180° - 2\theta \approx 180° - \frac{d_{d2} - d_{d1}}{a} \times 57.3° \tag{4-30}$$

一般小带轮的包角应不小于 120°，如果设计的包角太小，可采取增大中心距，减小传动比或加张紧轮等措施。

(6) 确定带的根数

由于单根 V 带的基准额定功率 P_1 是在特定条件下由实验得到的，所以当带的实际工作情况与特定的条件不同时，需要对 P_1 进行修正。修正后单根 V 带所能传递的额定功率 $[P]$ 为

$$[P] = (P_1 + \Delta P_1)K_\alpha K_L \tag{4-31}$$

式中：P_1——单根 V 带的基准额定功率。

ΔP_1——$i \neq 1$ 时传递功率的增量，kW。

P_1 是在 L_d 为特定长度，包角 $\alpha_1 = \alpha_2 = 180°$，即传动比 $i = 1$，载荷平稳，循环次数 $N = 10^8 \sim 10^9$ 的特定条件下，由实验得到的单根带的额定功率。而当传动比 $i \neq 1$ 时，从动轮的直径将发生变化，并造成弯曲应力的变化，因此，其传动能力将有所改变，增量为 ΔP_1，其值见表 4-4 或表 4-6。

K_α——考虑包角变化时的影响系数，简称包角系数，见表 4-10。

K_L——考虑带长变化时的影响系数，简称长度系数，见表 4-2。

V 带的最少根数为

$$z = \frac{P_c}{[P]} = \frac{P_c}{(P_1 + \Delta P_1)K_\alpha K_L} \leqslant 10 \tag{4-32}$$

为避免带工作时，各根带受力不均，因此，带的根数不宜太多，通常 $z < 10$，以 3～7 根较为合适；否则应改选带的型号，重新计算。

表 4-10　包角系数 K_α

带型	包角 α									
	180°	170°	160°	150°	140°	130°	120°	110°	100°	90°
V　带	1.00	0.98	0.95	0.92	0.89	0.86	0.82	0.78	0.74	0.69
平型带	1.00	0.97	0.94	0.91	0.88	0.85	0.80	0.72	0.67	0.62

(7) 确定带的初拉力 F_0

对于 V 带传动,单根带的初拉力(预紧力)为

$$F_0 = 500\frac{P_c}{vz}\left(\frac{2.5}{K_\alpha}-1\right)+\rho_l v^2 \tag{4-33}$$

考虑到新带在使用初期容易出现松弛,所以对非自动张紧的带传动,新带安装预紧力可控制在上述预紧力的 1.5 倍。

带传动中,通常采用在带上带与带轮接触的两切点间距(t)中点(M)处施加一垂直于带的载荷(G),使带产生一定的挠度(f)来测定张紧力(F_0),见图 4-19。对于 V 带,其挠度值为每 100 mm 间距 1.6 mm,即

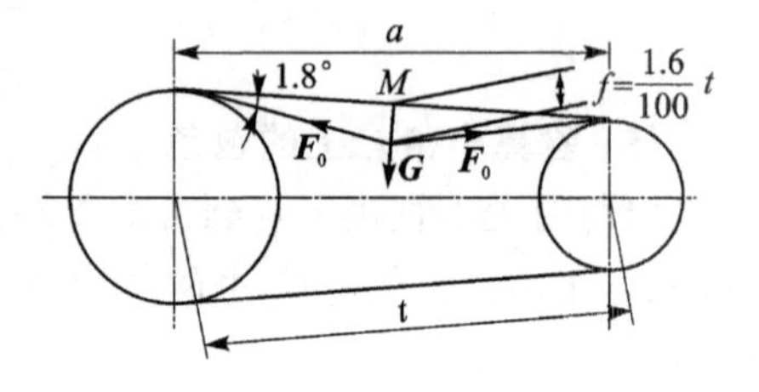

图 4-19　预紧力的控制

$$f=\frac{1.6}{100}t \quad (\text{mm})$$

G 与 F_0 的关系与带型及带的使用状况相关。

$$G=\frac{K_0F_0+\Delta F_0}{16}$$

其中,K_0 为 V 带使用状况系数,最小极限值为 1,新安装时 $K_0=1.5$,运转后时 $K_0=1.3$。ΔF_0 为初拉力增量,与带型相关,见表 4-11。

表 4-11　初拉力增量 ΔF_0

带型	Y	Z	A	B	C	D	E	SPZ	SPA	SPB	SPC
ΔF_0/N	6	10	15	20	29.4	58.8	108	20	25	40	78

(8) 计算传动带作用在轴上的力

带张紧在带轮上,会对轴产生压力 F_Q,计算时忽略带两边的拉力差的影响,以 V 带两边上初拉力的合力计算轴上作用力 F_Q,由图 4-20 可知

$$F_Q = 2zF_0\sin\frac{\alpha_1}{2} \tag{4-34}$$

另外,在设计带传动时需要考虑负载率。虽然带传动的设计工作效率可达 96%,但当带传动负载率较低或超载(见图 4-21)时,其效率将降低,并产生热量,这对带的寿命是不利的。因此,如果传动的载荷较小而采用了传动能力较大的带,不仅造成经济上的浪费,而且还会缩短带的寿命。

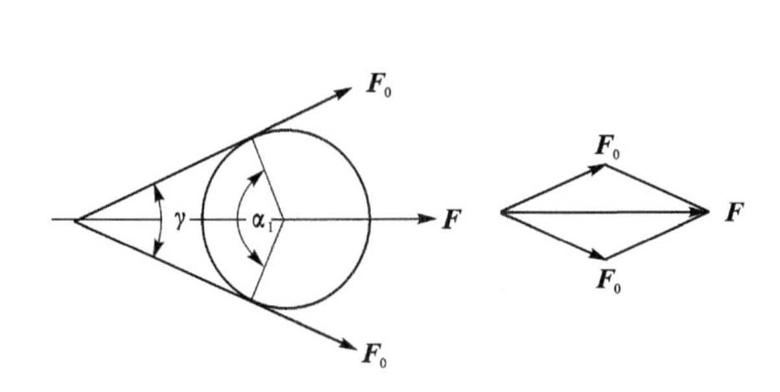

图 4-20　传动带作用在轴上的力

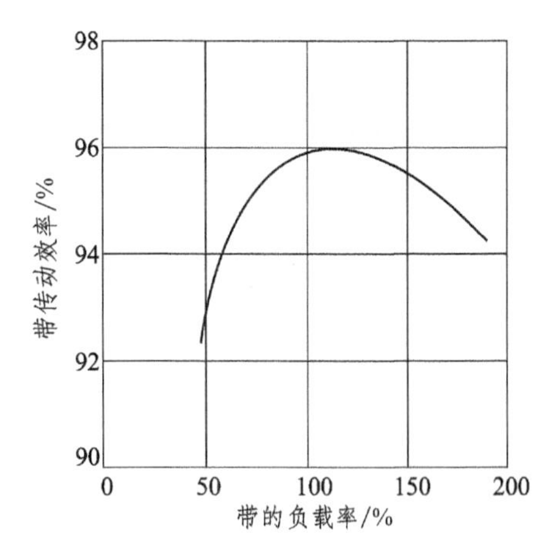

图 4-21　带负载率与效率的关系曲线

例　设计一鼓风机用普通 V 带传动。动力采用 YE3 系列三相异步电动机，功率 $P=7.5\ \mathrm{kW}$，转速 $n_1=1\ 440\ \mathrm{r/min}$；鼓风机转速 $n_2=630\ \mathrm{r/min}$，每天工作 16 h；滑动率 $\varepsilon=0.01$，目标中心距不超过 700 mm。

解

1）确定计算功率 P_c

由公式 $P_c=K_A P$ 及表 4-7 取 $K_A=1.2$，则

$$P_c=1.2\times7.5\ \mathrm{kW}=9\ \mathrm{kW}$$

2）选择带型

根据 P_c 和 n_1 由图 4-15 选取 V 带型号为 A 型，可确定小带轮的直径 $d_{d1}=112\sim140\ \mathrm{mm}$。

3）确定带轮直径和带速

由表 4-3 选取小带轮直径：A 型带，$n_1=1\ 440$，取 $d_{d1}=125\ \mathrm{mm}$。

大带轮直径为

$$d_{d2}=\frac{n_1}{n_2}\times d_{d1}(1-\varepsilon)=\left[\frac{1\ 440}{630}\times125(1-0.01)\right]\ \mathrm{mm}=282.86\ \mathrm{mm}$$

取 $d_{d2}=280\ \mathrm{mm}$。

小带轮带速为

$$v=\frac{\pi d_{d1}n_1}{60\times1\ 000}=\frac{\pi\times125\times1\ 440}{60\times1\ 000}\ \mathrm{m/s}=9.4\ \mathrm{m/s}$$

满足 $5\ \mathrm{m/s}<v_i\leqslant25\ \mathrm{m/s}$ 的要求。

4）计算带传动中心距 a 和带的基准长度 L_d

① 由式(4-24)

$$0.55(d_{d1}+d_{d2})\leqslant a_0\leqslant2(d_{d1}+d_{d2})$$

可得 $222.7\leqslant a_0\leqslant810$；考虑中心距不超过 700 mm，因此选取中心距 $a=650\ \mathrm{mm}$。

② 计算带的初步基准长度 L'_d，由式(4-25)

$$L'_d=2a_0+\frac{\pi}{2}(d_{d1}+d_{d2})+\frac{(d_{d2}-d_{d1})^2}{4a_0}$$

可得 $L'_d=\left[2\times650+\frac{\pi}{2}(125+280)+\frac{(280-125)^2}{4\times650}\right]\ \text{mm}=1\ 945.09\ \text{mm}$

由表 4-2 选取基准长度 $L_d=2\ 000$ mm。

③ 求实际中心距 a。由式(4-26)得

$$a\approx a_0+\frac{L_d-L'_d}{2}=\left(650+\frac{2\ 000-1\ 945.09}{2}\right)\ \text{mm}=677.455\ \text{mm}$$

取 a =677 mm。

5) 计算小带轮包角 α_1

由式(4-27)得

$$\alpha_1=180^\circ-2\theta\approx180^\circ-\frac{d_{d2}-d_{d1}}{a}\times57.3^\circ=166.88^\circ$$

满足 $\alpha>120^\circ$的要求。

6) 确定带的根数

根据式(4-29)可计算出带的根数。

由表 4-3 可知,基本额定功率 $P_1=1.93$ kW,根据传动比,得

$$i\approx\frac{n_1}{n_2}=\frac{1\ 440}{630}=2.29$$

由表 4-4 可知,基本额定功率增量 $\Delta P_1=0.17$ kW;由表 4-9 可知,包角系数 $K_\alpha=0.97$;由表 4-2 可知,长度系数 $K_L=1.03$,则代入式(4-29)得

$$z=\frac{P_c}{[P]}=\frac{P_c}{(P_1+\Delta P_1)K_\alpha K_L}=\frac{9}{(1.93+0.17)\times0.97\times1.03}=4.29$$

取 $z=5$ 根。

7) 确定带的初拉力 F_0

由式(4-30)

$$F_0=500\frac{P_c}{vz}\left(\frac{2.5}{K_\alpha}-1\right)+\rho_l v^2$$

计算初拉力 F_0。式中带的单位质量 ρ_l(kg/m)由表 4-1 查得 $\rho_l=0.10$,则初拉力为

$$F_0=\left[500\times\frac{9}{9.4\times5}\left(\frac{2.5}{0.97}-1\right)+0.1\times9.4^2\right]\ \text{N}=159.86\ \text{N}$$

8) 计算传动带在轴上的作用力 F_Q

由式(4-31)得

$$F_Q=2zF_0\sin\frac{\alpha_1}{2}=\left(2\times5\times160\times\sin\frac{166.8^\circ}{2}\right)\ \text{N}=1\ 589\ \text{N}$$

则压轴力 $F_Q=1\ 589$ N。

9) 绘制带轮零件工作草图(略)

带轮轮缘结构尺寸见表 4-11。

4. 带传动的张紧装置

由于传动带的材料都不是完全弹性体,在预紧力的作用下,工作一段时间后会由于发

生变形而松弛，使带的张紧力有所降低。为了保证带传动的工作能力，应定期检查预紧力的，发现不足时，需重新张紧，才能恢复正常工作状态。张紧装置分定期张紧装置和自动张紧装置。

(1) 定期张紧装置

采用定期改变中心距的方法来调节带的预紧力，使带保持张紧状态。在水平或倾斜不大的传动中，可用图 4－22 所示的方法，将装有带轮的电动机安装在制有滑道的基板 1 上，调节带的预紧力时，松开基板上各螺栓的螺母 2，利用调节螺钉 3，可调整中心距。在垂直的或接近垂直的传动中，可用图 4－23 所示的方法，将装有带轮的电动机安装在可调的摆架上进行调整。

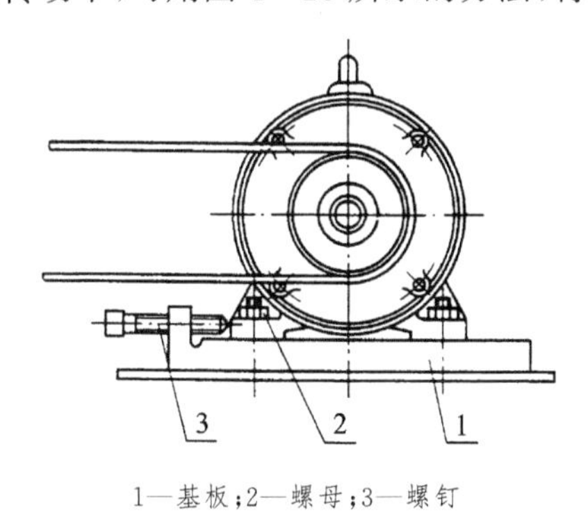

1—基板；2—螺母；3—螺钉

图 4－22　滑道式张紧装置

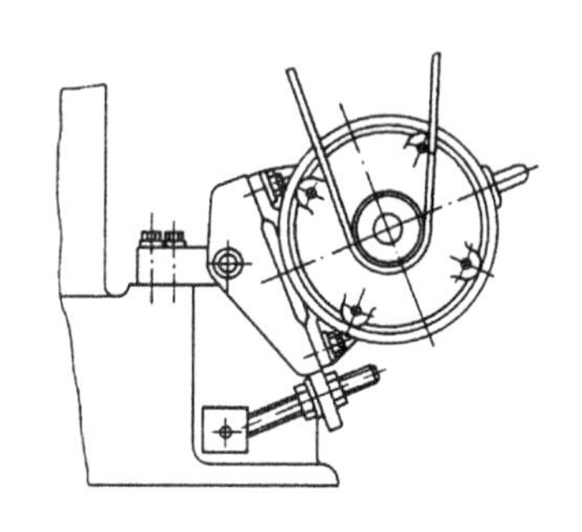

图 4－23　摆架式张紧装置

(2) 自动张紧装置

装有带轮的电动机安装在浮动的摆架上，如图 4－24 所示，利用电动机的自重，使带轮随同电动机绕固定轴摆动，实现张紧力的自动保持。

(3) 采用张紧轮的装置

当中心距不可调时，可采用张紧轮将带张紧，如图 4－25 所示。张紧轮一般应放在松边的内侧，使带只受单向弯曲；同时，张紧轮还应尽量靠近大带轮，以免过分影响带在小轮上的包角。张紧轮轮槽的尺寸与带轮相同。

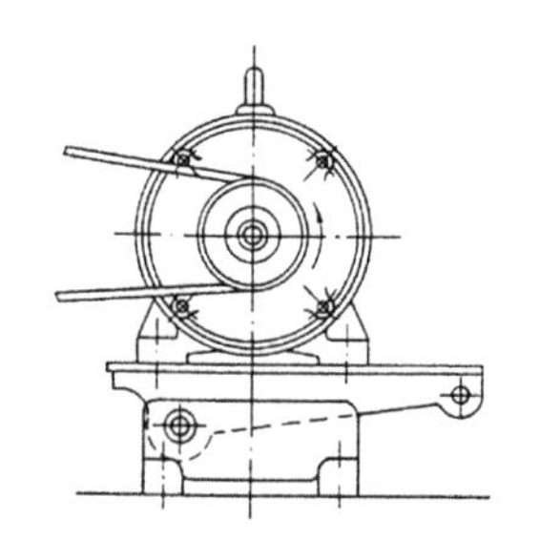

图 4－24　带的自动张紧装置

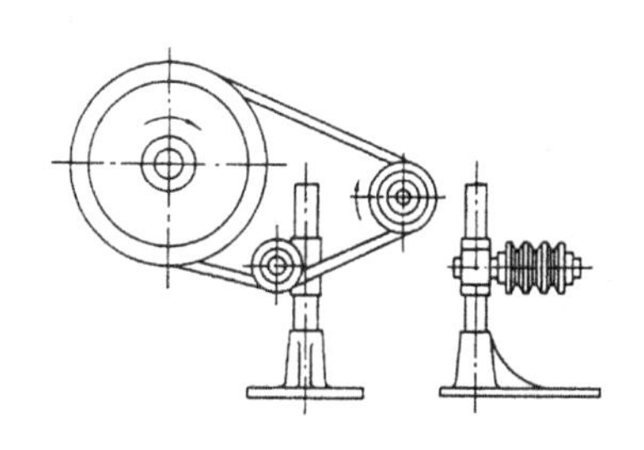

图 4－25　张紧轮装置

5. 高速带传动

带速 $v>30$ m/s，高速轴转速 $n_1=10\ 000\sim50\ 000$ r/min 的带传动属于高速带传动；主要用于增速传动，如高速机床、离心机、搅拌机及其他高速机械等，其增速比一般为 2～4，有张紧轮时可达 8。

高速带传动要求传动平衡、可靠，并有一定的寿命，故高速带都应采用质量小，厚度均匀，挠曲性好的环形平带，如麻织带、丝织带、锦纶编织带、薄型强力锦纶带及高速环形胶带等。薄型强力锦纶带采用胶合接头，应注意使接头与带的挠曲性能尽量接近。

高速带轮要求质量小，材质均匀，有足够的强度，运行时空气阻力小。带轮的各面均应进行精加工，工作面的粗糙度 Ra 不超过 3.2 μm，并按设计要求的精度进行动平衡。其带轮材料常用钢或铝合金制造。

为防止平带传动时掉带，主、从动轮轮缘表面都应加工成凸形，如制成鼓形面或 2°左右的双锥面；为防止运转时带与轮缘表面间形成气垫，轮缘表面应开环形槽，如图 4-26 所示。

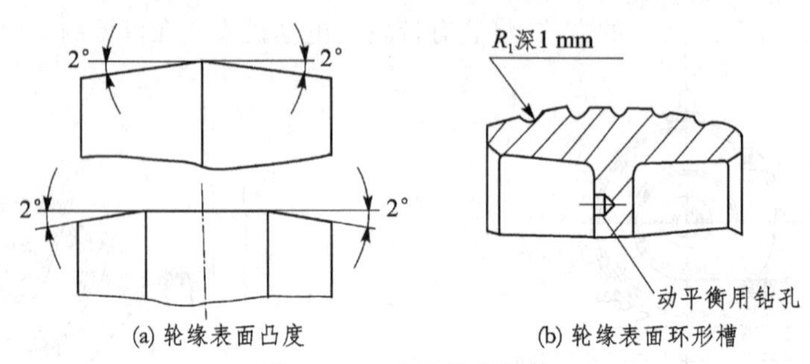

图 4-26　高速带轮轮缘

高速带传动中，带绕曲次数 $u=jv/L$（j 为带上某一点绕行一周时所绕过的带轮数；带速 v 及带长 L 的单位分别为 m/s 及 mm）是影响带寿命的主要因素，一般应限制 $u_{max}<45\ s^{-1}$。

高速带传动的具体设计，可参阅相关机械设计手册。

4.6　同步带传动设计

1. 同步带传动

同步带传动是啮合传动，带的内侧表面制成齿形，与齿形带轮啮合，兼有普通带传动和链传动的优点，如图 4-27 所示。同步带通常是以钢丝绳或玻璃纤维绳等为抗拉层，氯丁橡胶或聚氨酯橡胶为基体。工作时，带内侧的凸齿与带轮外缘上的齿槽形成啮合传动。由于节距不变，故同步带与带轮之间没有相对滑动。

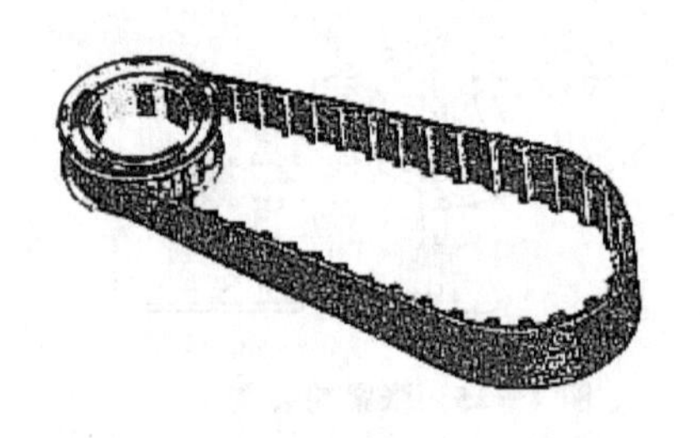

图 4-27　同步带传动

与齿轮传动及链传动比较，同步带传动的噪声小，能吸振，且不必润滑；同步带的传动比可到 10，传动效率可达 98%，可用于较大功率的传动，功率可达 100 kW；同步带轻而薄，适合高速传动，线速度可高达 50 m/s。

同步带传动的优点是：① 靠啮合传动，能保证相对固定的传动比；② 预紧力较小，轴和轴承上所受的载荷较小；③ 带的厚度较小，单位长度的质量小，允许的线速度较高；④ 带的柔性好，许用带轮的直径较小。其主要缺点是安装要求严格，且价格较高。

同步带主要用于要求传动比较准确的中、小功率传动中，如电子计算机、放映机、录音机、磨床及纺织机械等。同步带的最基本参数是节距 p，即带上相邻两齿中心轴线间沿节线度量的距离。由于抗拉层在工作时长度基本不变，其中心线即为带的节线，节线周长为其公称长度。

国产同步带的带型即节距代号，有：MXL——最轻型；XXL——超轻型；XL——特轻型；L——轻型；H——重型；XH——特重型；XXH——超重型。同步带的标记为

带长代号　带型　带宽代号

同步带传动是由带有齿槽的带轮间通过带有标准齿的同步带传递运动和动力的带传动。带和带轮的材质与普通带传动相似，带与带轮上的齿和齿槽具有相同的齿节距。由于传动带和带轮间依靠相互嵌入的同步齿传动，因此，与平型带和 V 带相比，其传动比相对稳定。其失效形式表现为疲劳断裂。

同步带传动中齿形为梯形的称为梯形同步带传动，齿形为渐开线的称为渐开线同步带传动。根据带上齿的分布，又有单面齿同步带和双面齿同步带之分，如图 4－28 所示。工程上常用米制节距梯形齿同步带，米制同步带传动设计不宜采用渐开线齿槽结构。

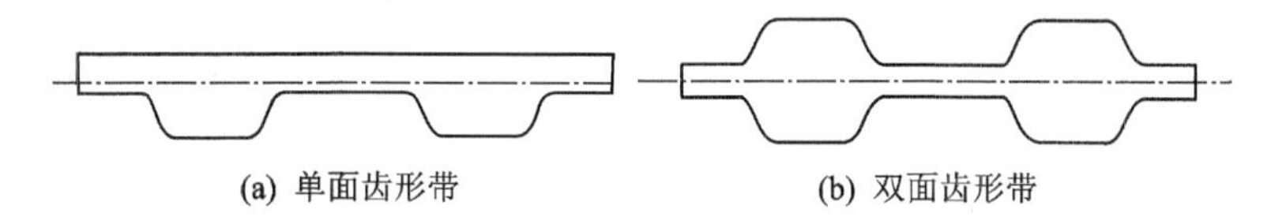

(a) 单面齿形带　　(b) 双面齿形带

图 4－28　单面和双面齿形带

2. 同步带宽度与承载

(1) 同步带的基准宽度

同步带和同步带轮的尺寸参数均由国家标准规定，相应产品根据国家标准生产制造，以供设计者选用。

梯形同步带及带轮基本参数如表 4－12 所列，有多个标准宽度值可供设计选用。带和带轮的节距 P_b(mm)与带的型号相关。

表 4－12　梯形同步带及带轮基本参数

型号	基准宽度 b_{so}	节距 P_b/mm	宽度 b_s/mm（代号）	有挡圈最小轮宽 b_t/mm	挡圈最小高度 K'/mm	无挡圈最小轮宽 b_t/mm	安装力 G/N
MXL	6.4	2.032	3.2(012) 4.8(019)	3.8 5.3	0.5	5.6 7.1	1.3 1.9
XXL		3.175	6.4(025)	7.1	0.8	8.9	2.6
XL	9.5	5.080	6.4(025) 7.9(031) 9.5(037)	7.1 8.6 10.4	1.0	8.9 10.4 12.2	2.6 3.2 3.8
L	25.4	9.525	12.7(050) 19.1(075) 25.4(100)	14 20.3 26.7	1.5	17 23.3 29.7	5.5 8.3 11.0
H	76.2	12.700	19.1(075) 25.4(100) 38.1(150) 50.8(200) 76.2(300)	20.3 26.7 39.4 52.8 79	2.0	24.8 31.2 43.9 57.3 83.5	16.8 22.3 33.5 44.7 67.0

续表 4-12

型号	基准宽度 b_{so}	节距 P_b/mm	宽度 b_s/mm（代号）	有挡圈最小轮宽 b_t/mm	挡圈最小高度 K'/mm	无挡圈最小轮宽 b_t/mm	安装力 G/N
XH	101.6	22.225	50.8(200) 76.2(300) 101.6(400)	56.6 83.5 110.7	4.8	62.6 89.8 116.7	62.2 91.3 124.4
XXH	127	31.750	50.8(200) 76.2(300) 101.6(400) 127(500)	56.6 83.8 110.7 137.7	6.1	64.1 91.3 118.2 145.2	107.2 160.8 214.4 268.0

(2) 梯形齿同步带的承载

同步带传动的承载能力一般以额定功率计算，同步带所能传递的功率除与安装维护等工作条件有关外，主要取决于以下设计参数：带和带轮的节距 P_b(mm)、带宽 b_s(mm)、单位带长质量 m(kg/m)、带的许用工作张力 T_a，以及小带轮的角速度 ω_1、齿数 Z 和啮合齿数 Z_m。

同步带额定功率一般用基准带宽 b_{so} 条件下带的基准额度功率 P_o 计算：

$$P_o = \frac{(T_a - mv^2)v}{1\,000} \quad (\text{kW}) \tag{4-35}$$

其中：$v=\dfrac{\omega P_b Z_1 \times 10^{-3}}{2\pi}$(m/s)为带速；$Z_1$ 为小带轮齿数。

对于带宽 b_s、小带轮啮合齿数 Z_m 的带，其额定功率 P_r 应按下式计算：

$$P_r = \left(K_Z K_W T_a - \frac{b_s m v^2}{b_{so}}\right) \times v \times 10^{-3} \quad (\text{kW}) \tag{4-36}$$

其中：K_Z 为啮合齿数系数，当 $Z_m<6$ 时，$K_Z=1-0.2(6-Z_m)$；当 $Z_m \geqslant 6$ 时，$K_Z=1$。K_W 为宽度系数，$K_W=\left(\dfrac{b_o}{b_{so}}\right)^{1.14}$。$b_{so}$(mm)为基准宽度，即同一带型标准带的最大宽度。

设计时也可采用近似式计算，即：

$$P_r \approx K_Z K_W P_o \tag{4-37}$$

其中，P_o 为基准额定功率，可从相关标准列表中查取。

3. 同步带的中心距

同步带传动几何尺寸如图 4-29 所示，同步带齿数为 Z_b，小轮包角为 2θ。Z_1 与 Z_2 相差不大时，中心距为

$$a \approx M + \sqrt{M^2 - \frac{1}{8}\left[\frac{P_b(Z_2 - Z_1)}{\pi}\right]^2} \tag{4-38}$$

其中：$M=\dfrac{P_b}{8}(2Z_b - Z_1 - Z_2)$，$Z_1$、$Z_2$ 分别为小、大带轮齿数，P_b 为带与带轮节距。

事实上，中心距：

$$a = \frac{P_b(Z_2 - Z_1)}{2\pi\cos\theta} \tag{4-39}$$

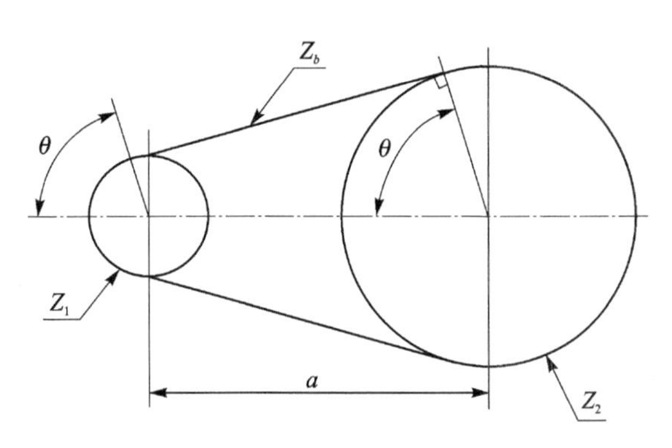

图 4－29　同步带传动几何尺寸

$Z_1 = Z_2$ 时，中心距为

$$a = P_b(Z_b - Z_1)/2 \tag{4-40}$$

4. 同步带传动设计步骤

(1) 同步带的设计选型

同步带的设计选型与 V 带类似，一般可根据小带轮转速和传动功率参考图 4－30 选取，最终选用规格可根据实际计算结果适当调整。

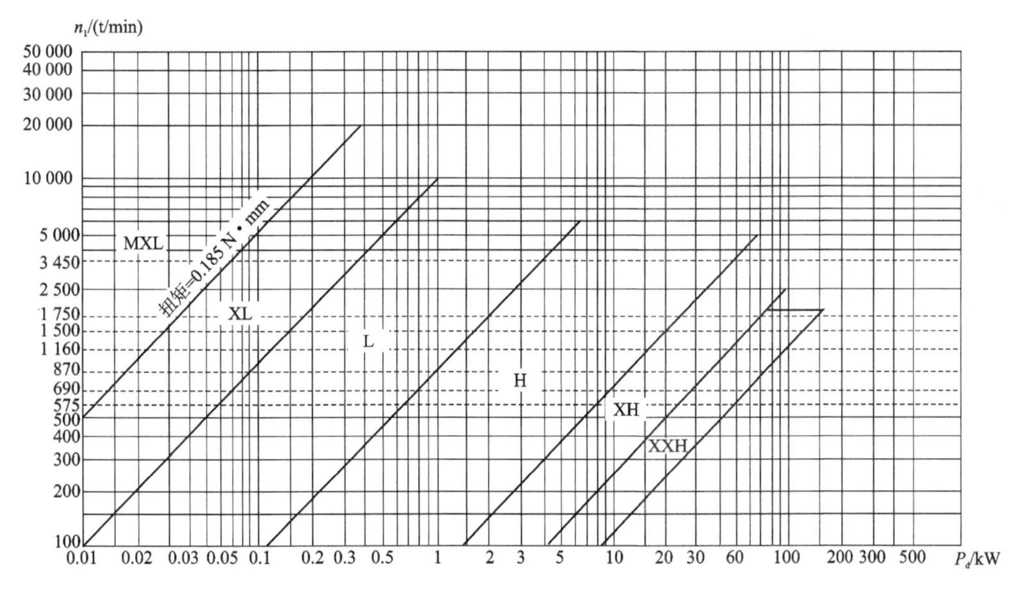

图 4－30　同步带选型

(2) 同步带的载荷计算

同步带的设计载荷通常以设计功率计算：

$$P_d = K_o P \tag{4-41}$$

其中：P 为传递功率，$K_o = K_o + \Delta K_{o1} + \Delta K_{o2}$ 为载荷修正系数，K_o—载荷修正系数，ΔK_{o1}—使用张紧轮载荷修正系数增加值，ΔK_{o2}—增速传动载荷修正系数增加值；见表 4－13、表 4－14、表 4－15。

表 4-13　同步带传动的载荷修正系数(K_o)

工作机	原动机					
	普通交流电机,并激直流电机、多缸内燃机			大转矩交流电机,复激、串激直流电机,单缸内燃机		
	运转时间/(每日)					
	断续使用 3～5 h	普通使用 8～10 h	连续使用 16～24 h	断续使用 3～5 h	普通使用 8～10 h	连续使用 16～24 h
复印机、计算机、医疗器械	1.0	1.2	1.4	1.2	1.4	1.6
清扫机、缝纫机、办公机械、带锯盘	1.2	1.4	1.6	1.4	1.6	1.8
轻负荷传送带、包装机、筛子	1.3	1.5	1.7	1.5	1.7	1.9
液体搅拌机、圆形带锯、平碾盘、洗涤机、造纸机、印刷机械	1.4	1.6	1.8	1.6	1.8	2.0
搅拌机(水泥、粘性体)、皮带输送机(矿石、煤、砂)、牛头刨床、挖掘机、离心压缩机、振动筛、纺织机械(整经机、绕线机)、回转压缩机、往复式发动机	1.5	1.7	1.9	1.7	1.9	2.1
输送机(盘式、吊式、升降式)、抽水泵、洗涤机、鼓风机(离心式、引风、排风)、发动机、激磁机、卷扬机、起重机、橡胶加工机(压延、滚轧压出机)、纺织机械(纺纱、精纺、捻纱机、绕纱机)	1.6	1.8	2.0	1.8	2.0	2.2
离心分离机、输送机(货物、螺旋)、锤击式粉碎机、造纸机(碎浆)	1.7	1.9	2.1	1.9	2.1	2.3
陶土机械(硅、粘土搅拌)、矿山用混料机、强制送风机	1.8	2.0	2.2	2.0	2.2	2.4

注 1:当使用张紧轮时,载荷系数还应加入表 4-14 中的使用张紧轮修正系数。

注 2:当增速传动时,载荷系数还应加入表 4-14 中的增速传动修正系数。

表 4-14　同步带传动载荷修正系数增加值

使用张紧轮的载荷修正系数增加值		增速传动的载荷修正系数增加值	
张紧轮位置	ΔK_{o1}	增速比	ΔK_{o2}
松边内侧	0	1.00～1.24	0
松边外侧	0.1	1.25～1.74	0.1
紧边内侧	0.1	1.75～2.49	0.2
紧边外侧	0.2	2.50～3.49	0.3
		≥3.50	0.4

(3) 同步带传动的传动比

同步带传动的传动比为大带轮与小带轮的齿数比,即:

$$i = n_1/n_2 = Z_2/Z_1$$

(4) 同步带传动的带轮设计

同步带传动带轮节圆直径:

$$d = P_b \times Z \tag{4-42}$$

P_b 为轮齿周节,设计带轮外径 d_0 可按表 4-15 查取。带轮宽度和轮齿设计参考图 4-31,尺寸见表 4-12,直边齿廓轮齿尺寸及偏差见表 4-16。

表 4-15　梯形同步带轮直径

单位:mm

齿数	带轮槽型													
	MXL		XXL		XL		L		H		XH		XXH	
	节径	外径	节径	外径	节径	外径	节径	外径	节径	外径	节径	外径	节径	外径
10	6.47	5.96	10.11	9.6	16.17	15.66								
11	7.11	6.61	11.12	10.61	17.79	17.28								
12	7.76	7.25	12.13	11.62	19.4	18.9	36.38	35.62						
13	8.41	7.9	13.14	12.63	21.02	20.51	39.41	68.65						
14	9.06	8.55	14.15	13.64	22.04	22.13	42.45	41.69	56.6	55.23				
15	9.7	9.19	15.16	14.65	24.26	23.75	45.48	44.72	60.64	59.27				
16	10.35	9.84	16.17	15.66	25.87	25.36	48.51	47.75	64.68	63.31				
17	11	10.49	17.18	16.67	27.49	26.98	51.54	50.78	68.72	67.35				
18	11.64	11.13	18.19	17.68	29.11	28.6	54.57	53.81	72.77	71.39	127.34	124.55	181.91	178.86
19	12.29	11.78	19.2	18.69	30.72	30.22	57.61	56.84	76.81	75.44	134.41	131.62	192.02	188.97
20	12.94	12.43	20.21	19.7	32.34	31.83	60.64	59.88	80.85	79.48	141.49	138.69	202.13	199.08
(21)	13.58	13.07	21.22	20.72	33.96	33.45	63.67	62.91	84.89	83.52	148.56	145.77	212.23	209.18
22	14.23	13.72	22.23	21.73	35.57	35.07	66.7	65.94	88.94	87.56	155.64	152.84	222.34	219.29
(23)	14.88	14.37	23.24	22.74	37.19	36.68	69.73	68.97	92.98	91.61	162.71	159.92	232.45	229.4
(24)	15.52	15.02	24.26	23.75	38.81	38.3	72.77	72	97.02	95.65	169.79	166.99	242.55	239.5
25	16.17	15.66	25.27	24.76	40.43	39.92	75.8	75.04	101.06	99.69	176.86	174.07	252.66	249.61
(26)	16.82	16.31	26.28	25.77	42.04	41.53	78.83	78.07	105.11	103.73	183.94	181.14	262.76	259.72
(27)	17.46	16.96	27.29	26.78	43.66	43.15	81.86	81.1	109.15	107.78	191.01	188.22	272.87	269.82
28	18.11	17.6	28.3	27.79	45.28	44.77	84.89	84.13	113.19	111.82	198.08	195.29	282.98	279.93
(30)	19.4	18.9	30.32	29.81	48.51	48	90.96	90.2	121.28	119.9	212.23	209.44	303.19	300.14
32	20.7	20.19	32.34	31.83	51.74	51.24	97.02	96.26	129.36	127.99	226.38	223.59	323.4	320.35
36	23.29	22.78	36.38	35.87	58.21	57.70	109.15	108.39	145.53	144.16	254.68	251.89	363.83	360.78
40	25.37	25.36	40.43	39.92	64.68	64.17	121.28	120.51	161.7	160.33	282.98	280.18	404.25	401.21
48	31.05	30.54	48.51	48	77.62	77.11	145.53	144.77	194.04	192.67	339.57	336.78	485.1	482.06
60	38.81	38.3	60.64	60.13	97.02	96.51	181.91	181.15	242.55	241.18	424.47	421.67	606.38	603.33
72	46.57	46.06	72.77	72.26	116.43	115.92	218.3	217.53	291.06	289.69	509.36	506.57	727.66	724.61
84							254.68	253.92	339.57	338.2	594.25	591.46	848.93	845.88
96							291.06	290.3	388.08	386.71	679.15	676.35	970.21	967.16
120							363.83	363.07	485.1	483.73	848.93	846.14	1 212.76	1 209.71
156									630.64	629.26				

注:括号内的尺寸尽量不采用。

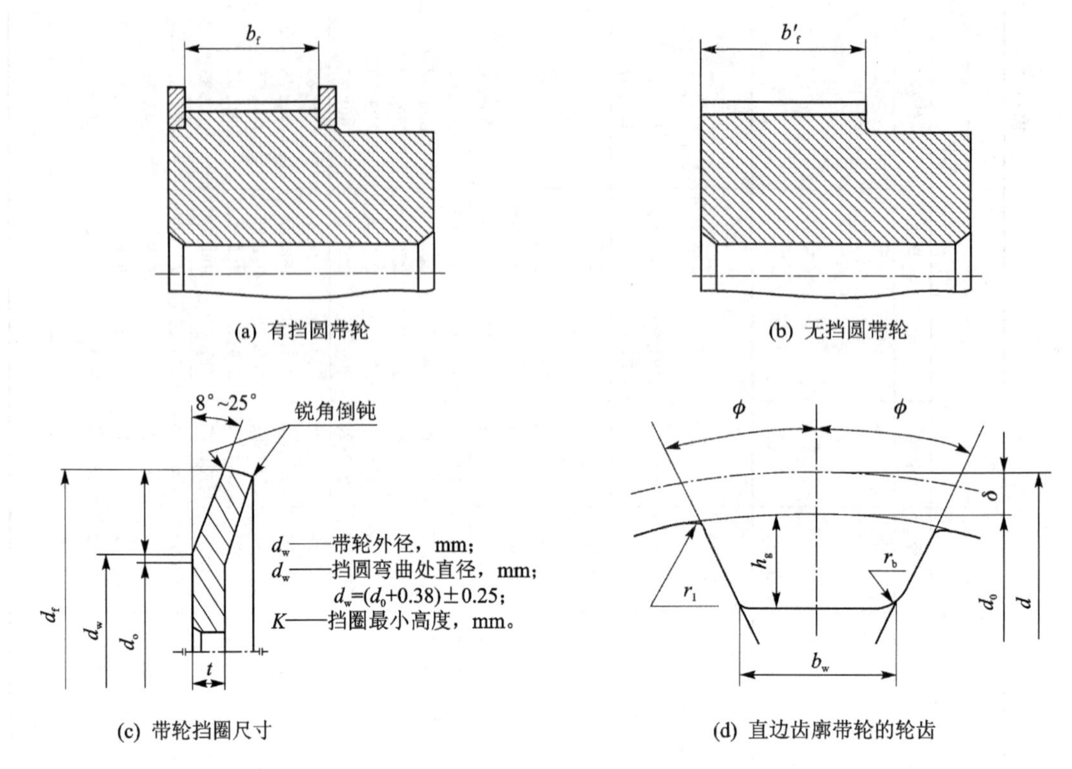

图 4-31 带轮结构尺寸

表 4-16 直边齿郭带轮的轮齿尺寸及极限偏差 单位：mm

槽型	MXL	XXL	XL	L	H	XH	XXH
齿槽底宽 b_w	0.84±0.05	$0.96^{+0.05}_{0}$	1.32±0.05	3.05±0.1	4.19±0.13	7.90±0.15	12.17±0.18
齿槽深 h_g	$0.69^{0}_{-0.05}$	$0.84^{0}_{-0.05}$	$1.65^{0}_{-0.08}$	$2.67^{0}_{-0.10}$	$3.05^{0}_{-0.13}$	$7.14^{0}_{-0.13}$	$10.31^{0}_{-0.13}$
齿槽半角 $\phi\pm1.5$/(°)	20	25	25	20	20	20	20
齿顶圆角半径 r_t	$0.13^{+0.05}_{0}$	0.3±0.05	$0.64^{+0.05}_{0}$	$1.17^{+0.13}_{0}$	$1.6^{+0.13}_{0}$	$2.39^{+0.13}_{0}$	$3.18^{+0.13}_{0}$
齿根圆角半径 r_b	0.25	0.35	0.41	1.19	1.60	1.98	3.96
两倍节顶距 2δ	0.508	0.508	0.508	0.762	1.372	2.794	3.048

(5) 同步带的带长

同步带节线长度为标准长度，应依据计算节线长度按标准选取。同步带节线计算长度为：

$$L_{p0}=2a_0\cos\phi+\frac{\pi(d_2+d_1)}{2}+\frac{\pi\phi(d_2-d_1)}{180} \tag{4-43}$$

其中：ϕ 为 θ 的余角，$\phi=\sin^{-1}\left(\dfrac{d_2-d_1}{2a}\right)$，$a_0$ 为初定中心距。

实际设计中心距 a 根据大小带轮齿槽数、节距及同步带齿数，按照式(4-39)或式(4-40)计算，其准确值可以与式(4-43)迭代逼近解得。应该注意到，由于带需要适当张紧，因此其中心距在结构设计上通常可以在一定范围内进行调整。

同步带设计时，有多种型号可选，其标记见表 4－12。其长度可按表 4－17 、表 4－18 查取。

表 4－17　XL\L\H\XH\XXH 型带长度

长度代号	节线长/mm	齿　　数				
		XL	L	H	XH	XXH
60	152.4	30				
70	177.8	35				
80	203.2	40				
90	228.6	45				
100	254	50				
110	279.4	55				
120	304.8	60				
124	314.33		33			
130	330.2	65				
140	355.6	70				
150	381	75	40			
160	406.4	80				
170	431.8	85				
180	457.2	90				
187	476.26		50			
190	482.6	95				
200	508	100				
210	533.4	105	56			
220	558.8	110				
225	571.5		60			
230	584.2	115				
240	609.6	120	64			
250	635	125		48		
255	647.7		68			
260	660.4	130				
270	685.8		72	54		
285	723.9		76			
300	762		80	60		
322	819.15		86			
330	838.2			66		
345	876.3		92			
360	914.4			72		
367	933.45		98			
390	99.6		104	78		
420	1 066.8		112	84		

续表 4-17

长度代号	节线长/mm	齿数				
		XL	L	H	XH	XXH
450	1 143		120	90		
480	1 219.2		128	96		
507	1 289.05				58	
510	1 295.4		136	102		
540	1 371.6		144	108		
560	1 422.4				64	
570	1 447.8			114		
600	1 524		160	120		
630	1 600.2			126	72	
660	1 676.4			132		
700	1 778			140	80	56
750	1 905			150		
770	1 955.8				88	
800	2 032			160		64
840	2 133.6				96	
850	2 159			170		
900	2 286			180		72
980	2 489.2				112	
1000	2 540			200		80
1100	2 794			220		
1120	2 844.8				128	
1200	3 048					96
1250	3 175			250		
1260	3 200.4				144	
1400	3 556			280	160	112
1540	3 911.6				176	
1600	4 064					128
1700	4 318			340		
1750	4 445				200	
1800	4 572					144

表 4－18　MXL\XXL 型带长度

长度代号	节线长,mm	齿数	
		MXL	XXL
36.0	91.44	45	
40.0	101.6	50	
44.0	111.76	55	
48.0	121.92	60	
50.0	127.00		40
56.0	142.24	70	
60.0	152.4	75	48
64.0	162.56	80	
70.0	177.8		56
72.0	182.88	90	
80.0	203.2	100	64
88.0	223.52	110	
94.0	228.6		72
100.0	254.0	125	80
110.0	279.4		88
112.0	284.48	140	
120.0	304.8		96
124.0	314.96	155	
130.0	330.3		104
140.0	355.6	175	112
150.0	381.0		120
160.0	406.4	200	128
180.0	457.2		144
200.0	508.0	225	160
220.0	558.0	250	176

(6) 设计参数限制

与 V 带传动类似,在设计中同步带传动带轮参数一般应予限制。如:带轮最少齿数与带型及小轮转速相关,见表 4－19;同步带允许最大线速度见表 4－20;带的许用工作张力及单位长度质量见表 4－21。带的安装需要保证安装力要求,安装力过小将造成脱齿可能性增加,过大则将影响带的工作寿命,标准安装力值见表 4－12,安装力检测标准见图 4－32,其中,$f=0.016\sqrt{a^2-(d_2-d_1)^2/4}$。

表 4-19　带轮最少许用齿数

小带轮转带 n/(r/min)	带型						
	MXL	XXL	XL	L	H	XH	XXH
	带轮最少许用齿数/Z_m						
<500	10	10	10	12	14	22	22
500～<1 200	12	12	10	12	15	24	24
1 200～<1 800	14	14	12	14	18	25	26
1 800～<3 600	16	16	12	16	20	30	—
3 600～<4 800	18	18	15	18	22	—	—

表 4-20　同步带允许最大线速度

带　型	MXL、XXL、XL	L、H	XH、XXH
V_{max}/(m/s)	40～50	35～40	25～30

表 4-21　带的许用工作张力 T_a 及单位长度质量 m

带　型	T_a/N	m/(kg/m)
MXL	27	0.007
XXL	31	0.010
XL	50.17	0.022
L	244.45	0.095
H	2 100.85	0.448
XH	1 048.90	1.484
XXH	6 398.03	2.473

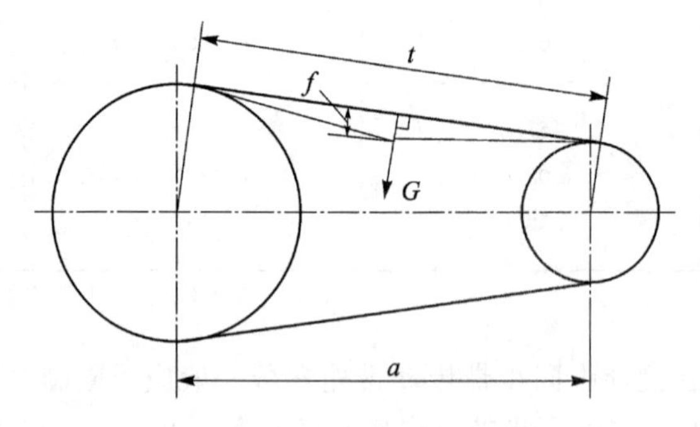

图 4-32　安装力检验标准

习　题

4-1　带传动有何特点？在哪些情况下适宜采用带传动？

4-2　V 带传动较平型带传动有何优点？其缺点是什么？

4-3 标准 V 带由几部分组成？各部分的作用是什么？

4-4 在张紧力相同的情况下，为什么 V 带传动比平型带传动能够传递更大的功率？

4-5 带传动中弹性滑动和打滑是怎样产生的？各造成什么后果？

4-6 采用什么措施能减小带传动中弹性滑动对传动的影响？

4-7 滑动率的物理意义是什么？如何计算滑动率？

4-8 为什么普通车床的第一级传动采用带传动，而车床的主轴与丝杠间的运动链不能采用带传动？

4-9 分析传动带中应力的分布情况，并说明影响带寿命的因素是什么？设计时可用什么措施保证带有足够长的寿命？

4-10 带传动的失效形式是什么？设计计算准则是什么？

4-11 带传动的功率受哪些因素的限制？

4-12 为提高带传动的工作能力，将带轮与带接触的表面加工得粗糙些以增大摩擦，这样做是否合适？为什么？

4-13 张紧力的大小对带传动有何影响？

4-14 当传递相同的功率时，为何 V 带传动作用在轴上的压力比平型带小？

4-15 带的工作速度一般为 5～ 25 m/s，带速为什么不宜过高或过低？

4-16 高速带传动中为何采用薄而轻的平型带？

4-17 带传动中，包角取得过小对传动有何影响？如何增大包角？

4-18 为什么 V 带的根数不宜过多？

4-19 在多根 V 带传动中，当一根带失效时，为什么全部带都要更换？

4-20 为何带传动的中心距一般设计成可调节的？

4-21 V 带的楔角是 40°，为何带轮槽角分别是 34°，36°和 38°？

4-22 若 V 带传动的两个带轮直径不同，问两轮槽角是否一样？为什么？

4-23 V 带轮的计算直径指的是哪个直径？

4-24 什么是张紧力？什么是有效拉力？它们之间有何关系？

4-25 带传动为何要有张紧装置？V 带传动常用的张紧装置有哪些？

4-26 一带式运输机的传动装置如图 4-33 所示。已知小带轮直径 $d_{d1}=140$ mm，大带轮直径 $d_{d2}=400$ mm，运输带的速度 $v=0.3$ m/s。为提高生产率，拟在运输机载荷不变(即拉力 F 不变)的条件下，将运输带的速度提高到 $v=0.42$ m/s。有人建议将大带轮直径减小为 $d_{d2}=280$ mm 来实现这一要求。试仅就带传动讨论这个建议是否合理。

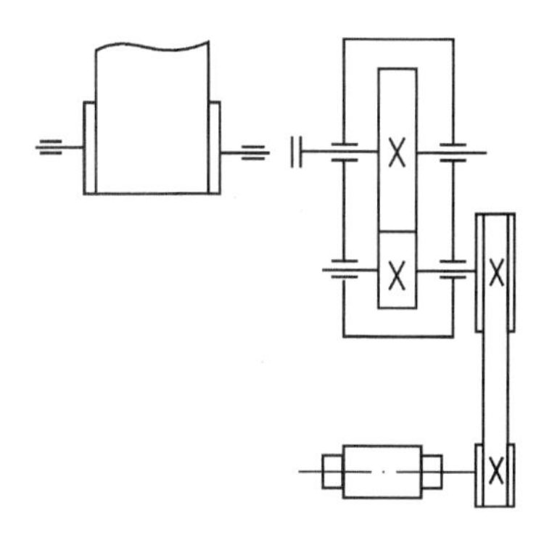

图 4-33 习题 4-26 用图

4-27 V 带传动，已知小带轮为主动轮，直径 $d_{d1}=140$ mm，转速 $n_1=960$ r/min；大轮直径 $d_{d2}=425$ mm；V 带传动的滑动率 $\varepsilon \approx 0.015$。求大轮转速 n_2。

4-28 已知一 V 带传动，传递的功率 $P=10$ kW，带速 $v=12.5$ m/s，紧边拉力是松边拉力的三倍。求有效拉力 F_t 和紧边拉力 F_1。

4-29 设单根 V 带所能传递的最大功率 $P=4.2$ kW，已知主动轮直径 $d_{d1}=160$ mm，转速

$n_1=1\ 500$ r/min，包角 $\alpha_1=140°$，带与带轮间的当量摩擦因数 $\mu_e=0.2$。求有效拉力 F 和紧边拉力 F_1。

4-30　有一横截面直径为 6.5 mm 的无端圆形带传动，两带轮节圆直径分别为 $d_{d1}=25$ mm，$d_{d2}=50$ mm，中心距 $a=100$ mm，带的许用拉应力$[\sigma]=8$ N/mm^2。若 I 轮为主动轮，其转速 $n_1=100$ r/min，假设带与带轮之间的摩擦因数 $\mu=0.3$，忽略离心力的影响。求该圆形带所能传递的功率 P。

4-31　有一平型带传动，传递的功率 P 为 7.5 kW。用 $n_1=1\ 200$ r/min 的原动机带动 $n_2=400$ r/min 的从动轴，中心距 $a=5$ m，主动轮直径 $d_{d1}=300$ mm，忽略带厚，摩擦因数 $\mu=0.2$。求从动轮直径 d_{d2}、带速 v、包角 α_1 和紧边拉力 F_1。

4-32　V 带传动主动轴转速 $n_1=1\ 750$ r/min，从动轴转速 $n_2=600$ r/min，传递的功率 $P=1.5$ kW。假设带速 $v=20$ m/s，中心距 $a=1.28$ m，摩擦因数 $\mu=0.2$。求带轮直径 d_{d1}、d_{d2}、带节线长度 L'_d 和初拉力 F_0。

4-33　有一 A 型 V 带传动，其中心距 $a\approx450$ mm，小轮直径 $d_{d1}=100$ mm，大轮直径 $d_{d2}=250$ mm。求 V 带的节线长度 L'_d 和小带轮包角 α_1。

4-34　已知一个 V 带传动，中心距 $a\approx800$ mm，转速 $n_1=1\ 460$ r/min，$n_2=650$ r/min，主动轮直径 $d_{d1}=180$ mm，B 型带三根，棉帘布结构，载荷平衡，两班制工作。试求此 V 带传动所能传递的功率 P。

4-35　设计如图 4-28 所示带式运输机中 V 带传动，采用鼠笼式电动机驱动。已知 V 带传动传递的功率 $P=6.5$ kW，$n_1=960$ r/min，$n_2=320$ r/min，每日工作 16 h，并绘制大带轮的零件工作草图(设安装大带轮处轴径 $d_0=30$ mm)。

4-36　同步带传动与 V 带转动比较有哪些异同?

4-37　同步带传动设计中要注意哪些问题?

第5章　滑动轴承

滑动轴承作为机械支承在机械中应用十分广泛，主要由轴颈和轴瓦两个主要部分组成。轴颈与轴瓦在工作中做相对运动，用于不同运动状态零部件间的支承。由于该类支承的摩擦状态属于滑动摩擦，所以称为滑动轴承。滑动轴承的设计目的主要是要在安全承载的同时减小摩擦和降低磨损。当支撑中设计有滚动体时，其摩擦状态是滚动摩擦状态，被称为滚动轴承。滚动轴承的设计将在第8章介绍。本章介绍滑动轴承及其设计方法。

5.1　滑动轴承的特点与选材

1. 滑动轴承的工作状态

滑动轴承是以相对运动的两表面(常为柱面、平面或球面)为核心的支承组件。两表面间构成滑动副，接触状态常具有低副特征，工作时承担的载荷可全部或部分通过轴承间的润滑介质传递，有时则直接通过轴颈和轴瓦的接触传递。依据轴颈和轴瓦的摩擦状态，滑动轴承的工作状态一般可分为非流体润滑状态(混合摩擦状态)和流体润滑(摩擦)状态。

2. 滑动轴承的材料和分类

(1) 滑动轴承的材料及性能比较

滑动轴承的轴颈部分通常设计加工于轴上，即为轴的一部分，且该局部表面加工质量要求较高；与轴颈接触的轴瓦，根据工况要求可选用铜、锡、铝及锑等有色金属合金材料或非金属材料制造。滑动轴承对材料的主要要求是针对其磨损、疲劳损坏及工业因素导致结构损坏等失效形式考虑的。常用滑动轴承材料性能及适用范围如表5-1所列，性能比较如表5-2所列。

表5-1　滑动轴承常用材料性能及适用范围

<table>
<tr><th colspan="2">轴承材料</th><th colspan="4">最大容许值</th><th rowspan="2">轴径最小硬度HB</th><th rowspan="2">适用范围</th></tr>
<tr><th>名称</th><th>牌　号</th><th>[p]/MPa</th><th>[v]/($m \cdot s^{-1}$)</th><th>[pv]/($MPa \cdot m \cdot s^{-1}$)</th><th>t/℃</th></tr>
<tr><td rowspan="4">锡基轴承合金</td><td rowspan="4">ZSnSb11Cu6
ZSnSb8Cu4</td><td colspan="3">平稳载荷</td><td rowspan="4">150</td><td rowspan="4">150</td><td rowspan="4">适用于高速重载工况的重要轴承，变载下易于疲劳，如汽轮机、大于750 kW电动机、内燃机及机床高速主轴等的轴承</td></tr>
<tr><td>20(40)</td><td>80</td><td>20
(100)</td></tr>
<tr><td colspan="3">冲击载荷</td></tr>
<tr><td>20</td><td>60</td><td>15</td></tr>
<tr><td rowspan="3">铅基轴承合金</td><td>ZPbSb16Sn16Cu2</td><td>12</td><td>12</td><td>12(50)</td><td rowspan="3">150</td><td rowspan="3">150</td><td rowspan="3">适用于中载中速及变载工况的轴承，不宜受冲击，如车床、发电机、压缩机及轧钢机等的轴承</td></tr>
<tr><td>ZPbSb15Sn5</td><td>5</td><td>8</td><td>5</td></tr>
<tr><td>ZPbSb15Sn10</td><td>20</td><td>15</td><td>15</td></tr>
</table>

续表 5-1

轴承材料		最大容许值				轴径最小硬度 HB	适用范围
名称	牌　号	[p]/MPa	[v]/(m·s^{-1})	[pv]/(MPa·m·s^{-1})	t/℃		
锡青铜	ZCuSn10P1	15	10	15	280	200	适用于中速重载及变载工况的轴承
	ZCuSn5Pb5Zn5	5	3	10			适用于中速中载工况的轴承，如减速器、起重机及机床一般主轴的轴承
铅青铜	ZCuPb30	25	12	30(90)	280	300	适用于高速轴承，能承受变载和冲击，如精密机床主轴轴承
铝青铜	ZCuAl10Fe3	15	4	12	150	200	最宜用于润滑充分的低速重载轴承
黄铜	ZCuZn16Si4	12	2	10	200	200	适用于低速中载轴承，如起重机、挖土机及破碎机等的轴承
	ZCuZn38Mn2Pb2	10	1	10			
铝合金	2%铝锡合金	28～35	14		140	300	适用于高速中载轴承，如增压强化柴油机轴承
灰铸铁	HT150	4	0.5		163～241	大于铸铁硬度20～40	适用于低速轻载、工作要求不高的轴承
	HT200	2	1				
	HT250	0.1	2				
非金属材料	酚醛塑料	40	12	0.5	110		适用于耐水、酸工况，抗振性好；重载时需用水或油充分润滑，吸水易膨胀，轴承间隙宜大些
	尼　龙	7	5	0.1	110		摩擦因数小，自润滑性好，水润滑最好；导热性差，吸水易膨胀
	聚四氟乙烯	3.5	0.25	0.035	280		摩擦因数小，自润滑性好，低速无爬行，耐化学腐蚀
	碳-石墨	4	12	0.5	420		自润滑性好，耐高温，耐化学腐蚀，热膨胀系数低

表 5-2　金属滑动轴承材料的性能比较

轴承材料	性能比较						备　注
	抗胶合性	顺应性	嵌藏性	耐腐蚀性	耐疲劳性	耐高温性	
锡基轴承合金	☆☆☆☆☆	☆☆☆☆☆	☆☆☆☆☆	☆☆☆☆☆	☆	☆☆	成本较高
铅基轴承合金	☆☆☆☆☆	☆☆☆☆☆	☆☆☆☆☆	☆☆☆	☆	☆☆	可替代锡基轴承合金
锡青铜	☆☆☆	☆	☆	☆☆☆☆☆	☆☆☆☆☆	☆☆☆	
铅青铜	☆☆☆	☆☆	☆☆	☆☆	☆☆☆☆	☆☆☆☆	抗冲击性较好

续表 5-2

轴承材料	性能比较						备　注
	抗胶合性	顺应性	嵌藏性	耐腐蚀性	耐疲劳性	耐高温性	
铝青铜	☆	☆	☆	☆	☆☆	☆☆☆	需充分润滑
黄　铜	☆☆☆	☆	☆	☆☆☆☆☆	☆☆☆☆☆	☆☆☆☆	
灰铸铁	☆☆	☆	☆	☆☆☆☆☆	☆☆☆☆☆	☆☆☆☆	成本低

注:"☆"多表示性能优势大。

滑动轴承轴瓦材料应满足以下设计要求:

① 足够的强度,包括抗压强度、疲劳强度和抗冲击能力。

② 良好的塑性、顺应性和嵌藏性。一般弹性模量低的材料塑性较好,且顺应性、嵌藏性好。这些材料常可在一定程度上补偿由于各种原因引起的几何误差,并可具有良好的嵌藏微粒的能力,使轴瓦因擦伤或磨损而失效的可能性降低。

③ 减摩耐磨性能优良,即设计结果应使其摩擦因数较低,抵抗磨损能力较强,同时使滑动轴承保持较高的抗胶合性能。

④ 抗腐蚀性、热性能、工艺性和经济性良好。

滑动轴承轴瓦材料的摩擦学性能要求较高,加工精度要求较高,工艺复杂,故价格较高。因此在滑动轴承设计中,常将轴瓦与轴承座分开加工,轴瓦内部常开有油腔、油槽,以保证润滑剂能更好地分布于承载面上,如图 5-1 所示。为改善轴瓦表面的摩擦学性能,降低成本,其内表面上常设计有一层或多层轴承衬。轴瓦可安装于轴承座中,也可直接浇注于轴承座内孔的孔壁上再进行整体加工,见图 5-2。

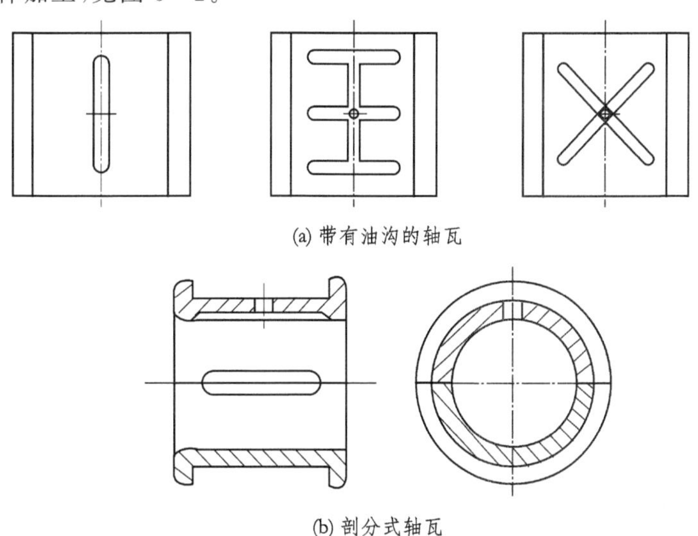

(a) 带有油沟的轴瓦

(b) 剖分式轴瓦

图 5-1　轴瓦结构

(2) 滑动轴承的分类

滑动轴承的分类多以承载方式、轴瓦结构和摩擦状态分类。

依据滑动轴承承载方向不同,主要可分为三类:径向滑动轴承——主要承担径向载荷;轴向滑动轴承——主要承担轴向载荷；组合型滑动轴承——可同时承担轴向和径向载荷，如图 5－3 所示。

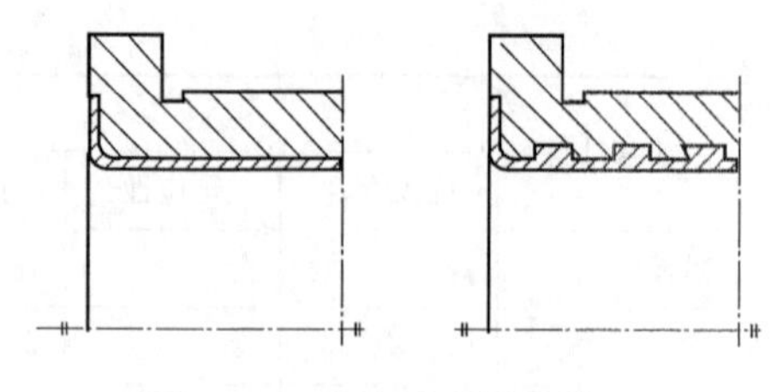

图 5－2　浇注滑动轴承轴瓦

组合型滑动轴承又可分为径向和轴向滑动轴承、自动调心滑动轴承。前者是由径向和轴向滑动轴承组合而成的，其轴向承载部分和径向承载部分相对独立，常共用供油系统；其各部分也分别针对各自的承载要求设计。自动调心滑动轴承的轴颈和轴瓦被设计成球面，一般轴向承载能力不高；但当轴或轴承座在工作中产生较大角向偏移时，这种滑动轴承可实现自位调整，使其对工作状态的自适应性增强。

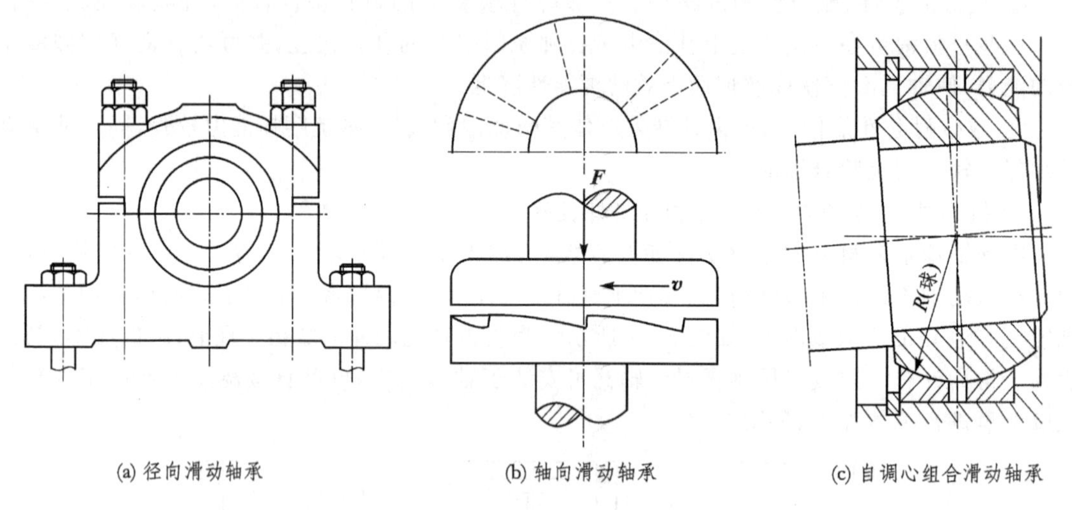

(a) 径向滑动轴承　　(b) 轴向滑动轴承　　(c) 自调心组合滑动轴承

图 5－3　滑动轴承基本形式

依据不同的轴瓦结构，滑动轴承的加工和安装方式也不同，其可被分为整体式滑动轴承——轴瓦加工成柱状孔；剖分式滑动轴承——轴瓦单独加工或与轴承座一起加工。整体式滑动轴承结构简单，加工容易；但轴颈只能沿轴向安装，表面磨损造成间隙过大时，须对材料进行补充后重新加工，修复工期长。剖分式滑动轴承安装方便，对诸如曲轴等复杂形状轴类的支承安装简便易行，磨损后的修复也可采用去除剖分面部分材料后重新加工内孔的方法进行。整体式、剖分式滑动轴承结构如图 5－4 所示。

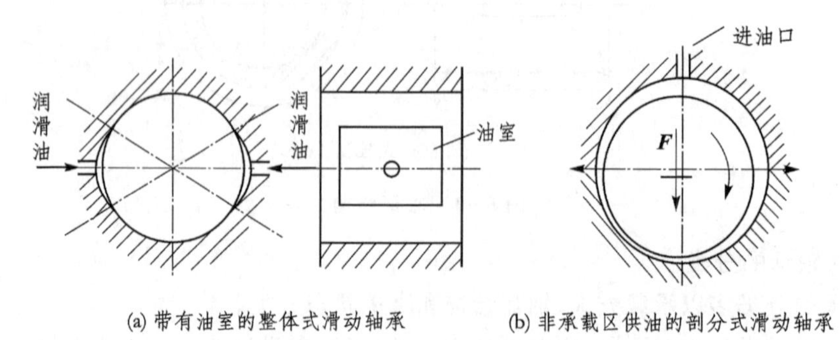

(a) 带有油室的整体式滑动轴承　　(b) 非承载区供油的剖分式滑动轴承

图 5－4　整体式、剖分式滑动轴承

依据滑动轴承的摩擦状态不同，可将其分为混合摩擦状态滑动轴承、流体润滑滑动轴承和固体润滑滑动轴承。工业中大量滑动轴承在工作中处于混合摩擦状态，工作面虽有润滑剂润滑，但轴颈与轴瓦间的润滑剂未能将摩擦表面完全分开，相对运动表面间时有接触。这类轴承通常工作于运转精度要求不高的工况，设计简单。固体润滑轴承多用于不允许任何油污污染或无法用流体润滑剂稳定润滑的工况，如某些食品机械、航天机械装置等。流体润滑轴承要求摩擦表面在工作过程中以动压或静压方式用润滑剂完全分离，其摩擦特性及承载能力通过该润滑流体实现，从而使流体润滑轴承具备摩擦小，精度高，寿命长等优点；但其设计和加工工艺较为复杂。

在滑动轴承设计中，一般为保证轴承的供油条件、摩擦学性能和承载能力，在轴瓦上开有供油孔和油沟。设计时应注意将供油孔和油沟加工在非载荷区。金属材料一般强度较高，而非金属材料常有减摩性好的特点，部分材料如石墨、聚四氟乙烯等还具有良好的自润滑性能。用粉末冶金材料可以制成含油轴承，可在某些特殊工况下使用。

5.2　滑动轴承设计

滑动轴承的设计准则是根据其工作状态确定的。对于非流体润滑状态的滑动轴承，或称混合摩擦状态的滑动轴承，主要是保证其轴瓦材料的正常工作；对于流体润滑状态滑动轴承，设计重点则主要集中于如何在给定的工况下，构造具有合理几何特征的轴颈和轴瓦，使之能在工作过程中依赖流体内部的静动压力形成完整的润滑膜承载。下面就以上两种情况分别讨论。

5.2.1　混合摩擦状态滑动轴承的设计准则

对于非流体润滑、混合润滑和固体润滑状态工作的滑动轴承，常用限制性计算条件来保证其使用功能。此设计条件也可作为流体润滑轴承的初步设计计算条件。

1. 轴承承载面平均压强的设计计算

由于过大的表面压强将对材料表面强度构成威胁，并会加速轴承的磨损，因此在设计中应满足

$$p=\frac{F}{A}\leqslant[p] \tag{5-1}$$

式中：p——轴承承载面上平均压强，MPa；

F——轴承承载力，N；

A——轴承承载面积，mm^2；

$[p]$——轴承材料的许用压强，MPa，见表5-1。

对于一般只能承担径向载荷的径向滑动轴承，如图5-3所示，式(5-1)可写成

$$p=\frac{F}{D\cdot B} \tag{5-2}$$

式中：F——轴承径向承载力，N；

D——轴承直径，mm；

B——轴承宽度，mm。

$D\cdot B$——承载面在 $\boldsymbol{F}$ 方向上的投影面积。

推力轴承一般仅能承担轴向载荷，见图 5－3(b)，对于环形瓦推力轴承有

$$p=\frac{F}{\frac{\pi}{4}(D_2^2-D_1^2)} \tag{5-3}$$

式中：F——轴承轴向承载力，N；

D_2 和 D_1——轴承承载环面外径和内径，mm。

在设计滑动轴承时，可用式(5－1)、式(5－2)和式(5－3)计算轴承的几何尺寸。

2. 滑动轴承摩擦热效应的限制性计算

滑动轴承工作时，其摩擦效应引起温度升高，摩擦热量的产生与单位面积上的摩擦功耗成正比，而轴承承载面压强 p 与速度 v 的乘积通常用来表征滑动轴承的摩擦功耗，称为 pv 值。滑动轴承设计中，用限制 pv 值的办法，控制其工作温升，其设计准则为

$$pv\leqslant[pv] \tag{5-4}$$

式中：p——轴承承载面上平均压强，MPa，对于径向和推力轴承，按式(5－2)和式(5－3)计算；

v——轴承承载面平均速度，m/s，计算公式为

$$v=\pi Dn \tag{5-5}$$

式中：D 为轴承平均直径(m)，n 为轴颈与轴瓦的相对转速(r/s)；

$[pv]$——轴承许用 pv 值，MPa·m/s，见表 5－1。

这样，式(5－4)也可写为

$$pv=\frac{Fn\pi}{60\times1\,000\times B}=\frac{Fn}{2\times10^4B}\leqslant[pv] \tag{5-6}$$

式中：F——轴承承载力，N。

3. 轴承最大相对滑动速度的条件性计算

非流体润滑状态工作的滑动轴承，其工作表面部分处于相互接触的工作状态，当相对滑动速度很高时，其工作表面将很快磨损，因此此项计算对于轻载高速轴承尤为重要。设计准则为

$$v\leqslant[v] \tag{5-7}$$

式中：v——轴承承载面最大相对线速度，m/s；

$[v]$——轴承许用线速度，m/s。

4. 滑动轴承的几何参数

滑动轴承的轴颈和轴瓦间的间隙大小，对滑动轴承的工作性能有明显影响。滑动轴承的间隙大小用相对间隙 ψ 表示为

$$\psi=\frac{\delta}{r} \tag{5-8}$$

式中：δ——轴承半径间隙，即轴瓦与轴颈的半径差，mm；

r——轴承半径，mm。

轴承间隙较大时，轴承承载力和运转精度下降，摩擦较小，温升较低；轴承间隙较小时，轴承运转精度较高，承载力较高，但摩擦功耗及温升较大。滑动轴承设计时，ψ 常在 0.004～0.012 间取值。

滑动轴承的径向尺寸和宽度尺寸的比值称为宽径比 B/D，有时写成 L/D，轴承宽度较小时，会使润滑剂易沿轴向泄漏，不易保持于承载区，因此滑动轴承的宽径比不易过小，常推荐在 0.5～1.5 间取值。径向轴承径向配合推荐优先选用$\frac{H9}{d9}$和$\frac{H8}{f7}$及$\frac{D9}{h9}$和$\frac{F8}{h7}$。

例 5-1　某旋转轴支承，采用滑动轴承设计，工作于混合摩擦状态。已知：轴颈直径 $D=50$ mm，轴承宽 $B=52$ mm，轴承径向最大载荷 $F=35$ kN，轴转速 $n=400$ r/min，轴瓦材料为 ZCuSn10P1。试校核该滑动轴承。

分　析　该轴承按混合摩擦状态滑动轴承设计，应满足表面强度、耐磨性、温升和最高限速的要求。

解　由题意知：$F=35$ kN，$D=50$ mm，$B=52$ mm。由表 5-1 可查得：$[p]=15$ MPa，$[pv]=15$ MPa·m/s，$[v]=10$ m/s。

1）平均压强的验算

根据式(5-1)或式(5-2)，设计应满足 $p=\dfrac{F}{D \cdot B}\leqslant[p]$。

$$p=\frac{F}{D \cdot B}=[35\ 000/(50\times 52)]\ \text{MPa}=13.46\ \text{MPa}$$

$p<[p]$，滑动轴承满足许用压强要求。

2）限制 pv 值的计算

将式(5-5)代入式(5-4)，得设计应满足的公式为 $pv=p(\pi Dn)\leqslant[pv]$。

又 $p=13.46$ MPa，所以

$$pv=p(\pi Dn)=(13.46\times 3.14\times 50\times 400/60)\ \text{kPa}\cdot\text{m/s}=$$
$$14\ 088\ \text{kPa}\cdot\text{m/s}\approx 14\ \text{MPa}\cdot\text{m/s}$$

$pv<[pv]$，滑动轴承满足 pv 值要求。

3）轴承最大相对滑动速度的验算

根据式(5-7)，设计应满足 $v\leqslant[v]$。由式(5-5)得

$$v=\pi Dn=(3.14\times 50\times 400/60)\ \text{mm/s}=1\ 047\ \text{mm/s}=1\ \text{m/s}$$

$v<[v]$，滑动轴承满足最大滑动速度要求。

结　论　该滑动轴承经校核，满足混合摩擦状态滑动轴承的设计准则，预计可以安全工作。

5.2.2　流体润滑状态滑动轴承的设计

流体润滑状态滑动轴承是指在稳定运转时，其轴颈与轴瓦被润滑剂完全分隔，工作于无相互接触工作状态的滑动轴承。

1. 滑动轴承形成流体动力润滑的条件

滑动轴承相对运动表面间的流体，在其工作过程中，承受着轴承的全部载荷。轴承的工作状态如相对运动表面间的相对滑动速度或转速，润滑剂的化学物理性能如黏度，滑动轴承承载区域的几何形状，即滑动间隙或润滑介质所在空间的几何特征以及轴承材料的加工状况等因素，不仅对设计结果有直接影响，而且对设计和加工工艺要求较高。

实现流体润滑主要有两种方式：一是静压方式，即将流体直接泵入承载区承载；二是动压方式，即利用轴承相对运动表面的特殊形状和运动条件，使轴承间隙中的润滑剂形成压力承

载。通常状态下，动压轴承的设计和工艺条件应满足如下几方面的要求，才可使流体润滑的实现成为可能。

条件1：滑动轴承相对运动表面间在承载区可以构成楔形空间，且其运动将使该区域内的流体从宽阔处流向狭窄处，即从大口流向小口，或使承载区体积有减小的趋势。

条件2：有充足的流体供给，且其具有一定的黏度。

条件3：相对运动表面间的最小间距，即最小流体膜厚度 h_{min} 大于两表面不平度之和，以使滑动表面间不发生直接接触。

2. 流体动压润滑轴承承载流体膜的力学方程

流体动压润滑轴承依赖承载区流体膜承载。承载区流体在相对运动表面间形成压力，如上所述，该压力分布与间隙形状、流体物化性质及轴承表面的运动状态和几何特征有关。滑动轴承要正常工作，必须具备一定的承载能力、较小的摩擦功耗或较小的温升，并且按流量要求供给流体，而这些设计参数均取决于在给定工况下，承载膜内流体的力学表现。下面将对流体动压润滑轴承承载流体膜内的力学特征进行讨论。

(1) 一维流体润滑力学基本方程

根据滑动轴承的结构特点和工作状况分析，可将滑动轴承的承载区域简化为两非平行平板，如图5-5所示，其间流体的运动条件满足如下假设：

- 两板沿 z 向平行，上板沿 x 正向以速度 $\boldsymbol{u}$ 运动，下板静止，其间充满连续流体。
- 流体和上下表面接触层的运动状态与该表面相同，即速度相同。
- 流体处于层流状态，即满足式(0-23)。
- 流体惯性力和重力是其内部动压力的高阶小量，可以忽略不计。
- 滑动轴承的结构对于 xOy 平面对称，即在 xOy 内流体不具有 z 向流动。事实上，当轴承的 z 向尺寸较大时，可以认为在 $-z_0<z<z_0$ 区间内流体无 z 向流动；否则，当 $z>0$ 时，将存在压力流 $\boldsymbol{\omega}>0$。
- 滑动轴承润滑剂为流体，且工作过程中压力变化范围不大，认为其具有不可压缩性，且其压力的变化对黏度的影响可以忽略。
- 由于流体膜很薄，因此压力沿膜厚方向变化不大，可以忽略。

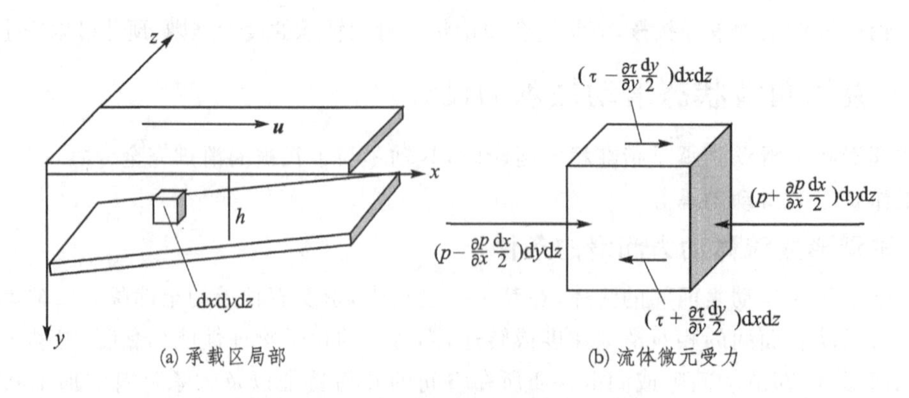

图5-5　滑动轴承承载区和受力流体微元

在 xOy 内取流体微元 $dxdydz$，其各面受力如图5-5(b)所示，设微元中心点压强为 p，

中心点所在平面内剪力为τ，由

$$\sum F_x = 0$$

有

$$\left(p - \frac{\partial p}{\partial x}\frac{\mathrm{d}x}{2}\right)\mathrm{d}y\mathrm{d}z - \left(p + \frac{\partial p}{\partial x}\frac{\mathrm{d}x}{2}\right)\mathrm{d}y\mathrm{d}z + \left(\tau - \frac{\partial \tau}{\partial y}\frac{\mathrm{d}y}{2}\right)\mathrm{d}x\mathrm{d}z - \left(\tau + \frac{\partial \tau}{\partial y}\frac{\mathrm{d}y}{2}\right)\mathrm{d}x\mathrm{d}z = 0 \tag{5-9}$$

式中：$p=p(x)$——流体压强；

$\tau=\tau(y)$——流体各层间由于运动引起的剪力。

整理式(5-9)得到

$$\frac{\partial p}{\partial x} + \frac{\partial \tau}{\partial y} = 0 \tag{5-10}$$

将式(0-23)代入式(5-10)，得到

$$\frac{\partial p}{\partial x} = \eta \frac{\partial^2 u}{\partial y^2} \tag{5-11}$$

已知

$$\left.\begin{aligned} u\,|_{y=0} &= u \\ u\,|_{y=h} &= 0 \end{aligned}\right\} \tag{5-12}$$

且$\frac{\partial p}{\partial x}$与$y$无关，将式(5-11)对$y$积分，代入边界条件式(5-12)，得到流体微元速度分布函数为

$$u = \frac{u}{h}(h-y) + \frac{1}{2\eta}\frac{\partial p}{\partial x}(y-h)y \tag{5-13}$$

当滑动轴承承载区内有动压时，设最大压力处轴承间隙为h_0，即$h=h_0$。在h_0处有

$$\frac{\partial p}{\partial x} = 0$$

且该处速度沿膜厚方向分布呈三角形，又因x方向流量为常数，因而有x方向流量为

$$q_x = q_x\,|_{h=h_0} \tag{5-14}$$

而

$$\begin{aligned} q_x &= \int_0^h u\,\mathrm{d}y = \int_0^h \left[\frac{u}{h}(h-y) + \frac{1}{2\eta}\frac{\partial p}{\partial x}(y-h)y\right]\mathrm{d}y \\ &= \left[uy - \frac{u}{h}\frac{1}{2}y^2 + \frac{1}{6\eta}\frac{\partial p}{\partial x}y^3 - \frac{1}{4\eta}\frac{\partial p}{\partial x}hy^2\right]_0^h \\ &= \frac{uh}{2} - \frac{1}{12\eta}\frac{\partial p}{\partial x}h^3 \end{aligned} \tag{5-15}$$

所以

$$q_x\,|_{h=h_0} = \frac{u}{2}h_0 \tag{5-16}$$

将式(5-15)和式(5-16)代入式(5-14)，得到

$$\frac{h^3}{6\eta}\frac{\partial p}{\partial x} = u(h-h_0) \tag{5-17}$$

式中：$h=h(x)$。

式(5－17)给出了流体压力沿 x 方向的变化量与流体间隙函数 $h(x)$、轴承表面速度 u 及流体黏度 η 之间的关系。可以看出，流体压力变化与间隙函数关系密切。式(5－17)即表达了相对运动表面间流体的力学特征，被称为流体润滑力学方程。

式(5－17)是雷诺于 1886 年首次推导的，且只考虑了流体沿 x 方向的流动，因此被称为一维雷诺方程。将式(5－17)对 x 微分，就得到一维雷诺方程的微分形式为

$$\frac{\partial}{\partial x}\left(\frac{h^3}{\eta}\frac{\partial p}{\partial x}\right)=6u\frac{\partial h}{\partial x} \tag{5-18}$$

方程推导中未考虑润滑剂 z 向流动，因而具有一定的局限性。

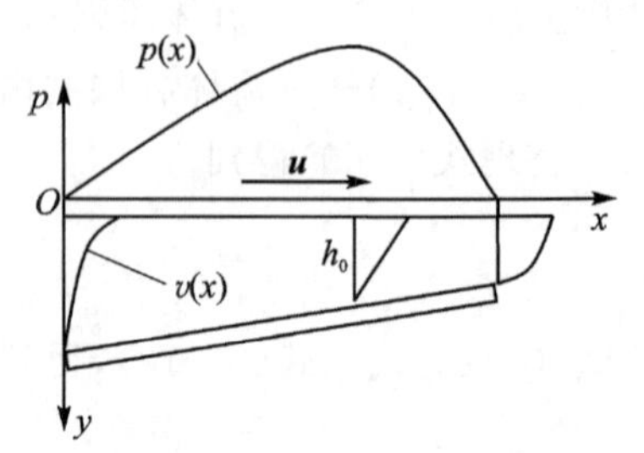

图 5－6　楔形间隙内流速与压力分布

(2) 径向滑动轴承形成流体动压润滑条件的力学解释

对于图 5－5 所示的两板间流体润滑状况，在 xOy 面内，$u>0$ 时，$p(x)$ 在 $h=h(x)$ 不同区域内的压力变化情况，压力分布曲线如图 5－6 所示；大气压力供油时，$p(x)\leqslant 0$，有 $p(x)\equiv p_0=0$。$p(x)$ 与 p 随 $h(x)$ 和 u 的变化关系列于表 5－3 中。

表 5－3　$p(x)$ 与 $\frac{\partial p}{\partial x}$ 随 $h(x)$ 和 u 的变化关系

状态/区间	$h(x)>h_0$	$h(x)=h_0$	$h(x)<h_0$
$u>0$	$\frac{\partial p}{\partial x}>0$	$\frac{\partial p}{\partial x}=0$	$\frac{\partial p}{\partial x}<0$
	$p(x)$增	$p(x)=p_{\max}(x)$	$p(x)$减
$u<0$	$\frac{\partial p}{\partial x}<0$	$\frac{\partial p}{\partial x}=0$	$\frac{\partial p}{\partial x}>0$
	$p(x)=0$	$p(x)=0$	$p(x)=0$

从图 5－6 和表 5－3 中可以看出，两相对运动表面间形成动压的必要条件，可从润滑力学方程中获得解释：① 两表面间在速度方向上构成的间隙是变化的，即 $h(x)\neq$ 常数；② 两表面的运动速度使该间隙中的润滑流体从宽阔一侧流向狭窄一侧，即 $u\cdot\frac{\partial h}{\partial x}<0$；③ 在该间隙区间内有充足的润滑剂供给，且在设计间隙的几何形状、表面运动速度及流体黏度等条件适合的情况下，该间隙内将可产生流体压力，当两板间最小距离或称最小膜厚大于两表面的表面粗糙度之和时，将可形成足够大的动压，此时滑动轴承处于流体润滑状态。

(3) 雷诺方程的其他形式

1) 二维流体润滑力学方程

对于一般微元，同理可以得到式(5－13)及表达式(5－19)：

$$w(z)=\frac{1}{2\eta}\frac{\partial p}{\partial z}y(y-h)+\left(\frac{h-y}{h}\right)w \tag{5-19}$$

对式(5－13)和式(5－19)积分，可得单位宽度上的流量式(5－15)及式(5－20)：

$$q_z=\int w\,\mathrm{d}y=\frac{1}{2}wh-\frac{h^3}{12\eta}\frac{\partial p}{\partial z} \tag{5-20}$$

根据不可压流体连续方程

$$\frac{\partial u}{\partial x}+\frac{\partial v}{\partial y}+\frac{\partial w}{\partial z}=0 \tag{5-21}$$

考虑在润滑膜内流量连续，即

$$\int_0^h\left(\frac{\partial u}{\partial x}+\frac{\partial v}{\partial y}+\frac{\partial w}{\partial z}\right)\mathrm{d}y=0 \tag{5-22}$$

又因为

$$\int_0^h \frac{\partial}{\partial x}f(x,y,z)\mathrm{d}y=\frac{\partial}{\partial x}\int_0^h f(x,y,z)\mathrm{d}y-f(x,y,z)\frac{\partial h}{\partial x} \tag{5-23}$$

则当 $w|_{y=0}=w|_{y=h}=0,\dfrac{\partial h}{\partial z}=0$ 时，有

$$\frac{\partial}{\partial x}\left(\frac{h^3}{\eta}\frac{\partial p}{\partial x}\right)+\frac{\partial}{\partial z}\left(\frac{h^3}{\eta}\frac{\partial p}{\partial z}\right)=6(u_1+u_2)\frac{\partial h}{\partial x}-12u_2\frac{\partial h}{\partial x}+12(v_2-v_1) \tag{5-24}$$

整理得

$$\frac{\partial}{\partial x}\left(\frac{h^3}{\eta}\frac{\partial p}{\partial x}\right)+\frac{\partial}{\partial z}\left(\frac{h^3}{\eta}\frac{\partial p}{\partial z}\right)=6(u_1-u_2)\frac{\partial h}{\partial x}+12(v_2-v_1) \tag{5-25}$$

当上下板无膜厚方向速度时，$v_1=v_2=0$，有

$$\frac{\partial}{\partial x}\left(\frac{h^3}{\eta}\frac{\partial p}{\partial x}\right)+\frac{\partial}{\partial z}\left(\frac{h^3}{\eta}\frac{\partial p}{\partial z}\right)=6(u_1-u_2)\frac{\partial h}{\partial x} \tag{5-26}$$

式(5－26)即为二维流体润滑力学方程，亦称为二维雷诺方程。

2）无限短轴承的雷诺方程

当 z 方向尺寸与 x 方向比较很小时，式(5－26)左边项

$$\frac{\partial}{\partial z}\left(\frac{h^3}{\eta}\frac{\partial p}{\partial z}\right)\gg\frac{\partial}{\partial x}\left(\frac{h^3}{\eta}\frac{\partial p}{\partial x}\right)$$

因而有

$$\frac{\partial}{\partial z}\left(\frac{h^3}{\eta}\frac{\partial p}{\partial z}\right)=6(u_1-u_2)\frac{\partial h}{\partial x} \tag{5-27}$$

式(5－27)适用于 z 向尺寸远小于 x 向尺寸的轴承。此类轴承被称为无限短轴承，式(5－27)被称为无限短轴承的雷诺方程。

3）无限长轴承的雷诺方程

对于 z 向尺寸很大，则压力沿 z 向的变化必然较小，此时式(5－26)左边项

$$\frac{\partial}{\partial z}\left(\frac{h^3}{\eta}\frac{\partial p}{\partial z}\right)\ll\frac{\partial}{\partial x}\left(\frac{h^3}{\eta}\frac{\partial p}{\partial x}\right)$$

这时的轴承被称为无限长轴承，对应的润滑力学方程近似为

$$\frac{\partial}{\partial x}\left(\frac{h^3}{\eta}\frac{\partial p}{\partial x}\right)=6(u_1-u_2)\frac{\partial h}{\partial x} \tag{5-28}$$

式(5－28)被称为无限长轴承的雷诺方程。

对于无限短轴承和无限长轴承，可根据式(5－27)和式(5－28)，积分得到其压力的解析表达，再进一步解算轴承的力学及其他工作性能。

二维雷诺方程式(5－26)的解算，须用数值方法，迭代求解。以差分法为例，其基本步骤如下：

① 将解域划分为若干网格；

② 将微分方程变换为差分方程；

③ 确定边界条件；

④ 确定初始条件；

⑤ 建立完备的解系，包括迭代方程组、边界条件和初始条件；

⑥ 编制程序解算。

3. 滑动轴承的性能计算

滑动轴承的主要性能包括：承载能力、滑油流量、摩擦力和摩擦功耗、温升及稳定性等。由于这些性能均取决于滑动轴承的润滑力学状态，因此在解算时必须首先完成轴承润滑力学方程的解算，得到轴承压力分布

$$p=p(x,z)$$

由此，可对轴承性能作进一步解算。

(1) 润滑膜承载力的计算

滑动轴承通过润滑膜承载时，其承载力为

$$F=\int_S p\,\mathrm{d}S \tag{5-29}$$

式中：S——承载区。

(2) 滑油流量、摩擦力及摩擦功耗计算

润滑剂流量为

$$q'=\int_l q\,\mathrm{d}l \tag{5-30}$$

式中：l——承载区边界。

摩擦力为

$$F_\mu=\int_\Omega \tau\cdot R\,\mathrm{d}\Omega \tag{5-31}$$

式中：Ω——承载膜区。

摩擦功耗为

$$P_\mu=F_\mu\cdot u \tag{5-32}$$

(3) 温升计算

温升的公式为

$$\Delta T=\frac{F_\mu\cdot u}{c'_V\rho q_V} \tag{5-33}$$

式中：c'_V——比定容热容，J/(kg·℃)；

ρ——流体密度，kg/ m^3；

q_V——泄漏流量，dm^3/s。

一般润滑油 c'_V=1 680～2 100 J/(kg·℃)，ρ=850～900 kg /m^3。

4. 流体动压润滑径向(向心)轴承的设计

在流体动压润滑轴承的设计中，计算工作较为繁复，为简化设计过程，可将同类轴承归并，根据短轴承解给出的轴承特征，来决定轴承的设计性能及设计参数。

(1) 径向滑动轴承的性能参数

图5-7、图5-8和图5-9分别给出了轴承包角β为120°和180°时流体动压径向轴承的索氏数$So-\varepsilon$关系、$\varepsilon-\bar{q}_V$关系和$\varepsilon-\mu'$关系曲线(取自ISO/DIS 7902-2)。轴承运转平均温度一般不大于75～85 ℃,最小膜厚h_{min}不小于两表面不平度之和的2倍。图5-10给出了常用润滑油的温-黏关系曲线。

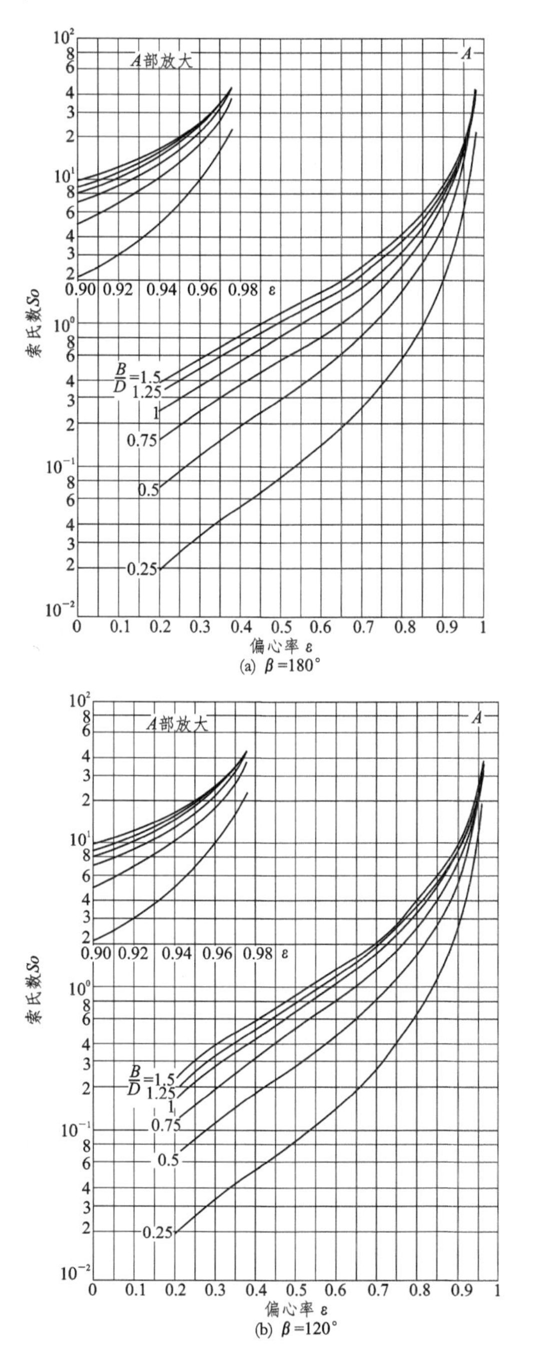

图5-7 流体动压径向轴承索氏数$So-\varepsilon$关系曲线

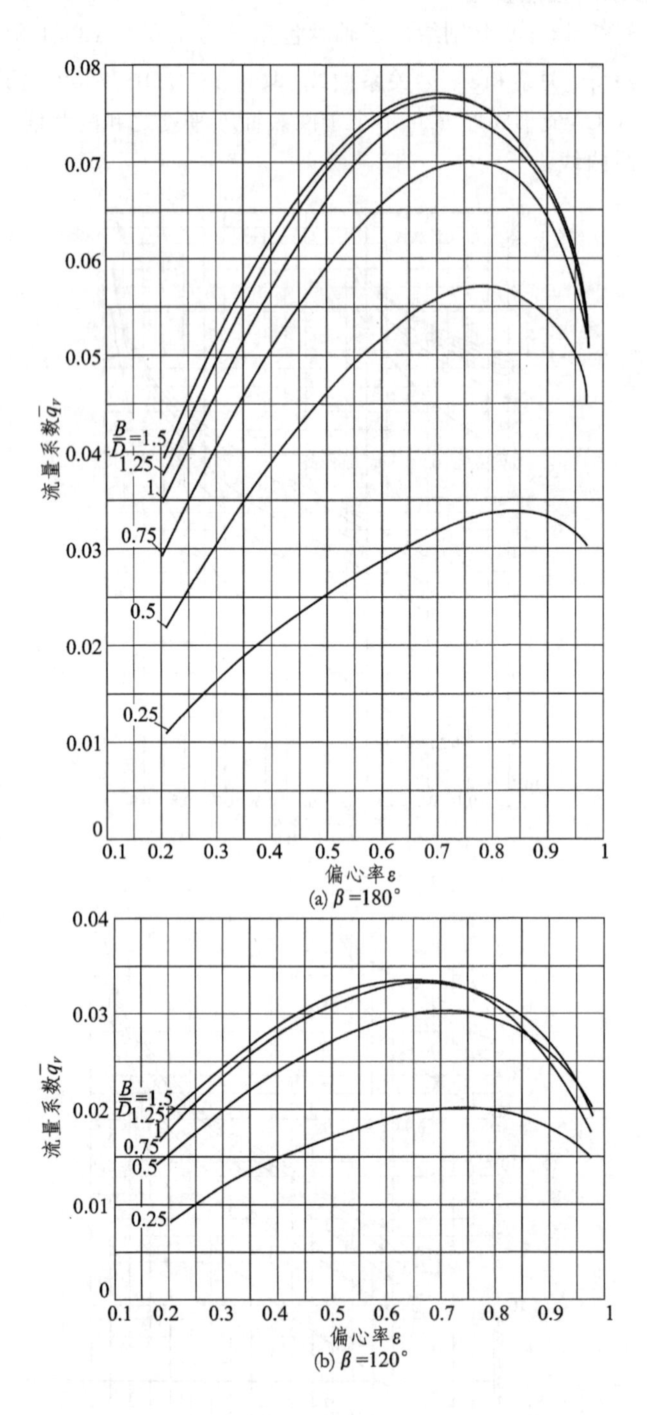

图 5-8　流体动压径向轴承 $\varepsilon-\bar{q}_V$ 关系曲线

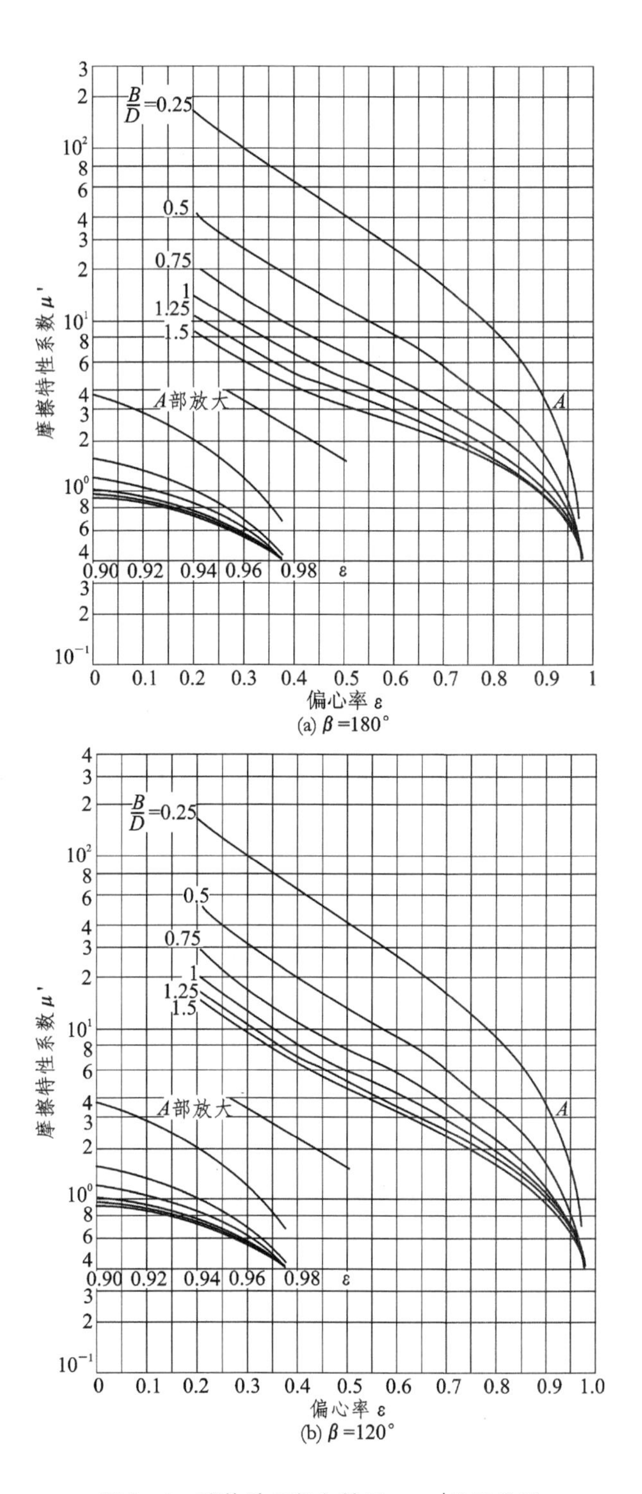

(a) β=180°

(b) β=120°

图 5-9　流体动压径向轴承 $\varepsilon-\mu'$ 关系曲线

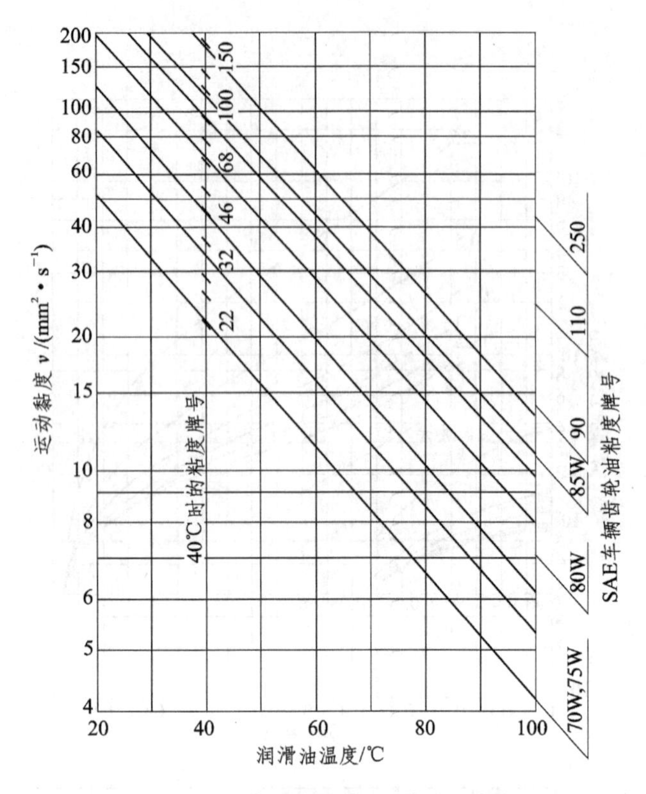

图 5-10　常用润滑油温-黏关系曲线

(2) 滑动轴承的简化计算

相对间隙为

$$\psi=\delta/r \tag{5-34}$$

式中：δ——轴承半径间隙，$\delta=R-r$，R 为轴瓦半径($R\approx r$)，mm；

r——轴承半径，mm。

偏心率为

$$\varepsilon=e/\delta=e/(R-r) \tag{5-35}$$

式中：e——偏心距，即滑动轴承中心与轴颈中心间的距离，mm。

最小间隙为

$$h_{\min}=\delta-e=r\psi(1-\varepsilon) \tag{5-36}$$

体积流量为

$$q_V=\psi D^3\omega\bar{q}_V \tag{5-37}$$

式中：$\bar{q}_V$——流量系数。

摩擦功耗为

$$P_\mu=\mu F\omega R=\mu'\psi F\omega R \tag{5-38}$$

式中：μ'——摩擦特性系数，$\mu'=\mu/\psi$。

平均温度为

$$t_{\mathrm{m}}=\frac{t_1+t_2}{2}=t_1+\frac{\Delta T}{2} \tag{5-39}$$

式中：t_1, t_2——轴承入口和出口温度

ΔT——温升，$\Delta T = t_2 - t_1$，计算见式(5-33)。

轴承数为

$$So = (F\psi^2)/(BD\eta\omega) \tag{5-40}$$

式中：[动力]黏度 η 与运动黏度 ν 的关系为 $\eta = \rho\nu$，ρ 为流体密度，kg/m^3。

(3) 滑动轴承的性能计算过程

滑动轴承的性能计算过程如图 5-11 所示，由 η 及工况条件 F, B, d, ω 和 ψ 得到 So，通过图 5-7 得到 ε，计算出最小油膜厚度和安全系数；然后由图 5-9 得到 μ' 后计算出功耗；再通过图 5-8 计算出温升和流量。简化计算公式参见式(5-33)～式(5-40)。

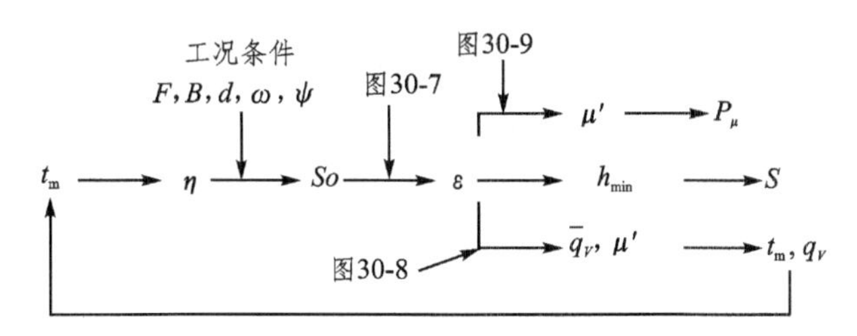

图 5-11　滑动轴承性能计算过程

例 5-2　某滑动轴承支承，拟采用流体动压方式润滑。已知：轴颈直径 $D = 60$ mm，轴承最大容许宽度 $B = 65$ mm，轴承径向最大载荷 $F = 38$ kN，轴颈旋转转速 $n = 1\ 500$ r/m。试选择轴瓦材料，并设计确定该滑动轴承的几何参数。

分　析　该流体润滑滑动轴承设计，可先按混合摩擦状态滑动轴承进行初步计算，作为选择材料的依据；然后再进行设计和校核计算。主要设计参数有：半径间隙、轴承宽度、流量、温升、功耗和安全性。

解

1) 初步计算和材料选择

由题意知：$F = 38$ kN，$D = 60$ mm，取设计宽度 $B = 60$(宽径比为 1)，轴承 180°承载。

① 平均压强计算：根据式(5-1)或式(5-2)，有

$$p = \frac{F}{D \cdot B} = [38\ 000/(60 \times 60)]\ \text{MPa} = 10.56\ \text{MPa}$$

② pv 值计算：根据式(5-4)和式(5-5)，有

$$pv = p(\pi D n) = (10.56 \times 3.14 \times 60 \times 1\ 500/60)\ \text{kPa} \cdot \text{m/s} = 49\ 716.7\ \text{kPa} \cdot \text{m/s} \approx 49.7\ \text{MPa} \cdot \text{m/s}$$

③ 最大相对滑动速度 v 计算：根据式(5-5)，有

$$v = \pi D n = (3.14 \times 60 \times 1\ 500/60)\ \text{mm/s} = 4\ 708\ \text{mm/s} = 4.71\ \text{m/s}$$

④ 材料选择：轴承材料由表 5-1 可查得 ZSnSb8Cu4 满足要求，其[p]，[pv]和[v]三项指标分别为：20 MPa，60 MPa·m/s 和 15 m/s。

润滑剂选择：预计工作温度 70 ℃；22 号机油的运动黏度 $\nu = 8$ mm^2/s；查有关手册，20 号机油流体密度 $\rho = 868$ kg/m^3。[动力]黏度为

$$\eta = \rho\nu = (8 \times 10^{-6} \times 868)\ \text{Pa} \cdot \text{s} \approx 7 \times 10^{-3}\ \text{Pa} \cdot \text{s}$$

2）几何参数选择和承载力计算

① 初步选择半径间隙：取 $\psi=0.002$，则依据式(5-34)，半径间隙为

$$\delta=\psi\times r=(0.002\times 60/2)\ \mathrm{mm}=0.12\ \mathrm{mm}$$

② 承载力下运转状态计算：依据式(5-40)，轴承数为

$$So=\frac{F\psi^2}{BD\eta\omega}=\frac{38\,000\times 0.002^2}{\frac{60}{1\,000}\times\frac{60}{1\,000}\times 7\times 10^{-3}\times 2\pi\times\frac{1\,500}{60}}=\frac{0.152}{0.003\,96}=38.97$$

偏心率 ε 由图 5-7(a)有 $\varepsilon=0.9$，最小膜厚由式(5-36)有

$$h_{\min}=\delta-e=r\psi(1-\varepsilon)=[60/2\times 0.002(1-0.9)]\ \mathrm{mm}=0.006\ \mathrm{mm}$$

3）设计流量计算

由式(5-37)，有体积流量 $q_V=\psi D^3\omega\bar{q}_V$，据图 5-8 及 $\varepsilon=0.9$，有 $\bar{q}_V=0.067$，则体积流量为

$$q_V=\psi D^3\omega\bar{q}_V=[0.002\times 60^3\times(2\pi\times 1\,500/60)\times 0.067]\ \mathrm{mm^3/s}=4\,554\ \mathrm{mm^3/s}$$

取 $q_V\approx 4.6\times 10^{-3}\ \mathrm{mm^3/s}$。

4）预计功耗和温升

由式(5-38)，摩擦功耗为

$$P_\mu=\mu F\omega R=\mu'\psi F\omega R$$

据图 5-9 及 $\varepsilon=0.9$ 有摩擦特性系数：$\mu'=1.2$，则摩擦功耗为

$$\begin{aligned}P_\mu&=F_\mu u=\mu'\psi F\omega R\\&=[1.2\times 0.002\times 38\,000\times(2\times\pi\times 1\,500/60)\times(60/2)/1\,000]\ \mathrm{W}\\&=4.3\times 10^2\ \mathrm{W}\end{aligned}$$

由式(5-33)，有轴承出口温升为

$$\Delta T=\frac{F_\mu u}{c'_V\rho q_V}$$

又 $F_\mu u=\mu'\psi F\omega R$，取 $c'_V=1\,800\ \mathrm{J/(kg\cdot{}^\circ C)}$，$\rho=868\ \mathrm{kg/m^3}$，则有

$$\begin{aligned}\Delta T&=\frac{F_\mu u}{c'_V\rho q_V}=\frac{1.2\times 0.002\times 38\,000\times 60/1\,000\pi\times 1\,500/60}{1\,800\times 868\times 0.004\,6\times 0.001}\ {}^\circ\mathrm{C}\\&=\frac{430}{7.2}\ {}^\circ\mathrm{C}=60\ {}^\circ\mathrm{C}\end{aligned}$$

平均温度为

$$\begin{aligned}t_m&=(t_1+t_2)/2=t_1+\Delta T/2=\\&(25+60/2)\ {}^\circ\mathrm{C}=55\ {}^\circ\mathrm{C}\end{aligned}$$

与预计温升相差不大，如有必要可按 1)～4)步重复核算。

5）安全性校核

滑动轴承研磨表面粗糙度为 0.32～0.64 μm，又 $h_{\min}>2\times 0.64\times 10^{-3}\ \mathrm{mm}$。

结　论　经初步计算该滑动轴承在其他条件满足的工况下可以形成动压润滑，预计可以安全工作。

5. 径向滑动轴承形成流体动压润滑的过程

径向滑动轴承形成流体动压润滑的过程一般可以分为三个阶段。以轴瓦静止径向滑动轴

承为例，第一阶段即启动阶段，轴静止时，由于轴上外载荷 $\boldsymbol{F}$ 的作用，轴与轴瓦处于部分接触状况；轴由动力驱动后，受转矩 $\boldsymbol{T}$ 作用沿 n_1 方向旋转，此时由于轴与轴瓦的接触，使轴在驱动力矩 $\boldsymbol{T}$、外载荷 $\boldsymbol{F}$ 和局部摩擦力 $\boldsymbol{F}_\mu$ 的共同作用下沿轴瓦上滚，如图 5-12(a)和(b)所示，轴心将在 $\boldsymbol{T}$ 作用下向右偏移。在启动阶段，轴的旋转使得轴与轴瓦间在轴承右上侧 180°范围内形成楔形收敛空间，轴颈表面的运动将流体不断裹入该区域，在流体膜内形成动压力，并使轴与轴瓦脱离接触，如图 5-12(b)所示，$\boldsymbol{F}_\mu$ 转化为流体剪切力。

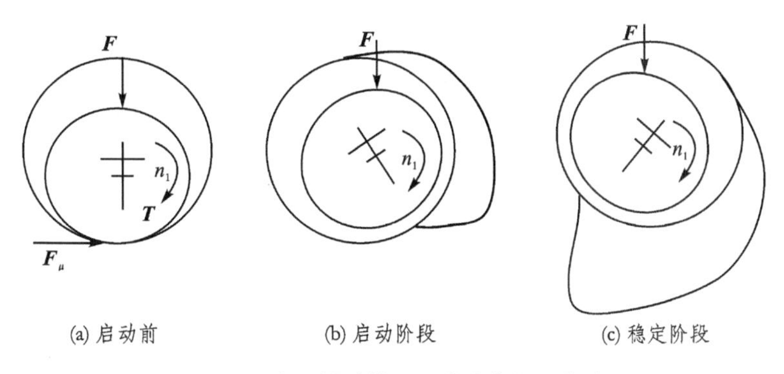

图 5-12　向心滑动轴承形成流体润滑的过程

第二阶段是轴承在外载荷 $\boldsymbol{F}$、驱动力矩 $\boldsymbol{T}$ 及流体膜压力 $\boldsymbol{p}$ 作用下逐渐达到稳定运转状态的阶段，启动后，如图 5-12(b)所示，$\boldsymbol{F}$ 与 $\int p\,\mathrm{d}S$ 对轴作用力矢量和不为零，轴心沿此合力方向运动，这时轴心有向轴瓦中心左下方运动的趋势，同时流体压力区也随之从右上 180°区域逐渐向右下 180°区域偏移，最终当流体膜压力 $\boldsymbol{p}$ 与外载荷的合力为零时，即达到稳定运转状态。这时

$$\begin{cases} p_{F\parallel} = \int_S p \cdot \cos(180° - \theta)\mathrm{d}S = F \\ p_{F\perp} = \int_S p \cdot \sin(180° - \theta)\mathrm{d}S = 0 \end{cases} \tag{5-41}$$

式中：θ——$\boldsymbol{F}$ 的方向与 $\boldsymbol{p}$ 的方向之间的夹角。轴运转达到稳定状态后，轴心将稳定在某一固定位置上，轴承处于稳定运转阶段，即第三阶段，如图 5-12(c)所示。

从轴承启动直至达到稳定运转状态的过程，是一个滑动轴承流体膜产生承载力，并逐步与外载荷 $\boldsymbol{F}$ 协调、适应的过程。这一过程受到流体膜形状，即滑动轴承的几何参数、运转参数、外载状况及润滑流体物化性能等多方因素制约，其轴心在空间形成的轨迹称为轴心轨迹。启动时，$\varepsilon=1$；稳定运转时，$\varepsilon=$常数。轴承运转过程中，偏心率 $\varepsilon=e/\delta$ 可以写成时间 t 的函数为

$$\varepsilon=\varepsilon(t)$$

若 $\varepsilon(t)$不收敛，则表示该滑动轴承始终不能达到稳定工作状态。轴承达到稳定运转状态后，如 $F=F(t)=$常数，则轴承会持续处于这一工作状态。

在实际工程应用中，F 常会受到这样或那样的干扰，使滑动轴承已达到的稳定运转状况遭到破坏，即 F 与 p 构成的平衡力系被破坏，轴心将再次发生偏移。具有良好设计和运转特性的滑动轴承，将有能力使轴心快速恢复至新的平衡位置；否则，轴与轴瓦将有发生碰撞的可能。即使十分短暂的碰撞也将使滑动轴承因摩擦、发热及局部几何特征变化而失效。在这一过程中，ε 偏移量越小，收敛越快，轴承的稳定性越好。稳定性对于滑动轴承的设计是十分重

要的。

工业上常为避免启动阶段由于轴和轴瓦直接接触而产生损伤，采用动静压混合滑动轴承来进行设计。轴启动前，以静压方式承载，使轴与轴瓦脱离接触；轴启动后，利用润滑剂的动静压混合作用形成流体膜压力，完成对轴上载荷的支承。同时，为了增加轴承的动态稳定性，常将轴承设计成周向多楔结构，并使其沿周向对称分布，从而使之动态性能得到提高。图5-13所示为工业上常用的滑动轴承结构。

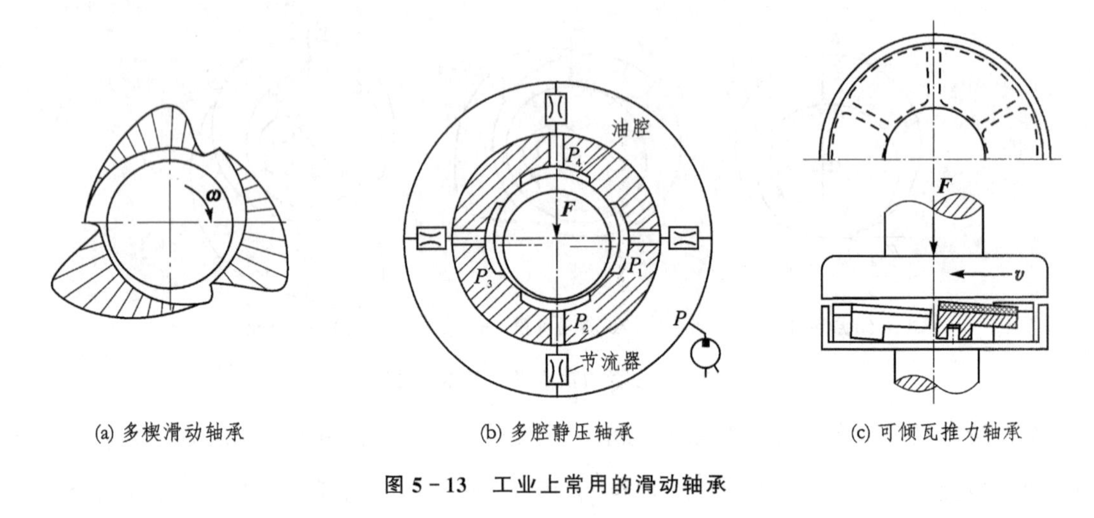

(a) 多楔滑动轴承　　(b) 多腔静压轴承　　(c) 可倾瓦推力轴承

图5-13　工业上常用的滑动轴承

习　题

5-1　滑动轴承可分为哪些类型？各有何特点？

5-2　为什么设计滑动轴承时，对其轴瓦要求较高？

5-3　滑动轴承轴瓦材料一般应满足哪些设计要求？为什么？

5-4　设计非流体润滑状态滑动轴承时一般要做哪些计算？为什么？

5-5　设计一滑动轴承，已知轴承直径 D=30 mm，轴承宽度不大于50 mm，轴颈工作转速 n=1 000 r/min，预计该轴承工作于混合摩擦状态。试选择轴瓦材料、估计其最大承载，并进行必要的验算。

5-6　滑动轴承的主要设计参数有哪些？这些参数对轴承性能有何影响？

5-7　何谓流体动压润滑轴承？形成流体动压润滑的必要条件有哪些？

5-8　什么是雷诺方程？推导雷诺方程时引用了哪些假设条件？

5-9　试用雷诺方程的一维形式分析两平板位置关系对形成流体动压的影响。

5-10　滑动轴承的性能计算包括哪些内容？为何要进行这些计算？

5-11　试分析形成流体动压润滑的过程，并判断轴承承压面所在的位置及油膜压力的分布形式。

5-12　设计一流体动压润滑滑动轴承，轴颈直径 D=80 mm，轴承宽径比为1.2，轴承径向最大载荷 F=52 kN，轴颈工作转速 n =3 000 r/min。试选择轴瓦材料，设计该滑动轴承，估计轴承的摩擦功耗、温升和供油流量，并对其安全性进行校核。

第三篇　标准件选择设计

第6章　螺纹连接

在机械设计中，有些零部件的使用量较大，如螺栓、螺钉、螺母、垫圈、铆钉、销及键等用于连接的零件以及滚动轴承、联轴器等部件。为了降低成本、减少重复劳动，将使用量较大的零部件进行标准化，对零部件的尺寸、结构要素、材料性能、精度等级、公差配合和制图要求等方面定出统一标准，在生产、设计和使用中共同遵守。专业制造厂按照标准对标准件进行大批量生产。在机械设计中，只需根据工作条件选用合适的类型和尺寸进行设计。这样，既简化了设计工作，提高了设计质量，又提高了零部件的质量和可靠性，使成本大大降低；另外，还便于机器的维修和零部件的互换。

本章介绍螺纹连接标准件的类型特点与选择、标准尺寸系列与代号及设计准则与计算等。

螺纹连接是利用螺纹零件构成的可拆连接，这种连接结构简单，拆装方便，适用范围广。

6.1　螺纹副的主要参数与受力特征

1. 螺纹的种类及主要参数

根据螺纹形成的螺旋线线绕行的方向不同，螺纹分为右旋和左旋。一般常用右旋螺纹，只有在特殊需要时可用左旋螺纹。

根据螺纹在螺杆轴向剖面上的形状不同，螺纹分为三角形螺纹、矩形螺纹、梯形螺纹、锯齿形螺纹和管螺纹等，如图6-1所示。

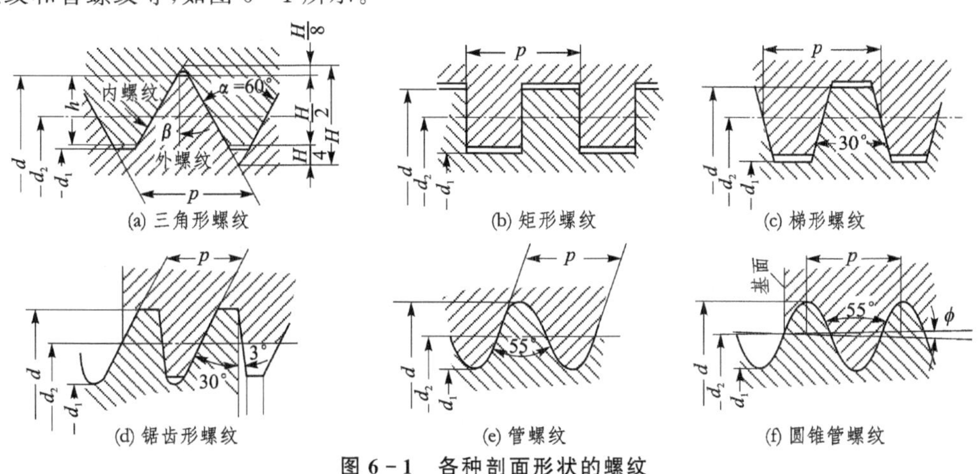

图6-1　各种剖面形状的螺纹

螺纹又分内螺纹和外螺纹，二者旋合组成螺纹副或称螺旋副。根据母体的形状，螺纹分为圆柱螺纹和圆锥螺纹。圆柱螺纹的主要参数如图 6-2 所示。其中，外螺纹各直径是用小写字母表示，内螺纹各直径是用大写字母表示：

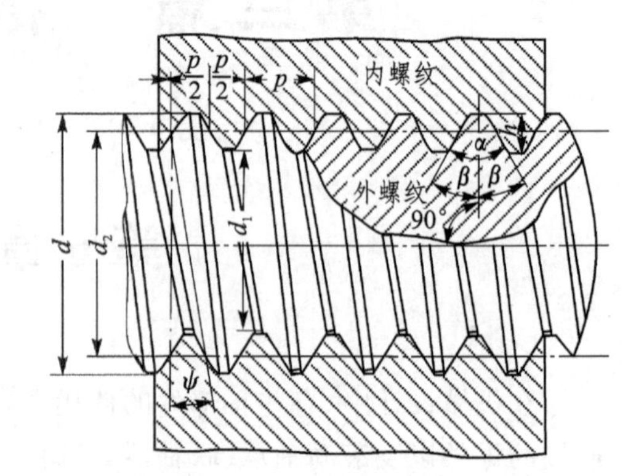

图 6-2 圆柱螺纹的主要参数

- $d(D)$——螺纹大径，是螺纹的公称直径，如：M8，表示 $d=8$ mm。
- $d_1(D_1)$——螺纹小径，常用于计算螺纹强度。
- $d_2(D_2)$——螺纹中径，是用于计算效率、升角、自锁的基准。
- p——螺距，螺纹上相邻两牙对应点间轴向距离。
- n——线数，沿一条螺纹线形成的螺纹，称为单线螺纹；沿两条、三条或多条螺纹线形成的螺纹，则称为双线、三线或多线螺纹。一般最多不超过四线。
- s——导程，任一点沿同一条螺纹线转一周的轴向位移，$s=np$。
- ψ——螺纹的螺旋升角，在中径圆柱面上螺旋线的切线与垂直于螺纹轴线的平面之间的夹角，即

$$\tan\psi=\frac{s}{\pi d_2}=\frac{np}{\pi d_2} \tag{6-1}$$

- α——牙形角，轴向剖面内，螺纹牙形两侧边的夹角。
- β——牙形斜角，轴向剖面内，螺纹牙形一侧边与径向直线间的夹角。在对称牙形中，$\beta=\alpha/2$。
- h——工作高度，内、外螺纹旋合后的径向接触高度。

普通螺纹和各专用螺纹的参数已分别标准化。

三角形螺纹（见图 6-1(a)）的牙形角 $\alpha=2\beta=60°$。因牙形斜角 β 大，所以当量摩擦因数大，自锁性好，主要用于连接。这种螺纹分粗牙和细牙。一般多用粗牙螺纹。公称直径相同时，细牙螺纹的螺距较小、螺牙截面较小、内径和中径较大、升角较小，因而自锁性能好，对螺纹零件的强度削弱小，但磨损后易滑扣。细牙螺纹常用于薄壁和细小零件上或承受变载、冲击、振动的连接及微调装置中。

矩形螺纹（见图 6-1(b)）牙形多为正方形，牙形斜角 $\beta=0°$，所以当量摩擦角小，效率高，用于传动；但由于制造困难，螺母和螺杆同心度差，牙根强度相对弱，常被梯形螺纹代替。

梯形螺纹（见图 6-1(c)）的牙形角 $\alpha=2\beta=30°$；与矩形螺纹比，效率略低，但牙根强度较高，易于制造；因内外螺纹是以锥面贴合，对中性好；在螺旋传动中应用较为普遍。

锯齿形螺纹（见图 6-1(d)）工作边的牙形斜角 $\beta=3°$，传动效率高，便于加工；非工作边的牙形斜角 $\beta=30°$。它综合了矩形螺纹效率高和梯形螺纹牙根强度较高的优点，能承受较大的载荷，用于单向传动。

管螺纹（见图 6-1(e)）是用于管件连接的紧密螺纹，是英制细牙三角形螺纹，牙形角 $\alpha=55°$。其螺纹牙顶部和根部均是圆角，内、外螺纹间无径向间隙，因而连接紧密。管螺纹以管子

内径为公称直径。

圆锥管螺纹(见图 6-1(f))有牙形角 $\alpha=55^\circ$ 和 $\alpha=60^\circ$ 两种,螺纹分布在 1∶16 的圆锥管壁上;内、外螺纹面间无间隙,使用时不用填料而靠牙的变形来保证螺纹连接的紧密性;用于高温、高压系统的管件连接。

2. 螺纹副的受力关系、效率和自锁

在轴向载荷作用下,螺纹副的相对运动可看做推动滑块沿螺纹的运动,如图 6-3(a)所示。

将矩形螺纹沿中径 d_2 展开可得一斜面如图 6-3(b)所示。图中 ψ 为螺纹升角。设 $\boldsymbol{F}$ 为轴向载荷,$\boldsymbol{F}_t$ 为作用于中径处的水平推力,$\boldsymbol{F}_n$ 为法向支反力,μ 为摩擦因数,ρ 为摩擦角,$\mu\boldsymbol{F}_n$ 为摩擦力。

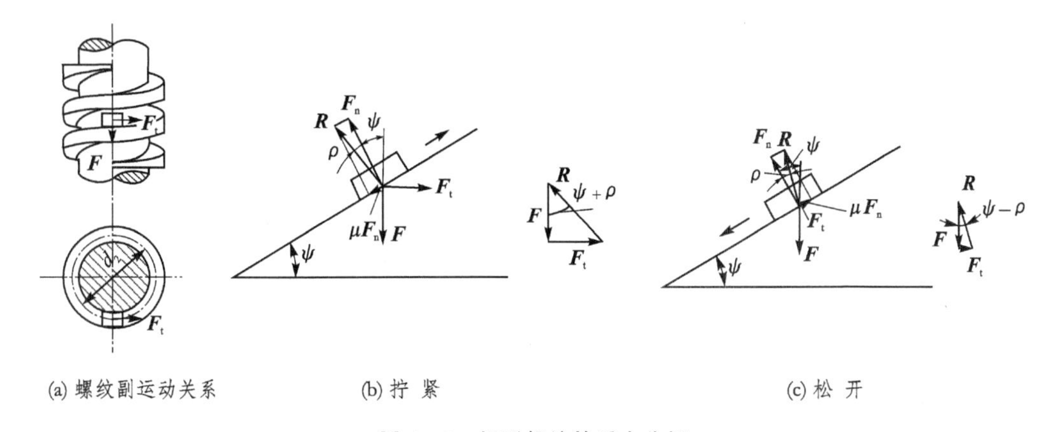

图 6-3　矩形螺纹的受力分析

当拧紧螺纹时,相当于滑块沿斜面等速向上运动,摩擦力向下,总反力 $\boldsymbol{R}$ 与 $\boldsymbol{F}$ 的夹角为 $\psi+\rho$。由力的平衡条件可知,$\boldsymbol{R}$,$\boldsymbol{F}_t$ 和 $\boldsymbol{F}$ 三力组成力多边形封闭图,由图 6-3(b)可得其大小满足

$$F_t=F\tan(\psi+\rho) \tag{6-2}$$

当松开螺纹时,相当于滑块沿斜面等速下滑,轴向载荷 $\boldsymbol{F}$ 变为驱动力,$\boldsymbol{F}_t$ 变为支持力,见图 6-3(c)。由力的多边形封闭图可得力的大小满足

$$F_t=F\tan(\psi-\rho) \tag{6-3}$$

非矩形螺纹的法向力比矩形螺纹大,如图 6-4 所示。若将法向力的增加看做摩擦因数的增加,则非矩形螺纹的摩擦阻力可表述为

$$\frac{\mu F}{\cos\beta}=F\frac{\mu}{\cos\beta}=\mu_e\cdot F$$

式中:μ_e——当量摩擦因数,$\mu_e=\dfrac{\mu}{\cos\beta}=\tan\rho_e$;

ρ_e——当量摩擦角;

β——工作面牙形斜角。

将式(6-2)和式(6-3)中的摩擦角 ρ 用当量摩擦角 ρ_e 代替,得到非矩形螺纹的受力关系为

- 拧紧时　$F_t=F\tan(\psi+\rho_e)$　　(6-4)
- 松开时　$F_t=F\tan(\psi-\rho_e)$　　(6-5)

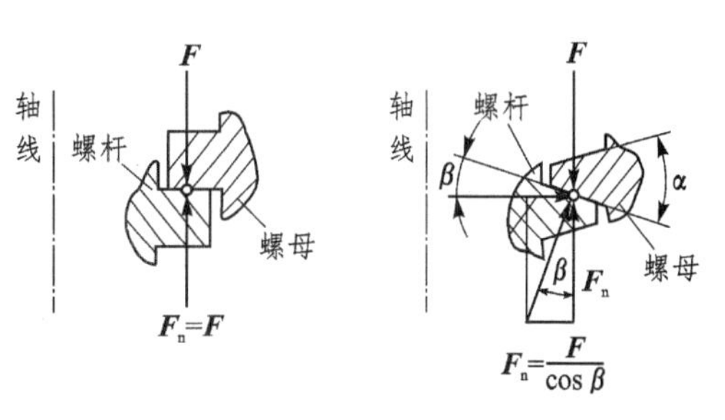

图 6-4　矩形螺纹与非矩形螺纹的法向力

传动效率为

● 拧紧时(F_t 主动)
$$\eta=\frac{\tan\psi}{\tan(\psi+\rho_e)} \tag{6-6}$$

● 松开时(F 主动)
$$\eta=\frac{\tan(\psi-\rho_e)}{\tan\psi} \tag{6-7}$$

自锁条件为
$$\psi\leqslant\rho_e \tag{6-8}$$

6.2　螺纹连接的基本设计要求

螺纹连接设计的主要内容包括：根据设计任务和结构的需要选择适当的螺纹连接形式、螺纹紧固件的材料和精度等级，考虑强度、刚度及结构等因素，或依据经验来确定螺纹紧固件的公称尺寸，需要时选择防松和拧紧方法，以避免连接失效。

1. 螺纹紧固件和材料

螺纹紧固件的品种很多，大多数已标准化，可直接购置。常用的螺纹紧固件有：六角头螺栓、双头螺柱、螺钉、紧定螺钉及螺母等，如图 6－5 所示。

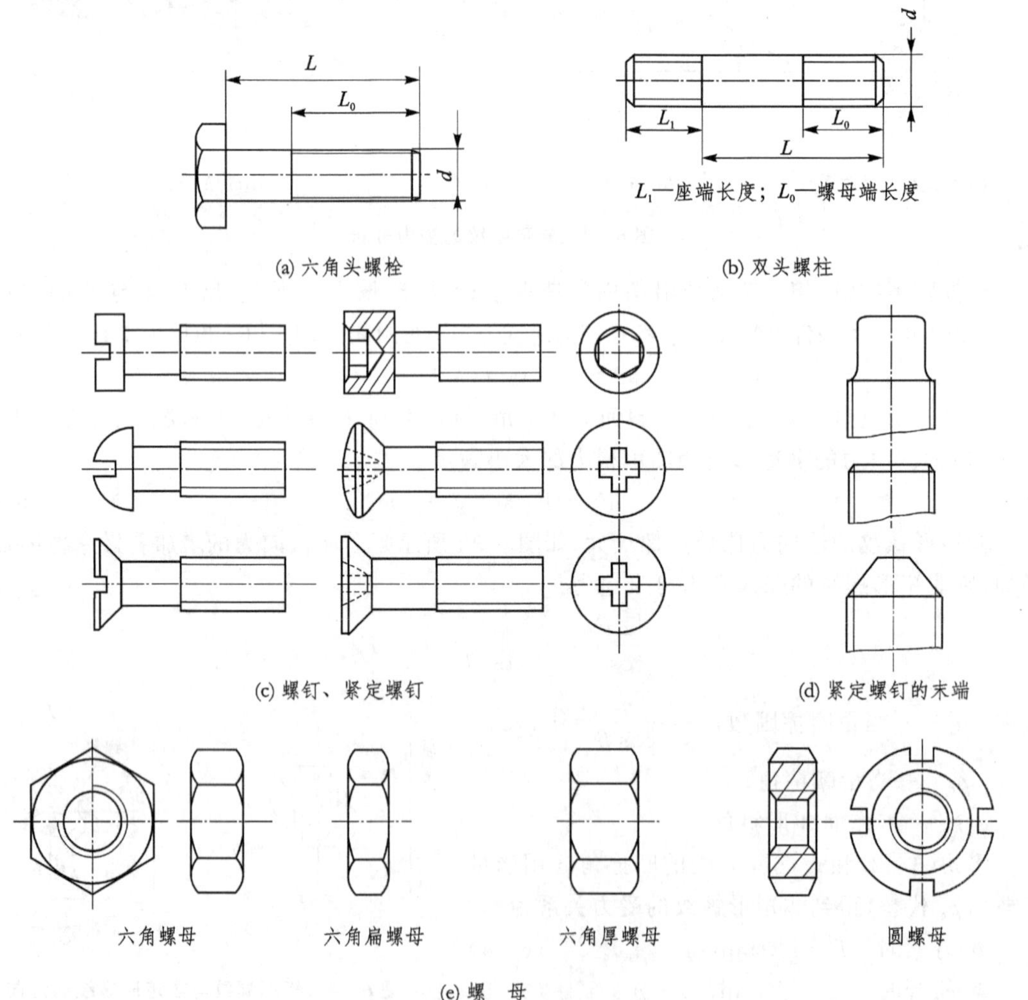

图 6－5　常用的螺纹紧固件

国家标准规定，螺栓、螺柱和螺钉按机械性能等级分为十级，即：3.6，4.6，4.8，5.6，5.8，6.8，8.8，9.8，10.9 和 12.9。点前数字为 $\sigma_{B\min}/100$，点后数字为 $10(\sigma_{s\min}/\sigma_{B\min})$。$\sigma_B$ 为材料的拉伸强度极限，σ_s 为屈服极限，单位均为 MPa。

螺母机械性能分级按螺母高度 m 与螺母螺纹直径 D 的关系不同分为两类：当 $m \geqslant 0.8D$ 时为一类，分为 4，5，6，8，9，10 和 12 七级；当 $0.5D \leqslant m < 0.8D$ 时为一类，分为 04 和 05 两级。数字表示螺母材料的性能等级，其值为 $\sigma_{B\min}/100$，“0”表示螺母的实际承载能力不高于后面数字所示的性能。

标准中还规定螺纹紧固件的制造精度分为精密级、中等级和粗糙级三种。精密级（4～6 级）用于精密螺纹和要求配合变动小的场合；中等级（7 级）用于一般用途；粗糙级（7～8 级）用于对精度要求不高的场合。

螺栓的材料常用中碳钢和低碳钢，如 A2，A3，10，35 和 45 钢；重要和特殊用途的螺纹连接件可采用合金钢，如 15Cr，40Cr 及 30CrMnSi 等。螺母材料为中碳钢。

2. 螺纹连接的基本类型和结构

（1）螺栓连接

普通螺栓（受拉螺栓）连接由螺栓或螺钉和螺母紧固被连接件，其特点是不用在被连接件上加工螺纹如图 6－6(a)所示，拆装方便，成本低，应用广泛。图 6－6(b)所示为铰制孔用螺栓（受剪螺栓）连接，螺栓杆与孔壁之间没有间隙。铰制孔螺栓连接适用于承受横向（垂直于螺栓轴线方向）载荷。

（2）螺钉连接

由螺栓或螺钉直接旋入被连接件实现紧固，多用于较厚的被连接件或为了结构紧凑必须采用盲孔的连接，结构简单，但该连接不宜经常拆装，以免损坏被连接件的螺纹孔。如图 6－6(c)所示。

（3）双头螺柱连接

连接要求双头螺柱的一头须全部拧入被连接件螺纹孔中，使得双头螺柱紧固其中不再拆卸，用螺母紧固其余被连接件，以避免多次拆装时损坏被连接件上的螺纹孔。图 6－6(d)所示为双头螺柱连接。设计中各结构尺寸要求见表 6－1。

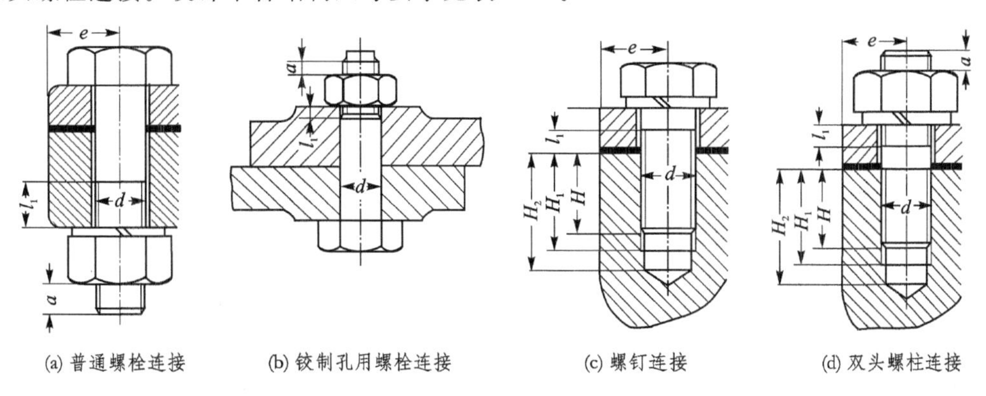

图 6－6　螺栓连接、双头螺柱连接和螺钉连接

表 6-1 螺纹连接设计中的尺寸要求

项 目	普通螺栓连接			铰制孔用螺栓连接
	静载荷	变载荷	冲击、弯曲载荷	
螺纹余留长度 l_1	$\geqslant(0.3\sim0.5)d$	$\geqslant0.75d$	$\geqslant d$	尽可能小
螺纹伸出长度 a	$\approx(0.2\sim0.3)d$			
螺栓轴线到被连接件边缘的距离 e		$d+(3\sim6)$mm		
螺纹孔零件材料		钢或青铜	铸 铁	铝合金
螺纹旋入深度 H		$\approx d$	$\approx(1.25\sim1.5)d$	$\approx(1.5\sim2.5)d$
螺纹孔深度 H_1		$\approx H+(2\sim2.5)p$ （p 为螺距）		
钻孔深度 H_2		$\approx H_1+(0.5\sim1)p$ （p 为螺距）		

(4) 紧定螺钉连接

常用于固定两零件的相对位置，并可传递较小的力和力矩，见图 6-7。

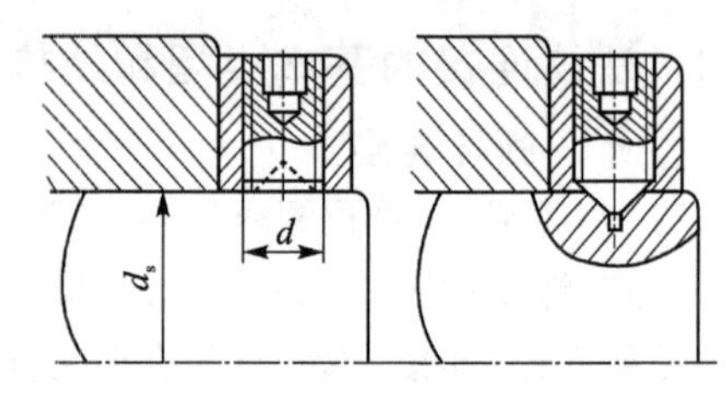

图 6-7 紧定螺钉连接

3. 螺纹连接的主要失效形式和设计原则

螺纹连接的主要失效形式有：① 螺纹连接的松动；② 螺栓杆的拉断；③ 螺栓杆或螺栓孔的压溃；④ 螺栓杆的剪断；⑤ 因经常拆装而发生滑扣现象。

为避免这些失效，螺纹连接设计时应考虑螺纹连接要有适当的拧紧力矩和防松措施，并通过强度计算来确定螺栓的直径。在使用中发现螺纹紧固件出现磨损，应及时更换。

4. 螺栓连接的拧紧和防松

(1) 螺栓连接的拧紧

设计中，大多数的螺纹连接都须在装配时拧紧，称为紧连接。拧紧后，被连接件被压紧，而连接螺栓就受到轴向力的作用，该轴向力称为预紧力 $\boldsymbol{F}'$。连接所需预紧力 $\boldsymbol{F}'$ 的大小与工作载荷有关，重要的连接，在装配时可通过控制拧紧力矩等方法来控制预紧力。

拧紧时螺母所受拧紧力矩 $\boldsymbol{T}$，需要克服螺纹副的螺纹力矩 $\boldsymbol{T}_1$ 和螺母与支承面间的摩擦力矩 $\boldsymbol{T}_2$（见图 6-8），因此拧紧力矩 $\boldsymbol{T}$ 的值为

$$T=T_1+T_2=F'\tan(\psi+\rho_e)\frac{d_2}{2}+\mu F' r_f \tag{6-9}$$

式中：d_2——螺纹中径；

ρ_e——螺纹当量摩擦角；

ψ——螺纹的螺旋升角；

μ——螺母与支承面间的摩擦因数；

r_f——支承面摩擦半径，$r_f\approx\dfrac{D_1+d_0}{4}$，$D_1$ 和 d_0 为螺母支承面的外径和内径。

一般设计计算中，可取 $\mu_e=\tan\rho_e=0.15$，$\mu=0.15$，式(6-9)可简化为

$$T\approx0.2F'd \tag{6-10}$$

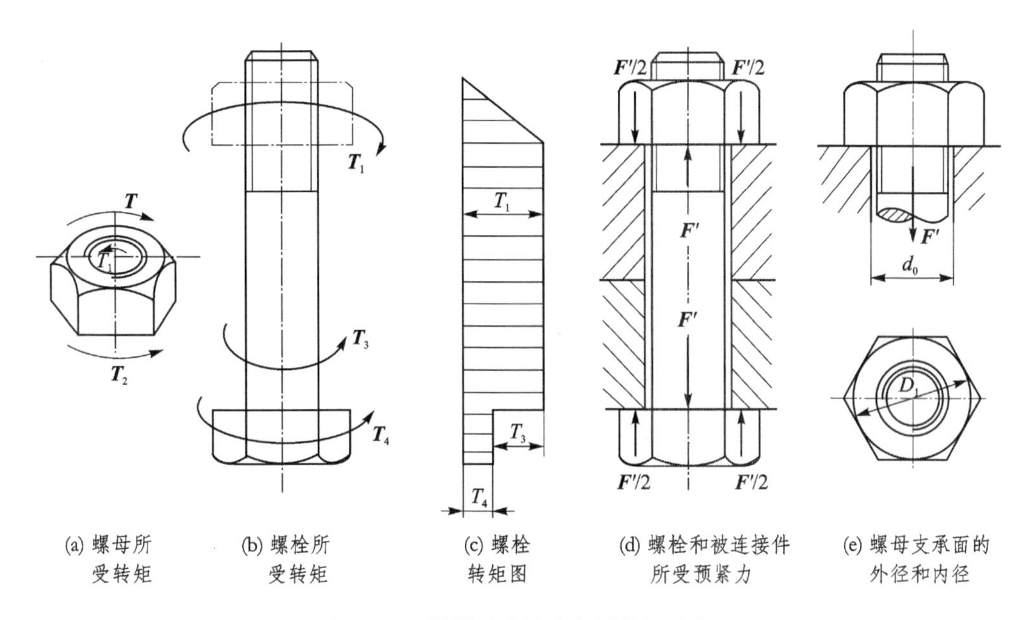

图 6-8　拧紧时连接中各零件的受力

由于摩擦因数不稳定和加在扳手上的力难于准确控制，而螺栓拧得过紧又将使其承受过大的应力，严重时会造成螺栓断裂，因此，对于强度要求高的螺栓连接应严格控制其拧紧力，且一般承载连接不宜用小于 M8 的螺栓。

装配时控制拧紧力矩的方法有多种，例如：使用测力矩扳手或定力矩扳手（图 6-9），装配时测量螺栓的伸长，规定开始拧紧后的扳动角度或圈数；对于大型连接，还可利用液力来拉伸螺栓，或加热使螺栓伸长到需要的变形量，再把螺母拧到与被连接件相贴合，等。

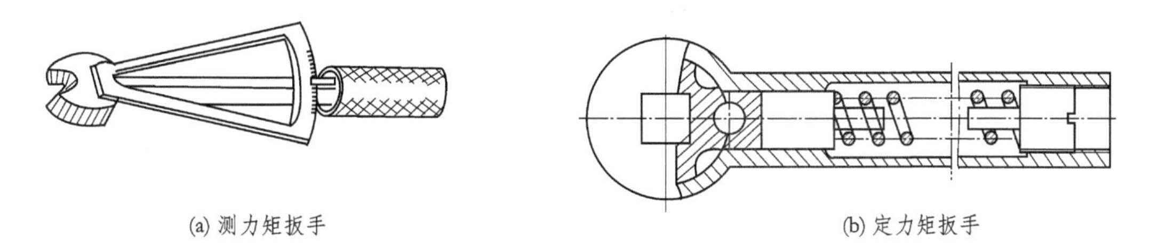

图 6-9　控制拧紧力矩用的扳手

(2) 螺纹连接的防松

标准连接螺纹都是能满足自锁条件的，在静载荷下连接不会自行松动；但在冲击、振动或变载作用下，或当温度变化大时，连接螺纹副间将有可能发生相对转动，并导致连接松动。螺栓连接的防松措施和方法很多，就其工作原理可分为摩擦防松、机械防松和破坏螺纹副关系防松等。

摩擦防松的原理是使螺纹副中始终存在不受连接所受外载荷制约的压力，因而始终存在摩擦力矩防止螺纹副间发生相对转动。摩擦防松的结构简单，使用方便。图 6-10(a)所示为双螺母防松。两螺母对顶拧紧后，旋合段螺栓受拉力、螺母受压力，使螺纹副间始终有纵向压力。图 6-10(b)所示为弹簧垫圈防松。拧紧螺母后，弹簧垫圈被压平，其弹力使螺纹副间保持一定的轴向压力而实现防松目的。图 6 - 10(c)所示为金属锁紧螺母和尼龙圈锁紧螺母。它们是利用螺母椭圆口的弹性变形或嵌在螺母内的尼龙弹性环箍紧螺栓，产生横向压紧力防松。

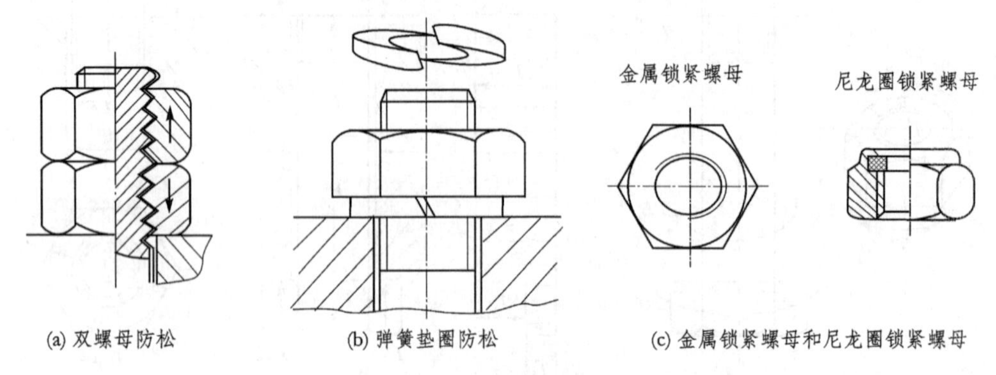

图 6 - 10　摩擦防松

机械防松是利用止动元件锁住螺纹副以阻止其相对转动。这种方法防松可靠，应用广泛。图 6 - 11(a)是利用开口销约束螺栓与槽形螺母，阻止其相对转动。图 6 - 11(b)是用止动垫圈防松，垫圈内舌插入螺杆上加工出的槽内，垫圈的外舌之一弯入拧紧的圆螺母槽中，使螺杆与螺母不能相对转动。图 6 - 11(c)是止动垫圈约束螺母，而自身又被约束在被连接件上，使螺母不能转动。图 6 - 11(d)是利用金属丝穿入一组螺钉头部的小孔并拉紧，当螺钉有松动趋势时，金属丝被拉得更紧。

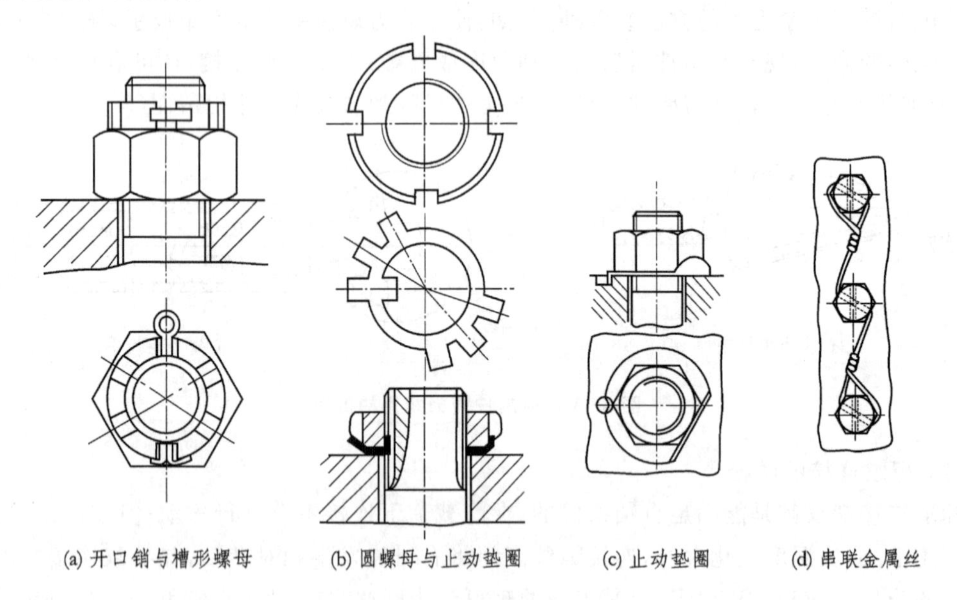

图 6 - 11　机械防松

图 6 - 12 为拧紧螺纹后点焊或点冲破坏螺纹或在旋合段涂金属黏接剂。这种防松方法方便、可靠，但拆开连接时必须破坏螺纹，多用于很少拆开或不拆开的连接。

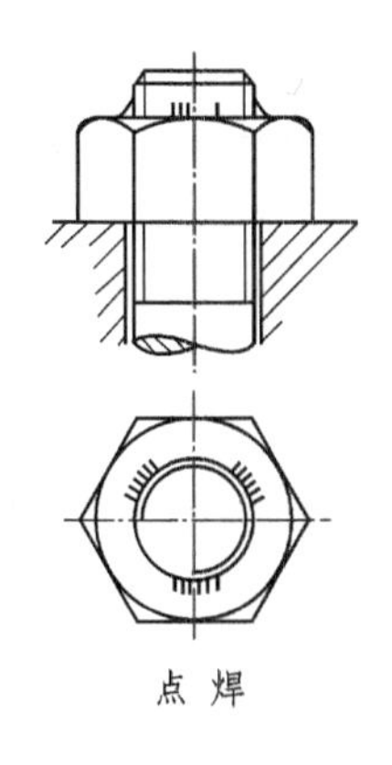
点焊

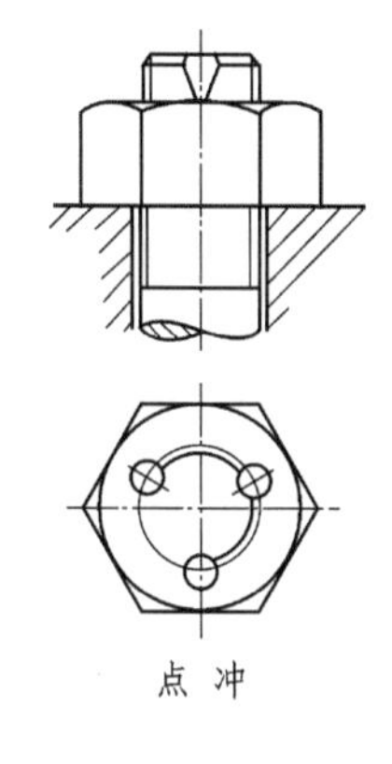
点冲

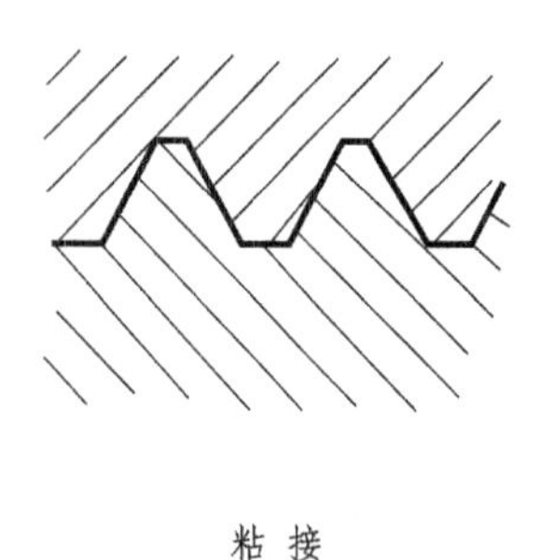
粘接

图6-12 破坏螺纹副的防松

6.3 单个螺栓连接的设计

螺栓连接有多种形式，受力状态和失效形式也各有特点。本节将分类讨论单个螺栓连接的设计。

1. 松螺栓连接强度计算

图6-13所示为起重滑轮架的螺栓连接。螺栓在工作时才受拉力 $\boldsymbol{F}$ 作用，其螺栓上最大应力发生在对应螺纹小径的截面处，因此强度条件为

$$\sigma=\frac{F}{\frac{\pi d_1^2}{4}}\leqslant[\sigma] \tag{6-11}$$

式中：d_1——螺纹小径，mm；

$[\sigma]$——松连接螺栓的许用拉应力，N/mm^2，$[\sigma]=\sigma_s/[S]$；

σ_s——材料的屈服极限，MPa；

$[S]$——安全系数，未淬火钢取1.2，淬火钢取1.6。

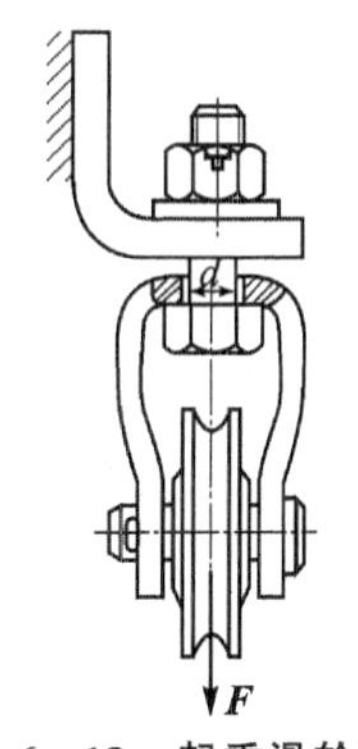

图6-13 起重滑轮架螺栓连接

2. 受横向工作载荷的紧螺栓连接强度计算

紧螺栓连接在承受工作载荷前须拧紧，螺栓受轴向预紧力 $\boldsymbol{F}'$，如图6-14所示。当被连接件承受横向工作载荷 $\boldsymbol{F}_R$ 时，普通受拉螺栓连接是靠预紧力 $\boldsymbol{F}'$ 在结合面上产生的摩擦力平衡外载荷。螺栓内部受到拉、扭同时作用，预紧力 $\boldsymbol{F}'$ 在螺栓上产生的拉应力为

$$\sigma=\frac{F'}{\frac{\pi d_1^2}{4}}$$

拧紧螺栓时，螺栓受到的螺纹力矩为

$$T_1=F'\tan(\psi+\rho_e)\frac{d_2}{2}$$

在螺栓上产生剪应力为

$$\tau = \frac{T_1}{\frac{\pi d_1^3}{16}} \qquad (6-12)$$

将 M10～M68 普通螺纹 d_2,d_1 和 ψ 的平均值代入式(6－12),取 $\rho_e = \arctan 0.15$,可得 $\tau \approx 0.5\sigma$。螺栓一般为塑性材料,由第四强度理论可求得螺栓的当量应力为

$$\sigma_e = \sqrt{\sigma^2 + 3\tau^2} \approx 1.3\sigma$$

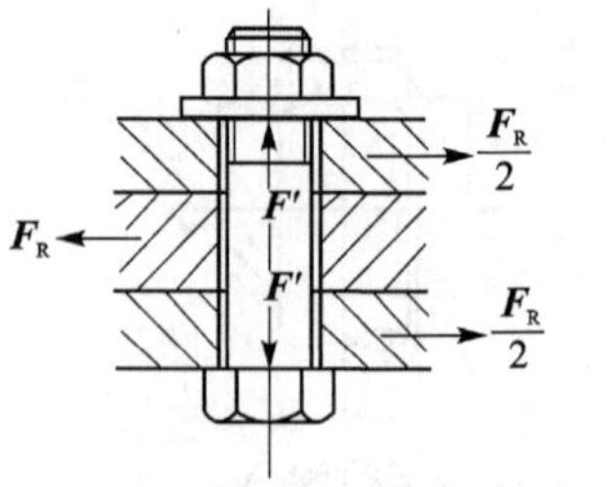

图 6－14　受横向工作载荷的普通受拉螺栓连接

所以,普通受拉螺栓的强度条件为

$$\sigma_e = \frac{1.3F'}{\frac{\pi d_1^2}{4}} \leqslant [\sigma] \qquad (6-13)$$

式中:$[\sigma]$——紧连接螺栓的许用拉应力,N/mm²,$[\sigma] = \sigma_s/[S_S]$;

σ_s——屈服极限,MPa;

$[S_S]$——静载荷时紧连接螺栓的安全系数,见表 6－2。

表 6－2　静载荷时紧连接螺栓的安全系数$[S_S]$

螺栓直径		M6～M16	M16～M30	M30～M60
不控制预紧力时的安全系数$[S_S]$	碳素钢	5～4	4～2.5	2.5～2
	合金钢	5.7～5	5～3.4	3.4～3
控制预紧力时的安全系数$[S_S]$		1.2～1.5		

受横向工作载荷时,也可用铰制孔螺栓连接。如图 6－15 所示,在横向工作载荷 $\boldsymbol{F}_R$ 作用下,螺栓在连接接合面处受剪,并与被连接件孔壁互相挤压。连接的失效形式主要有:螺栓杆被剪断,栓杆或孔壁被压溃等。连接的预紧力和摩擦力在一般情况下可不做计算。

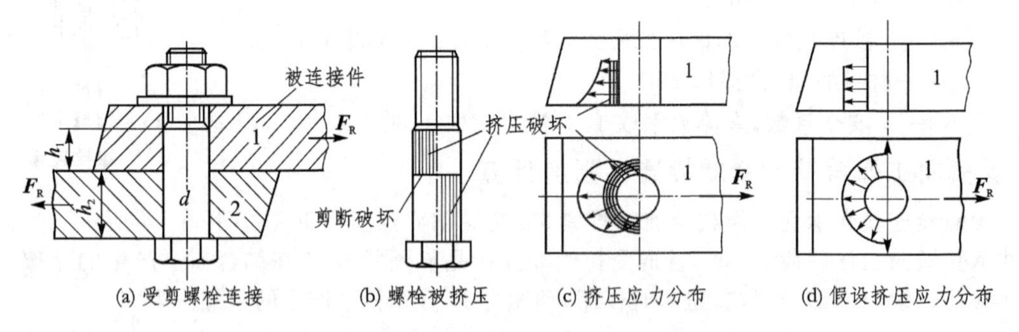

(a) 受剪螺栓连接　(b) 螺栓被挤压　(c) 挤压应力分布　(d) 假设挤压应力分布

图 6－15　受横向工作载荷的铰制孔用螺栓连接

螺栓杆的剪切强度条件为

$$\tau = \frac{F_R}{\frac{\pi d^2 m}{4}} \leqslant [\tau] \qquad (6-14)$$

螺栓杆与孔壁的挤压强度条件为

$$\sigma_p = \frac{F_R}{dh_{min}} \leqslant [\sigma_p] \tag{6-15}$$

式(6－14)和式(6－15)中：

F_R——螺栓所受剪力；

d——螺栓抗剪面直径；

m——螺栓抗剪面数目；

$[\tau]$——螺栓的许用剪应力，$[\tau]=\sigma_s/[S_\tau]$，$[S_\tau]$为许用剪应力安全系数，静载荷时$[S_\tau]=2.5$，变载荷时$[S_\tau]=3.5\sim5$；

h_{min}——螺栓杆与孔壁挤压面的最小高度；

$[\sigma_p]$——螺栓杆或孔壁材料的许用挤压应力，钢的$[\sigma_p]=\sigma_s/[S_p]$，铸铁的$[\sigma_p]=\sigma_B/[S_p]$；$[S_p]$为许用挤压应力安全系数，见表 6－3。

应该注意，σ_p 与$[\sigma_p]$值接近的表面较为危险。

表 6－3　许用挤压应力安全系数$[S_p]$

材　料	静载荷	变载荷
钢	1～1.25	1.6～2
铸　铁	2～2.5	2.5～3.5

3. 受轴向工作载荷的紧螺栓连接强度计算

(1) 螺栓总拉力 F_0 的计算

紧螺栓连接中，又承受轴向工作载荷 F 时，螺栓实际承受的总拉力 F_0 将大于预紧力 F'，且与工作载荷 F 及连接件与被连接件的刚度相关。

当应变在弹性范围内时，各零件的受力可根据静力平衡和变形协调条件求出。

如图 6－16 所示，连接还未拧紧时如图 6－16(a)所示，各零件均不受力，无变形。拧紧后，如图 6－16 图(b)所示，螺栓受拉力 F'作用，伸长了 δ_1；被连接件受压力 F'作用，缩短了 δ_2；此时，二者的受力和变形关系如图 6－17(a)所示，将两关系图合并得图 6－17(b)。

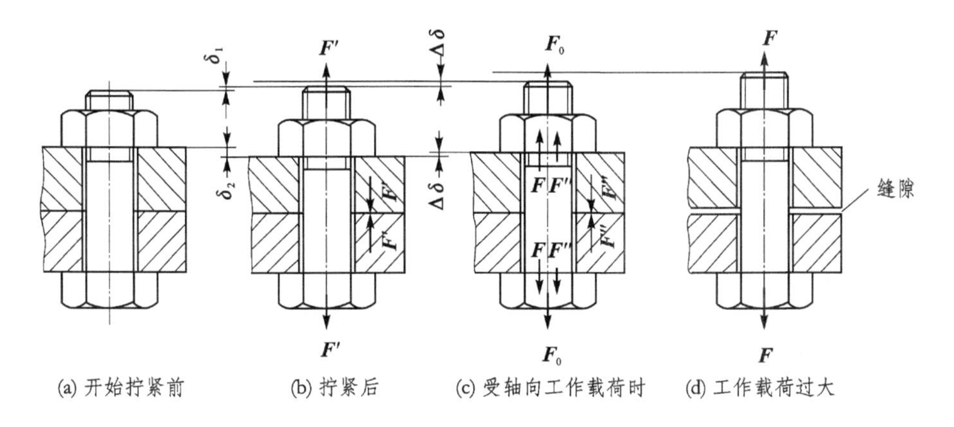

图 6－16　螺栓和被连接件的受力和变形

螺栓受轴向工作载荷 F 后如图 6－16(c)所示，螺栓受的拉力增至 F_0，螺栓的伸长量增加 $\Delta\delta$ 成为 $\delta_1+\Delta\delta$；同时，被连接件由于螺栓的伸长而压缩变形量减少 $\Delta\delta$ 成为 $\delta_2-\Delta\delta$，被连接件所受压力由 F'减为剩余预紧力 F''。

根据螺栓的静力平衡条件，螺栓总拉力 F_0 为工作载荷 F 与被连接件给它的剩余预紧力 F''之和，即

$$F_0 = F + F'' \tag{6-16}$$

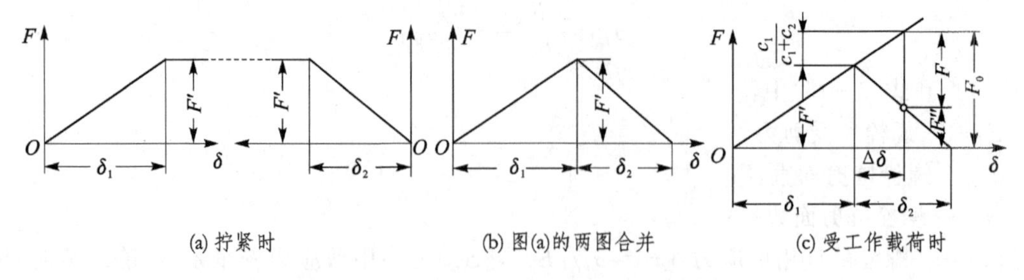

(a) 拧紧时　　(b) 图(a)的两图合并　　(c) 受工作载荷时

图 6-17　螺栓和被连接件的力和变形关系

以 c_1 和 c_2 分别表示螺栓和被连接件的刚度，根据变形协调条件有

$$\Delta\delta=\frac{F_0-F'}{c_1}=\frac{F+F''-F'}{c_1}\quad 和\quad \Delta\delta=\frac{F'-F''}{c_2}$$

整理得

$$F'=F''+F\frac{c_2}{c_1+c_2}\tag{6-17}$$

$$F_0=F'+F\frac{c_1}{c_1+c_2}\tag{6-18}$$

$$F''=F'-F\frac{c_2}{c_1+c_2}\tag{6-19}$$

式中，$\frac{c_1}{c_1+c_2}$为相对刚度系数，其值与螺栓和被连接件的材料、尺寸、结构、工作载荷作用的位置及连接中垫片的材料等因素有关，可通过计算或实验求出。若被连接件为钢铁，一般可根据垫片材料不同采用下列数据：金属垫片（包括无垫片）0.2～0.3；皮革垫片 0.7；铜皮石棉垫片 0.8；橡胶垫片 0.9。

当螺栓工作载荷 $\boldsymbol{F}$ 过大或预紧力 $\boldsymbol{F'}$ 过小时，连接会出现缝隙，如图 6-16(d)所示，导致连接失去紧密性，在变载荷作用时会产生冲击，因此，设计时应保证 $\boldsymbol{F''}>0$。$\boldsymbol{F''}$的大小与工作载荷 F 和设计要求有关，可参考下列数据控制：静载荷时，$F''=(0.2\sim0.6)F$；变载荷时，$F''=(0.6\sim1.0)F$；压力容器的紧密连接时，$F''=(1.5\sim1.8)F$，且应保证密封面的剩余预紧压力大于压力容器的工作压力。

(2) 静强度计算

考虑到连接承受工作载荷后，需要补充拧紧，此时可近似认为螺纹力矩为 $F_0\tan(\psi+\rho_e)d_2/2$。参照只受预紧力的紧螺栓连接强度的分析，受轴向工作载荷的紧螺栓连接强度条件为

$$\sigma_e=\frac{1.3F_0}{\frac{\pi d_1^2}{4}}\leqslant[\sigma]\tag{6-20}$$

$$[\sigma]=\sigma_s/[S_S]$$

式中：$[\sigma]$——紧螺栓连接的许用拉应力；

σ_s——屈服极限，MPa；

$[S_S]$——静载荷时紧螺栓连接的安全系数，见表 6-2。

(3) 疲劳强度计算

对于受变载荷作用的螺栓连接，按静强度设计尺寸后，还需进行疲劳强度的校核。

当工作载荷在 F_1 与 F_2 之间变化时，螺栓拉力将在 F_{01} 与 F_{02} 之间变化，如图6-18所示。载荷变化量：$\Delta F=|F_1-F_2|=F_2-F_1$。螺栓的拉力为

$$F_a=\frac{F_{02}-F_{01}}{2}=\frac{F_2-F_1}{2}\times\frac{c_1}{c_1+c_2}$$

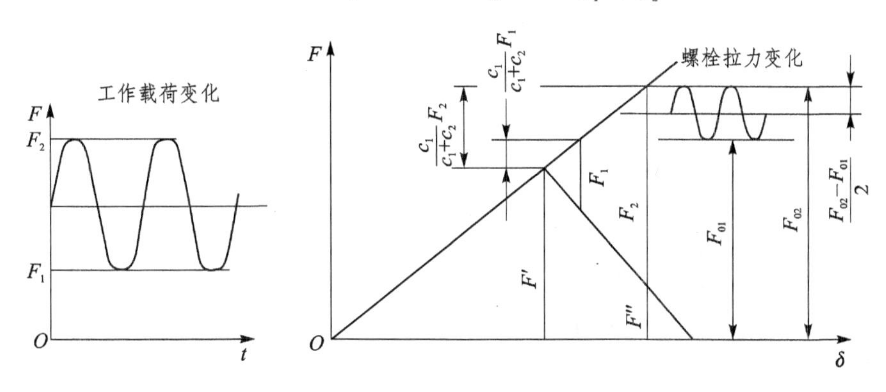

图6-18　工作载荷变化时螺栓的拉力变化

一般连接中，对疲劳破坏起主要作用的标志应力是应力幅 σ_a，因此疲劳强度条件为

$$\sigma_a=\frac{2(F_2-F_1)}{\pi d_1^2}\times\frac{c_1}{c_1+c_2}\leqslant[\sigma_a] \tag{6-21}$$

$$[\sigma_a]=\frac{\varepsilon k_m k_u \sigma_{-1}}{k_\sigma[S]}$$

式中：$[\sigma_a]$——螺栓变载时的许用应力幅；

ε——尺寸系数，见表6-4；

k_m——螺纹制造工艺系数，车制螺纹取1，辗制螺纹取1.25；

k_u——各圈螺纹牙受力不均匀系数，受压螺母取1，受拉（部分受拉）螺母取1.5～1.6；

k_σ——螺纹应力集中系数，见表6-5；

$[S]$——安全系数，取2.5～4。

表6-4　尺寸系数 ε

d/mm	<12	16	20	24	30	36	42	48	56	64
ε	1	0.87	0.81	0.76	0.69	0.65	0.62	0.60	0.57	0.54

表6-5　螺纹应力集中系数 k_σ

σ_B/MPa	400	600	800	1 000
k_σ	3	3.9	4.8	5.2

4. 提高螺栓连接强度的措施

影响螺栓强度的因素除了材料及其机械性能、尺寸参数外，还有结构、制造和装配工艺等，包括螺纹牙受力分配、附加应力、应力集中、应力幅及制造工艺等。提高连接强度可以从以下方面考虑。

(1) 改善螺纹牙间的载荷分配

一般螺栓和螺母都是弹性体，受力后，螺栓、螺母和螺纹牙均产生变形，见图 6－19(a)，即使是制造和装配精确，其旋合各圈螺纹牙的受力也不是均匀的。螺栓受拉，螺距增大；而螺母受压，螺距减小。螺纹的螺距变化差，主要靠旋合各圈螺纹牙的变形来补偿。由图 6－19(a)可知，从传力算起的第一圈螺纹变形最大，因而受力也最大，以后各圈受力递减；到第 8～10 圈以后，螺纹牙几乎不受力。因此，加高螺母以增加旋合圈数，对提高螺栓强度并没有多少作用。

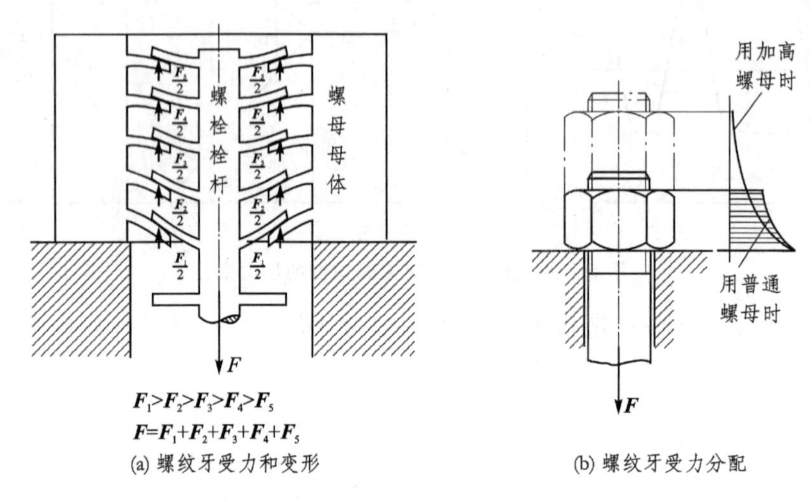

(a) 螺纹牙受力和变形　　(b) 螺纹牙受力分配

图 6－19　螺纹牙的受力

采用如图 6－20 所示的方法改变螺母或螺杆沿旋合长度方向的刚度，使受力越大的螺牙刚度越小，减小螺距变化差，从而将部分力转移到原受力较小的螺牙上。采用悬置螺母如图 6－20(a)所示，可提高螺栓疲劳强度达 40%；内斜螺母如图 6－20(b)所示，可提高螺栓疲劳强度达 20%；环槽螺母如图 6－20(c)所示，可提高螺栓疲劳强度达 30%。这些结构特殊的螺母制造工艺相对复杂，只在重要的或大型的连接中使用。

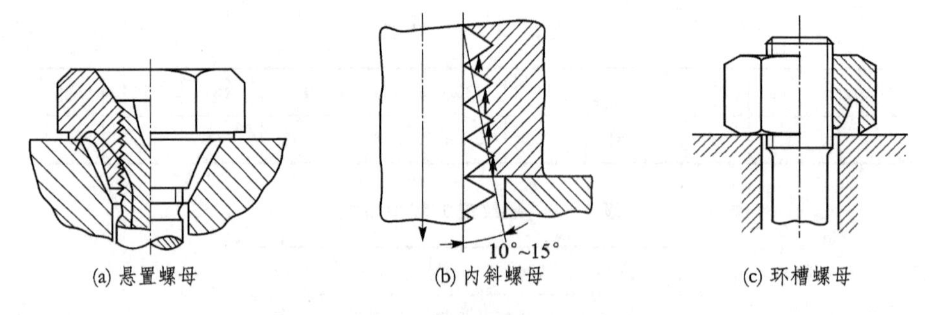

(a) 悬置螺母　　(b) 内斜螺母　　(c) 环槽螺母

图 6－20　使螺纹受力均匀的方法

螺母选用较软材料，弹性模量低，容易变形，可改善螺纹牙受力分配，提高螺栓疲劳强度可达 40%。

采用由菱形截面钢丝绕成的钢丝螺套(见图 6－21)，安装于内、外螺纹之间，可减轻螺纹牙受力的不均匀和冲击振动，提高螺钉或螺栓疲劳强度可达 30%。

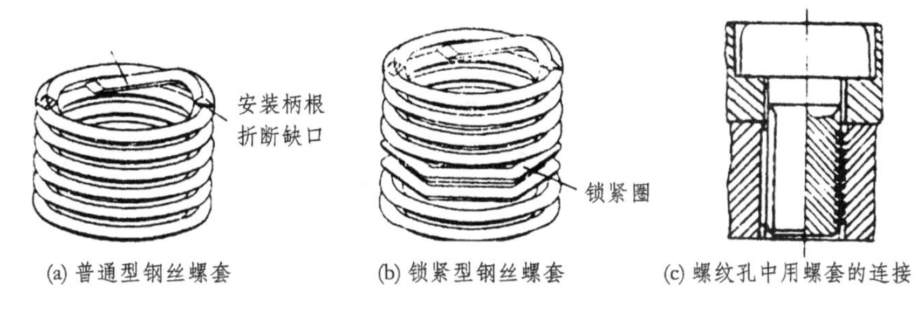

图 6-21　钢丝螺套结构和应用

(2) 避免附加应力

被连接件上支承螺栓头部或螺母的表面粗糙不平或倾斜，使用钩头螺栓(图 6-22)，都会使螺杆产生附加的弯曲应力。以钩头螺栓为例，螺栓的预紧力为 $\boldsymbol{F}'$，其弯曲应力为

$$\sigma_{\mathrm{b}}=\frac{F'e}{\frac{\pi d_1^3}{32}}$$

若偏心距 $e=d_1$ 及预紧力为 $\boldsymbol{F}'$ 产生的拉应力为

$$\sigma=\frac{F'}{\frac{\pi d_1^2}{4}}$$

则

$$\sigma_{\mathrm{b}}=\frac{8F'}{\frac{\pi d_1^2}{4}}=8\sigma$$

即弯曲应力是拉应力的 8 倍。因此，应避免产生弯曲应力，尽量不要使用钩头螺栓，工艺上要求螺纹孔轴线与连接中各承压面垂直。在结构设计时常用的几种措施如图 6-23 所示。

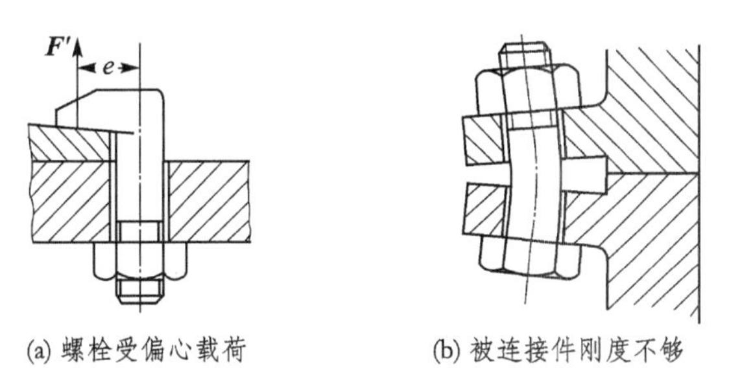

图 6-22　螺杆产生弯曲应力举例

螺栓杆在拧紧时的螺纹力矩引起切应力也是一种附加应力。图 6-24 所示的螺栓连接，装配时可用扳手在其末端加一反向力矩，可使螺栓杆在拧紧时不受螺纹力矩。

(3) 减小应力集中

螺纹的牙根和收尾、螺栓头部与栓杆交接处都有应力集中，是产生疲劳断裂的危险部位。为减小应力集中，适当加大牙根圆角半径可以提高螺栓疲劳强度可达 20%～40%，也可在螺纹收尾处用退刀槽。

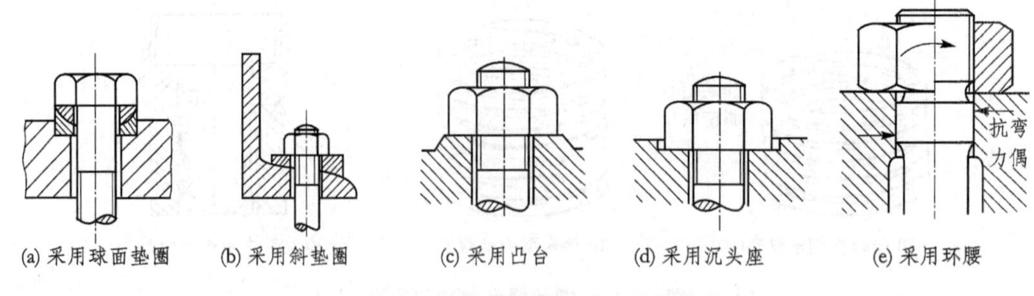

图 6－23　使栓杆减免弯曲应力的措施

(4) 减小应力幅

螺栓的最大应力一定时，应力幅越小，疲劳强度越高。在工作载荷 F 和剩余预紧力 F'' 不变的情况下，减小螺栓刚度或增大被连接件刚度均可减小应力幅(见图 6－25)，但必须相应提高预紧力 F'。

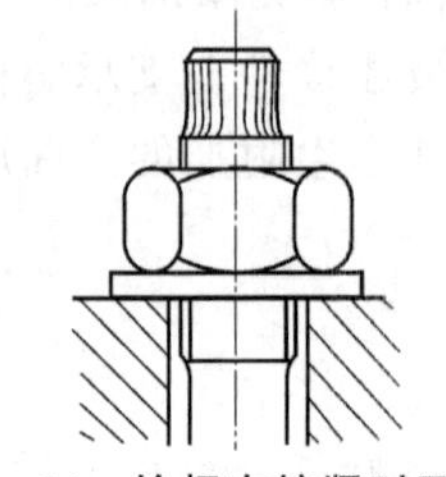

图 6－24　栓杆在拧紧时不受螺纹力矩的措施

减小螺栓刚度的措施有：适当增大螺栓的长度；部分减小螺栓杆直径或加工成中空的结构——柔性螺栓。柔性螺栓受力时变形量大，吸收能量作用强，也适用于承受冲击和振动场合。在螺母下面安装弹性元件如图 6－26 所示，当工作载荷由被连接件传来时，由于弹性元件的存在可以起到缓冲减振的效果。

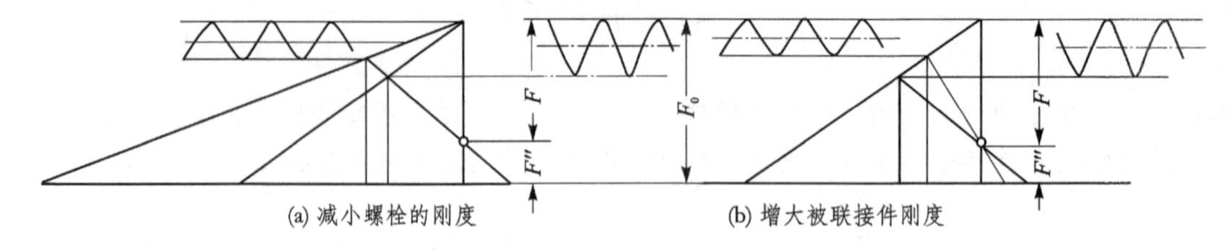

图 6－25　减小螺栓应力幅的措施

为了增大被连接件的刚度，在需垫片密封的情况下，易采用刚度大的垫片；在要求的紧密密封连接的情况下，如图 6－27 所示，不宜用整体密封垫片(见图(a))，采用 O 型密封环结构(见图(b))较好。

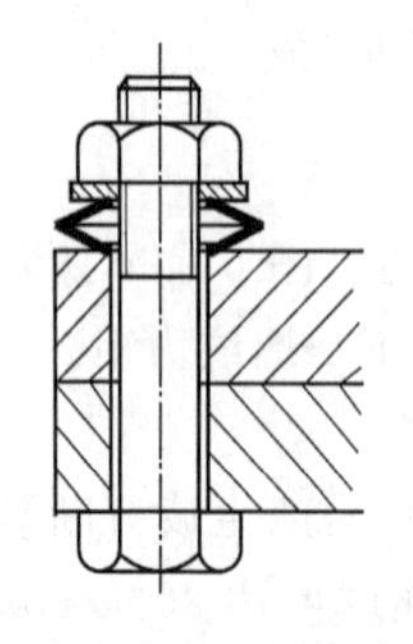

图 6－26　螺母下面安装弹性元件

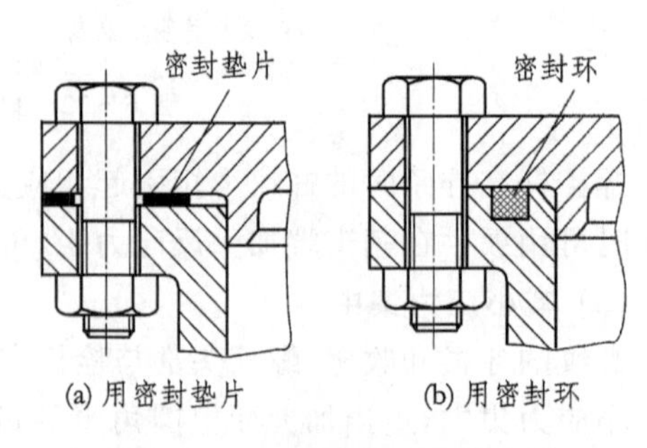

图 6－27　两种密封方案的比较

(5) 选择恰当的预紧力并保持不减退

适当地增大预紧力，也能提高螺栓的疲劳强度。由于零件接触面处的压陷作用，在连接装配后的一段时间里，螺栓的预紧力将有所减退。由图 6－28 可知，可采用刚度小的螺栓和有承压凸缘螺栓头的螺栓来减轻压陷。

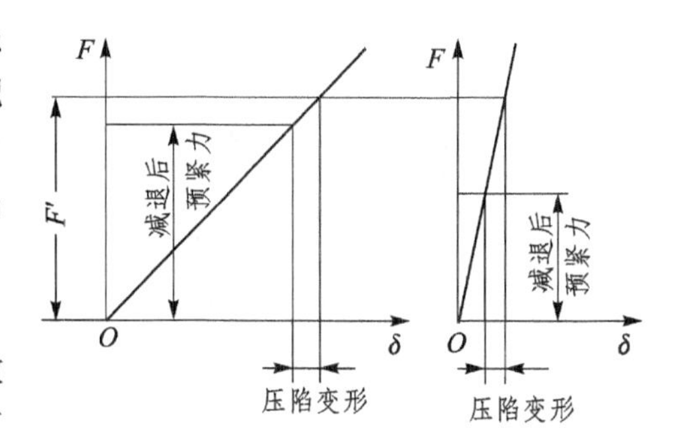

图 6－28　螺栓刚度不同时压陷对预紧力减退的影响

(6) 采用合理的制造工艺

制造工艺对螺栓强度有较大影响。采用冷镦头部和辗制螺纹时，由于冷作硬化的作用，表层有残余压应力，金属流线合理，可使螺栓疲劳强度比车制螺纹高 35%左右。碳氮共渗、渗氮及喷丸处理也能提高螺栓静强度和疲劳强度。

6.4　螺栓组连接的设计

大多数情况下螺栓都是成组使用的，构成螺栓组。设计时，常根据被连接件的结构和连接的载荷情况，确定连接的传力方式、螺栓的数目和分布。同一螺栓组通常以其中受力最大的螺栓不失效为准则设计，并采用相同的螺栓材料、直径和长度，从而可简化加工和装配工艺。通过对螺栓组连接的受力分析，可求出连接中受力最大的螺栓及其工作载荷。

为简化计算，通常作以下假设：① 各螺栓的拉伸刚度或剪切刚度（即各螺栓的材料、直径和长度）及预紧力都相同；② 连接件和被连接件中的应力均在弹性极限内；③ 预紧力在接合面间产生的压力是匀布的；④ 被连接件的几何形状不变。

下面对几种典型螺栓组进行分析，并给出一般螺栓组的受力分析方法。

1. 受轴向力 F_Q 的螺栓组连接

如图 6－29 所示为气缸盖螺栓组连接，其载荷通过螺栓组形心，因此各螺栓分担的工作载荷 F 相等。设螺栓数目为 z，则

$$F = \frac{F_Q}{z} \tag{6-21}$$

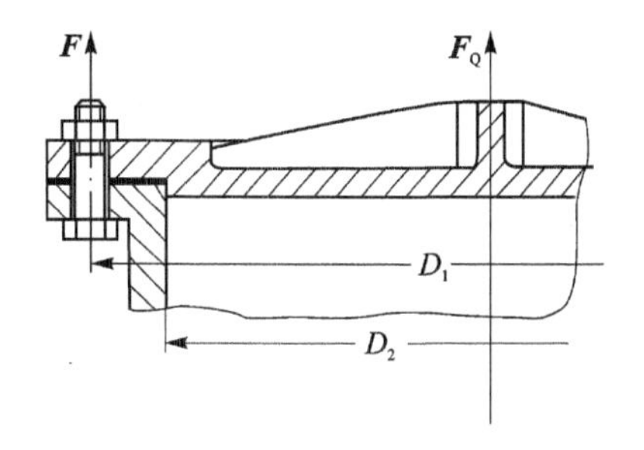

图 6－29　受轴向力的螺栓组连接

2. 受横向力 F_R 的螺栓组连接

如图 6－30 所示，横向载荷 F_R 过螺栓组形心。载荷可通过普通紧螺栓连接（见图 6－30(a)）或铰制孔用螺栓连接（见图 6－30(b)）两种不同方式传递。

(1) 普通紧螺栓连接

如图 6－30(a)所示的连接靠接合面间的摩擦来传递载荷，螺栓只受预紧力 F'，根据力的平衡得

$$\mu_s F' m z = k_f F_R \tag{6-22}$$

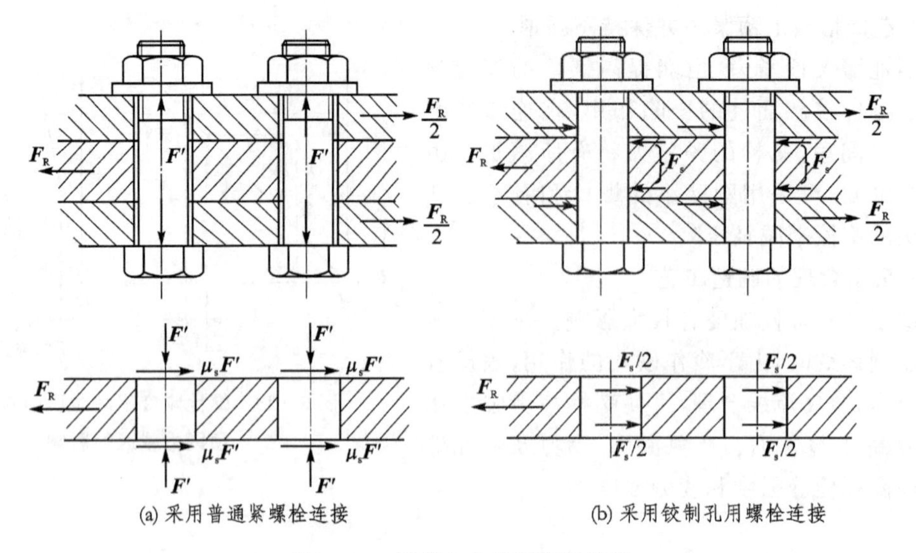

(a) 采用普通紧螺栓连接　　(b) 采用铰制孔用螺栓连接

图 6-30　受横向力的螺栓组连接

即

$$F' = \frac{k_f F_R}{\mu_s m z} \tag{6-23}$$

式中：μ_s——接合面摩擦因数，对于钢铁零件，结合面干燥时取 0.10～0.16，结合面有油时取 0.06～0.10；

m——接合面数目；

z——螺栓数目；

k_f——考虑摩擦因数不稳定及摩擦传力有时不可靠而引入的可靠性系数，一般取 1.1～1.5。

（2）铰制孔用螺栓连接

如图 6-30(b)所示，连接靠螺栓杆受剪切力和螺栓杆与孔壁接触表面受挤压来传递载荷，假设各螺栓所受的横向工作载荷均相等，为 $\boldsymbol{F}_s$。根据平衡条件得

$$zF_s = F_R \tag{6-24}$$

或

$$F_s = \frac{F_R}{z} \tag{6-25}$$

实际上一般被连接件是弹性体，每个螺栓所受剪力并不相等，两端螺栓所受剪力较大，因此，设计时沿载荷方向布置的螺栓数目不宜超过 6 个，以免因受力严重不均使某个螺栓受载过大。

3. 受旋转力矩 *T* 的螺栓组连接

图 6-31 所示为一机座螺栓组连接。假设在 T 作用下，机座有绕螺栓组形心旋转的趋势，则每个螺栓连接都受有横向力，可通过普通紧螺栓连接（见图(a)）或铰制孔用螺栓连接（见图(b)）两种不同方式传递载荷。

（1）普通紧螺栓连接

该连接的螺栓必须有足够的预紧力 $\boldsymbol{F}'$。假设各螺栓连接接合面的摩擦力相等，并集中在螺栓中心处，方向与螺栓中心至螺栓组中心的连线垂直，根据机座的静力平衡条件得

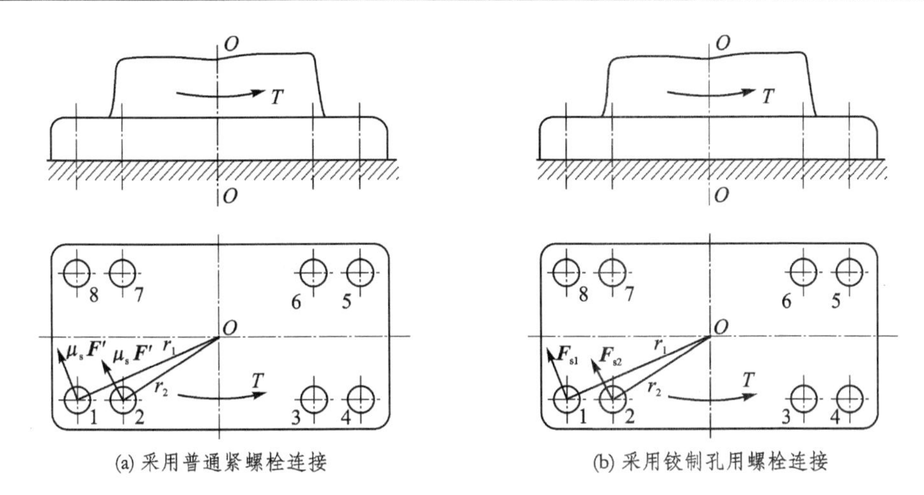

(a) 采用普通紧螺栓连接　　(b) 采用铰制孔用螺栓连接

图 6－31　受旋转力矩螺栓组连接

$$\mu_s F' r_1 + \mu_s F' r_2 + \cdots + \mu_s F' r_z = k_f T \tag{6-26}$$

或

$$F' = \frac{k_f T}{\mu_s (r_1 + r_2 + \cdots + r_z)} = \frac{k_f T}{\mu_s \sum_{i=1}^{z} r_i} \tag{6-27}$$

式中：$r_1, r_2, \cdots, r_z$——各螺栓中心至螺栓组形心的距离，下标代表螺栓的序号；

μ_s 和 k_f 同式(6－23)。

(2) 铰制孔用螺栓连接

各螺栓所受剪力 $\boldsymbol{F}_s$ 的方向垂直于螺栓中心至螺栓组形心的连线。忽略连接中的预紧力和摩擦力，根据机座的静力平衡条件得

$$F_{s1} r_1 + F_{s2} r_2 + \cdots + F_{sz} r_z = T \tag{6-28}$$

$$\sum_{i=1}^{z} F_{si} r_i = T \tag{6-29}$$

根据螺栓的变形协调条件，各螺栓的剪切变形量与螺栓中心至螺栓组形心的距离 r_i 成正比。各螺栓的剪切变形量与其所受剪力 F_{si} 成正比，则有

$$F_{smax} / r_{max} = F_{si} / r_i = 常数 \tag{6-30}$$

各螺栓所受剪力可通过解联立式(6－29)和式(6－30)求出。图 6－31 中，螺栓 1,4,5,8 距螺栓组形心最远，受力最大，因此可得

$$F_{smax} = \frac{T r_1}{r_1^2 + r_2^2 + \cdots + r_8^2} = \frac{T r_{max}}{\sum_{i=1}^{z} r_i^2} \tag{6-31}$$

4. 受翻转力矩 M 的螺栓组连接

图 6－32 为一受翻转力矩 $\boldsymbol{M}$ 的螺栓组连接，采用普通螺栓。假设：被连接件是弹性体，其接合面始终保持为平面。拧紧后，各螺栓受相同的预紧力，在 $\boldsymbol{M}$ 作用下机座有绕通过螺栓组形心轴线 $O-O$ 翻转的趋势，轴线左边螺栓受到工作载荷 $\boldsymbol{F}$，右边螺栓相当于受了负的拉力，其预紧力将减小。机座的左半边螺栓的总拉力增大，右半边机座底部所受的反力以同样大小增大。根据机座的静力平衡条件得

$$F_1 r_1 + F_2 r_2 + \cdots + F_z r_z = M \tag{6-32}$$

即
$$M=\sum_{i=1}^{z}F_i r_i \tag{6-33}$$

根据螺栓变形协调条件，螺栓的拉伸变形量与其中心至机座翻转轴线 $O-O$ 的距离 r_i 成正比。因为各螺栓拉伸刚度相同，所以各螺栓的工作载荷 F_i 也与螺栓轴线 $O-O$ 的距离 r_i 成正比，于是有

$$\frac{F_1}{r_1}=\frac{F_2}{r_2}=\cdots=\frac{F_z}{r_z} \tag{6-34}$$

图 6-32 中，螺栓 1 和 10 距机座翻转轴线最远，受工作载荷最大，解联立式(6-33)和式(6-34)可求出

$$F_1=F_{10}=\frac{Mr_1}{r_1^2+r_2^2+\cdots+r_{10}^2} \tag{6-35}$$

即
$$F_{\max}=\frac{Mr_{\max}}{\sum_{i=1}^{z}r_i^2} \tag{6-36}$$

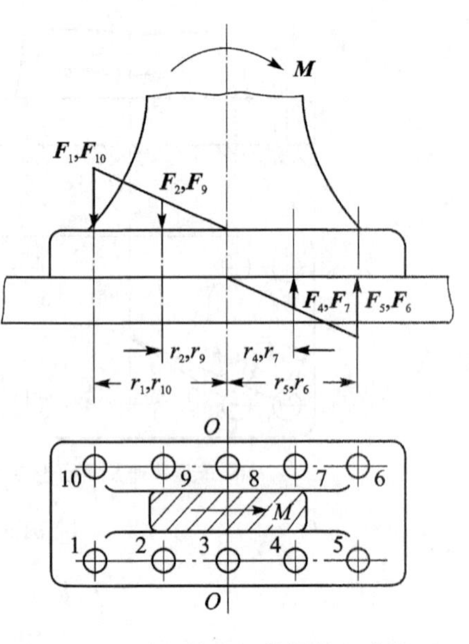

图 6-32　受翻转力矩的螺栓组连接

5. 受任意载荷的螺栓组连接

在实际使用中，螺栓组所受的载荷经常是上所述四种情况的不同组合。无论螺栓组受力情况如何，均可利用静力分析方法，将各种受力状态转化为上述四种基本受力状态的组合，按以下步骤进行分析：① 将载荷简化到螺栓组的几何形心；② 按四种典型的螺栓组连接受力分析方法，求出各简化载荷下螺栓的受力，并求其向量和；③ 求出受力最大的螺栓及其载荷；④ 进行螺栓的强度计算选用合适的螺栓，或者，先初选螺栓并对其进行强度较核。

例　图 6-33 所示为一个固定在钢制立柱上的铸铁托架。已知：载荷 $P=4\,800$ N，其作用线与垂直线的夹角 $\alpha=50°$，底板高度 $h=340$ mm，宽 $b=150$ mm，立柱的屈服极限 $\sigma_s=235$ MPa，托架的抗拉强度极限 $\sigma_B=235$ MPa。试设计此螺栓组连接。

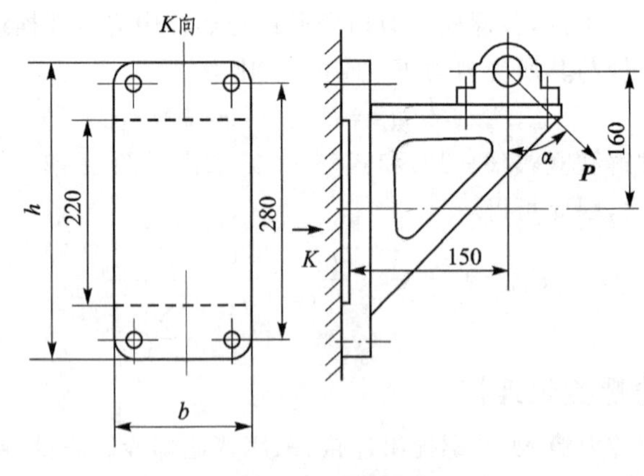

图 6-33　例题用图

解

1）螺栓组结构设计

本螺栓组的结构采用如图 6-33 所示的结构，螺栓数目 $z=4$，对称布置。

2）螺栓受力分析

① 在工作载荷 P 的作用下，螺栓组连接承受以下各力和翻转力矩的作用：

轴向力　$F_Q = P \sin\alpha = 4\,800 \sin 50° = 3\,677\ \text{N}$

横向力　$F_R = P \cos\alpha = 4\,800 \cos 50° = 3\,085\ \text{N}$

翻转力矩　$M = F_Q \times 160 + F_R \times 150 = (3\,677 \times 160 + 3\,085 \times 150)\ \text{N} \cdot \text{mm} = 1\,051\,070\ \text{N} \cdot \text{mm}$

② 在轴向力 F_Q 的作用下，各螺栓所受的工作拉力为

$$F_1 = \frac{F_Q}{z} = \frac{3\,677}{4}\ \text{N} = 919\ \text{N}$$

③ 在翻转力矩 M 的作用下，上面两螺栓受到加载作用，而下面两螺栓受到减载作用，故上面的螺栓受力较大，所受载荷可按式(6－36)确定，即

$$F_2 = \frac{M r_{\max}}{\sum_{i=1}^{z} r_i^2} = \frac{1\,051\,070 \times 140}{4 \times 140^2}\ \text{N} = 1\,877\ \text{N}$$

根据以上分析可见，上面两螺栓所受的轴向工作拉力为

$$F = F_1 + F_2 = (919 + 1\,877)\ \text{N} = 2\,796\ \text{N}$$

④ 在横向力 F_R 的作用下，底板连接接合面可能产生滑移，根据底板接合面不滑移条件，并考虑轴向力 F_Q 对预紧力的影响，则各螺栓所需要的预紧力满足

$$\mu_s \sum F'' = \mu_s \left(zF' - \frac{c_2}{c_1 + c_2} F_Q \right) \geqslant k_f F_R \quad \text{或} \quad F' \geqslant \frac{1}{z} \left(\frac{k_f F_R}{\mu_s} + \frac{c_2}{c_1 + c_2} F_Q \right)$$

对于钢或铸铁零件查得连接接合面的摩擦因数 $\mu_s = 0.15$，查得螺栓的相对刚度 $\frac{c_1}{c_1 + c_2} = 0.2$，则 $1 - \frac{c_1}{c_1 + c_2} = \frac{c_2}{c_1 + c_2} = 0.8$，取可靠性系数 $k_f = 1.2$，则各螺栓所需要的预紧力为

$$F' = \frac{1}{z} \left(\frac{k_f F_R}{\mu_s} + \frac{c_2}{c_1 + c_2} F_Q \right) = \frac{1}{4} \left(\frac{1.2 \times 3\,085}{0.15} + 0.8 \times 3\,677 \right)\ \text{N} = 6\,905\ \text{N}$$

⑤ 确定螺栓所受的总拉力 F_0 为

$$F_0 = F' + \frac{c_1}{c_1 + c_2} F = (6\,905 + 0.2 \times 2\,796)\ \text{N} = 7\,464\ \text{N}$$

3）确定螺栓直径

选择螺栓强度等级为4.6级，可得 $\sigma_s = 240$ MPa，取螺栓连接的安全系数 $[S] = 1.5$，则螺栓材料的许用应力 $[\sigma] = \sigma_s / [S] = 240/1.5 = 160$ MPa，则所需的螺栓危险剖面的直径为

$$d_1 = \sqrt{\frac{4 \times 1.3 F_0}{\pi [\sigma]}} = \sqrt{\frac{4 \times 1.3 \times 7\,464}{\pi \times 160}}\ \text{mm} = 8.79\ \text{mm}$$

按 GB/T 196—2003，选用 M10 的螺栓，$d = 10$ mm（螺纹小径 $d_1 = 8.917\ \text{mm} > 8.79\ \text{mm}$）。

4）校核螺栓组连接的工作能力

① 连接接合面一端的挤压应力不得超过许用值，以防止接合面下端压溃，即

$$p_{\max} = \frac{\sum F''}{A_{\text{板}}} + \frac{M}{W_{\text{板}}} \leqslant [p]_{\text{铸铁}}$$

式中，接合面有效面积为 $A_{\text{板}} = 150\ \text{mm} \times (340 - 220)\ \text{mm} = 18\,000\ \text{mm}^2$

接合面的有效抗弯截面模量为

$$W_{板}=(150/6)\ \mathrm{mm}\times(340^2-220^2)\ \mathrm{mm}^2=1.68\times10^6\ \mathrm{mm}^3$$

代入 $p_{\max}$ 表达式，得

$$p_{\max}=\frac{\sum F''}{A_{板}}+\frac{M}{W_{板}}=\frac{4\times6\ 905-0.8\times3\ 677}{18\ 000}+\frac{1\ 051\ 070}{1.68\times10^6}=2.00\ \mathrm{MPa}$$

由相关机械设计手册可知

$$[p]_{铸铁}=0.45\sigma_B=(0.45\times195)\ \mathrm{MPa}=87.75\ \mathrm{MPa}$$

由于 $p_{\max}\leqslant[p]_{铸铁}$，故该连接接合面下端不至于压碎。

② 连接接合面上端应保持一定的剩余预紧力，以防止托架受力时接合面产生间隙，即 $p_{\min}>0$，则

$$p_{\min}=\frac{\sum F''}{A_{板}}-\frac{M}{W_{板}}=\left(\frac{24\ 678.4}{18\ 000}-\frac{1\ 051\ 070}{1.68\times10^6}\right)\ \mathrm{MPa}=0.75\ \mathrm{MPa}$$

故接合面上端受压最小处不会产生间隙。

根据计算，可以确定选用 4 个 M10 螺栓，螺栓结构设计如图 6-6(a)所示，对称布置。关于螺栓的类型、长度、精度以及相应的螺母、垫圈等的结构尺寸，可根据底板厚度、螺栓在立柱上的固定方法及防松装置设计等方面考虑确定。

6.5　螺旋传动

螺旋传动主要用于把回转运动变换为直线运动，同时传递运动和力，也可用来调整零件的相互位置，有时几种功能兼有。螺旋传动应用广泛，如螺旋千斤顶、螺旋丝杠及螺旋压力机等，其基本工作方式如图 6-34 所示。螺旋传动可根据螺纹副的摩擦方式，分为滑动螺旋、滚动螺旋和静压螺旋。

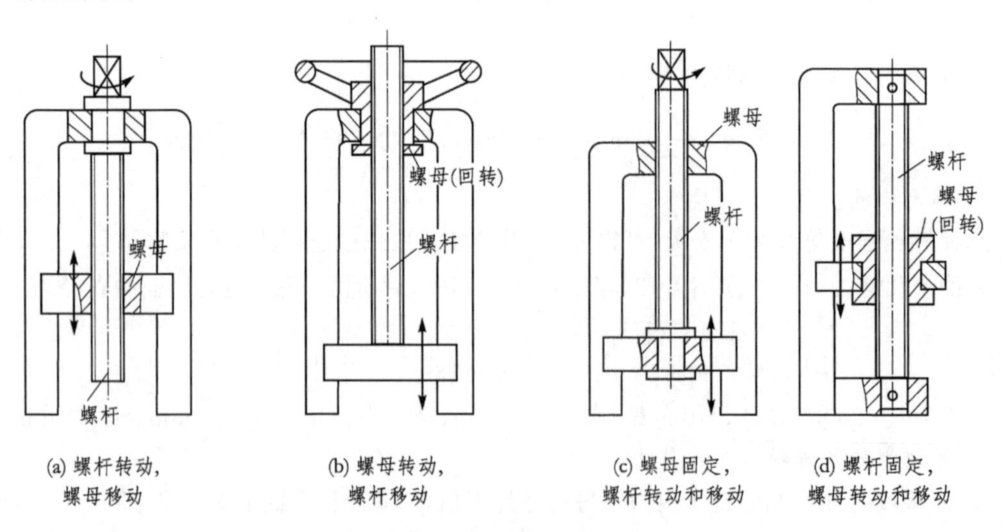

(a) 螺杆转动，螺母移动　(b) 螺母转动，螺杆移动　(c) 螺母固定，螺杆转动和移动　(d) 螺杆固定，螺母转动和移动

图 6-34　螺旋传动的运动转变方式

1. 滑动螺旋传动

滑动螺旋构造简单，加工方便，易于自锁，应用最广；但摩擦大，效率低(30%～40%)，磨损快，低速时可能爬行，定位精度和轴向刚度较差。

螺杆材料要有足够的强度、耐磨性和良好的加工性，常用A5，A6，45，50，65Mn，40Cr及20CrMnTi钢等，机床丝杠等重要螺杆需经热处理。

螺母材料除要有足够的强度外，还要求在与螺杆材料配合时摩擦因数小且耐磨。常用的材料有铸锡青铜ZCuSn10Pb1、ZCuSn5Pb5Zn5、铸造铝青铜ZCuAl10Fe3、铸造黄铜ZCuZn25Al6Fe3Mn3及球墨铸铁等。

滑动螺旋传动用梯形、矩形或锯齿形螺纹。工作时，螺杆承受轴向载荷和转矩，螺杆和螺母的螺纹牙承受挤压、弯曲和剪切应力。

滑动螺旋的失效形式有：螺纹磨损、螺杆断裂、螺纹牙根剪断和弯断，螺杆较长时还可能失稳。螺杆的直径和螺母的高度常由耐磨性要求决定。传力较大时，应验算有螺纹部分的螺杆或其他危险部位以及螺母或螺杆螺纹牙的强度。要求自锁时，应验算螺纹副的自锁条件。要求运动精确时，应验算螺杆的刚度，其直径常由刚度要求决定。对于长径比很大的受压螺杆，应验算其稳定性，其直径也常由稳定性要求决定。对于高速长螺杆，则应验算其临界转速。

在设计时，可根据对螺旋传动的要求，进行必要的计算。考虑到螺杆受力情况复杂，并有刚度和稳定性问题，计算其螺纹部分的强度和刚度时，截面的面积和惯性矩等可按螺纹内径计算。

2. 滚动螺旋传动

图6-35为滚动螺旋传动的结构。当螺杆或螺母转动时，滚珠依次沿螺纹滚道滚动，借助挡珠器使滚珠经导路返回并不断循环。滚珠返回方式分外循环和内循环两种。图(a)为外循环式，滚珠在螺母的外表面经导路返回槽中循环；图(b)为内循环式，每一圈螺纹有一反向器，滚珠只在本圈内循环。一般螺母为3～5圈，圈数过多，受力不均匀，不能提高承载能力。滚动螺旋效率可高达90%以上。滚动螺旋也称为滚珠丝杠，多由专业化工厂按系列批量生产，设计时，可按产品样本选用。

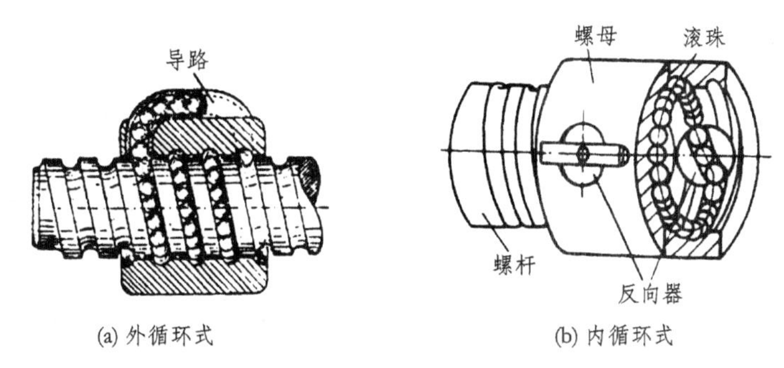

图6-35　滚动螺旋传动

3. 静压螺旋传动

静压螺旋实际上是采用静压流体润滑的滑动螺旋，效率可达99%，但构造较复杂，需要供油系统，工艺要求高。

如图6-36(a)所示，压力油经节流器进入内螺纹牙两侧的油腔，然后经回油通路流回油箱。当螺杆不受力时，处于中间位置，而牙两侧的间隙和油腔压力都相等。当螺杆受轴向力 $\boldsymbol{F}_a$ 而左移时，间隙 h_1 减小，h_2 增大，使牙左侧压力大于右侧，从而产生一平衡 $\boldsymbol{F}_a$ 的液压力。在图 6－36(b)中，如果每一螺纹牙侧开三个油腔，则当螺杆受径向力 $\boldsymbol{F}_r$ 而下移，油腔 A 侧间隙减小，压力增高，B 和 C 侧间隙增大，压力降低，从而产生一平衡 $\boldsymbol{F}_r$ 的液压力。

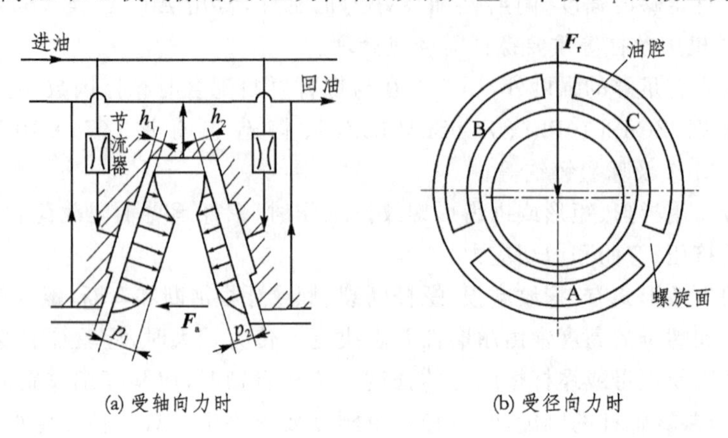

图 6－36　静压螺旋传动的工作原理

习　题

6－1　试找出图 6－37 中所示螺纹连接结构中的错误，并改正。

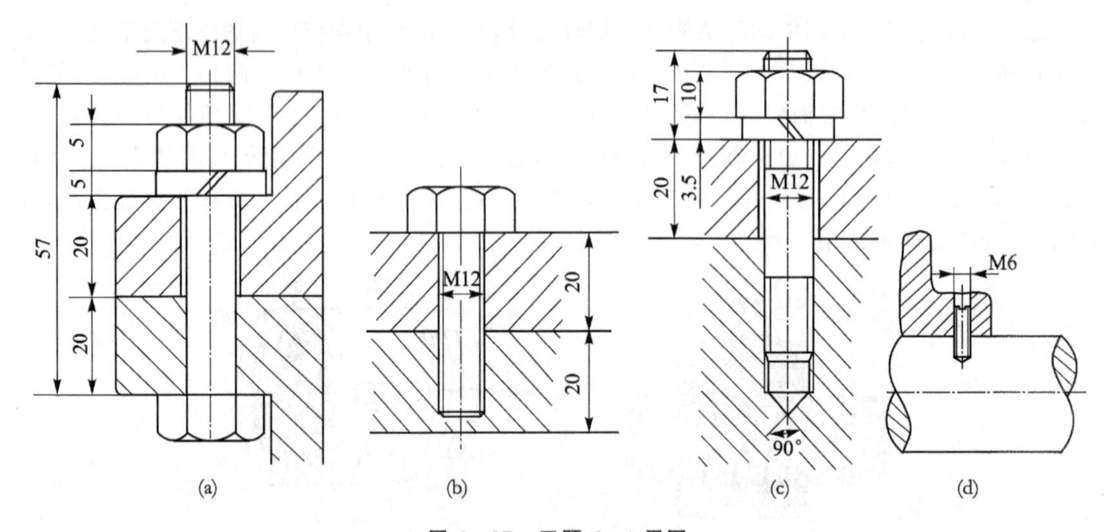

图 6－37　习题 6－1 用图

6－2　常用螺纹的旋向？怎样判别螺纹旋向？

6－3　圆柱形螺纹有哪些主要参数和尺寸，它们的相互关系怎样？螺纹的公称尺寸是哪个直径？螺距和导程有何区别？常用螺纹如何标记？

6－4　为什么单线普通三角螺纹主要用于连接，而多线梯形、矩形、锯齿形螺纹主要用于传动？

6－5　公称直径相同的细牙螺纹与粗牙螺纹中，哪个自锁性好？哪个强度高？

6-6　为什么大多数螺纹在受工作载荷前都要拧紧？板动螺母拧紧连接时，拧紧力矩要克服哪些地方的阻力矩？这时螺栓和被连接件各受到什么力？

6-7　为什么说螺栓的受力与连接的载荷既有联系又有区别？连接受横向载荷时，螺栓就一定受工作剪力吗？

6-8　在受预紧力和工作拉力的螺栓连接中，螺栓和被连接零件的刚度对螺栓的受力各有什么影响？

6-9　螺纹连接为什么会松脱？试举出五种防松装置。双螺母防松时，上下两螺母应该哪个厚度大一些？为什么？

6-10　为什么要防止螺栓受偏心载荷？为什么要求螺栓组对称布置于接合面形心？

6-11　如图6-38所示为受轴向工作载荷的紧螺栓连接工作时力与变形的关系图，图中F'为螺栓预紧力，F为轴向工作载荷，F''为剩余预紧力，F_0为螺栓总拉力，c_1为螺栓刚度，c_2为被连接件刚度，$\Delta F_b = Fc_1/(c_1+c_2)$，试分析：

(1) 在F和F''不变的情况下，如何提高螺栓的疲劳强度？

(2) 若$F'=800$ N，$F=800$ N，当$c_1 \gg c_2$时，$F_0=$？当$c_1 \ll c_2$时，$F_0=$？

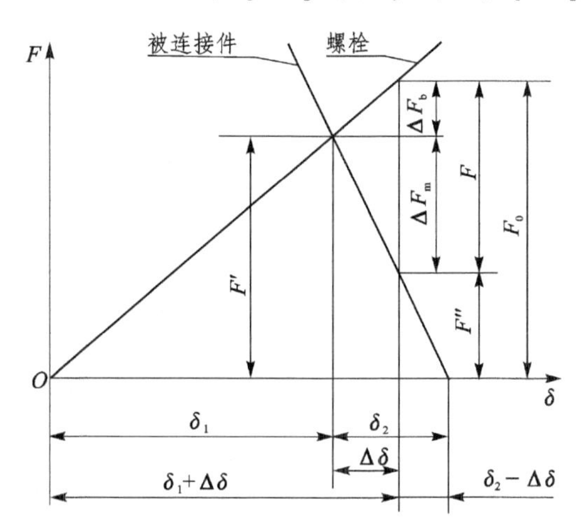

图6-38　习题6-11用图

6-12　对于受轴向变载荷作用的螺栓，可以采取哪些措施来减小螺栓的应力幅σ_a？

6-13　有一刚性凸缘联轴器，用材料为Q235的普通螺栓连接以传递转矩T，现预提高其传递的转矩，但限于结构不能增加螺栓的直径和数目，试提出三种能提高联轴器传递转矩的方法。

6-14　提高螺栓连接强度的措施有哪些？这些措施中哪些主要是针对静强度？哪些主要是针对疲劳强度？

6-15　螺旋传动有哪些特点？

6-16　对滑动螺旋传动用的螺纹有什么特殊要求？

6-17　比较滚动螺旋传动和滑动螺旋传动的优缺点。

6-18　为什么有些螺旋千斤顶举起重物后，重物不会自动降下来？

6-19　有一普通螺纹的螺杆，已知直径$d = 24$ mm，中径$d_2 = 22.052$ mm，内径$d_1 = 20.752$ mm，螺距$t = 3$ mm，线数$z=2$，牙形角$\beta=60°$，螺纹副的摩擦因数$\mu=0.15$。

试求：

(1) 螺纹的升角及导程；

(2) 当此螺杆用于传动时，其举升重物的效率？能否自锁？

6-20　试推导如图 6-39 所示，受转矩 T 作用的螺栓组连接的螺栓受力计算式：

(1) 当用普通螺栓时；

(2) 当用铰制孔螺栓时。

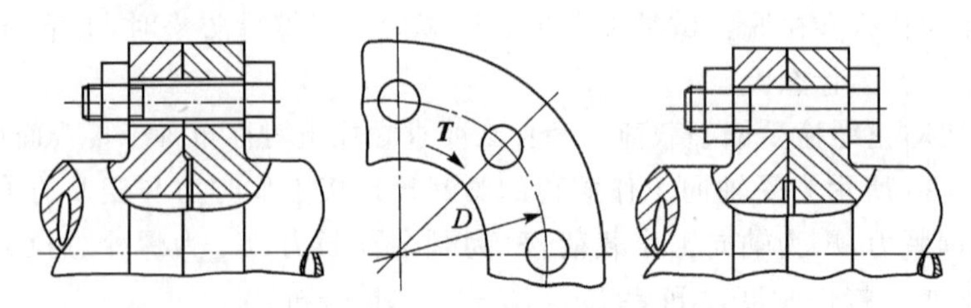

图 6-39　习题 6-20 用图

6-21　如图 6-40 所示，某机构的拉杆端部采用普通粗牙螺纹连接。已知：拉杆所受的最大载荷 F = 15 kN，载荷很少变动，拉杆材料为 Q235 钢，强度级别为 4.6 级。试确定拉杆螺纹直径。

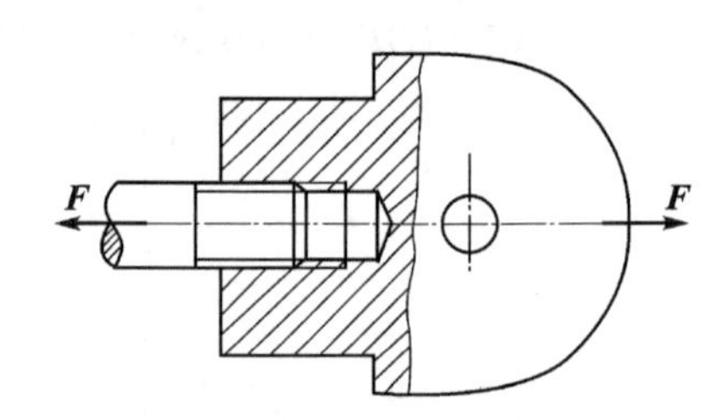

图 6-40　习题 6-21 用图

6-22　图 6-41，起重滑轮的松连接螺栓。已知起吊重物的重力 F=20 kN，螺栓材料为 45 钢。试求该螺栓的直径。

6-23　有一受预紧力 F' 和轴向工作载荷 F=1 000 N 作用的紧螺栓连接，已知预紧力 F'= 1 000 N，螺栓的刚度 c_1 与被连接件的刚度 c_2 相等。试计算该螺栓所受的总拉力 F_0=？剩余预紧力 F''=？在预紧力 F' 不变的情况下，若保证被连接件不出现缝隙，该螺栓的最大轴向工作载荷为多少？

6-24　图 6-42 为一凸缘联轴器，凸缘间用 4 个 M16 铰制孔用螺栓连接，允许传递的最大转矩 T=1 500 N·m，螺栓材料为 45 钢。试选取合适的螺栓长度，并校核其抗剪强度和抗压强度。

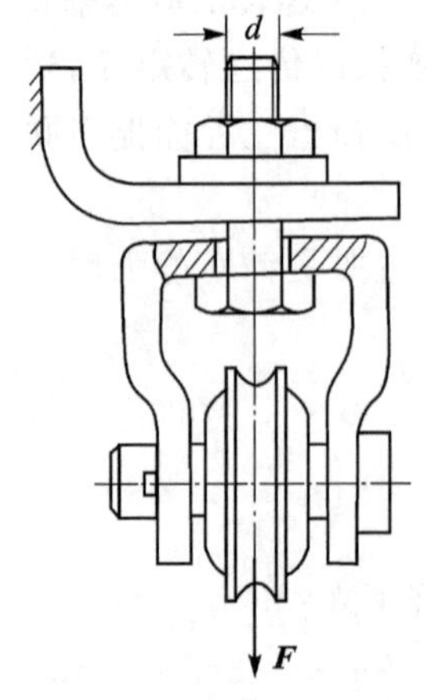

图 6-41　习题 6-22 用图

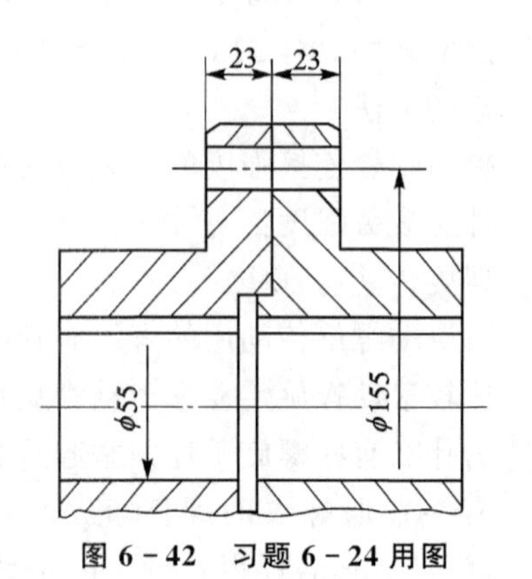

图 6-42　习题 6-24 用图

6－25　习题 6－24 中凸缘联轴器若采用 M16 的受拉螺栓联成一体，以摩擦力来传递转矩，螺栓材料为 45 钢，接触面摩擦因数 $\mu_s=0.15$，安装时不控制预紧力，试确定螺栓的个数。

6－26　图 6－43 为由两块边板和一块承重板焊成的龙门起重机导轨托架，两块边板各用 4 个螺栓与工字钢相连接，托架所受载荷随起吊重量不同而变化，其最大载荷为 20 kN。试确定应采用哪种连接类型，并计算出螺栓直径。

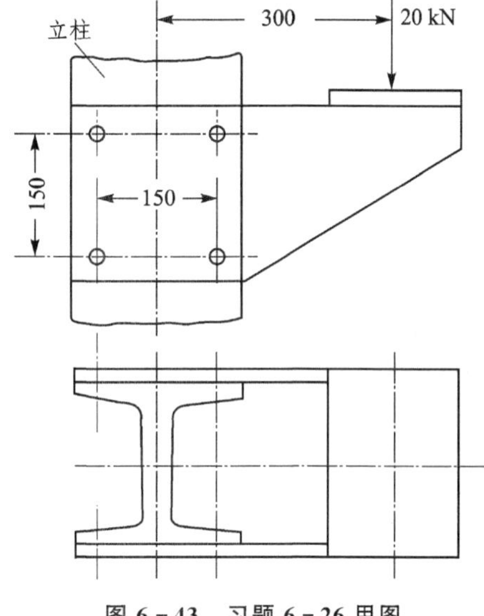

图 6－43　习题 6－26 用图

6－27　如图 6－44 所示，已知作用在轴承盖上的力 $F=10$ kN，轴承盖用 4 个螺钉固定于铸铁箱体上，螺钉材料为 Q235，今取剩余预紧力 $F''=0.4F$，不控制预紧力。求所需的螺钉直径。

6－28　设图 6－45 中螺栓刚度 c_1，被连接件刚度 c_2，若 $c_2=8\ c_1$，预紧力 $F'=1$ kN，外载荷 $F=1.1$ kN，试求螺栓中的总拉力 F_0 和被连接件的剩余预紧力 F''。

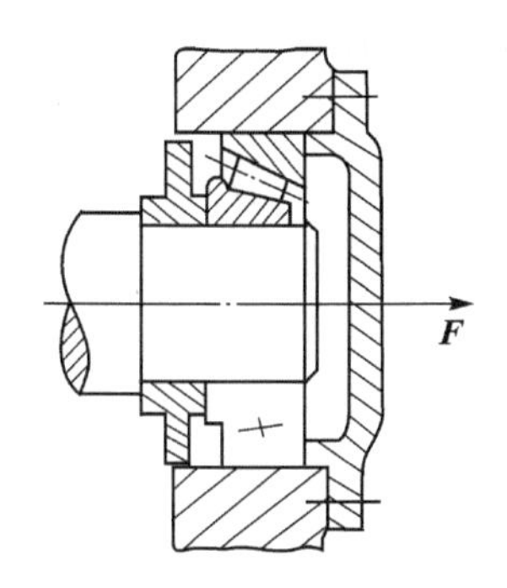

图 6－44　习题 6－27 用图

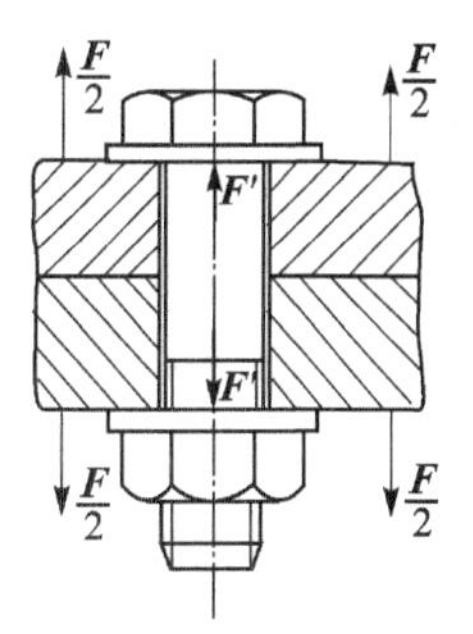

图 6－45　习题 6－28 用图

6－29　图 6－46 为一个钢制液压油缸，油压 $p=3$ MPa，缸径 $D=160$ mm，为保证气密性要求，螺栓间距不得大于 100 mm。试设计其缸盖的螺柱连接。

6－30　如图 6－47 所示，螺栓连接的力－变形图。若保证剩余预紧力 F''的大小等于其预紧力 F'的一半。试求该连接所能承受的最大工作载荷。

6－31　如图 6－48 所示，一螺栓组连接的三种方案，其外载荷 R，尺寸 a 和 L 均相同，$a=60$ mm，$L=300$ mm。试分析计算各方案中受力最大的螺栓所受横向载荷 $F_R=$？并分析比较哪个方案好？

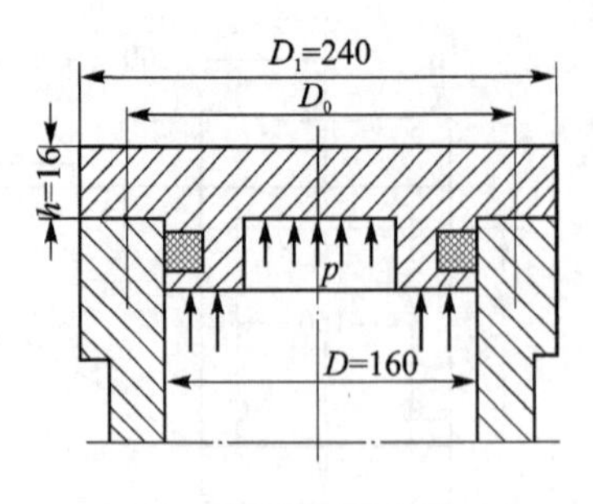

图 6-46　习题 6-29 用图

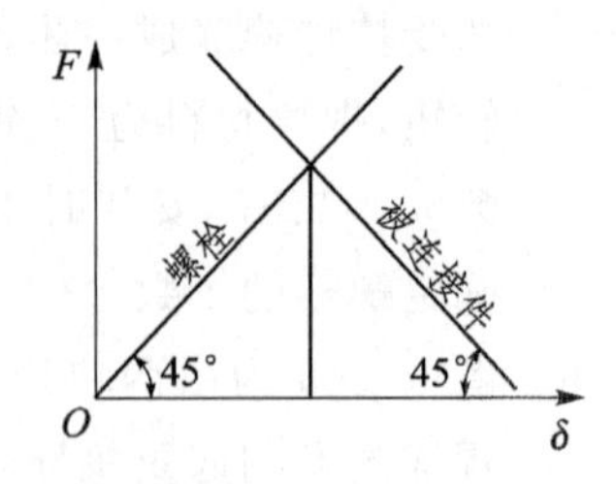

图 6-47　习题 6-30 用图

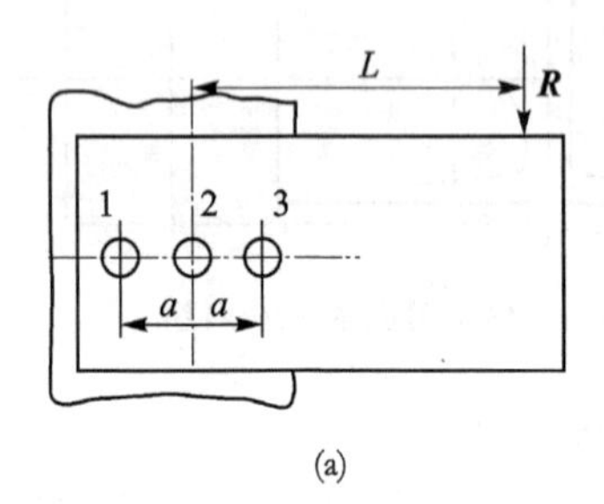

(a)

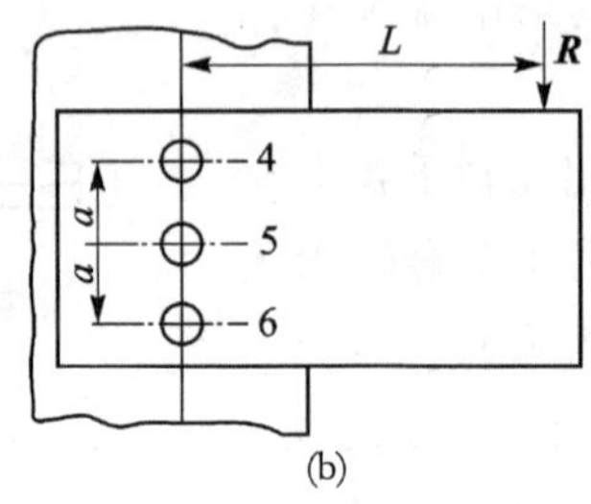

(b)

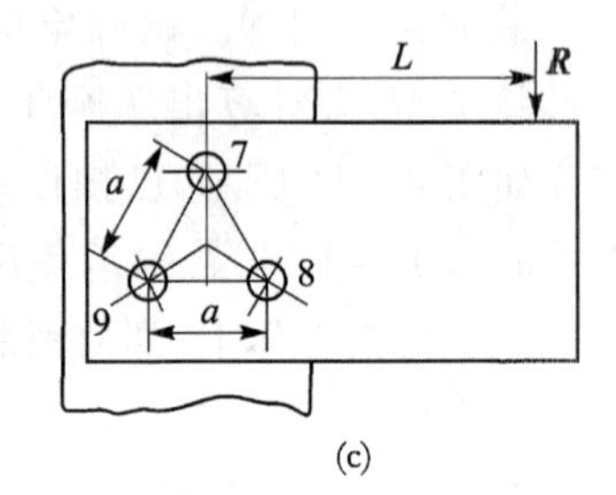

(c)

图 6-48　习题 6-31 用图

6-32　已知托架的一个边板用 6 个螺栓与相邻的机架相连接。托架受一个大小为 60 kN 载荷作用，该载荷与边板螺栓组的沿铅垂对称轴线相平行，与对称轴线的距离为 300 mm。现有图 6-49 所示的三种螺栓布置形式，若用铰制孔用螺栓，其许用剪应力为 34 MPa，试问哪一种螺栓分布所用的螺栓直径最小？直径各为多少？应选用哪种布置形式？为什么？

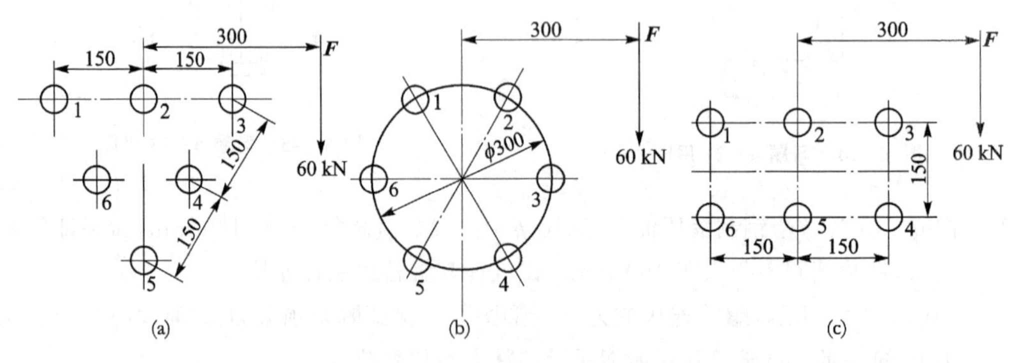

(a)　(b)　(c)

图 6-49　习题 6-32 用图

6-33　图 6-50 所示为悬挂吊车轨道的托架，可用两个普通螺栓连接在钢梁上。已知起吊重物时托架所受最大作用力 $P = 10$ kN，钢梁和托架材料均为 A3 钢，有关尺寸如图 6-50 所示。试设计此螺栓连接。

6-34　图 6-51 为一小型螺旋压力机，最大工作压力为 $p=25$ kN，采用梯形螺纹传动，螺杆材料为 45 钢（正火，$[\sigma]=100$ MPa），螺母材料为 ZQAl9-4，支承面平均直径 $D_m \approx d_2$，螺旋副间的摩擦因数 $\mu=0.15$，支承面处的 $\mu_0=0.1$，双手转动手轮时每只手用力约 200 N,要求自锁。试确定梯形螺纹参数和手轮直径 D。

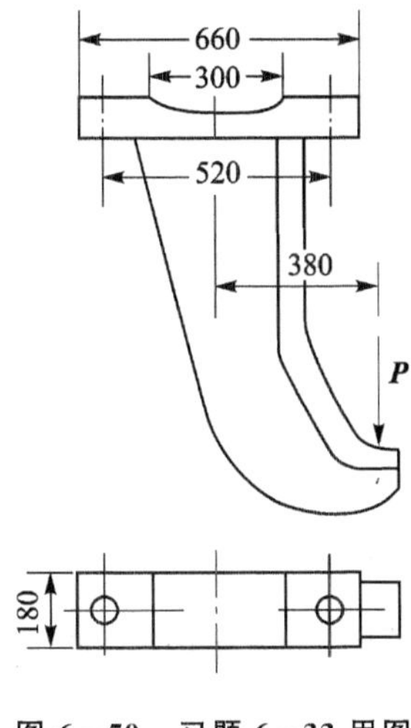

图 6－50　习题 6－33 用图

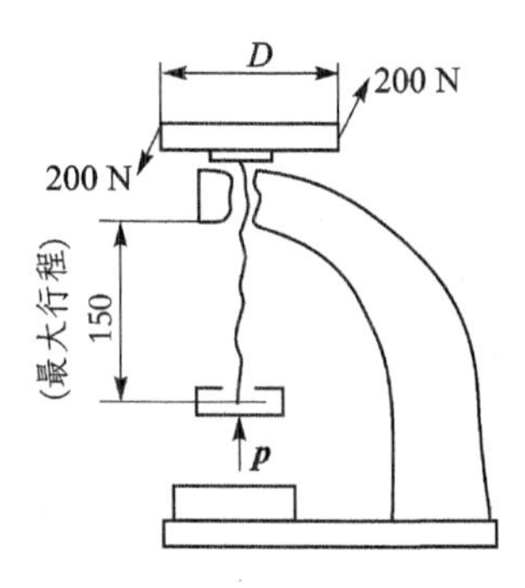

图 6－51　习题 6－34 用图

第7章 常用连接件

7.1 键

键和花键连接主要用于轴与轴上零件的周向固定以传递转矩，有些还可同时实现轴向固定。

1. 键连接的类型和构造

键和花键连接有多种类型。键连接有平键、半圆键和楔键。花键连接分为矩形花键连接、渐开线花键连接和细齿渐开线花键连接。

(1) 平键连接

平键的两侧面是工作面，上表面与轴上零件毂槽底面间有间隙，工作时，靠键与轴槽、毂槽的侧面的挤压传递转矩（见图7-1）。平键连接结构简单，装拆方便，定心性较好，成本低廉，因而应用广泛。按用途，平键分为普通平键、导向平键和滑键。

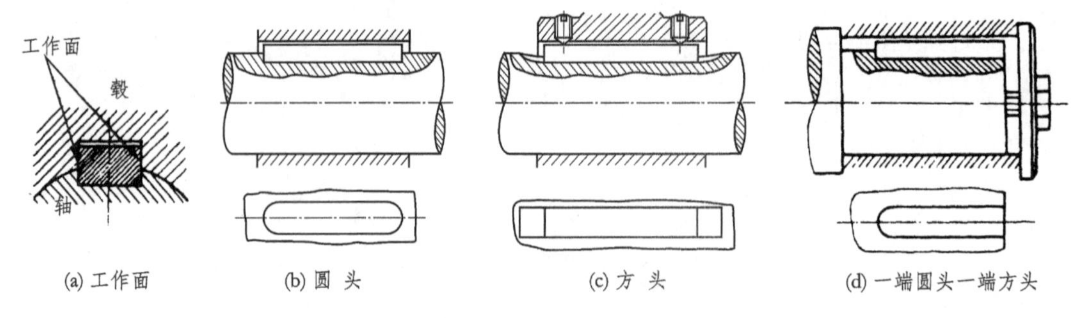

图7-1 普通平键连接

普通平键用于静连接，按结构分为圆头（A型）、方头（B型）和一端圆头一端方头（C型）三种类型，见图7-1。A型键和C型键的轴槽用指状铣刀铣出，A型键在键槽中固定牢固，C型键多用于轴端；B型键的轴槽用盘状铣刀铣出，B型键常用螺钉紧固在键槽中。

导向平键和滑键用于动连接。导向平键（见图7-2）一般用螺钉紧固在轴上，毂可以沿着键做轴向移动；滑键（见图7-3）固定在毂上，随毂一同沿着轴上键槽移动。键与其相对滑动的键槽之间的配合为间隙配合。

(2) 半圆键连接

半圆键连接的工作原理与普通平键一样（见图7-4），键的两侧面是工作面，具有平键的特点，但轴上键槽较深，对轴的削弱较大；主要用于轻载或位于轴端的连接，尤其适用于锥形轴-毂连接。轴上键槽用半径与键相同的盘状铣刀铣出，因而键在槽中能绕其几何中心摆动以适应毂上键槽的斜度。必要时，可沿轴向在同一母线上布置两个或两个以上半圆键。

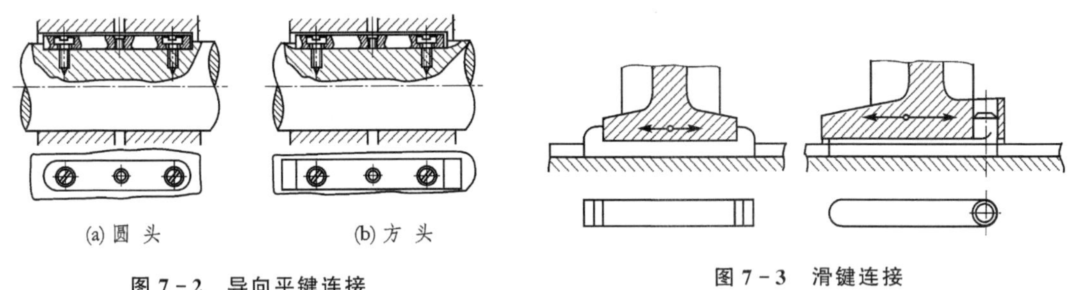

图 7－2　导向平键连接

图 7－3　滑键连接

(3) 楔键连接

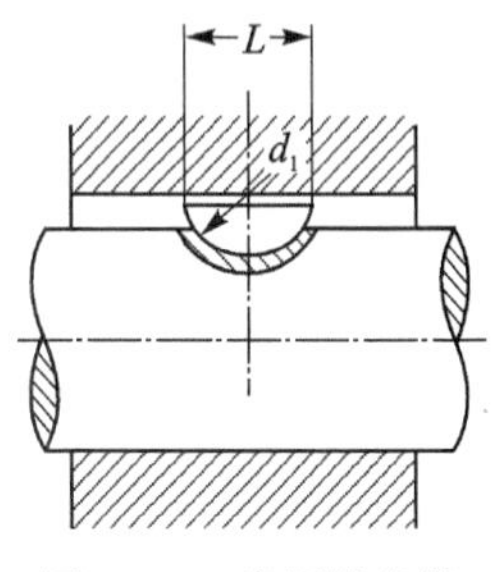

图 7－4　半圆键连接

由图 7－5 可见，楔键的上下两面是工作面，分别与毂和轴上键槽的底面贴合。键的上表面及相配的毂键槽底面具有 1∶100 的斜度。其侧面为过渡配合，松紧程度视连接要求而定。装配时将键打入键槽内，其上下面产生很大的压力，工作时靠此压力产生的摩擦力单独或与其侧面配合共同传递转矩和保持其工作位置，并还能传递单向的轴向力。其主要缺点是毂与轴的配合将使被连接件产生偏心，且在冲击、振动或变载下容易松动，因此，楔键不宜用于要求准确定心、高速及承受冲击、振动或变载的连接。

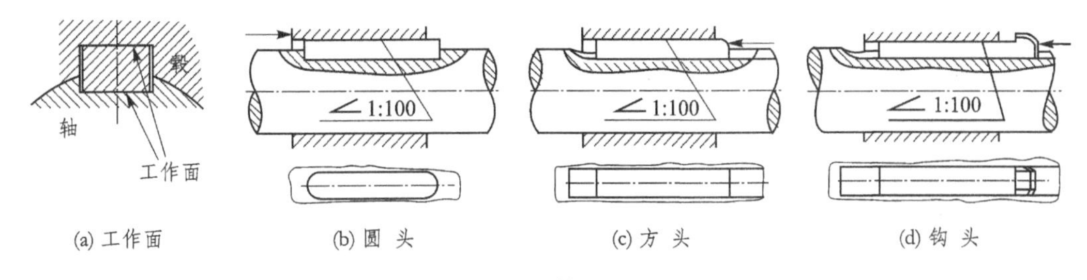

图 7－5　楔键连接

(4) 切向键连接

由两个斜度为 1∶100 的楔键组成。装配时两斜面相互贴合，共同楔紧在轴毂之间（见图 7－6）。切向键的上下两面是工作面，键在连接中必须有一个工作面处于包含轴心线的平面之内，靠挤压力传递转矩。当传递双向转矩时，须用两个分布成 120°～130°的切向键。切向键也能传递单向的轴向力，并能传递很大的转矩，适用于重型机械。

(5) 花键连接

花键连接由具有多个沿周向均布的凸齿外花键和对应有凹槽的内花键组成，依靠轴和毂上纵向齿的相互接触传递转矩，可用于静连接或动连接。

花键连接的齿布置对称，齿槽较浅，齿数多，总接触面积大，压力分布较均匀，齿根的应力集中较小，被连接件的强度削弱较少，因而有较高的承载能力；被连接件的定心较好，轴上零件沿轴向移动时能得到较好的导引；但齿的制造要用专门的设备和工具。花键连接的应用日趋广泛，特别是作为轴毂的动连接更有其独特的优越性。花键可分为矩形花键（见图 7－7）、渐开线花键（见图 7－8）和细齿渐开线花键（见图 7－9）。

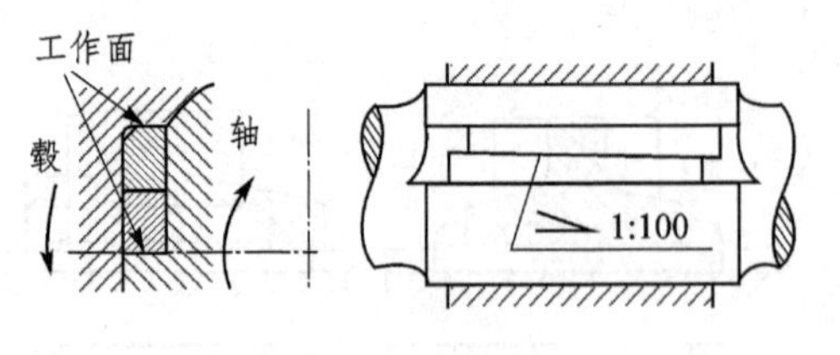

图 7-6　切向键连接

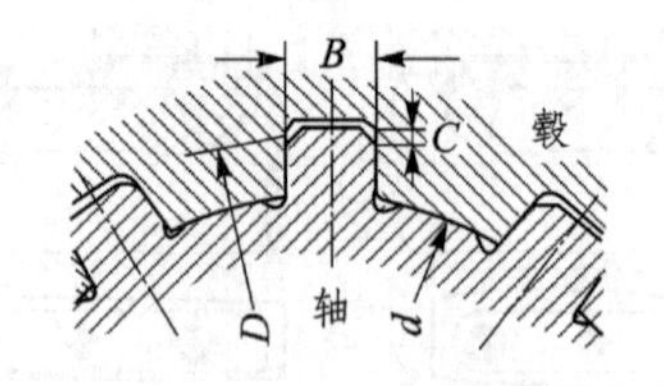

图 7-7　矩形花键

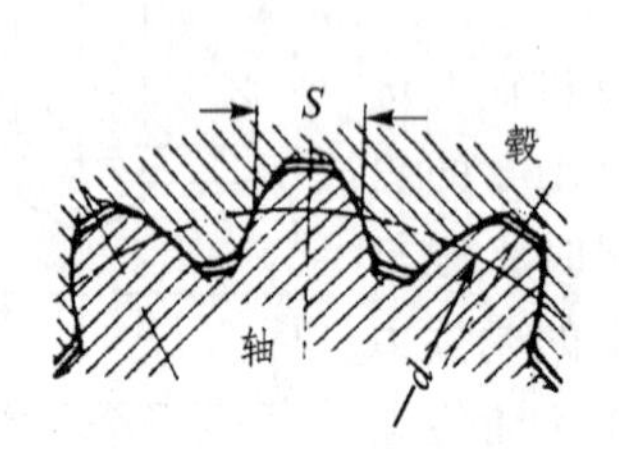

图 7-8　渐开线花键

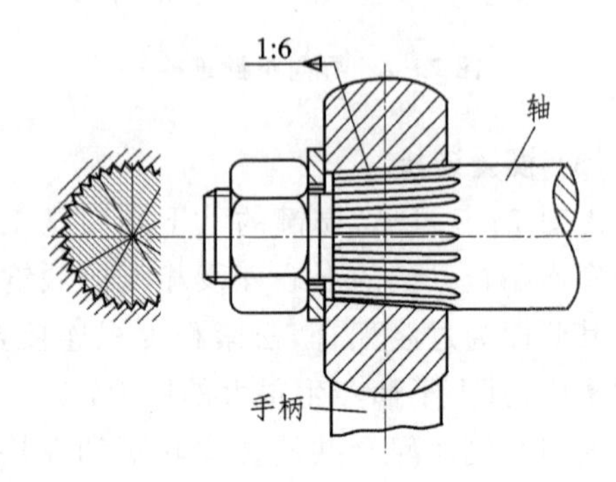

图 7-9　细齿渐开线花键

矩形花键连接多以内径定心，有轻、中两个系列，分别适用于载荷较轻或中等的场合。键经热处理后的表面硬度应高于 40HRC，轴和毂上的接合面要经过磨削。矩形花键连接具有定心精度高、应力集中较小和承载能力较大等优点，应用很广。现在还有按旧标准生产的矩形花键连接是以外径定心或以侧面定心的，如图 7-10(a)，(b)所示。外径定心适用于毂孔表面硬度不高于 40HRC，键槽可用拉刀加工的情况；侧面定心因压力易于沿键长方向得到均匀分布，故较适用于载荷较重的场合，但不能保证轴线的精确定心。

与矩形花键比，渐开线花键齿根较厚，应力集中较小，承载能力大，使用寿命长，定心精度高，宜用于载荷和尺寸较大的连接。渐开线花键连接是由作用于齿面上的压力自动平衡来定心的，渐开线的制造工艺与齿轮制造基本相同，压力角有 30°和 45°两种，齿根有平齿根和圆齿根两种。为便于加工，一般选用平齿根，但圆齿根有利于降低应力集中和减小产生淬火裂纹的可能性。在目前生产中，也有以外径定心的(见图 7-11)，这时，需要专用的滚刀和插刀切齿，或用线切割加工，常用于径向载荷较大的动连接。

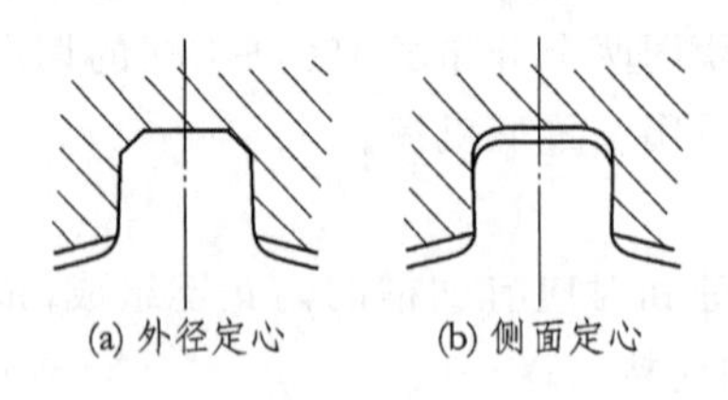

图 7-10　矩形花键连接

图 7-11　渐开线花键连接

细齿渐开线花键的齿较细，承载能力低，多用于载荷很轻或薄壁零件的连接或锥形轴上的辅助连接。细齿渐开线花键齿型有时也可制成三角形齿型。

2. 平键连接的设计计算

设计键连接时，普通平键的宽度 b 和高度 h 按轴径 d 从国家标准 GB/T 1096—2003 中查取,键的长度 L 参考轴段长或毂长选取,但应略小于轴段长。

键的材料一般用拉伸强度极限 $\sigma_B \geqslant 600$ MPa 的钢,常用 45 钢。

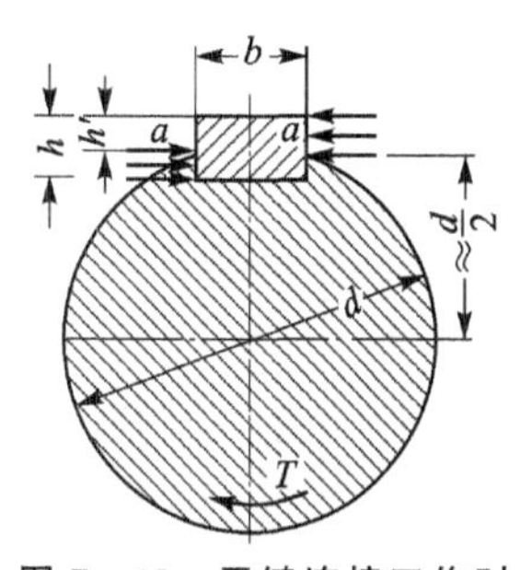

图 7-12　平键连接工作时的受力情况

图 7-12 所示为平键连接工作时的受力情况。对于使用常用材料和标准尺寸的普通平键,主要失效形式是键、轴槽和毂槽三者中强度较弱的工作面被压溃(静连接)或磨损(动连接)以及键的剪断。通常设计时只计算连接的挤压强度或耐磨性。重要的场合须验算键的剪切强度。

假设压力在键的接触长度内均匀分布,则其挤压强度的强度条件为(静连接)

$$\sigma_p = \frac{2T}{l'h'd} \leqslant [\sigma_p] \tag{7-1}$$

耐磨性的强度条件为(动连接)

$$p = \frac{2T}{l'h'd} \leqslant [p] \tag{7-2}$$

式中: T——传递的转矩,N·mm;

d——轴的直径,mm;

h'——键与毂或轴的接触高度,mm,$h'=h/2$;

h——键的高度;

l'——键的接触长度,mm,A 型为 $l'=L-b$,B 型为 $l'=L$,C 型为 $l'=L-b/2$;

L,b——键的公称长度和宽度;

$[\sigma_p]$——许用挤压应力,MPa,见表 7-1;

$[p]$——许用压强,MPa,见表 7-1。

表 7-1　平键连接的许用挤压应力$[\sigma_p]$和许用压强$[p]$

连接方式	许用应力	键、轴和毂中最弱零件的材料	载荷性质		
			静载荷/MPa	轻微冲击载荷/MPa	冲击载荷/MPa
静连接	$[\sigma_p]$	钢	120～150	100～120	60～90
		铸铁	70～80	50～60	30～45
动连接	$[p]$	钢	50	40	30

如单键强度不够,可适当增加键长,也可用双键,按 180°布置。设计双键时,考虑到载荷分布的不均匀性,一般按 1.5 个键承载计算。

例　如图 7-13 所示,刚性凸缘联轴器允许传递最大转矩 T=1 500 N·m,载荷平稳,联轴器的材料为 HT200。试选择平键,并校核强度,若强度不够时,应采取哪些措施。

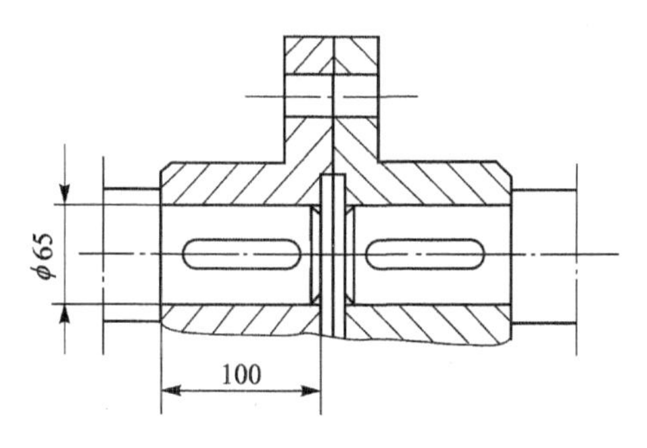

图 7-13　例题用图

解

1）确定平键的类型及尺寸

选用普通平键（圆头）连接。根据轴径 $d=65$ mm，选平键的剖面尺寸 $b=18$ mm，$h=11$ mm；依据轮毂长度为 100 mm，选择标准键长 $L=90$ mm。键的标记为：键 18×11×90 GB/T 1096—2003。

2）校核强度 $\sigma_p \leqslant [\sigma_p]$

转矩 $T=1\,500\times10^3$ N·mm；键接触长度 $l'=l-b=90-18=72$ mm；轴径 $d=65$ mm；许用挤压应力$[\sigma_p]$由表 7-1 查得，铸铁的$[\sigma_p]$值为 70～80 MPa。由式

$$\sigma_p=\frac{4T}{hl'd}=\frac{4\times1\,500\times10^3}{11\times72\times65}\ \text{MPa}=116.6\ \text{MPa}$$

结果：此键连接 $\sigma_p>[\sigma_p]$，强度不满足，轮毂槽与键的侧面有压溃的危险。为提高挤压强度可采取下列方法补救：

① 增加键的数目；

② 加大配合段直径；

③ 使用花键连接。

7.2　销

1. 销与销连接

销是一类标准连接件，在机械连接中常用于相邻零件位置的定位和固定。销也可承受横向载荷，用于连接或锁定。利用销受剪过载可被剪断的特点，可设计为安全保险元件。

2. 销的分类

销连接是可拆连接。当仅被用于定位功能时，工作时不受或只受到较小的载荷；当被用于连接传递载荷时，其功能类似于轴。

(1) 销的常用类型

销连接是一种常用连接件有多种类型。按照工作面形状分，主要有圆柱形和圆锥形两种工作面，称为圆柱销和圆锥销，如图 7-14(a)、7-14(b)所示，在反复装拆时，锥形销不易受配合面磨损的影响，而始终保持其设计工作状态。为方便装拆，有内螺纹或螺尾的圆柱销或圆锥销，见图 7-14 中(c)、(d)、(e)。被连接件承担动载时，可选用开尾锥销、弹性锥销或带有沟槽的槽销，见图 7-14 中(f)、(g)、(h)、(i)。带孔轴销常用作铰链，工作时，在单端或双端孔中插入开口销固定销轴位置，见图 7-14 中(j)、(k)。图 7-14 中(l)为开口销，常用作轴类零件与其上安装零件的位置限制，也用于螺栓和螺母间机械防松。

圆柱销的公称尺寸为其直径，锥销的公称直径为小端直径，销的长度应按照标准系列选取。

销连接常用于定位，使被连接件在垂直于销轴线方向（横向）上对位准确，是组合加工和装配时的重要连接定位方式。单纯定位功能的销，通常在工作中不受或只承受较小的载荷，两个平面的定位，至少需要两个定位销。

销工作时可以传递横向载荷，有时也作为保险零件，过载时销将被剪断，以此减小或避免

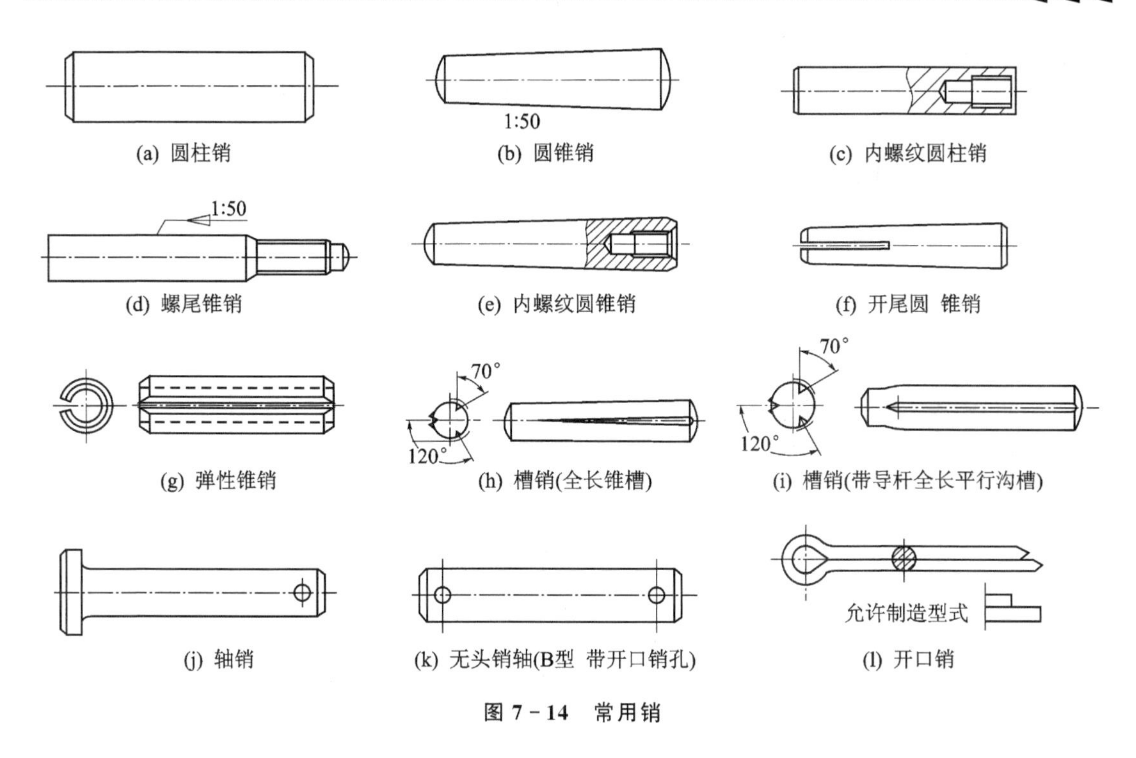

(a) 圆柱销　(b) 圆锥销　(c) 内螺纹圆柱销
(d) 螺尾锥销　(e) 内螺纹圆锥销　(f) 开尾圆 锥销
(g) 弹性锥销　(h) 槽销(全长锥槽)　(i) 槽销(带导杆全长平行沟槽)
(j) 轴销　(k) 无头销轴(B型 带开口销孔)　(l) 开口销

图 7－14　常用销

被连接件的过度损伤。

销的类型很多，国标中对图 7－14 所示各类销都有技术规范。针对不同工业用途或特殊应用也有独立的产品和行业标准。

(2) 销的常用材料和性能

销一般选用淬硬或不淬硬钢材，如 35、45 碳钢，也可选用马氏体或奥氏体不锈钢材。表面淬火表面硬度可达 600～700HV1。常用销的材料及热处理要求如表 7－2 所列，铜和铜合金及特种钢材也可用作销的材料。

表 7－2　销的常用材料和热处理

常用材料	牌　号	热处理硬度(淬火并回火)	表面处理
碳素钢	25	HRC28～38	氧化 镀锌钝化
	45	HRC28～46	
合金钢	30CrMnSiA	HRC35～41	

3. 销连接及应用

图 7－15 所示为不同的销连接。图 7－15 中(a)为圆柱销连接，连接件销与被连接件上的销孔通过配合完成连接，连接对销孔的尺寸、形状、表面粗糙度等要求较高，销孔一般需要铰制。通常被连接件的同一销孔应一次钻铰加工。圆柱销经过多次装拆，其定位精度会因磨损有所降低。

图 7－15(b)为圆锥销，圆锥销装配前，被连接件的销孔也应一次钻铰成形，钻孔时按圆锥销小头直径选用钻头，用 1∶50 锥度的铰刀铰孔。锥销连接可在反复装拆条件下保持较好的工作定位精度。图 7－15(c)是大端带有外螺纹的圆锥销连接，便于拆卸，且可用于盲孔；

图 7－15(d)是小端带外螺纹的圆锥销连接，连接可用螺母锁紧，适用于有振动或冲击的场合。图 7－15(e)是带槽的圆柱销连接，销上有三条压制的纵向沟槽，常被用于有振动或冲击的场合，图 7－15(f)是其放大的轴向剖面俯视图，其细线表示打入销孔前的形状，实线表示打入后变形的状态，连接借材料弹性变形挤压未经铰光的销孔，不易松脱，可多次装拆，承受振动和变载荷的能力较好。

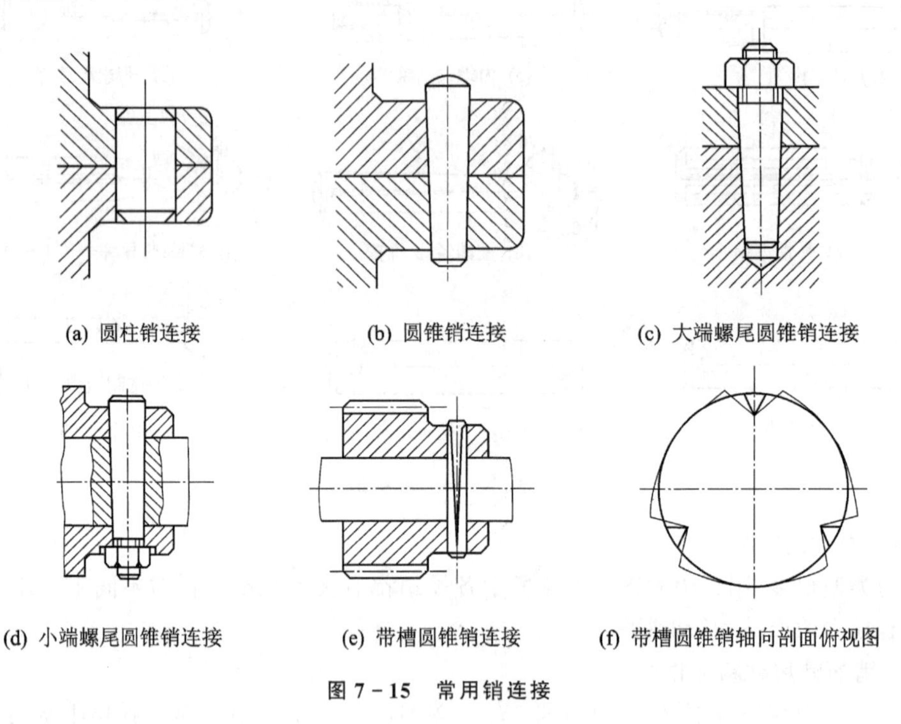

(a) 圆柱销连接　(b) 圆锥销连接　(c) 大端螺尾圆锥销连接

(d) 小端螺尾圆锥销连接　(e) 带槽圆锥销连接　(f) 带槽圆锥销轴向剖面俯视图

图 7－15　常用销连接

4. 销连接的载荷和强度条件

定位销通常不承担载荷或只承担较小的载荷，因此，设计时一般根据结构需要，在标准系列中选用。同一定位面上定位销个数一般不少于 2 个。销与被连接件接触高度约为其直径的 1～2 倍。

销连接中连接件销一般承受横向载荷，销侧面与被连接件接触传递载荷，在接触面产生挤压应力，在被连接件结合面处对销构成剪切。其主要失效形式为：受剪面剪断和接触面压溃。

对于承担横向载荷的圆柱销连接应满足剪切强度和挤压强度条件：

剪切强度条件：

$$\tau=\frac{4R}{\pi d^2 Z}\leqslant[\tau] \tag{7-3}$$

挤压强度条件：

$$p=\frac{R}{dh}\leqslant[p] \tag{7-4}$$

式中：R——连接所传递的横向载荷；d——销受剪面直径；Z——受剪面数；h——受剪面高度。许用应力的计算，可参考加强杆螺栓连接的计算方法，根据材料的屈服极限计算得出。

7.3　联轴器

联轴器主要用于轴与轴之间的连接，以传递运动和转矩。联轴器类型很多，且多已标准化。在设计时，应先根据工作条件和要求选择合适的类型，然后按轴的直径、转速和计算转矩，从联轴器的相关标准中选择所需要的型号和尺寸。

被连接的两轴轴线在理论上应该是重合的，但由于制造、安装误差或工作时零件的变形等原因，被连接的两轴轴线会发生轴向位移、径向位移和角位移。为了适应不同位移和载荷，有各种类型的联轴器可供选择。

1. 刚性联轴器

刚性联轴器适用于两轴轴线能精确对中且载荷平稳的场合，不能补偿两轴轴线间的相对位移。

(1) 套筒联轴器

套筒联轴器由套筒和键组成，见图 7－16。其径向尺寸小，拆装时须轴向移动。套筒材料常用 35 钢或 45 钢。

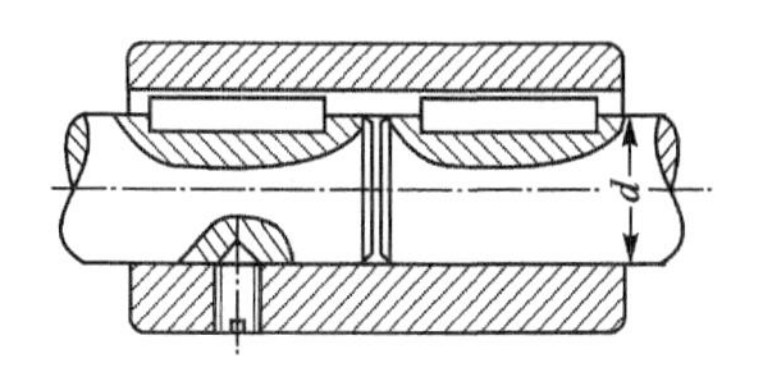

图 7－16　套筒联轴器

(2) 凸缘联轴器

凸缘联轴器由两个半联轴器、螺栓和键组成。其对中性好，传递转矩大，在固定式联轴器中应用最广。按其对中方式，可分为用凸肩和凹槽对中的凸缘联轴器（见图 7－17(a)）和用铰制孔螺栓对中的凸缘联轴器（见图 7－17(b)）。联轴器的材料常用中等强度的铸铁或钢。

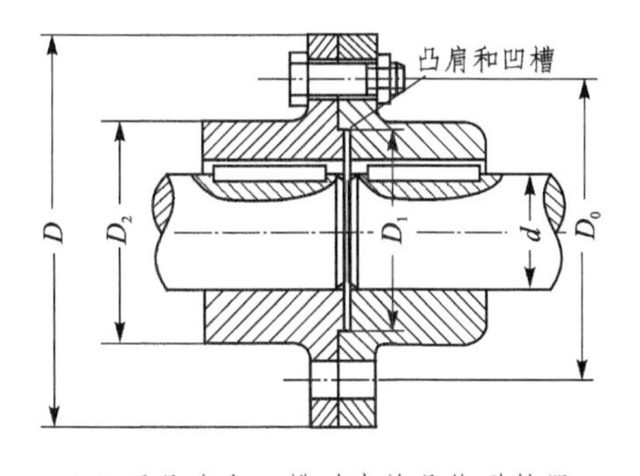

(a) 用凸肩和凹槽对中的凸缘联轴器

(b) 用铰制孔螺栓对中的凸缘联轴器

图 7－17　凸缘联轴器

2. 可移式联轴器

可移式联轴器利用零件间的相对运动或间隙来补偿两轴轴线的相对位移。

(1) 十字滑块联轴器

十字滑块联轴器由两个端面有凹槽的半联轴器和一个两面都有榫头的十字滑块组成，如图 7－18 所示。当轴回转时，滑块上的两个榫头可在两个半联轴器的凹槽中滑动，以补偿两轴轴线的径向位移。十字滑块联轴器径向尺寸小，结构简单；但由于高速时十字滑块的偏心会产生较大的离心力，因此，该联轴器常用于低速。

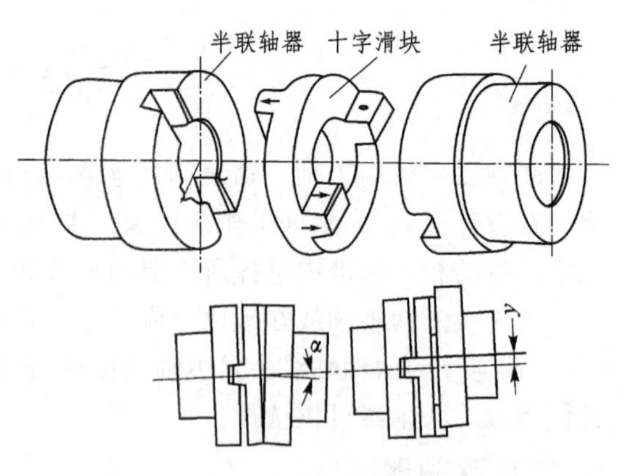

图 7-18 十字滑块联轴器

(2) 齿轮联轴器

齿轮联轴器由两个具有外齿的半联轴器和用螺栓连接起来的具有内齿的外壳组成，如图 7-19 所示。其外齿的齿顶制成球面，齿侧制成鼓形，齿侧间隙较大，使之可补偿两轴间的综合位移。其外形尺寸紧凑，工作可靠，传递转矩大，但结构复杂，成本高，常用于低速的重型机械。

(3) 万向联轴器

万向联轴器由两个叉形零件和一个十字形零件组成，如图 7-20 所示。十字形零件的四端分别用铰链与两个叉形零件连接。两轴间的偏斜角位移可达 45°。当主动轴以等角速度回转时，从动轴的角速度将作周期性变化，并产生动载荷。为消除从动轴的速度波动，通常将万向联轴器成对使用，并使中间轴的两个叉子位于同一平面上；同时还应使主、从动轴的轴线与中间轴的轴线间的偏斜角相等，以使主、从动轴的角速度相等。

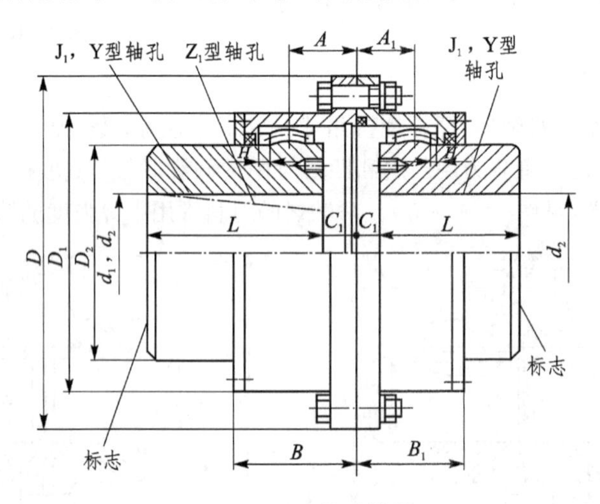

图 7-19 齿轮联轴器

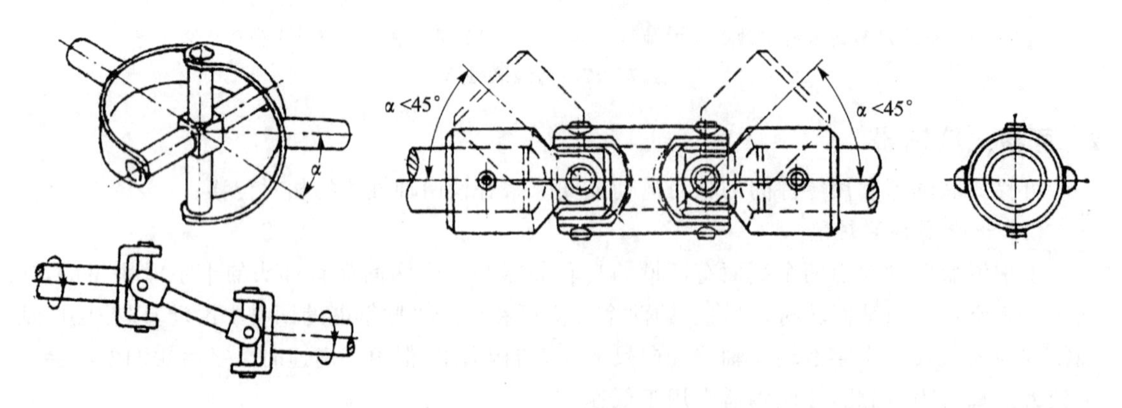

图 7-20 万向联轴器

3. 挠性联轴器

挠性联轴器的两个半联轴器间设计有弹性元件传递载荷，靠弹性元件的弹性变形可补偿两轴轴线的相对位移、缓和载荷的冲击及吸收振动。其结构简单，制造方便，成本低，适用于转矩小、转速高、频繁正反转、需要缓和冲击振动的场合。

(1) 弹性套柱销联轴器

弹性套柱销联轴器由两个半联轴器、带橡胶圈的柱销和键组成，如图 7－21 所示。它依靠橡胶圈的弹性变形来补偿径向位移和角位移，依靠安装时留出的轴向间隙来补偿轴向位移。

橡胶圈为易损件，因此在设计时应留出安装距离 A，以便更换橡胶圈。

(2) 弹性柱销联轴器

弹性柱销联轴器由两个半联轴器、弹性圆柱销和键组成，如图 7－22 所示。为了防止柱销滑出，在半联轴器两端设有挡圈。

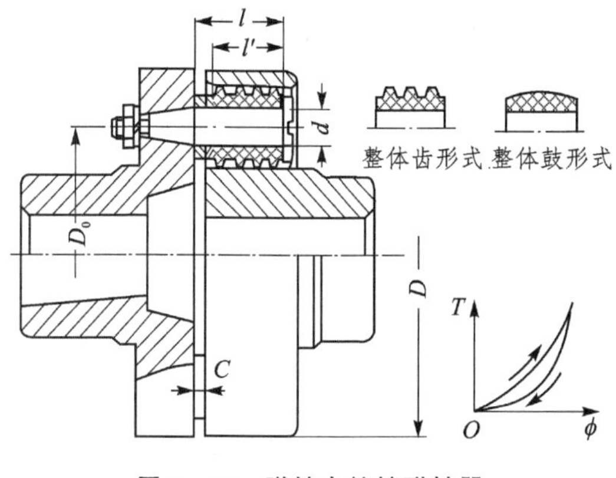

图 7－21　弹性套柱销联轴器

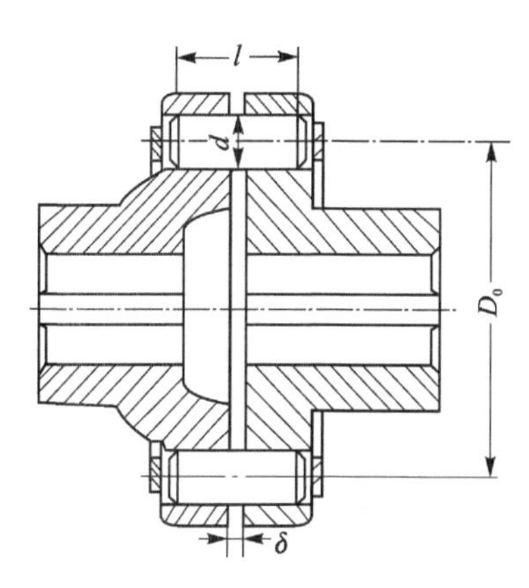

图 7－22　弹性柱销联轴器

(3) 梅花形弹性联轴器

梅花形弹性联轴器是将梅花形弹性元件置于两半联轴器凸爪之间实现连接的，如图 7－23 所示。弹性元件的材料有丁腈橡胶、聚氨酯和尼龙等。半联轴器的材料有铸铁、铸钢、锻钢和铝合金等。

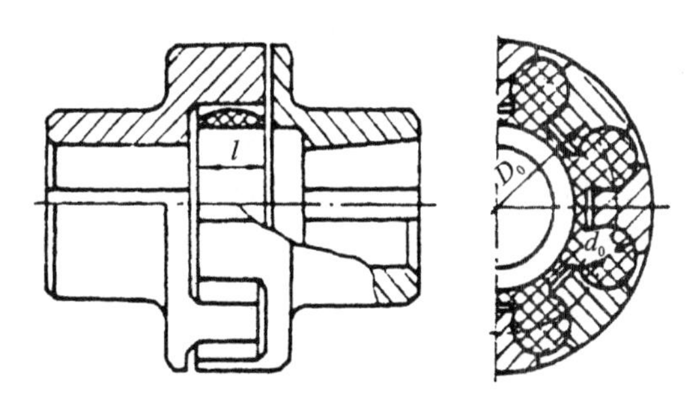

图 7－23　梅花形弹性联轴器

(4) 安全联轴器

安全联轴器主要针对传动安全需要设计，用于过载安全保护。具体有：棒销剪切式安全联轴器、摩擦片安全联轴器等。

联轴器种类较多且多已标准化或有行业规范，设计中可根据设计对象的工作特点及设计要求，结合国家标准或规范进行选择。

习　题

7-1　键连接有哪些主要类型？各有何主要特点？

7-2　普通平键、楔键和切向键各是靠哪个面工作的？其中哪种键可以传递轴向力？

7-3　平键的失效形式和计算准则是什么？

7-4　为什么采用两个平键时，一般相隔 180°布置，而采用两个半圆键时要布置在同一母线上？

7-5　在轴上开键槽时，轴向位置的确定原则是什么？(居中、居左、居右)

7-6　比较花键连接和平键连接的优缺点。

7-7　销连接的主要功能有哪些？

7-8　销连接在设计中应满足哪些基本条件？

7-9　联轴器的主要作用是什么？

7-10　刚性固定式联轴器与刚性可移动式联轴器的不同之处是什么？

7-11　简述弹性联轴器的主要优点。

7-12　下列情况下，分别选用何种类型的联轴器较为合适：

(1) 刚性大、对中性好的两轴；

(2) 轴线相交的两轴间的连接；

(3) 正反转多变、启动频繁、冲击大的两轴间的连接；

(4) 轴间径向位移大、转速低、无冲击的两轴间的连接；

(5) 转速高、载荷平稳、中小功率的两轴间的连接；

(6) 转速高、载荷大、正反转多变、启动频繁的两轴间的连接。

7-13　图 7-24 所示，齿轮与轴采用平键连接，材料为 45 钢，传递转矩 $T=2$ kN·m，载荷有轻微冲击。试确定键的尺寸(写出规定标记)并校核其强度。

若此连接要求齿轮能在轴上滑动，齿轮尺寸不变，将普通平键改为导向平键，键的剖面尺寸与静连接相同，键长增加 1 倍(全齿宽与键侧面接触)，问：此连接能否正常工作？

7-14　图 7-25 所示为一铸铁 V 带轮用普通平键装在直径 $D=48$ mm 的电动机轴上。电动机额定功率 $P=11$ kW，转速 $n=730$ r/min，带轮轮毂宽度 $L_1=80$ mm，受冲击载荷。试确定键的尺寸并校核其强度。

7-15　图 7-26 所示为一汽车变速箱中滑移齿轮的渐开线花键连接，传递转矩 $T=20$ N·m，渐开线花键的分度圆直径 $d=30$ mm，模数 $m=2$ mm，齿数 $z=15$，滑移齿轮宽度 $L_1=50$ mm，轴和齿轮均用 40Cr 制造，花键表面经硬化处理，使用条件中等。试问此连接是否可靠？

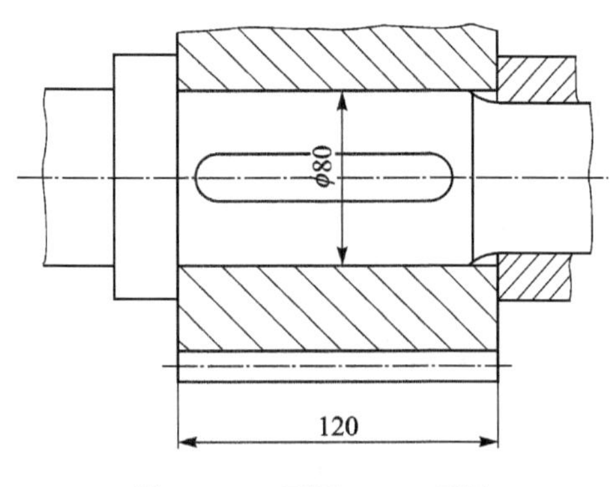

图7-24　习题7-13用图

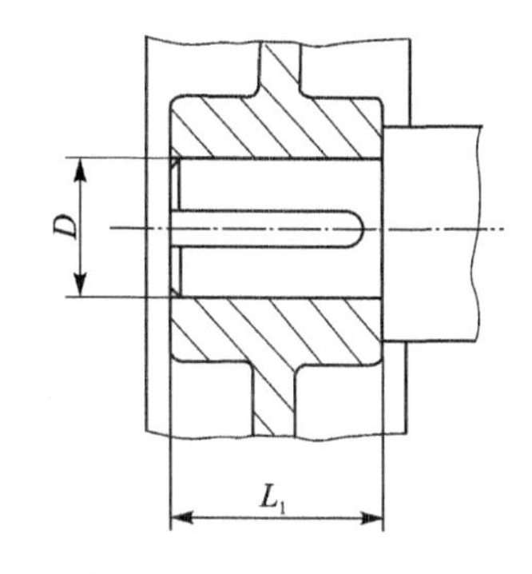

图7-25　习题7-14用图

7-16　一根直径为 $d=80$ mm 的钢轴与转动零件钢制齿轮之间采用平键连接。已知轴的许用扭转剪应力 $[\tau]=40\ \mathrm{N/mm^2}$,试选择平键的剖面尺寸,并根据轴的扭转强度条件,求需要的键长,要求载荷平稳。

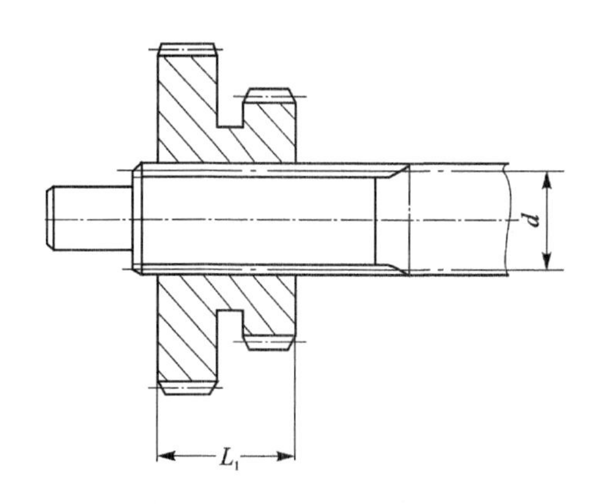

图7-26　习题7-15用图

7-17　如图7-27所示,减速器的低速轴与弹性柱销联轴器及圆柱齿轮之间分别采用键连接。已知轴所传递的功率 $P=10$ kW,转速 $n=960$ r/min,齿轮材料为45钢,联轴器的材料为HT20-40,工作时载荷有轻微冲击,连接处及轮毂的尺寸见图7-27。试确定键连接的类型。

7-18　试确定如图7-28所示的标准平键连接所能传递的最大转矩。已知轴和轮毂都是45钢,正火处理,轻微冲击载荷。如果改用标准尺寸小一级的两个平键,试确定其最大转矩,并说明两个平键应如何放置。

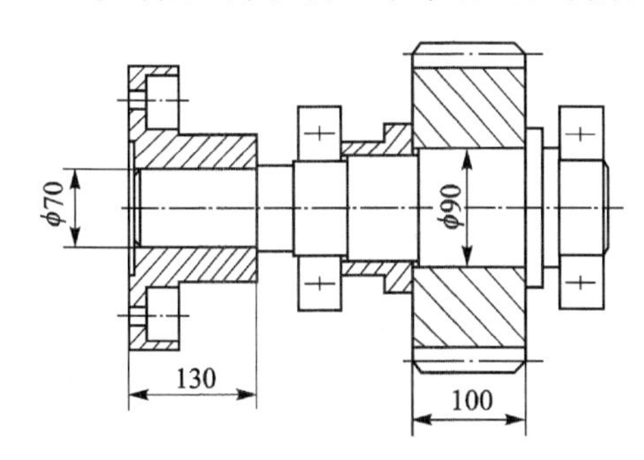

图7-27　习题7-17用图

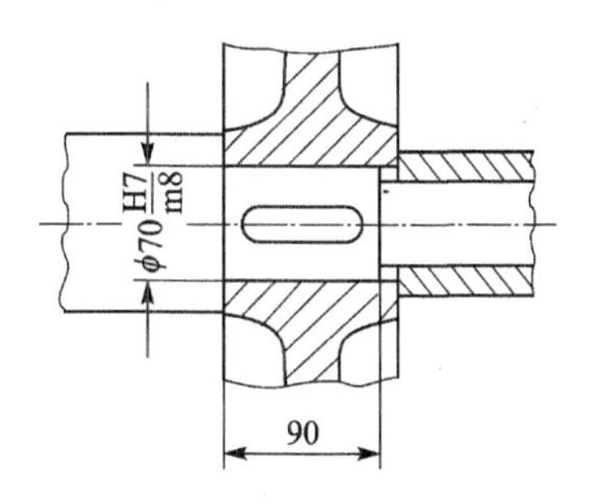

图7-28　习题7-18用图

第 8 章　滚动轴承

8.1　滚动轴承的特点与分类

滚动轴承是标准件，用于支承轴颈或轴上的回转零件。滚动轴承使用、安装和维护方便，价格适中，应用广。采用滚动轴承的机器启动力矩小，有益于在负载下启动。对于同尺寸的轴颈，滚动轴承的宽度比滑动轴承小，可使机器的轴向结构紧凑。大多数滚动轴承能同时受径向和轴向载荷，但存在承受冲击载荷能力较差，高速重载荷下轴承寿命较短以及振动和噪声较大等缺点。

典型的滚动轴承构造如图 8－1 所示，由内圈、外圈、滚动体和保持架组成。内圈、外圈分别与轴颈、轴承座孔装配固定。多数情况是内圈随轴回转，外圈不动；也有外圈回转、内圈不转及内、外圈分别以不同转速回转等使用情况。滚动体在相对运动表面间体现为滚动摩擦状态。根据不同设计要求，滚动体有球、圆柱滚子、圆锥滚子及球面滚子等，如图 8－2 所示。

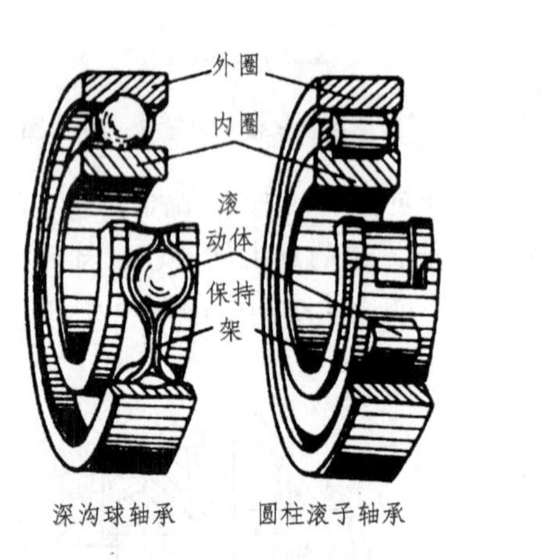

图 8－1　滚动轴承典型构造

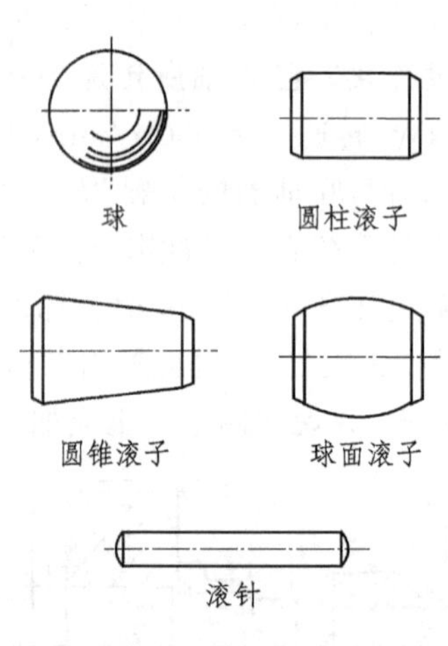

图 8－2　滚动体种类

滚动体的大小和数量直接影响轴承的承载能力。在球轴承内、外圈上都有凹槽滚道，它起着降低接触应力和限制滚动体轴向移动的作用。保持架使滚动体等距离分布并减小滚动体间的摩擦和磨损。如果没有保持架，相邻滚动体将直接接触，且相对滑动速度可达表面速度的 2 倍，这将使轴承的发热和磨损加剧。

滚动轴承的内、外圈和滚动体用强度高、耐磨性好的铬锰高碳钢制造，如 GCr15，GCr15SiMn 等，淬火后硬度达到 HRC＝61～65。保持架选用较软材料制造，常用低碳钢板、铜合金、铝合金及工程塑料等材料。

1. 滚动轴承的类型

滚动轴承的类型名称、代号、简图、性能和特点等如表 8-1 所列。

表 8-1　常用滚动轴承的类型、代号、简图、性能和特点

类型代号	轴承类型名称和简图	尺寸系列代号	轴承性能特点	基本额定动载荷比	极限转速比	价格比	允许角偏斜
0 (6)	双列角接触球轴承 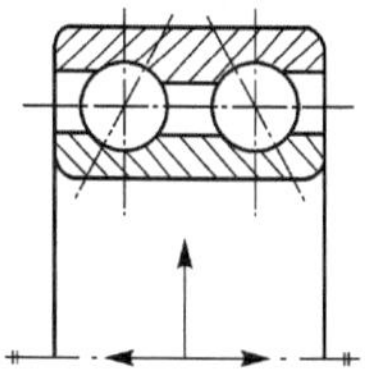	32 33	能同时承受径向和双向轴向载荷	1.6～2.1	中		
1 (1)	调心球轴承 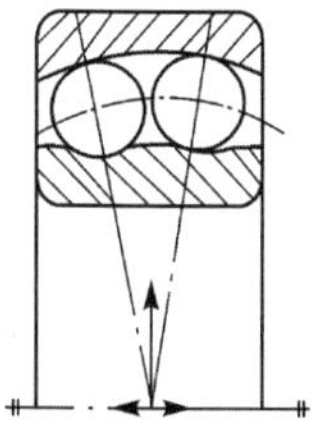	(0)2 22 (0)3 33	外圈内表面是以轴承中点为圆心的球面，可自动调心；主要承受径向载荷	0.6～0.9	中	1.8	3°
2 (3)	调心滚子轴承 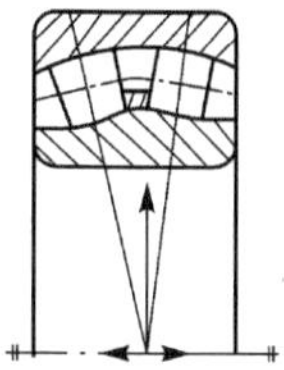	13,22 23,30 31,32 40,41	与调心球轴承相似，可自动调心；主要承受径向载荷；承载能力高，允许角偏斜略小于调心球轴承	1.8～4	低	4.4	1°～2.5°
2 (9)	推力调心滚子轴承 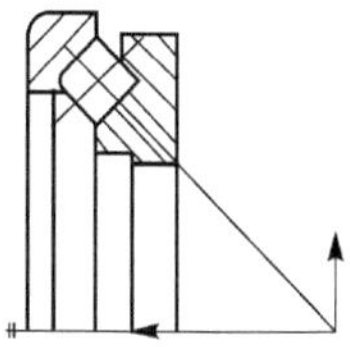	92 93 94	外圈内表面是球面，可自动调心；主要承受径向、单向轴向载荷	1.7～2.2	中		1.5°～2.5°
3 (7)	圆锥滚子轴承 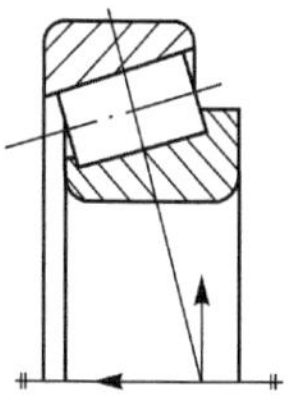	02,03 13,20 22,23 29,30 31,32	能同时承受较大的径向和单向轴向载荷；内、外圈可分离，便于装拆、调整间隙；一般成对使用	1.5～2.5	中	1.7	2′

续表 8-1

类型代号	轴承类型名称和简图	尺寸系列代号	轴承性能特点	基本额定动载荷比	极限转速比	价格比	允许角偏斜
4 (0)	双列深沟球轴承 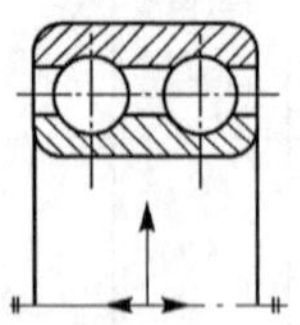	(2)2 (2)3	能同时承受径向和双向轴向载荷;径向和轴向刚度大于深沟球轴承	1.6～2.3	中		8′～16′
5 (8)	推力轴承 	11 12 13 14	只能承受单向轴向载荷	1	低	1.1	≈0°
5 (8)	双向推力轴承 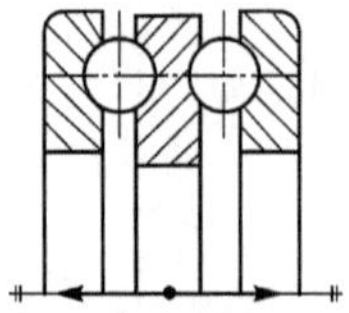	22 23 24	能承受双向轴向载荷	1	低	1.8	≈0°
6 (0)	深沟球轴承 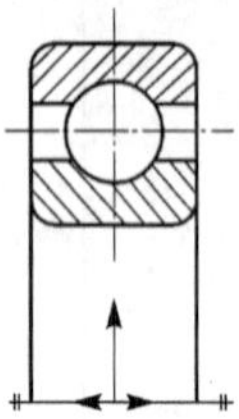	17,37 18,19 (0)0 (1)0 (0)2 (0)3 (0)4	能同时承受径向和一定的双向轴向载荷;高速时可代替推力轴承;价格便宜,使用最广泛	1	高	1	8′～16′
7 (6)	角接触球轴承 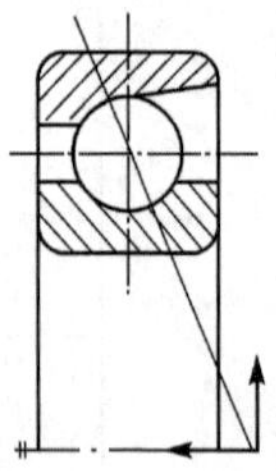	19 (1)0 (0)2 (0)3 (0)4	能同时承受径向和单向轴向载荷;接触角 α 有15°,25°和40°三种,接触角大的承受轴向载荷能力高;一般成对使用	1～1.4	高	2.1	2′～10′
8 (9)	推力圆柱滚子轴承 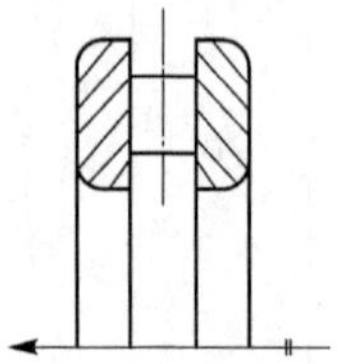	11 12	只能承受较大的单向轴向载荷;轴向刚度大	1.7～1.9	低	3.8	≈0°

续表 8-1

类型代号	轴承类型名称和简图	尺寸系列代号	轴承性能特点	基本额定动载荷比	极限转速比	价格比	允许角偏斜
N (2)	圆柱滚子轴承 (外圈无挡边)	10 (0)2 22 (0)3 23 (0)4	能承受较大的径向载荷；内、外圈间可沿轴向自由移动，不能承受轴向载荷	1.5～3	高	2	2′～4′
UC (0)	外球面球轴承 (带顶丝)	2 3	外圈外表面为球面，与轴承座的球面配合能自动调心；内圈用顶丝固定于轴上，拆装方便	1	中		2°～5°
QJ (6)	四点接触球轴承	(0)2 (0)3	内圈为两个环组成，内、外圈可分离。两边接触角均为 35°，能同时承受径向和双向轴向载荷；旋转精度高	1.4～1.8	高		

注：1　表中括号内的数字在基本代号中可省略。

2　基本额定动载荷比、极限转速比和价格比为同一尺寸系列的轴承与深沟球轴承之比。极限转速比比值＞90%为高，60%～90%为中，＜60%为低。

3　前括号内数字为旧国标类型代号。

滚动轴承中滚道与滚动体接触处的法线和垂直于轴承轴心线的平面间的夹角 α 称为公称接触角。滚动轴承按所能承受的载荷方向和公称接触角的不同分为两大类(见图 8-3)：

① 向心轴承　主要用于承受径向载荷，公称接触角为 0°～45°。其中：径向接触轴承(如深沟球轴承、圆柱滚子轴承等)公称接触角 $\alpha=0°$；向心角接触轴承(如角接触球轴承、圆锥滚子轴承等)公称接触角 $0°<\alpha\leqslant45°$。

② 推力轴承　主要用于承受轴向载荷，公称接触角为 45°～90°。其中：轴向接触轴承(如推力球轴承、推力圆柱滚子轴承等)公称接触角 $\alpha=90°$；推力角接触轴承(如推力角接触球轴承、推力调心滚子轴承等)公称接触角 $45°<\alpha<90°$。

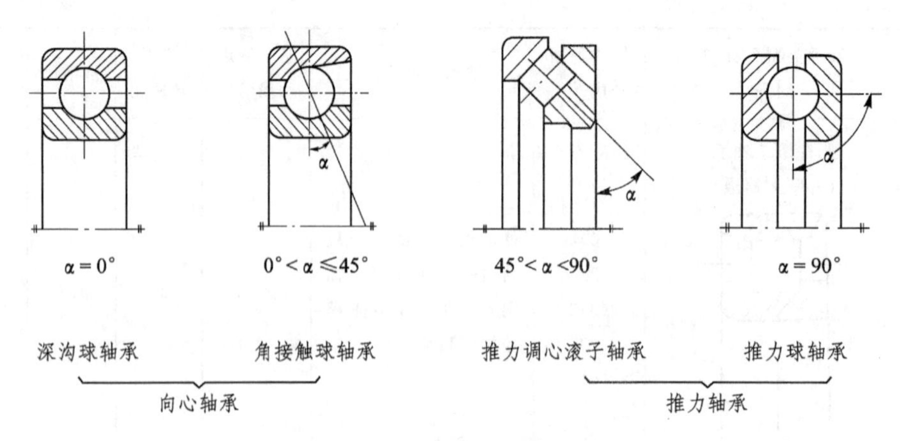

图 8－3　滚动轴承的公称接触角

2. 滚动轴承的代号

滚动轴承的代号是用字母加数字来表示轴承的结构、尺寸、公差等级及技术性能等特征的产品符号。轴承代号由三部分组成：

前置代号　基本代号　后置代号

基本代号是轴承代号的核心；前置代号和后置代号都是轴承代号的补充，用于轴承结构、形状、材料、公差等级及技术要求等有特殊要求的轴承，一般情况下可部分或全部省略。

(1) 基本代号

轴承的基本代号包括三项内容：类型代号、尺寸系列代号和内径代号。其格式及含义如下：

类型代号　尺寸系列代号　内径代号

① 类型代号　用数字或字母表示不同类型的轴承，如表 8－1 所列。

② 尺寸系列代号　由两位数字组成。前一位数字代表宽度系列（向心轴承）或高度系列（推力轴承），后一位数字代表直径系列。滚动轴承的具体尺寸系列代号见表 8－2，示意图如图 8－4 所示。尺寸系列表示内径相同的轴承可具有不同外径，而同样外径又有不同宽度（或高度），由此用以满足各种不同的承载能力和结构设计要求。

表 8－2　滚动轴承尺寸系列代号

直径系列代号	向心轴承								推力轴承			
	宽度系列代号								高度系列代号			
	8	0	1	2	3	4	5	6	7	9	1	2
	尺寸系列代号											
7	—	—	17	—	37	—	—	—	—	—	—	—
8	—	08	18	28	38	48	58	68	—	—	—	—
9	—	09	19	29	39	49	59	69	—	—	—	—
0	—	00	10	20	30	40	50	60	70	90	10	—
1	—	01	11	21	31	41	51	61	71	91	11	—

续表 8－2

直径系列代号	向心轴承								推力轴承			
	宽度系列代号								高度系列代号			
	8	0	1	2	3	4	5	6	7	9	1	2
	尺寸系列代号											
2	82	02	12	22	32	42	52	62	72	92	12	22
3	83	03	13	23	33	—	—	—	73	93	13	23
4	—	04	—	24	—	—	—	—	74	94	14	24
5	—	—	—	—	—	—	—	—	—	95	—	—

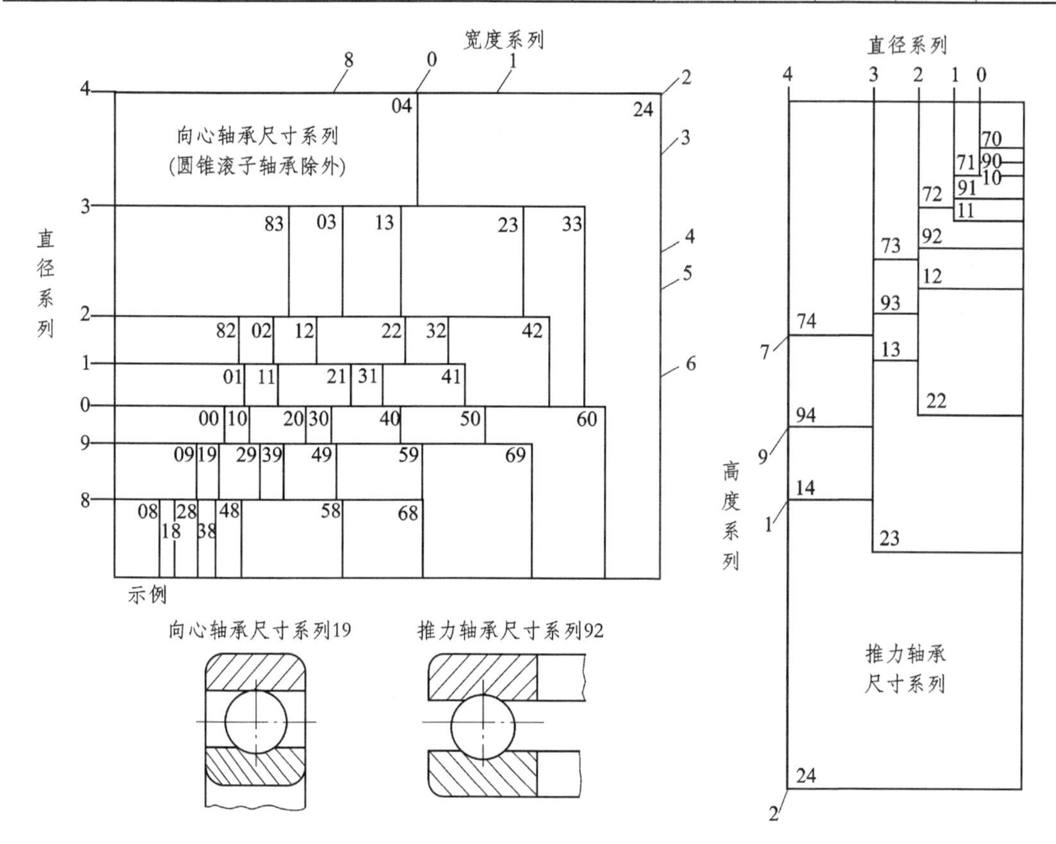

图 8－4　滚动轴承尺寸系列代号示意图

③ 内径代号　表示轴承公称内径的大小，用数字表示，见表 8－3。

表 8－3　轴承内径代号

轴承公称内径 d/mm	内径代号	示　例
10	00	6203
12	01	6——深沟球轴承
15	02	2——尺寸系列代号(0)2
17	03	03——$d=17$ mm

续表 8-3

轴承公称内径 d/mm	内径代号	示　例
20～480 (22,28,32 除外)	04～96 d=内径代号×5	32207 3——圆锥滚子轴承 22——尺寸系列代号 07——$d=7\times5=35$ mm
0.6～10(非整数)	用公称内径毫米数直接表示,与尺寸系列代号间用"/"分开	230/500,62/22,618/2.5 2,6——调心滚子轴承、深沟球轴承 30,2,18——尺寸系列代号 500,22,2.5——d=(500,22,2.5) mm
1～9(整数)		
22,28,32		
≥500		

(2) 前置代号

前置代号用字母表示。L——可分离轴承的可分离内圈或外圈,如 LN 207;R——不带可分离内圈或外圈的轴承,如 RNU 207(NU 表示内圈无挡边的圆柱滚子轴承);K——滚子和保持架组件,如 K 81107;WS 和 GS——推力圆柱滚子轴承的轴圈和座圈,如 WS 81107,GS 81107。

(3) 后置代号

后置代号共有 8 组,其顺序如表 8-4 所列。

表 8-4　后置代号顺序

1	2	3	4	5	6	7	8	9
内部结构	密封、防尘与外部形状变化	保持架及其材料	轴承材料	公差等级	游　隙	配　置	振动和噪声	其　他

各组后置代号的含义如下:

① 内部结构代号　C,AC 和 B——公称接触角分别为 $\alpha=15°,25°$和 $40°$;E——增大承载能力进行结构改进的加强型;D——剖分式轴承;ZW——滚针保持架组件,双列。代号示例如 7210 B,7210 AC,NU 207 E。

② 密封、防尘与外部形状变化代号　K 和 K30——锥度 1∶12 和 1∶30 的圆锥孔轴承,代号示例如 1210 K,24122 K30;R,N,NR——轴承外留有止动挡边、止动槽、止动槽并带止动环,代号示例如 6210 N;—RS,—RZ,—Z,—FS——分别表示轴承一面有骨架式橡胶密封圈(接触式为 RS、非接触式为 RZ)、有防尘盖及毡圈密封,代号示例如 6210—RS,若两面有橡胶密封圈为 6210—2RS。

③ 保持架及其材料代号　表示保持架在标准规定的结构材料外的其他结构形式与材料。A 和 B——外圈引导和内圈引导;J,Q,M,TN——钢板冲压、青铜实体、黄铜实体和工程塑料保持架,等。

④ 轴承材料代号　规定了轴承各零件的使用材料及工艺条件,如 ICS——采用碳素结构刚制造。

⑤ 公差等级代号　有/PN,/P6,/P6X,/P5,/P4 及/P2——标准规定的 N,6,6x,5,4 及 2 公差等级;2 级精度最高,N 级最低,N 级可以省略不写,代号示例如 6203,6203/P6。

⑥ 游隙代号　有/C2,/CN,/C3,/C4 及/C5——标准规定的游隙有 2,N,3,4 及 5 组(游隙量自小而大);N 组不注,代号示例如 6210,6210/C4。公差等级代号和游隙代号同时表示时

可以简化，如 6210/P63 表示轴承公差等级 P6 级、径向游隙 3 组。

⑦ 配置代号　表示成组安装的轴承的配置形式如/D 和/T 分别表示两套和三套轴承配置，B、F、T 表示成对背靠背、面对面、串联安装。图 8-5 给出了三种常见安装方式及表示法。代号示例：32208/DF，7210/DT。

⑧ 振动及噪声代号　对轴承振动状态等作出规定，如/Z1 表示轴承振动加速度级极值组别为 Z，/V2 表示共速度级极值组别为 V2，等。

⑨ 其他代号　在振动、噪声、摩擦力矩、工作温度及润滑等方面有特殊要求的代号，可查阅有关标准。

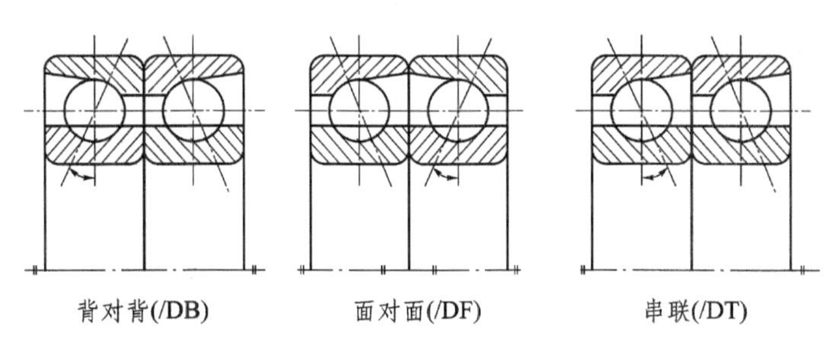

图 8-5　成对安装的轴承三种配置形式

3. 滚动轴承的类型选择

选择滚动轴承类型时，应考虑轴承的工作载荷（大小、性质及方向）、转速及其他使用要求：

① 转速较高、载荷较小及要求旋转精度高时宜选用球轴承；转速较低、载荷较大或有冲击载荷时则选用滚子轴承。

② 轴承上同时受径向和轴向载荷，一般选用角接触球轴承或圆锥滚子轴承；当径向载荷较大、轴向载荷小时，可选用深沟球轴承；而当轴向载荷较大、径向载荷小时，可采用推力角接触球轴承、四点接触球轴承，或选用推力球轴承和深沟球轴承的组合结构。

③ 各类轴承使用时，内、外圈间的倾斜角应控制在允许角偏斜值之内；否则，会增大轴承的附加载荷，缩短寿命。

④ 刚度要求较大的轴系，宜选用双列球轴承、滚子轴承或四点接触球轴承，载荷特大或有较大冲击力时可在同一支点上采用双列或多列滚子轴承。轴承系统的刚度高可提高轴的旋转精度，降低振动噪声。

⑤ 为便于安装、拆卸和调整间隙，常选用内、外圈可分离的分离型轴承，如圆锥滚子轴承、四点接触球轴承。

⑥ 选取轴承时应注意经济性。球轴承比滚子轴承价格低。同型号尺寸公差等级是 PN，P6，P5，P4，P2 的滚动轴承价格比约为 1∶1.5∶2∶7∶10。

8.2　滚动轴承的受力特征和计算准则

1. 滚动轴承的受力分析

滚动轴承在工作中，在沿轴心线的轴向载荷（中心轴向载荷）$\boldsymbol{F}_a$ 作用下，可认为各滚动体平均分担载荷，即各滚动体受力相等。当轴承在纯径向载荷 $\boldsymbol{F}_r$ 作用下（如图 8-6 所示），内圈

沿 $\boldsymbol{F}_r$ 方向移动一距离 δ_0，将有半圈滚动体不承载，承载半圈各滚动体由于在接触点上的弹性变形量不同而承受不同的载荷。处于 $\boldsymbol{F}_r$ 作用线位置上的滚动体承载最大，其值近似为 $5F_r/Z$（点接触轴承）或 $4.6F_r/Z$（线接触轴承），Z 为轴承滚动体总数；远离作用线的各滚动体承载逐渐减小。对于内、外圈相对转动的滚动轴承，滚动体的位置是不断变化的，因此，每个滚动体所受的径向载荷也是变化的。

2. 滚动轴承的载荷计算

(1) 滚动轴承的径向载荷计算

一般轴承径向载荷 $\boldsymbol{F}_r$ 作用中心 O 的位置为轴承宽度中点。

角接触轴承径向载荷作用中心 O 的位置，应为各滚动体的载荷矢量与轴中心线的交点，如图 8-7 所示。角接触球轴承、圆锥滚子轴承载荷中心与轴承外侧端面的距离 a 由对应的轴承标准给出，可直接从设计手册查得。

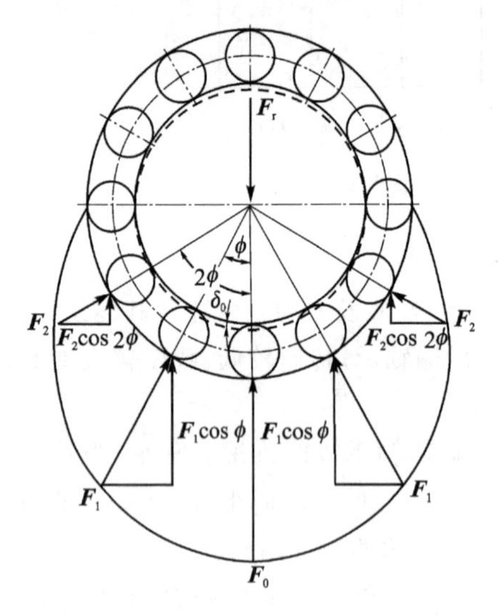

图 8-6　滚动轴承径向载荷的分析

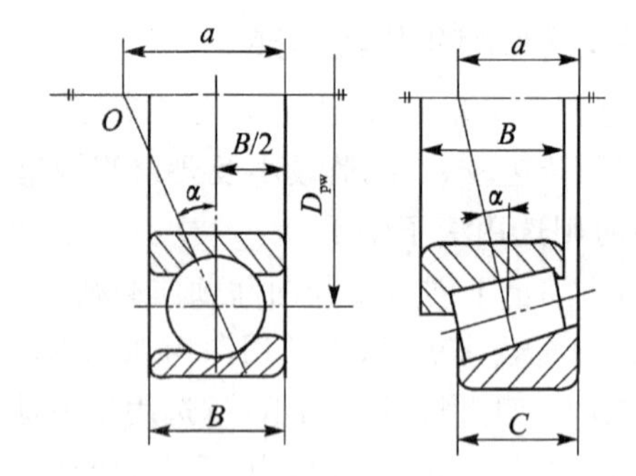

图 8-7　角接触轴承的载荷作用中心

接触角 α 及直径 D 越大，载荷作用中心距轴承宽度中点越远。为了简化计算，常假设载荷中心在轴承宽度中点，但跨距较小时，误差较大，不宜简化。

(2) 滚动轴承的轴向载荷计算

非角接触轴承支承时，轴系上的轴向工作合力 $\boldsymbol{F}_A$，通常由一侧轴承负担，其轴向载荷 $\boldsymbol{F}_a=\boldsymbol{F}_A$，另一侧轴承不受 $\boldsymbol{F}_A$ 作用，其载荷 $\boldsymbol{F}_a=0$。

角接触轴承受径向载荷 $\boldsymbol{F}_r$ 时，会产生附加轴向力 $\boldsymbol{F}_s$。图 8-8 所示轴承下半圈第 i 个球受径向力 $\boldsymbol{F}_{ri}$ 时，由于轴承外圈接触点法线与轴承中心平面有接触角 α，通过接触点法线对轴承内圈和轴的法向反力 $\boldsymbol{F}_i$ 将同时产生径向分力 $\boldsymbol{F}_{ri}$ 和轴向分力 $\boldsymbol{F}_{si}$。各球的轴向分力之和即为轴承的附加轴向力 $\boldsymbol{F}_s$。按一半滚动体受力进行分析，有

$$F_s \approx 1.25\, F_r \tan\alpha \tag{8-1}$$

计算各种角接触轴承附加轴向力的近似公式如表 8-5 所列。

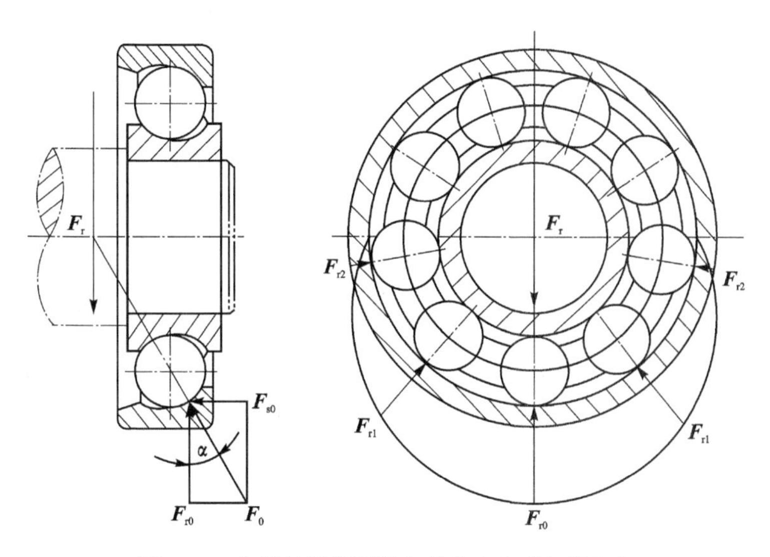

图 8-8　角接触轴承受径向载荷产生附加轴向力

表 8-5　角接触轴承附加轴向力公式

轴承类型	角接触球轴承			圆锥滚子轴承
	70000C($\alpha=15°$)	70000AC($\alpha=25°$)	70000B($\alpha=40°$)	30000
F_s	eF_r	$0.68F_r$	$1.14F_r$	$F_r/(2Y)$

注：e 为判断系数，查表 8-7；Y 为圆锥滚子轴承的轴向动载荷系数，查表 8-7。

角接触轴承附加轴向力的方向由轴承外圈的宽边指向窄边，通过内圈作用于轴上。由于角接触轴承只能承受单向的轴向力，一般应成对使用。其常见安装方式有两种：图 8-9 所示为两外圈窄边相对，称为面对面安装，或称为正装；若两外圈宽边相对安装时，称为背对背安装，或称为反装。

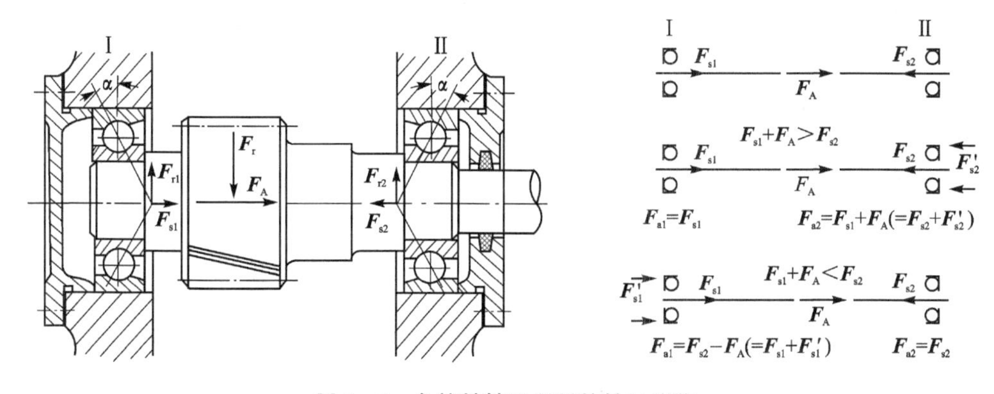

图 8-9　角接触轴承所受的轴向载荷

计算角接触轴承所受的轴向载荷 $\boldsymbol{F}_{a1}$ 和 $\boldsymbol{F}_{a2}$ 时，要同时考虑附加轴向力 $\boldsymbol{F}_{s1}$，$\boldsymbol{F}_{s2}$ 及作用于轴上的其他工作轴向力 $\boldsymbol{F}_A$。图 8-9 中，有两种受力情况：

① 若 $\boldsymbol{F}_{s1}+\boldsymbol{F}_A>\boldsymbol{F}_{s2}$，轴有向右移动的趋势，由于轴承Ⅱ的右端已固定，轴不能向右移动，即轴承Ⅱ被“压紧”。根据轴系轴向力的平衡关系，得

$$F_{a2}=F_{s1}+F_A \tag{8-2}$$

此时，轴承Ⅰ为“放松”端，只受附加轴向力，所以

$$F_{a1}=F_{s1} \tag{8-3}$$

② 若 $\boldsymbol{F}_{s1}+\boldsymbol{F}_A<\boldsymbol{F}_{s2}$，即 $\boldsymbol{F}_{s2}-\boldsymbol{F}_A>\boldsymbol{F}_{s1}$，轴有向左移动的趋势，使轴承Ⅰ被“压紧”，轴承Ⅱ为“放松”端。同理，根据轴系轴向力的平衡关系，得

$$F_{a1}=F_{s2}-F_A \tag{8-4}$$

$$F_{a2}=F_{s2} \tag{8-5}$$

计算角接触轴承轴向载荷的方法为：先判明轴上所有外载荷与附加轴向力的合力指向，确定“压紧”端轴承和“放松”端轴承；“压紧”端轴承的轴向载荷等于除本身附加轴向力外其余轴向力的代数和；“放松”端轴承的轴向载荷等于它本身附加轴向力。

3. 滚动轴承的失效和计算准则

滚动轴承的主要失效形式有：

① *滚道和滚动体表面的疲劳点蚀*　滚动轴承工作时，内、外套圈间有相对运动，滚动体既自转又围绕轴承中心公转，滚动体和套圈分别受到不同的脉动接触应力作用。工作若干时间后，各元件接触表面上都可能发生接触疲劳点蚀。点蚀会使轴承工作时的振动、噪声和发热急剧增大。

② *轴承的塑性变形*　过大的静载荷或冲击，会使滚动体或套圈滚道上出现不均匀的塑性变形。这时，轴承的摩擦力矩、振动和噪声都将增加，而运转精度降低。

③ *轴承磨粒磨损*　在多尘或滚道内有污垢的条件下工作，可造成滚动体与套圈产生磨粒磨损，从而使运转精度降低，并产生振动和噪声。

决定轴承尺寸时，要针对主要失效形式进行必要的计算。针对点蚀失效应进行寿命计算；针对塑性变形失效应进行静强度计算；针对磨损失效应采用合理的润滑和密封措施来解决。高速轴承还应校核极限转速。

8.3　滚动轴承的强度特征与寿命计算

1. 滚动轴承的寿命计算

大部分滚动轴承是由于疲劳点蚀而失效。轴承中任一元件在出现疲劳点蚀前，其内、外套圈间的相对运转的总转数或一定转速下的工作小时数称为轴承寿命。

一组同一型号的轴承在相同工作条件下运转，实际寿命大不相同，最长的和最短的可相差几十倍。对一个具体轴承很难预知其确切寿命，但一批轴承则服从一定的概率分布规律，用数理统计的方法处理数据，可分析计算出在一定可靠度 R 或失效概率 P 下的轴承寿命。

可靠度为 90%、常用的材料和加工质量及常规运转条件下的寿命称为轴承的基本额定寿命，以符号 L_{10}(10^6 r)或 L_{10h}(h)表示。

滚动轴承的寿命随载荷增大而降低。寿命与载荷的关系曲线如图 8-10 所示。基本额定寿命为 10^6 r(百万转)时，轴承所能承受的恒定载荷为基本额定动载荷 C。对于向心轴承，所承受的是径向基本额定动载荷 C_r，对于推力轴承，所承受的是轴向基本额定动载荷 C_a。C_r 和 C_a 可在滚动轴承产品样本或有关机械设计的手册中查得。

实验表明,滚动轴承的寿命与载荷的曲线方程可表示为

$$P^{\varepsilon}L_{10}=\text{常数}=C^{\varepsilon}\times 1 \qquad (8-6)$$

式中:P——当量动载荷,N;

L_{10}——基本额定寿命,10^6 r;

ε——寿命指数,球轴承 $\varepsilon=3$,滚子轴承 $\varepsilon=10/3$。

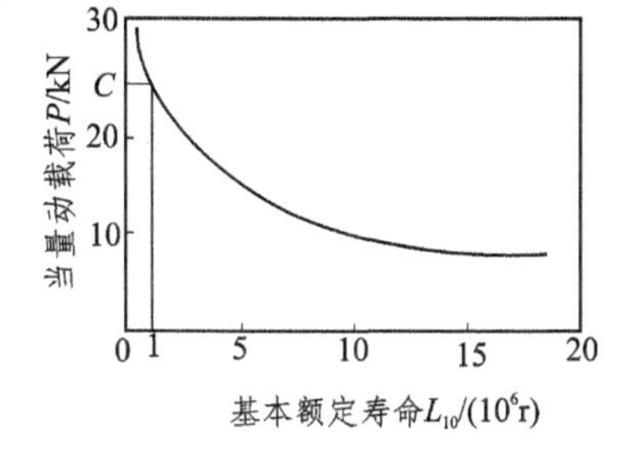

图 8-10　滚动轴承的寿命与载荷关系曲线

滚动轴承承受的当量动载荷为 P 时,其基本额定寿命 L_{10} 的计算公式为

$$L_{10}=\left(\frac{C}{P}\right)^{\varepsilon} \qquad (8-7)$$

若轴承工作转速为 n(r/min),可求出以 h 为单位的基本额定寿命

$$L_{10h}=\frac{10^6}{60n}\left(\frac{C}{P}\right)^{\varepsilon}=\frac{16\ 670}{n}\left(\frac{C}{P}\right)^{\varepsilon} \qquad (8-8)$$

若已知轴承的当量动载荷 P 和轴承的预期使用寿命 L'_h,可按下式求得相应的计算额定动载荷 C',选用轴承型号的 C 值应大于或等于 C',即

$$C\geqslant C'=P\sqrt[\varepsilon]{\frac{L'_h n}{16\ 670}} \qquad (8-9)$$

表 8-6 为轴承的预期使用寿命 L'_h,可供参考。设计中可参照机器大修期限决定轴承的预期使用寿命。

在计算轴承寿命时,由于基本额定动载荷 C 为径向基本额定动载荷 C_r 或轴向基本额定动载荷 C_a,若滚动轴承同时受径向载荷 F_r 和轴向载荷 F_a 的作用,需将实际工作载荷 F_r 和 F_a 转化为当量动载荷 P,才能与基本额定动载荷进行比较。当量动载荷 P 的计算公式为

$$P=f_d(XF_r+YF_a) \qquad (8-10)$$

式中:X 和 Y——径向动载荷系数和轴向动载荷系数,可由表 8-7 查取。

f_d——冲击载荷系数,考虑机械工作时的振动和冲击,可由表 8-8 选取。

表 8-6　滚动轴承的预期使用寿命 L'_h 荐用值

使用条件	预期使用寿命/h
不经常使用的仪器设备	300～3 000
短期或间断使用的机械,中断使用不致引起严重后果,如手动机械、农业机械和自动送料机	3 000～8 000
间断使用的机械,中断使用将引起严重后果,如发电站辅助设备、流水作业的传动装置、带式运输机及车间吊车	8 000～12 000
每天工作 8 h 的机械,但经常不是满载荷使用,如电机、一般齿轮装置、压碎机、起重机和一般机械	10 000～25 000
每天工作 8 h 的机械,满载荷使用,如机床、工程机械、印刷机械、分离机及离心机	20 000～30 000
24 h 连续工作的机械,如压缩机、泵、电机、轧机齿轮装置及纺织机械	40 000～50 000
24 h 连续工作的机械,中断使用将引起严重后果,如纤维机械、造纸机械、电站主要设备、给排水设备、矿用泵及矿用通风机	100 000

表 8-7　滚动轴承当量动载荷计算的 X 和 Y 值

轴承类型	F_a/C_{0r} ①	e	单列轴承				双列轴承			
			$F_a/F_r \leqslant e$		$F_a/F_r > e$		$F_a/F_r \leqslant e$		$F_a/F_r > e$	
			X	Y	X	Y	X	Y	X	Y
	0.014	0.19				2.30				2.30
	0.028	0.22				1.99				1.99
	0.056	0.26				1.71				1.71
	0.085	0.28				1.55				1.55
深沟球轴承	0.11	0.30	1	0	0.56	1.45	1	0	0.56	1.45
	0.17	0.34				1.31				1.31
	0.28	0.38				1.15				1.15
	0.42	0.42				1.04				1.04
	0.56	0.44				1.00				1.00
角接触球轴承	0.015	0.38				1.47		1.65		2.39
	0.029	0.40				1.40		1.57		2.28
	0.058	0.43				1.30		1.46		2.11
	0.087	0.46				1.23		1.38		2.00
$\alpha=15^\circ$	0.12	0.47	1	0	0.44	1.19	1	1.34	0.72	1.93
	0.17	0.50				1.12		1.26		1.82
	0.29	0.55				1.02		1.14		1.66
	0.44	0.56				1.00		1.12		1.63
	0.58	0.56				1.00		1.12		1.63
$\alpha=25^\circ$	—	0.68	1	0	0.41	0.87	1	0.92	0.67	1.41
$\alpha=45^\circ$	—	1.14	1	0	0.35	0.57	1	0.55	0.57	0.93
双列角接触球轴承 $\alpha=30^\circ$	—	0.80	—	—	—	—	1	0.78	0.63	1.24
四点接触轴承 $\alpha=30^\circ$	—	0.95	1	0.66	0.60	1.07	—	—	—	—
圆锥滚子轴承	—	$1.5\tan\alpha$ ②	1	0	0.40	$0.4\cot\alpha$	1	$0.45\cot\alpha$	0.67	$0.67\cot\alpha$
调心球轴承	—	$1.5\tan\alpha$	—	—	—	—	1	$0.42\cot\alpha$	0.65	$0.65\cot\alpha$
推力调心滚子轴承	—	1/0.55	—	—	1.20	1.00	—	—	—	—

① 相对轴向载荷 F_a/C_{0r} 中的 C_{0r} 为轴承的径向基本额定静载荷，由相关机械设计手册查取；与 F_a/C_{0r} 中间值相应的 e 和 Y 值可用线性插值法求得。

② 由接触角 α 确定的各项 e 和 Y 值也可根据轴承型号由相关机械设计手册直接查取。

表 8-8　冲击载荷系数 f_d

载荷性质	机器举例	f_d
平稳运转或轻微冲击	电机、水泵、通风机及气轮机	1.0～1.2
中等冲击	车辆、机床、起重机、冶金设备及内燃机	1.2～1.8
强大冲击	破碎机、轧钢机、振动筛、工程机械及石油钻机	1.8～3.0

试验证明，轴承 $F_a/F_r \leqslant e$ 或 $F_a/F_r > e$ 时，其 X 对 P 的贡献不同，和 Y 值也是不同的。对于单列向心轴承或角接触轴承，当 $F_a/F_r \leqslant e$ 时，$Y=0$，$P=f_d F_r$，即轴向载荷对当量动载荷的影响可以不计。深沟球轴承和角接触球轴承的 e 值随 F_a/C_{0r} 的增加而增大。F_a/C_{0r} 反映轴向载荷的相对大小，并通过接触角的变化而影响 e 值。

圆柱滚子轴承与滚针轴承只能承受径向力，当量动载荷 $P_r = f_d F_r$；推力轴承只能承受轴向力，其当量动载荷 $P_a = f_d F_a$。

特殊情况下轴承寿命的计算应按以下方法进行修正。

① 一般轴承零件表面硬度为 HRC=61～65，所能承受的工作温度可达 120 ℃。若表面硬度降至 58HRC 以下或在高温中使用，会影响轴承的承载能力。此时，基本额定动载荷 C 要作如下修正：

$$C_T = g_T C \tag{8-11}$$

$$C_H = g_H C \tag{8-12}$$

式中：C_T——经过温度修正的基本额定动载荷，N；

g_T——温度系数，参考表 8-9；

C_H——经过材料硬度修正的基本额定动载荷，N；

g_H——硬度系数，$g_H = (\mathrm{HRC}/58)^{3.6}$。

表 8-9　温度系数 g_T

工作温度/℃	<120	125	150	175	200	225	250	300
g_T	1.00	0.95	0.90	0.85	0.80	0.75	0.70	0.60

② 载荷和转速有变化的滚动轴承寿命计算为

$$L_{10h} = \frac{16\ 670}{n_m}\left(\frac{C}{P_m}\right)^{\varepsilon} = \frac{16\ 670\ C^{\varepsilon}}{n_1 a_1 P_1^{\varepsilon} + n_2 a_2 P_2^{\varepsilon} + \cdots + n_k a_k P_k^{\varepsilon}} \tag{8-13}$$

式中：n_m——平均当量转速，$n_m = n_1 a_1 + n_2 a_2 + \cdots + n_k a_k$；

P_m——平均当量动载荷，$P_m = \sqrt[\varepsilon]{\dfrac{n_1 a_1 P_1^{\varepsilon} + n_2 a_2 P_2^{\varepsilon} + \cdots + n_k a_k P_k^{\varepsilon}}{n_m}}$；

$P_1, P_2, \cdots, P_k$——轴承的当量动载荷；

$n_1, n_2, \cdots, n_k$——对应每一当量动载荷的转速；

$a_1, a_2, \cdots, a_k$——每种工况下运转时间占总运转时间的百分比。

③ 可靠度不是 90%、特殊轴承性能和运转条件下的滚动轴承额定寿命为

$$L_{na} = a_1 a_2 a_3 L_{10} \tag{8-14}$$

式中：a_1——可靠性寿命修正系数，直接由表8-10查取。高可靠度情况下$R>90\%$的数值直接由轴承标准给出；可靠度R为100%的轴承的寿命可近似取为$L_{min}=0.05L_{10}$。

a_2——寿命修正系数，通过专门的轴承设计，采用特殊种类与质量的材料或特殊的制造工艺可使轴承具有特殊性能。

a_3——轴承运转条件系数，包括润滑条件、外来有害物质存在与否以及引起材料性能改变的条件等。

a_2和a_3推荐值由有关轴承制造厂提供。

表8-10　可靠性寿命修正系数a_1

可靠度R/%		40	50	60	70	80	90	95	96	97	98	99
a_1	球	7.01	5.45	4.14	2.00	1.96	1	0.62	0.53	0.44	0.33	0.21
	滚子	6.84	5.34	4.07	2.98	1.95						

2. 滚动轴承的静强度计算

静载荷是指轴承套圈相对转速为零时作用在轴承上的载荷。为了避免滚动轴承在静载荷下产生过大的接触应力和永久变形，须进行静载荷计算，公式为

$$C_0 \geqslant S_0 P_0 \tag{8-15}$$

式中：C_0（径向C_{0r}，轴向C_{0a}）——基本额定静载荷，可由相关机械设计手册直接查得。

S_0——安全系数，可参考表8-11选取。

P_0——当量静载荷。对于$\alpha\neq0°$的向心轴承，$P_{0r}=X_0F_r+Y_0F_a$或F_r，取其大者，X_0和Y_0分别为径向静载荷系数和轴向静载荷系数，可由与轴承相关的机械设计手册或各厂家的轴承产品目录查取；对于$\alpha=0°$的向心轴承，$P_{0r}=F_r$。对于$\alpha=90°$的推力轴承，$P_{0a}=F_a$；对于$\alpha\neq0°$的推力调心滚子轴承，当$F_r\leqslant0.55F_a$时，$P_{0a}=F_r+2.7F_a$。

表8-11　轴承静载荷安全系数

轴承使用情况	使用要求、载荷性质和使用场合	S_0
旋转轴承	对运转精度和平稳性要求高，或受冲击载荷	1.5～4
	一般情况	0.5～3.5
	对运转精度和平稳性要求较低，没有冲击载荷或振动	0.5～0.3
不旋转轴承	水坝闸门装置、附加载荷小的大型起重吊钩	≥1
转速极低的轴承	吊桥、附加载荷大的小型起重吊钩	≥1.5～1.6
推力调心滚子轴承	任何条件	≥4

3. 极限转速

滚动轴承的极限转速n_{lim}是指轴承在一定工作条件下，达到所能承受最高热平衡温度时的转速值。滚动轴承转速过高，会使摩擦面间产生高温，影响润滑剂性能，破坏油膜，从而导致滚动体回火或元件胶合失效。轴承的工作转速应低于其极限转速。

在脂润滑和油润滑条件下，0级公差、润滑冷却正常、与刚性轴承座和轴配合及轴承载荷$P\leqslant0.1C$（C为轴承的基本额定动载荷，向心轴承只受径向载荷，推力轴承只受轴向载荷）的

轴承，极限转速 $n_{\lim}$ 值可由相关机械设计手册查得。

当滚动轴承载荷 $P>0.1C$ 时，接触应力将增大；当轴承承受联合载荷时，受载滚动体将增加。这些都会增大轴承接触表面间的摩擦，使润滑状态变坏。此时，极限转速值应修正，实际许用转速值可按以下公式计算

$$n=f_1 f_2 n_{\lim} \tag{8-16}$$

式中：n——实际许用转速，r/min；

$n_{\lim}$——轴承的极限转速，r/min；

f_1——载荷变化系数（见图 8-11）；

f_2——载荷分布系数（见图 8-12）。

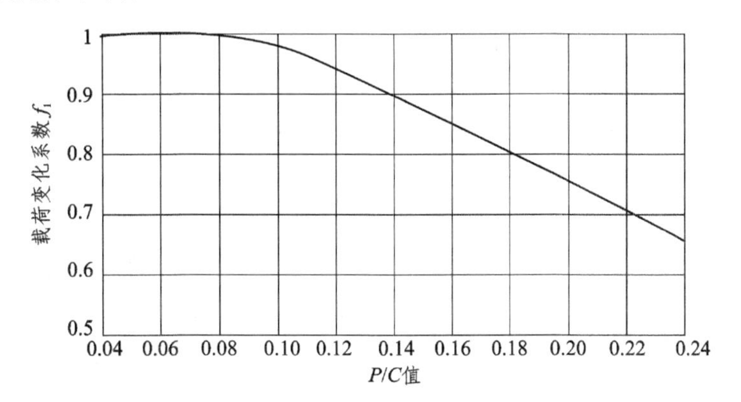

图 8-11　载荷变化系数 f_1

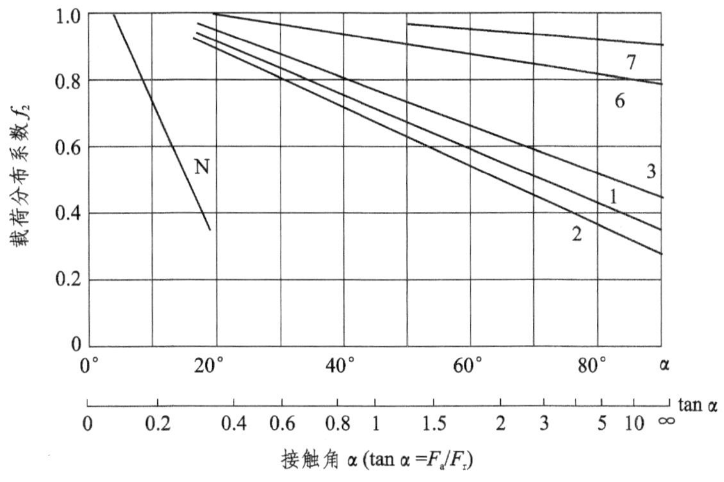

1—调心球轴承；2—调心滚子轴承；3—圆锥滚子轴承；
6—深沟球轴承；7—角接触球轴承；N—圆柱滚子轴承

图 8-12　载荷分布系数 f_2

如果轴承的许用转速不能满足使用要求，可改用高精度轴承、特殊材料轴承和特殊结构保持架，以提高轴承的极限转速。采用喷油或油雾润滑，改善冷却条件，适当增大轴承游隙，也能有效地提高轴承的极限转速。

4. 成对安装角接触轴承的计算

两个相同的单列角接触球轴承或圆锥滚子轴承,以面对面或背对背方式装在一起作为一个支承整体,计算时将两个轴承作为一个组合轴承计算,角接触球轴承组合的基本额定动载荷为

$$C_{r\Sigma}=2^{0.7}C_r\approx 1.62C_r \tag{8-17}$$

圆锥滚子轴承组合的基本额定动载荷为

$$C_{r\Sigma}=2^{7/9}C_r\approx 1.71C_r \tag{8-18}$$

基本额定静载荷为

$$C_{0r\Sigma}=2C_{0r} \tag{8-19}$$

极限转速为

$$n_{\lim\Sigma}=(0.6\sim 0.8)n_{\lim} \tag{8-20}$$

式中:C_r,C_{0r},$n_{\lim}$——单列角接触轴承的基本额定动载荷、额定静载荷和极限转速。

成对安装的角接触球轴承组计算当量载荷时,径向动载荷系数 X 和轴向动载荷系数 Y 值按双列轴承选用,e 值与单列轴承相同。

例 8-1　图 8-13 所示,一对 30308(7308 E)轴承分别受径向力 $F_{r1}=6\ 000$ N,$F_{r2}=4\ 000$ N,轴向作用力 $F_A=2\ 500$ N,求两轴承所受的轴向载荷。

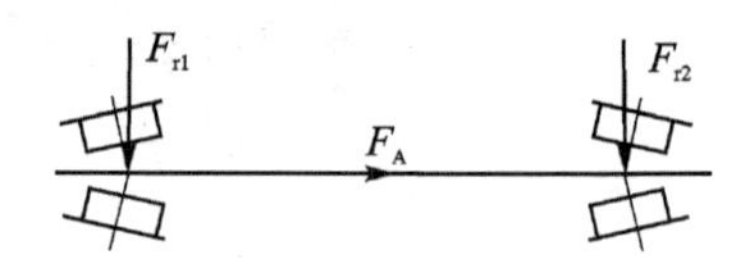

图 8-13　例 8-1 用图

解

1) 求轴承的内部轴向力 $\boldsymbol{F}_s$

由机械设计手册查得:30308 轴承 $Y=1.7$,

两轴承的内部轴向力分别为

$$F_{s1}=\frac{F_{r1}}{2Y}=\frac{6\ 000\ \text{N}}{2\times 1.7}=1\ 765\ \text{N}\qquad 方向向右$$

$$F_{s2}=\frac{F_{r2}}{2Y}=\frac{4\ 000\ \text{N}}{2\times 1.7}=1\ 176\ \text{N}\qquad 方向向左$$

2) 求轴承所受轴向载荷 $\boldsymbol{F}_a$

因 $F_{s1}+F_A-F_{s2}=(1\ 175+2\ 500-1\ 176)\text{N}=3\ 089\ \text{N}>0$,所以轴有向右移动的趋势,使轴承 2“受压”,轴承 1“放松”,故

$$F_{a1}=F_{s1}=1\ 765\ \text{N}$$

$$F_{a2}=F_{s1}+F_A=4\ 265\ \text{N}$$

例 8-2　分析一蜗杆减速器蜗杆轴上安装 30309(7309 E)轴承的可行性。如果不可行,请提出修改方案。已知轴承的径向反力 $F_{r1}=1\ 800$ N,$F_{r2}=520$ N,蜗杆轴向力 $F_A=4\ 100$ N,方向如图 8-14 所示,蜗杆轴转速 $n=1\ 440$ r/min,轴承采用油润滑,要求使用寿命为 36 000 h,有轻度冲击(冲击载荷系数 $f_d=1.3$)。

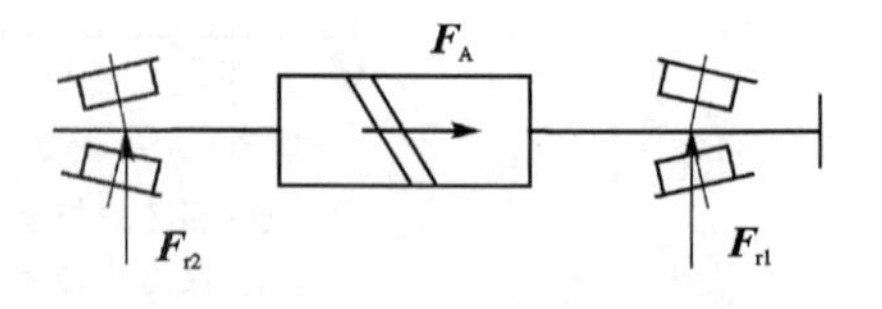

图 8-14　例 8-2 用图

解

1) 寿命计算

查相关机械设计手册,该轴承的基本额定动载荷 $C=108$ kN,额定静载荷 $C_0=130$ kN,

油润滑轴承的极限转速 $n_{\lim}=5\ 000\ \mathrm{r/min}$，接触角 $\alpha=12°57'10''$，$e=1.5\tan\alpha=1.5\tan 12°57'10''=0.34$，$Y=0.4\cot\alpha=0.4\cot 12°57'10''=1.74$

① 轴承内部轴向力 $\boldsymbol{F}_s$：计算公式为 $F_s=\dfrac{F_r}{2Y}$，故

$$F_{s1}=\frac{F_{r1}}{2Y}=\frac{1\ 800\ \mathrm{N}}{2\times 1.74}=517\ \mathrm{N}\qquad \text{方向向左}$$

$$F_{s2}=\frac{F_{r2}}{2Y}=\frac{520\ \mathrm{N}}{2\times 1.74}=149\ \mathrm{N}\qquad \text{方向向右}$$

② 轴承轴向载荷 $\boldsymbol{F}_a$：因 $F_{s2}+F_A-F_{s1}=149+4\ 100-517=3\ 732>0$，所以轴有向右移动的趋势，使轴承 1“受压”，轴承 2“放松”，故

$$F_{a1}=F_{s2}+F_A=4\ 249\ \mathrm{N}$$

$$F_{a2}=F_{s2}=149\ \mathrm{N}$$

③ 当量动载荷：计算公式为

$$P=f_d(XF_r+YF_a)$$

轴承 1 的当量动载荷为

$$P_1=f_d(X_1F_{r1}+Y_1F_{a1})$$

由 $\dfrac{F_{a1}}{F_{r1}}=\dfrac{4\ 249}{1\ 800}=2.36>e$，查得 $X_1=0.4$，$Y_1=0.4\cot\alpha=1.74$，则

$$P_1=[1.3\times(0.4\times 1\ 800+1.74\times 4\ 249)]\ \mathrm{N}=10\ 547\ \mathrm{N}$$

轴承 2 的当量动载荷为

$$P_2=f_d(X_2F_{r2}+Y_2F_{a2})$$

由 $\dfrac{F_{a2}}{F_{r2}}=\dfrac{149}{520}=0.29<e$，查得 $X_2=1.0$，$Y_2=0$，则

$$P_2=1.3\times(1\times 520+0)=676\ \mathrm{N}$$

$$P=\max(P_1,P_2)=P_1=10\ 547\ \mathrm{N}$$

④ 轴承寿命为

$$L_h=\frac{10^6}{60n}\left(\frac{C}{P}\right)^{\varepsilon}=\frac{10^6}{60\times 1\ 440}\left(\frac{108\ 000}{10\ 547}\right)^{\frac{10}{3}}\mathrm{h}=26\ 983\ \mathrm{h}<36\ 000\ \mathrm{h}$$

计算结果表明：30309 轴承的寿命不能满足使用要求，因此不可用。在轴颈直径不变的条件下可另选 32309 轴承。该轴承的基本额定动载荷 $C=145\ 000\ \mathrm{N}$，额定静载荷 $C_0=188\ 000\ \mathrm{N}$，油润滑轴承的极限转速 $n_{\lim}=5\ 000\ \mathrm{r/min}$，接触角 $\alpha=12°57'10''$，则

$$e=1.5\tan\alpha=1.5\tan 12°57'10''=0.34$$

因 32309 轴承接触角与 30309 轴承相同，支反力作用点位置保持不变；轴向动载荷系数 $Y=0.4\cot\alpha=1.74$，故轴承当量动载荷保持不变。32309 轴承的寿命为

$$L_h=\frac{10^6}{60\times 1\ 440}\left(\frac{145\ 000}{10\ 547}\right)^{\frac{10}{3}}\mathrm{h}=72\ 040\ \mathrm{h}>36\ 000\ \mathrm{h}$$

故 32309 轴承能满足使用寿命要求。

2）极限转速计算

极限转速计算公式为

$$n = f_1 f_2 n_{\lim}$$

由$\dfrac{P}{C}=\dfrac{10\ 547}{145\ 000}=0.12$，查得载荷变化系数 $f_1 \approx 1$。对于圆锥滚子轴承，载荷角

$$\tan\alpha = \frac{F_a}{F_r} = \frac{4\ 249}{1\ 800} = 2.36$$

此时，取接触角为载荷角，由图 8－12 查得载荷分布系数为 $f_2 = 0.63$，则

$$n = 1 \times 0.63 \times 5\ 000\ \text{r/min} = 3\ 150\ \text{r/min} > n = 1\ 440\ \text{r/min}$$

通过计算说明，采用 30309 轴承，其轴承寿命不能满足要求，应改用 32309 轴承方能满足使用寿命要求。

8.4 滚动轴承的组合结构设计

为保证轴承正常工作，除正确选择轴承类型、确定型号和进行寿命等计算外，还需要合理地进行轴承的组合结构设计，以解决轴系的轴向固定、轴承与相关零件的配合、间隙调整和润滑密封等方面的问题。

1. 轴系支点的轴向固定形式

为保证滚动轴承轴系能正常传递轴向力且不发生串动，在轴上各零件定位固定的基础上，必须合理地设计轴系支点的轴向固定结构。

（1）两端单向固定

如图 8－15 和图 8－16 所示，轴系中的每个轴承分别承受轴系一个方向的轴向力，限制轴系一个方向上的移动，两个支点的轴承组合分别承受轴系双向的轴向力，从而限制了轴系沿轴向的双向移动。这种固定方式称为两端单向固定。它适用于工作温度变化不大的短轴。考虑到轴工作时有少量热膨胀，轴承安装时应留有 0.25～0.4 mm 的轴向间隙，结构图上一般不作特殊表达。

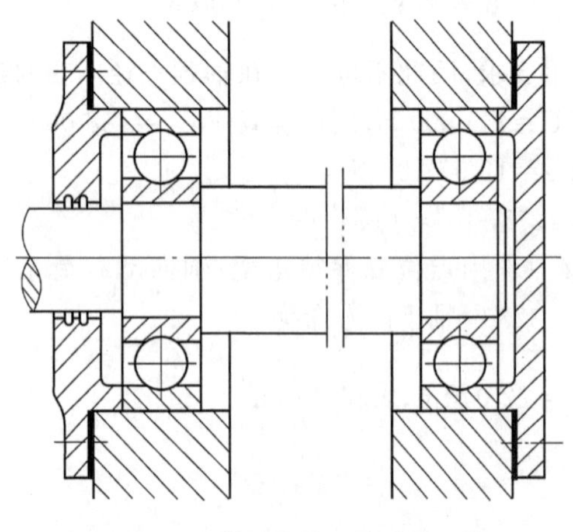

图 8－15 两端固定的深沟球轴承轴系

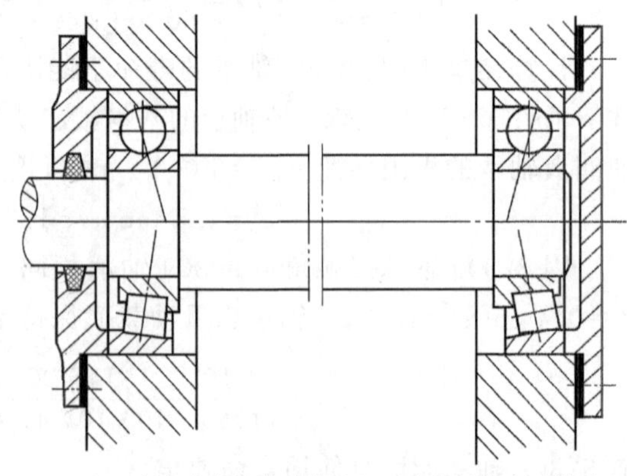

注：上半为角接触球轴承，下半为圆锥滚子轴承。

图 8－16 两端固定的角接触轴承轴系

(2) 一端双向固定、一端游动

如图 8－17 所示，轴系中：一个支点为固定端，由单个轴承或轴承组承受轴系的双向轴向力，限制轴系的双向移动；另一个支点为游动端，轴承能沿轴向自由游动。为避免松脱，游动轴承内圈应与轴作轴向固定(常采用弹性挡圈等)。用圆柱滚子轴承作游动支点时，轴承外圈要与机座作轴向固定，靠滚子与套圈间的游动来保证轴的自由伸缩。这种固定方式适用于较长的轴或工作温度变化大的轴，以避免由于轴的热膨胀量大而对轴系造成不利影响。

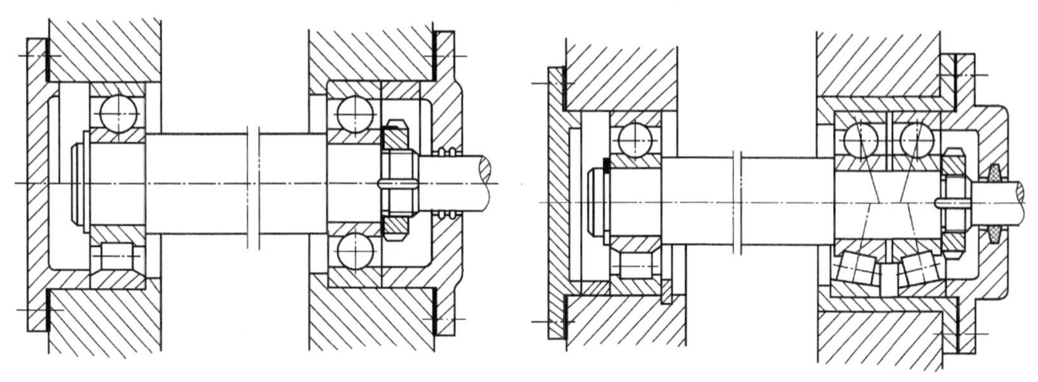

(a) 游动端上半为深沟球轴承例，下半为圆柱滚子轴承例

(b) 上半为球轴承例，下半为滚子轴承例

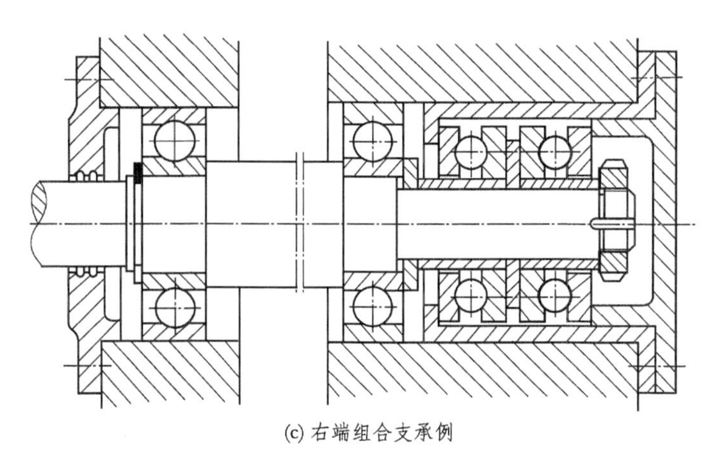

(c) 右端组合支承例

图 8－17　一端固定、一端游动轴系

(3) 两端游动

要求能左右双向游动的轴，可采用两端游动的轴系结构。图 8－18 所示为人字齿轮传动的高速主动轴，为了自动补偿轮齿两侧螺旋角的误差，使轮齿受力均匀，采用允许轴系左右少量轴向游动的结构，故两端都选用圆柱滚子轴承。与其相啮合的低速齿轮轴系则必须双向固定，以实现两轴系的轴向定位。

轴承在轴上的轴向定位常用轴肩或套筒，定位端面应与轴线有较好的垂直度。为保证可靠定位，轴肩圆角半径 r_1 必须小于轴承的圆角半径 r。轴肩高度通常不大于内圈高度的 3/4，过高则不便于轴承拆卸(见图 8－19)。

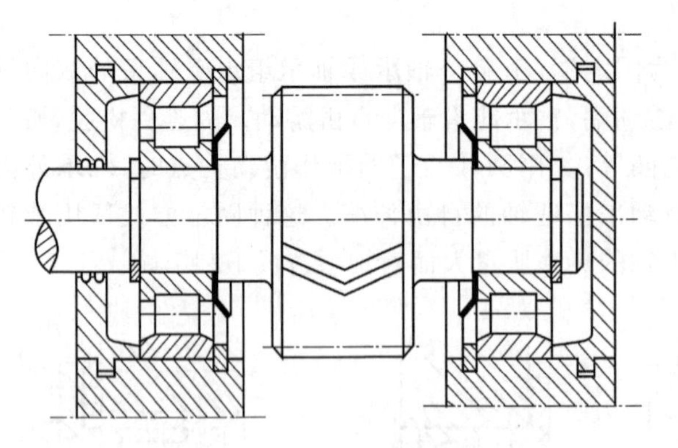
图 8－18　两端游动轴系

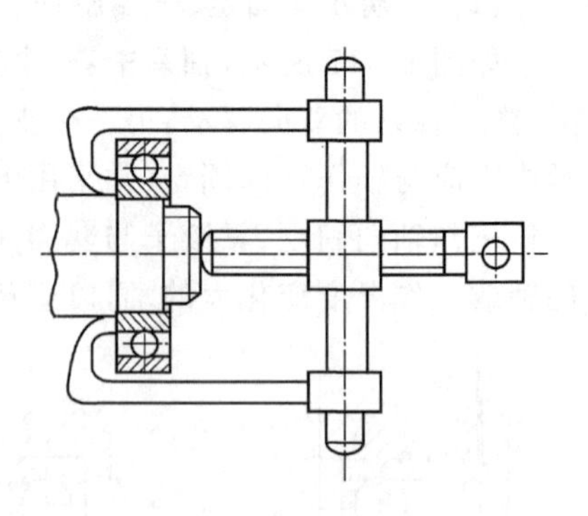
图 8－19　轴承拆卸

轴承内圈的轴向固定可选用轴端挡圈、圆螺母及轴用弹性挡圈等结构（见图 8－20）。外圈可采用机座孔端面、孔用弹性挡圈、压板及端盖等形式固定(见图 8－21)。

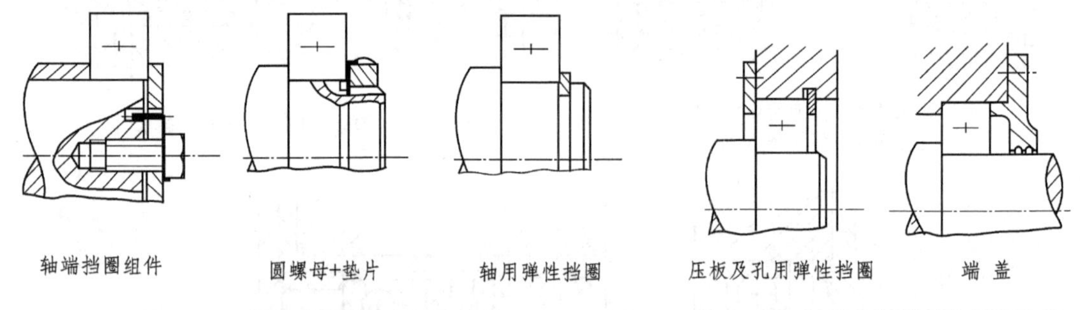
轴端挡圈组件　圆螺母+垫片　轴用弹性挡圈　压板及孔用弹性挡圈　端盖

图 8－20　轴承内圈的轴向固定结构　图 8－21　轴承外圈的轴向固定结构

2. 滚动轴承的配合

滚动轴承的周向固定和径向游隙的大小是通过轴承与轴、轴承与轴承座孔的配合实现的。径向游隙的大小影响轴承的运转精度和寿命。

滚动轴承是标准组件，轴承内圈与轴的配合采用基孔制，轴承外圈与轴承座孔的配合采用基轴制。

选择轴承配合时，应考虑载荷的方向、大小和性质，以及轴承类型、转速和使用条件等因素。滚动轴承的回转套圈（一般为内圈）受旋转载荷，应选紧一些的配合，常取较紧的过渡配合，如 k5 和 k6 等；不回转套圈（一般为外圈）受局部载荷，常选较紧的间隙配合，可使承载部位在工作中略有变化，有利于提高轴承寿命，如 H7 和 G7 等。

一般来说，在尺寸大、载荷大、振动大、转速高或工作温度高等情况下应选紧一些的配合，而经常拆卸或游动套圈则采用较松的配合。

3. 轴承组合的调整

(1) 轴承轴向间隙的调整

轴承轴向间隙调整的常用方法有：通过增减垫片厚度方法调整，如图 8－22(a)所示；利用调节螺钉旋入量的方法调整，如图 8－22(b)所示。

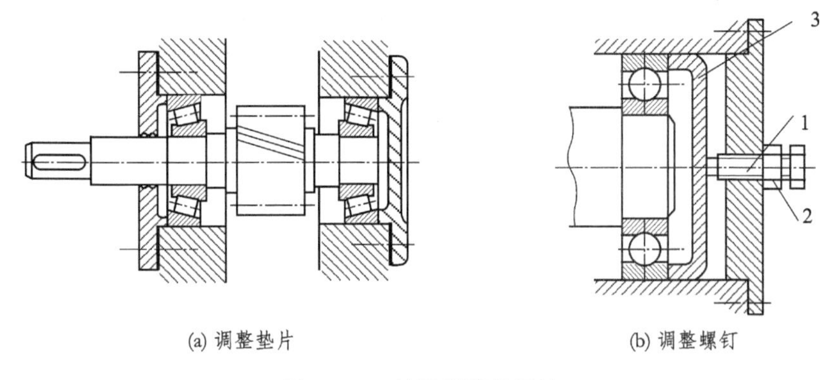

(a) 调整垫片　　(b) 调整螺钉

图 8－22　轴承间隙的调整

(2) 轴承的预紧

向心角接触轴承可通过预紧的方法使滚动体与内、外套圈之间产生一定预变形，使轴承带负游隙运行。预紧可增加轴承刚度，提高旋转精度，延长轴承寿命。通过加金属垫片、磨窄套圈或调整两轴承之间内、外套筒的宽度来得到一定的预紧量(见图 8－23)；在固定结构中必须要有可调环节(如圆螺母)。预紧量的合理数值应参考有关资料或通过试验取得。

(3) 轴承组合位置的调整

轴承组合位置调整的目的是使轴上零件(如齿轮、带轮等)具有准确的工作位置。如圆锥齿轮传动，要求两个节锥顶点相重合；又如蜗杆传动，要求蜗轮主平面通过蜗杆的轴线。图 8－24 为一圆锥齿轮轴承组合结构设计，用垫片 1 来实现圆锥齿轮轴系轴向位置的调整，用垫片 2 来实现轴承间隙的调整。

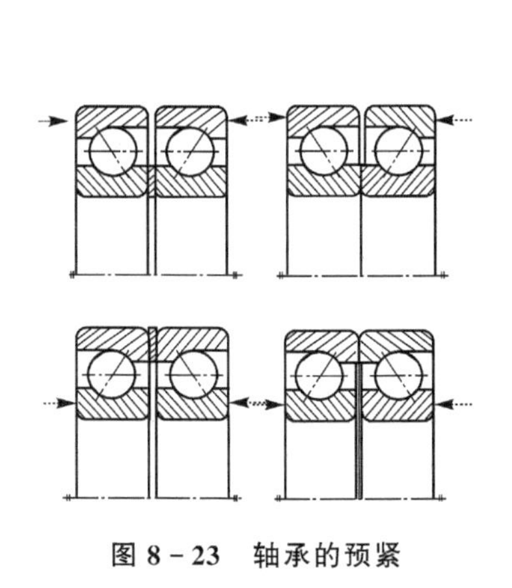

图 8－23　轴承的预紧

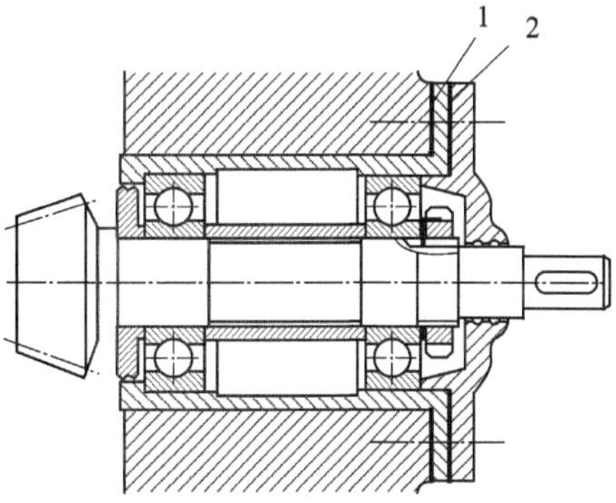

1　2

1—垫片；2—垫片。

图 8－24　轴承组合位置的调整

4. 滚动轴承的润滑

滚动轴承润滑的目的是降低摩擦阻力和减轻磨损，同时还有吸振、冷却、防锈和密封等作用。合理的润滑对提高轴承性能，延长轴承的使用寿命有重要意义。

滚动轴承的润滑剂可以是脂润滑、润滑油或固体润滑剂。滚动轴承的润滑方式可根据速度因数 dn 值，参考表 8－12 选择。其中：d 为轴颈直径(mm)；n 为工作转速(r/min)。

表 8-12　滚动轴承润滑方式的选择

<table>
<tr><th rowspan="2">轴承类型</th><th colspan="5">速度因数 dn/(mm·r·min^{-1})</th></tr>
<tr><th>浸油飞溅润滑</th><th>滴油润滑</th><th>喷油润滑</th><th>油雾润滑</th><th>脂润滑</th></tr>
<tr><td>深沟球轴承</td><td rowspan="3">$\leqslant 2.5\times10^5$</td><td rowspan="3">$\leqslant 4\times10^5$</td><td rowspan="3">$\leqslant 6\times10^5$</td><td rowspan="3">$>6\times10^5$</td><td rowspan="5">$\leqslant(2\sim3)\times10^5$</td></tr>
<tr><td>角接触球轴承</td></tr>
<tr><td>圆柱滚子轴承</td></tr>
<tr><td>圆锥滚子轴承</td><td>$\leqslant 1.6\times10^5$</td><td>$\leqslant 2.3\times10^5$</td><td>$\leqslant 3\times10^5$</td><td>—</td></tr>
<tr><td>推力轴承</td><td>$\leqslant 0.6\times10^5$</td><td>$\leqslant 1.2\times10^5$</td><td>$\leqslant 1.5\times10^5$</td><td>—</td></tr>
</table>

低速时常用脂润滑。脂润滑能承受较大载荷，且结构简单，易于密封。润滑脂的装填量一般不超过轴承空间的 1/3～1/2，装脂过多，易于引起摩擦发热，影响轴承的正常工作。

速度较高的轴承一般用油润滑，润滑和冷却效果均较好。减速器轴承常用浸油或飞溅润滑。浸油润滑时，油面不应高于最下方滚动体的中心，否则搅油能量损失较大。喷油或油雾润滑兼有冷却作用，常用于高速情况。

滚动轴承润滑剂的选择主要取决于速度、载荷及温度等工作条件。一般情况下，采用的润滑油粘度应不低于 13 mm^2/s，球轴承润滑油粘度略低，滚子轴承略高。载荷大、工作温度高时宜选用高粘度油，容易形成油膜；而 dn 值大或喷雾润滑时选用低粘度油，搅油损失小，冷却效果好。脂润滑轴承在低速、工作温度 65 ℃以下时可选钙基脂；较高温度时选钠基脂或钙钠基脂；高速或载荷工况复杂时可选锂基脂；潮湿环境时采用铝基脂或钡基脂，而不宜选用遇水分解的钠基脂。润滑脂中加入 3%～5%的二硫化钼(如二硫化钼锂基脂)润滑效果将更好。

5. 滚动轴承的密封

密封是为了阻止润滑剂从轴承中流失以及外界灰尘、水分等侵入轴承。滚动轴承密封方法的选择与润滑的种类、工作环境、温度及密封表面的圆周速度有关。密封按照其原理不同可分为接触式密封和非接触式密封两大类。非接触式密封不受速度的限制；接触式密封只能用于线速度较低的场合。为保证密封的寿命及降低轴的磨损，轴接触部分的硬度应在 40HRC 以上，表面粗糙度 R_a 宜小于 1.60 μm。

各种密封装置的结构和特点见表 8-13。

表 8-13　各种密封装置的结构和特点

<table>
<tr><th>接触式密封</th><th colspan="3">非接触式密封</th></tr>
<tr><td rowspan="3">毡圈密封(v<5 m/s)
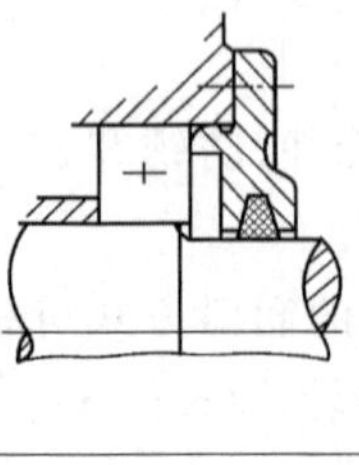</td><td colspan="2">迷宫式密封(v<30 m/s)</td><td rowspan="3">立轴综合密封
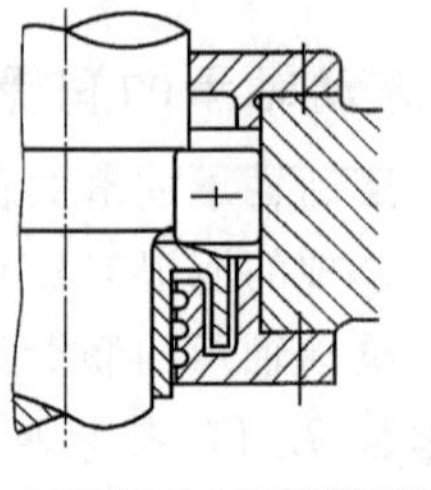</td></tr>
<tr><td>轴向曲路(只用于剖分结构)</td><td>径向曲路</td></tr>
<tr><td>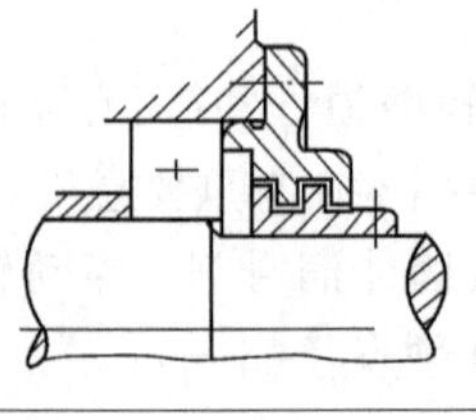</td><td>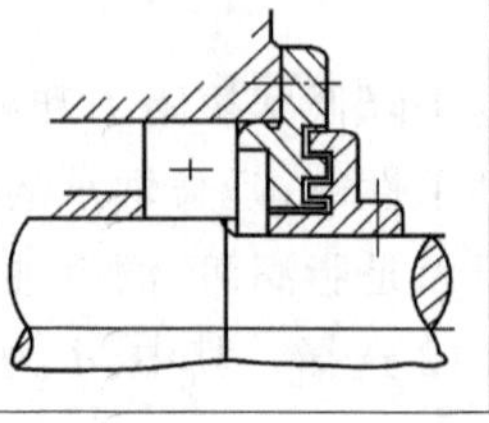</td></tr>
</table>

续表 8－13

接触式密封	非接触式密封		
结构简单，压紧力不能调整，用于脂润滑	油润滑、脂润滑都有效，缝隙中填脂		为防止立轴漏油，一般要采取两种以上的综合密封形式
密封圈密封（$v<12$ m/s）	油沟密封（$v<6$ m/s）	挡圈密封	甩油密封
使用方便，密封可靠；耐油橡胶和塑料密封圈有 O、J、U 等形式，有弹簧箍的密封性能更好	结构简单，沟内填脂，用于脂润滑或低速油润滑；盖与轴的间隙约为 0.1～0.3 mm，沟槽宽 3～4 mm，深 4～5 mm	挡圈随轴旋转，可利用离心力甩去油和杂物，可防止轴承中的润滑脂流失	甩油环靠离心力将油甩掉，再通过导油槽将油导回油箱

作为标准产品提供的密封轴承，如 60000—RZ 型和 60000—2RS 型，单面或双面接触式带橡胶密封圈，装配时已填入润滑脂，无须维护或再加密封装置，结构简单，使用方便，使用日趋广泛。

习　题

8－1　为什么现代机械设备中应用滚动轴承很广泛？在什么场合下使用滑动轴承比使用滚动轴承更合理些？

8－2　分析滚动轴承当轴承载荷增大一倍时，轴承寿命降低了多少？当轴承转速增大一倍时，轴承寿命降低了多少？

8－3　推力球轴承为什么不宜用于高速？

8－4　双列球面球轴承为什么能自动调心？

8－5　试分析轴承工作时，内、外圈和滚动体上应力的变化。

8－6　向心推力轴承为什么要成对使用？

8－7　轴系轴向固定的基本形式有哪几种？各用于何种场合？

8－8　滚动轴承预紧的目的是什么？预紧方法有哪些？

8－9　滚动轴承组合设计应考虑哪些因素？

8－10　改正图 8－25 中的错误结构并说明理由。

8－11　图 8－26 所示，斜齿轮轴采用一对 7207AC(46207)轴承支承，轴承的参数如表 8－14 所列。已知斜齿轮的圆周力 $F_t=3\ 500$ N，径向力 $F_r=1\ 200$ N，轴向力 $F_a=900$ N，轴的转速 $n=1\ 450$ r/min，轴承的冲击载荷系数 $f_d=1.2$，温度系数 $g_T=1$，额定动载荷 $C_r=25\ 400$ N。试计算该对轴承的寿命（用小时计）。

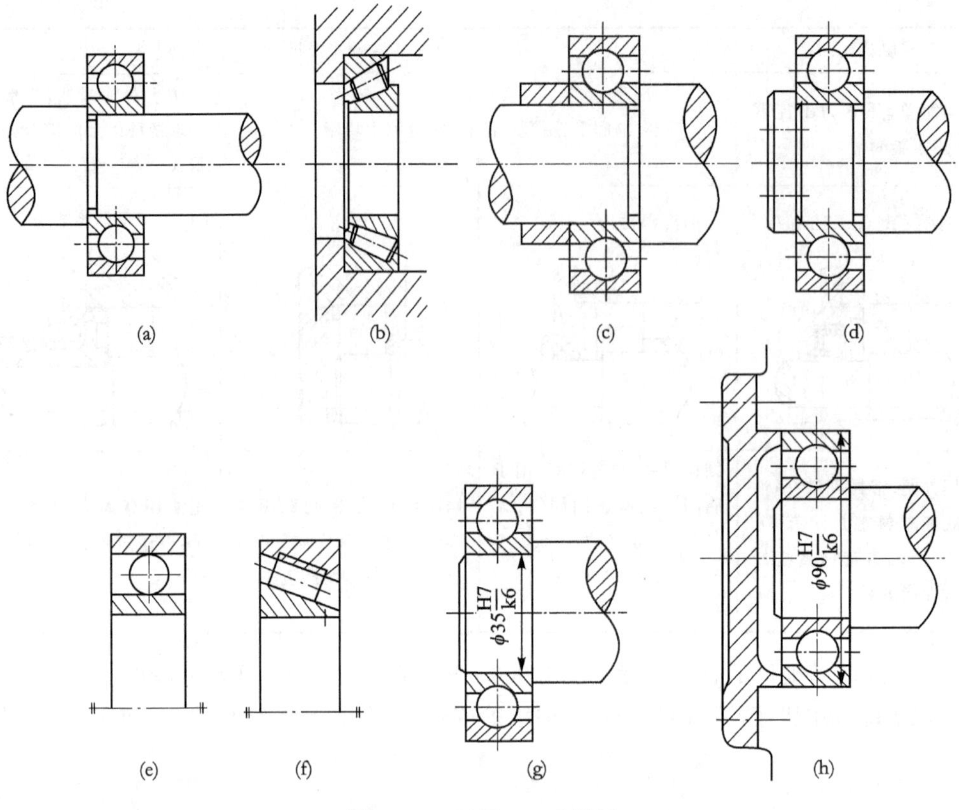

图 8-25　习题 8-10 用图

表 8-14　轴承的参数

轴承类型	$F_a/F_r \leqslant e$		$F_a/F_r > e$		e	F_s
	X	Y	X	Y		
7207AC	1	0	0.41	0.85	0.70	$0.7F_r$

8-12　某 6310(310)滚动轴承的工作条件为受径向力 F_r=10 000 N，转速 n=300 r/min，工作中有轻度冲击（f_d=1.35），脂润滑，轴承的预期寿命为 2 000 h。试计算该轴承的强度。

8-13　有一角接触球轴承，当量动载荷 P=4 000 N 时，其寿命 L_h=4 000 h。若轴承转速降低 50%，当量动载荷增大一倍，求轴承的寿命 L'_h。

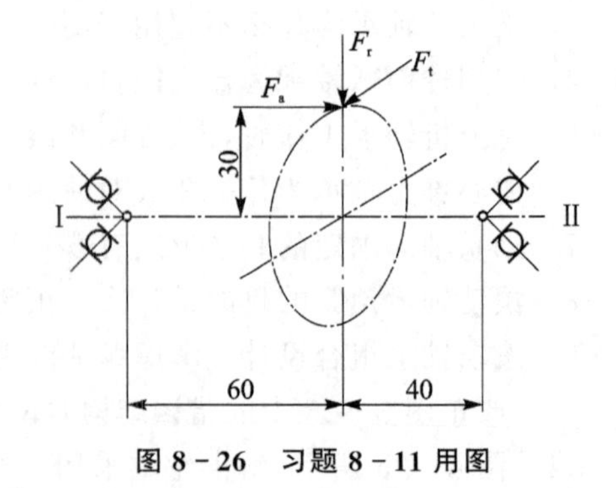

图 8-26　习题 8-11 用图

8-14　计算图 8-27 所示轴承的寿命 L_h。已知直齿圆柱齿轮的齿数 z=35，模数 m=4 mm，传递功率 P=12 kW，转速 n=800 r/min，轴承代号为 6205(205)，工作有轻微冲击（f_d=1.2），齿轮相对轴承为对称布置。

8－15　选择一减速器中斜齿圆柱齿轮轴的滚动轴承。已知作用于轴承上的径向力 $F_{r1}=1.5$ kN，$F_{r2}=1.8$ kN，斜齿圆柱齿轮的轴向力 $F_A=0.4$ kN，方向如图 8－28 所示，轴颈直径 $d=35$ mm，转速 $n=960$ r/min，轴承预期寿命为 10 000 h，工作中有轻度冲击（$f_d=1.3$）。

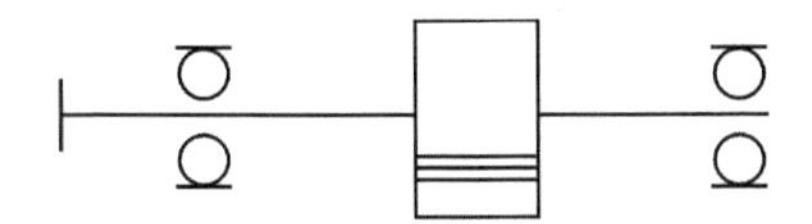

图 8－27　习题 8－14 用图

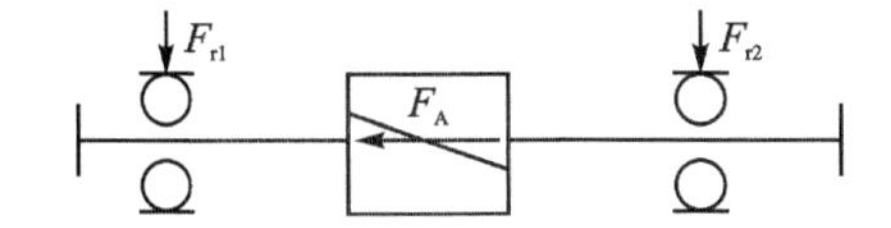

图 8－28　习题 8－15 用图

附录A 附 表

表 A-1 圆角、环槽的有效应力集中系数 k_σ 和 k_τ 值

$\frac{D}{d}$	$\frac{r}{d}$	k_σ (σ_B/MPa) ≤500	600	700	800	900	>1 000	k_τ (σ_B/MPa) ≤700	800	900	≥1 000
$\frac{D}{d}\leqslant 1.1$	0.02	1.84	1.96	2.08	2.20	2.35	2.50	1.36	1.41	1.45	1.50
	0.04	1.60	1.66	1.69	1.75	1.81	1.87	1.24	1.27	1.29	1.32
	0.06	1.51	1.51	1.54	1.54	1.60	1.60	1.18	1.20	1.23	1.24
	0.08	1.40	1.40	1.42	1.42	1.46	1.46	1.14	1.16	1.18	1.19
	1.10	1.34	1.34	1.37	1.37	1.39	1.39	1.11	1.13	1.15	1.16
	0.15	1.25	1.25	1.27	1.27	1.30	1.30	1.07	1.08	1.09	1.11
$1.1<\frac{D}{d}\leqslant 1.2$	0.02	2.18	2.34	2.51	2.68	2.89	3.10	1.59	1.67	1.74	1.81
	0.04	1.84	1.92	1.97	2.05	2.13	2.22	1.39	1.45	1.48	1.52
	0.06	1.71	1.71	1.76	1.76	1.84	1.84	1.30	1.33	1.37	1.39
	0.08	1.56	1.56	1.59	1.59	1.64	1.64	1.22	1.26	1.30	1.31
	0.10	1.48	1.48	1.51	1.51	1.54	1.54	1.19	1.21	1.24	1.26
	0.15	1.35	1.35	1.38	1.38	1.41	1.41	1.11	1.14	1.15	1.18
$1.2<\frac{D}{d}\leqslant 2$	0.02	2.40	2.60	2.80	3.00	3.25	3.50	1.80	1.90	2.00	2.10
	0.04	2.00	2.10	2.15	2.25	2.35	2.45	1.53	1.60	1.65	1.70
	0.06	1.85	1.85	1.90	1.90	2.00	2.00	1.40	1.45	1.50	1.53
	0.08	1.66	1.66	1.70	1.70	1.76	1.76	1.30	1.35	1.40	1.42
	0.10	1.57	1.57	1.61	1.61	1.64	1.64	1.25	1.28	1.32	1.35
	0.15	1.41	1.41	1.45	1.45	1.49	1.49	1.15	1.18	1.20	1.24

$\frac{t}{r}$	$\frac{r}{d}$	k_σ (σ_B/MPa) ≤650	700	800	900	≥1 000	$\frac{D}{d}$	$\frac{r}{d}$	k_τ (σ_B/MPa) ≤650	700	800	900	≥1 000
$0.4<\frac{t}{r}\leqslant 0.6$	0.02	1.82	1.92	2.06	2.21	2.30	$1.02<\frac{D}{d}\leqslant 1.1$	0.02	1.29	1.32	1.39	1.46	1.50
	0.04	1.77	1.82	1.96	2.06	2.16		0.04	1.27	1.30	1.37	1.43	1.48
	0.06	1.72	1.77	1.87	1.92	1.96		0.06	1.25	1.29	1.36	1.41	1.46
	0.08	1.68	1.72	1.77	1.87	1.92		0.08	1.21	1.25	1.32	1.39	1.43
	0.10	1.63	1.68	1.72	1.77	1.82		0.10	1.18	1.21	1.29	1.32	1.37
	0.15	1.53	1.55	1.58	1.63	1.68		0.15	1.14	1.18	1.21	1.25	1.29
$0.6<\frac{t}{r}\leqslant 1$	0.02	1.85	1.95	2.10	2.25	2.35	$1.1<\frac{D}{d}\leqslant 1.2$	0.02	1.37	1.41	1.50	1.59	1.64
	0.04	1.80	1.85	2.00	2.10	2.20		0.04	1.35	1.38	1.47	1.55	1.62
	0.06	1.75	1.80	1.90	1.95	2.00		0.06	1.32	1.37	1.46	1.52	1.59
	0.08	1.70	1.75	1.80	1.90	1.95		0.08	1.27	1.32	1.41	1.50	1.55
	0.10	1.65	1.70	1.75	1.80	1.85		0.10	1.23	1.27	1.37	1.41	1.47
	0.15	1.55	1.57	1.60	1.65	1.70		0.15	1.18	1.23	1.27	1.32	1.37
$1<\frac{t}{r}\leqslant 1.5$	0.02	1.89	1.99	2.15	2.31	2.41	$1.2<\frac{D}{d}\leqslant 1.4$	0.02	1.40	1.45	1.55	1.65	1.70
	0.04	1.84	1.89	2.05	2.15	2.26		0.04	1.38	1.42	1.52	1.60	1.68
	0.06	1.78	1.87	1.94	1.99	2.05		0.06	1.35	1.40	1.50	1.57	1.65
	0.08	1.73	1.78	1.84	1.94	1.99		0.08	1.30	1.35	1.45	1.55	1.60
	0.10	1.68	1.73	1.78	1.84	1.89		0.10	1.25	1.30	1.40	1.45	1.52
	0.15	1.58	1.60	1.63	1.68	1.73		0.15	1.20	1.25	1.30	1.35	1.40

表 A-2　螺纹、键槽、花键及横孔的有效应力集中系数 k_σ 和 k_τ 值

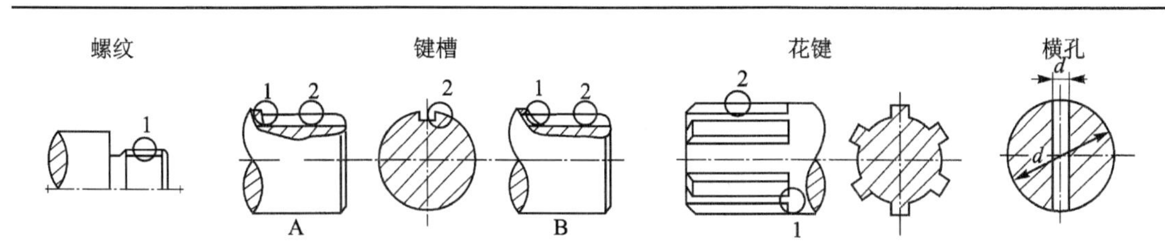

σ_B/MPa	螺纹	键槽			花键			横孔			蜗杆	
	k_σ ($k_\tau=1$)	k_σ		k_τ	k_σ (齿轮轴 $k_\sigma=1$)	k_τ		k_σ		k_τ	k_σ	k_τ
		A型	B型	A、B型		矩形	渐开线(齿轮轴)	$\frac{d_0}{d}$ 0.05~0.1	$\frac{d_0}{d}$ 0.15~0.25	$\frac{d_0}{d}$ 0.05~0.25		
400	1.45	1.51	1.30	1.20	1.35	2.10	1.40	1.90	1.70	1.70	2.3~2.5	1.7~1.9
500	1.78	1.64	1.38	1.37	1.45	2.25	1.43	1.95	1.75	1.75	$\sigma_B \leqslant 700$ MPa 取小值 $\sigma_B \geqslant 1\,000$ MPa 取大值	
600	1.96	1.76	1.46	1.54	1.55	2.35	1.46	2.00	1.80	1.80		
700	2.20	1.89	1.54	1.71	1.60	2.45	1.49	2.05	1.85	1.80		
800	2.32	2.01	1.62	1.88	1.65	2.55	1.52	2.10	1.90	1.85		
900	2.47	2.14	1.69	2.05	1.70	2.65	1.55	2.15	1.95	1.90		
1 000	2.61	2.26	1.77	2.22	1.72	2.70	1.58	2.20	2.00	1.90		
1 200	2.90	2.50	1.92	2.39	1.75	2.80	1.60	2.30	2.10	2.00		

注：表中数值为图中标号1处的有效应力集中系数，标号2处 $k_\sigma=1$，k_τ=表中值。

表 A-3　配合零件的综合影响系数 $(k_\sigma)_D$ 和 $(k_\tau)_D$ 值

$(k_\sigma)_D$——弯曲										
直径/mm		≤30			50			≥100		
配　合		r6	k6	h6	r6	k6	h6	r6	k6	h6
材料强度 σ_B/MPa	400	2.25	1.69	1.46	2.75	2.06	1.80	2.95	2.22	1.92
	500	2.5	1.88	1.63	3.05	2.28	1.98	3.29	2.46	2.13
	600	2.75	2.06	1.79	3.36	2.52	2.18	3.60	2.70	2.34
	700	3.0	2.25	1.95	3.66	2.75	2.38	3.94	2.96	2.56
	800	3.25	2.44	2.11	3.96	2.97	2.57	4.25	3.20	2.76
	900	3.5	2.63	2.28	4.28	3.20	2.78	4.60	3.46	3.00
	1 000	3.75	2.82	2.44	4.60	3.45	3.00	4.90	3.98	3.18
	1 200	4.25	3.19	2.76	5.20	3.90	3.40	5.60	4.20	3.64

注：1 滚动轴承内圆配合为过盈配合 r6。

2 中间尺寸直径的综合影响系数可用插入法求得。

3 扭转 $(k_\tau)_D=0.4+0.6(k_\sigma)_D$。

表 A-4　强化表面的表面状态系数 β 值

表面强化方法	心部材料的强度 σ_B/MPa	表面系数 β		
		光　轴	有应力集中的轴	
			$k_\sigma \leqslant 1.5$	$k_\sigma \geqslant 1.8 \sim 2$
高频淬火[1]	600～800	1.5～1.7	1.6～1.7	2.4～2.8
	800～1 100	1.3～1.5	—	—
渗氮[2]	900～1 200	1.1～1.25	1.5～1.7	1.7～2.1
渗碳淬火	400～600	1.8～2.0	3	—
	700～800	1.4～1.5	—	—
	1 000～1 200	1.2～1.3	2	—
喷丸处理[3]	600～1 500	1.1～1.25	1.5～1.6	1.7～2.1
滚子辗压[4]	600～1 500	1.1～1.3	1.3～1.5	1.6～2.0

① 数据是在实验室中用 d=10～20 mm 的试件求得,淬透深度(0.05～0.20)d;对于大尺寸的试件,表面状态系数低些。

② 氮化层深度为 0.01d 时,宜取低限值;深度为(0.03～0.04)d 时,宜取高限值。

③ 数据是用 d=8～40 mm 的试件求得;喷射速度较小时宜取低值,较大时宜取高值。

④ 数据是用 d=17～130 mm 的试件求得。

表 A-5　加工表面的表面状态系数 β 值

加工方法	材料强度 σ_B/MPa		
	400	800	1 200
	表面状态系数 β		
磨光(R_a0.4～R_a0.2 μm)	1	1	1
车光(R_a3.2～R_a0.8 μm)	0.95	0.90	0.80
粗加工(R_a2.5～R_a6.3 μm)	0.85	0.80	0.65
未加工表面(氧化铁层等)	0.75	0.65	0.45

表 A-6　尺寸系数 ε_σ 和 ε_τ

毛坯直径/mm	碳　钢		合金钢	
	ε_σ	ε_τ	ε_σ	ε_τ
>20～30	0.91	0.89	0.83	0.89
>30～40	0.88	0.81	0.77	0.81
>40～50	0.84	0.78	0.73	0.78
>50～60	0.81	0.76	0.70	0.76
>60～70	0.78	0.74	0.68	0.74
>70～80	0.75	0.73	0.66	0.73
>80～100	0.73	0.72	0.64	0.72
>100～120	0.70	0.70	0.62	0.70
>120～140	0.68	0.68	0.60	0.68

表A-7　抗弯截面系数 W 和抗扭截面系数 W_T 的计算公式

截面图	截面系数	截面图	截面系数
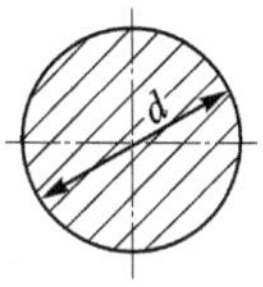	$W=\frac{\pi}{32}d^3\approx 0.1d^3$ $W_T=\frac{\pi}{16}d^3\approx 0.2d^3$	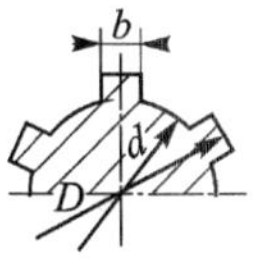	矩形花键 $W=\frac{\pi d^4+bz(D-d)(D+d)^2}{32D}$ $W_T=\frac{\pi d^4+bz(D-d)(D+d)^2}{16D}$ z——花键齿数
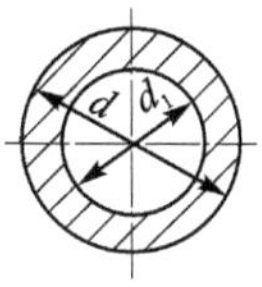	$W=\frac{\pi}{32}d^3(1-r^4)$ $W_T=\frac{\pi}{16}d^3(1-r^4)$ $r=\frac{d_1}{d}$	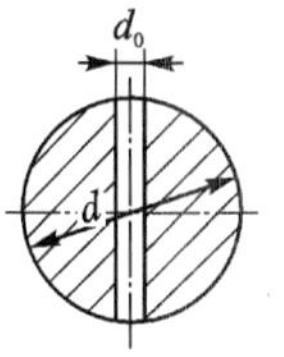	$W=\frac{\pi}{32}d^3\left(1-1.54\frac{d_0}{d}\right)$ $W_T=\frac{\pi}{16}d^3\left(1-\frac{d_0}{d}\right)$
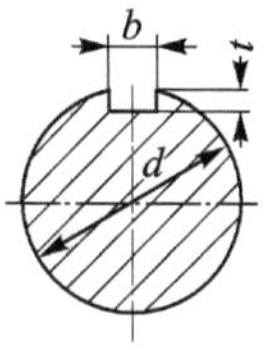	$W=\frac{\pi}{32}d^3-\frac{bt(d-t)^2}{2d}$ $W_T=\frac{\pi}{16}d^3-\frac{bt(d-t)^2}{2d}$		
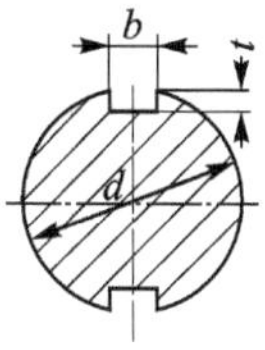	$W=\frac{\pi}{32}d^3-\frac{bt(d-t)^2}{d}$ $W_T=\frac{\pi}{16}d^3-\frac{bt(d-t)^2}{d}$	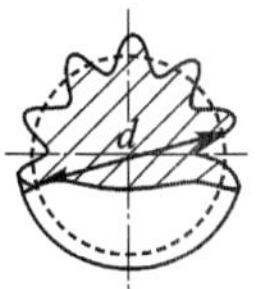	渐开线花键轴 $W\approx\frac{\pi}{32}d^3$ $W_T\approx\frac{\pi}{16}d^3$

附录B　齿轮的初步设计公式

1. 齿面接触强度的设计公式

在初步设计齿轮时，根据齿面接触强度，可按下列公式之一估算齿轮传动的尺寸：

$$a \geqslant A_a(u \pm 1)\sqrt[3]{\frac{KT_1}{\psi_a u \sigma_{HP}^2}} \tag{B-1}$$

$$d_1 \geqslant A_d\sqrt[3]{\frac{KT_1}{\psi_d \sigma_{HP}^2} \cdot \frac{u \pm 1}{u}} \tag{B-2}$$

式中：

① A_a 和 A_d 为与配对齿轮材料有关的常系数。对于钢对钢配对的齿轮副，系数 A_a 和 A_d 见表 B-1；对于非钢对钢配对的齿轮副，须将表 B-1 中值乘以修正系数。修正系数见表 B-2。

表 B-1　钢对钢配对的齿轮副的 A_a 和 A_d 值

螺旋角 β/(°)	0	8～15	25～35
A_a	483	476	447
A_d	766	756	709

表 B-2　修正系数

小齿轮	钢			铸　铁			球墨铸铁		灰铸铁
大齿轮	铸　钢	球墨铸铁	灰铸铁	铸　钢	球墨铸铁	灰铸铁	球墨铸铁	灰铸铁	灰铸铁
系　数	0.997	0.970	0.906	0.994	0.967	0.898	0.943	0.880	0.836

② ψ_a 和 ψ_d 分别为相对于中心距和小齿轮分度圆直径的齿宽系数。ψ_a 一般取值见表 B-3，$\psi_d=\psi_a(u\pm1)/2$。

表 B-3　齿宽系数 ψ_a

齿宽系数 ψ_a	0.25	0.3	0.35	0.4	0.45	0.5	0.6

对闭式软齿面传动，传动件对称布置且较靠近轴承时取较大值，不对称或悬臂时取较小值；直齿轮取较小值，斜齿轮取较大值。对闭式硬齿面和开式传动，取较小值。

对人字齿轮应取为表中值的 2 倍。

③ K 为载荷系数，常用值 $K=1.2\sim2$，当载荷平稳，齿宽系数较小，轴承对称布置，轴的刚性较大，齿轮精度较高(6 级以上)以及齿的螺旋角较大时取较小值，反之取较大值。

④ σ_{HP} 为许用接触应力，推荐：$\sigma_{HP}\approx0.9\sigma_{Hlim}$

其他参数含义及确定方法同第 2 章。

2. 齿根弯曲强度的设计公式

在初步设计齿轮时，根据齿根弯曲强度，可按下列公式估算齿轮的法向模数：

$$m_n \geqslant A_m \sqrt[3]{\frac{KT_1 Y_{FS}}{\psi_d z_1^2 \sigma_{HP}}} \tag{B-3}$$

式中：

① A_m 为与啮合齿轮螺旋角有关的常系数，一般取值见表B-4。

表B-4 A_m 取值

螺旋角 β/(°)	0	8～15	25～35
A_m	12.6	12.4	11.5

② σ_{FP} 为许用齿根应力，推荐按下式确定：

轮齿单向受力为 $\sigma_{FP} \approx 1.4\sigma_{Flim}$；

轮齿双向受力或开式齿轮为 $\sigma_{FP} \approx \sigma_{Flim}$。

③ Y_{FS} 为齿轮的复合齿形系数，一般取 $Y_{FS} = Y_{Fa} \cdot Y_{Sa}$。

其他参数含义及确定方法同第2章。

参 考 文 献

[1] 党祖祺,等.机械原理[M].北京:北京航空航天大学出版社,1996.
[2] 申永胜.机械原理教程[M].北京:清华大学出版社,1999.
[3] 孙桓,陈作模.机械原理. 5 版. 北京:高等教育出版社,1996.
[4] 徐灏. 机械设计手册. 2 版,第 4 卷. 北京: 机械工业出版社,2001.
[5] 濮良贵. 机械零件. 1982 年修订版. 北京:高等教育出版社,1987.
[6] 邱宣怀. 机械设计. 4 版. 北京:高等教育出版社,1998.
[7] 黄祖德. 机械设计. 北京:北京理工大学出版社,1992.
[8] 杨可桢,程光蕴. 机械设计基础. 3 版. 北京:高等教育出版社,1988.
[9] http://openstd. samr. gov. cn,国家标准全文公开系统.